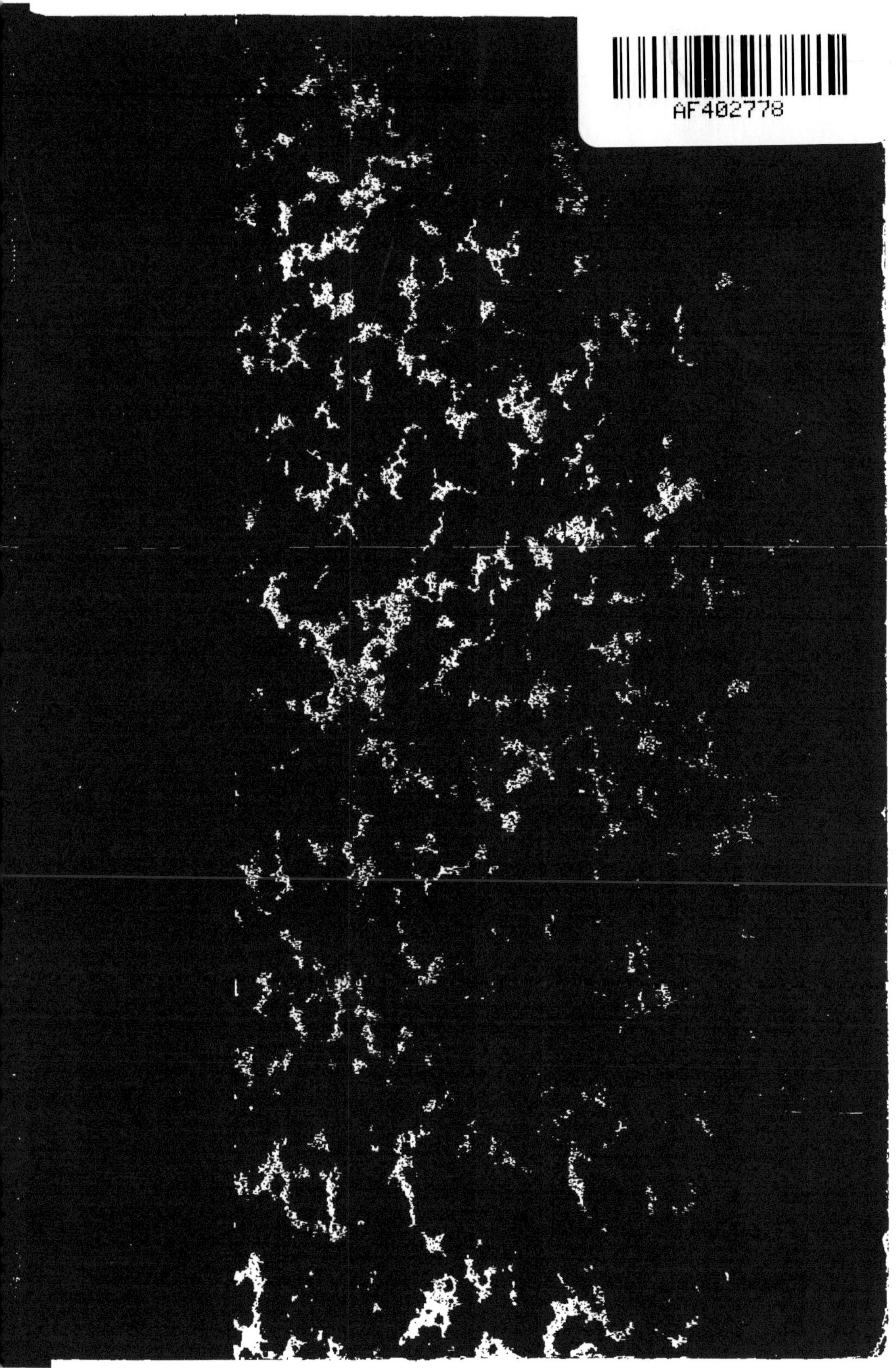
AF402778

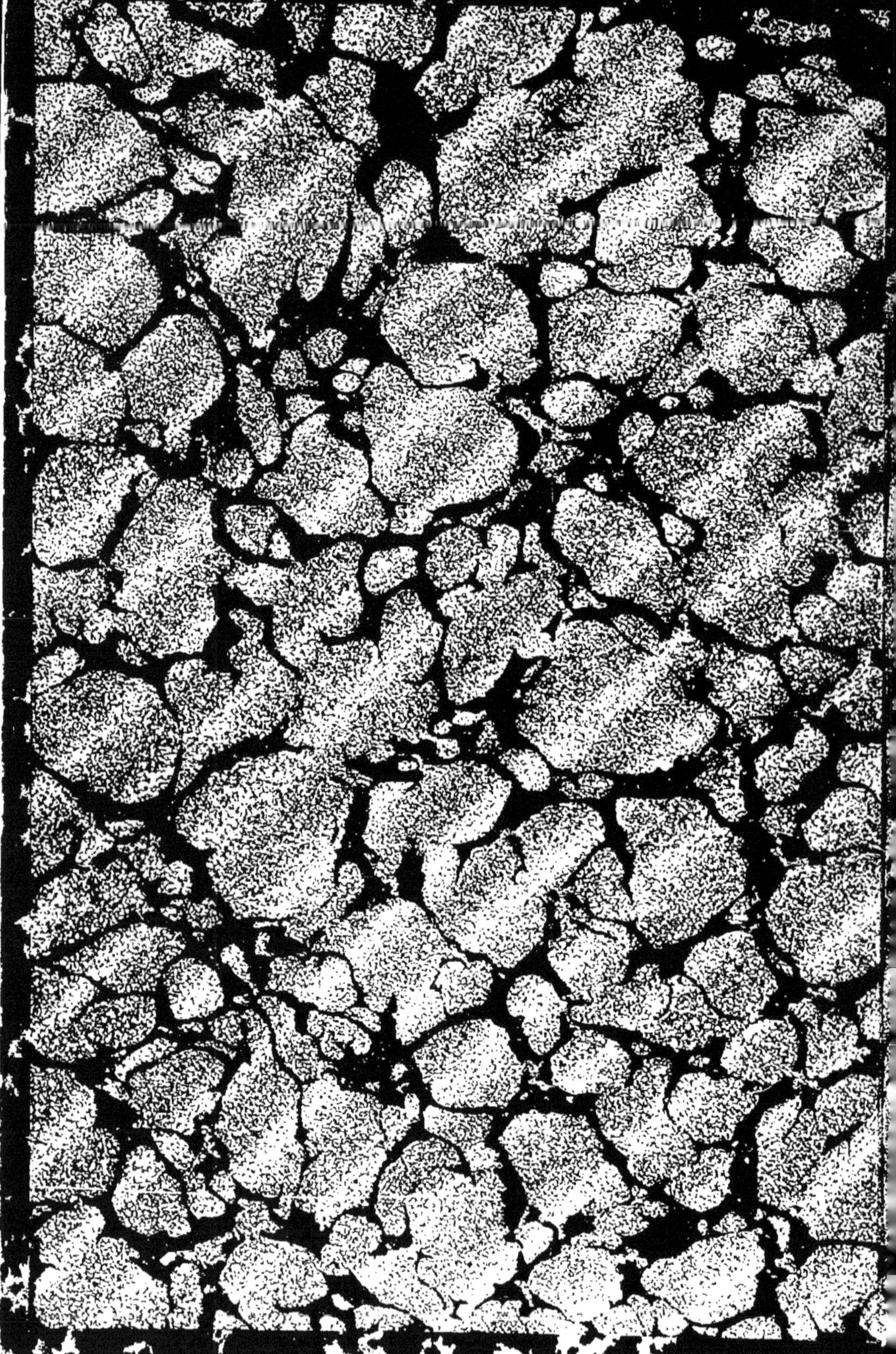

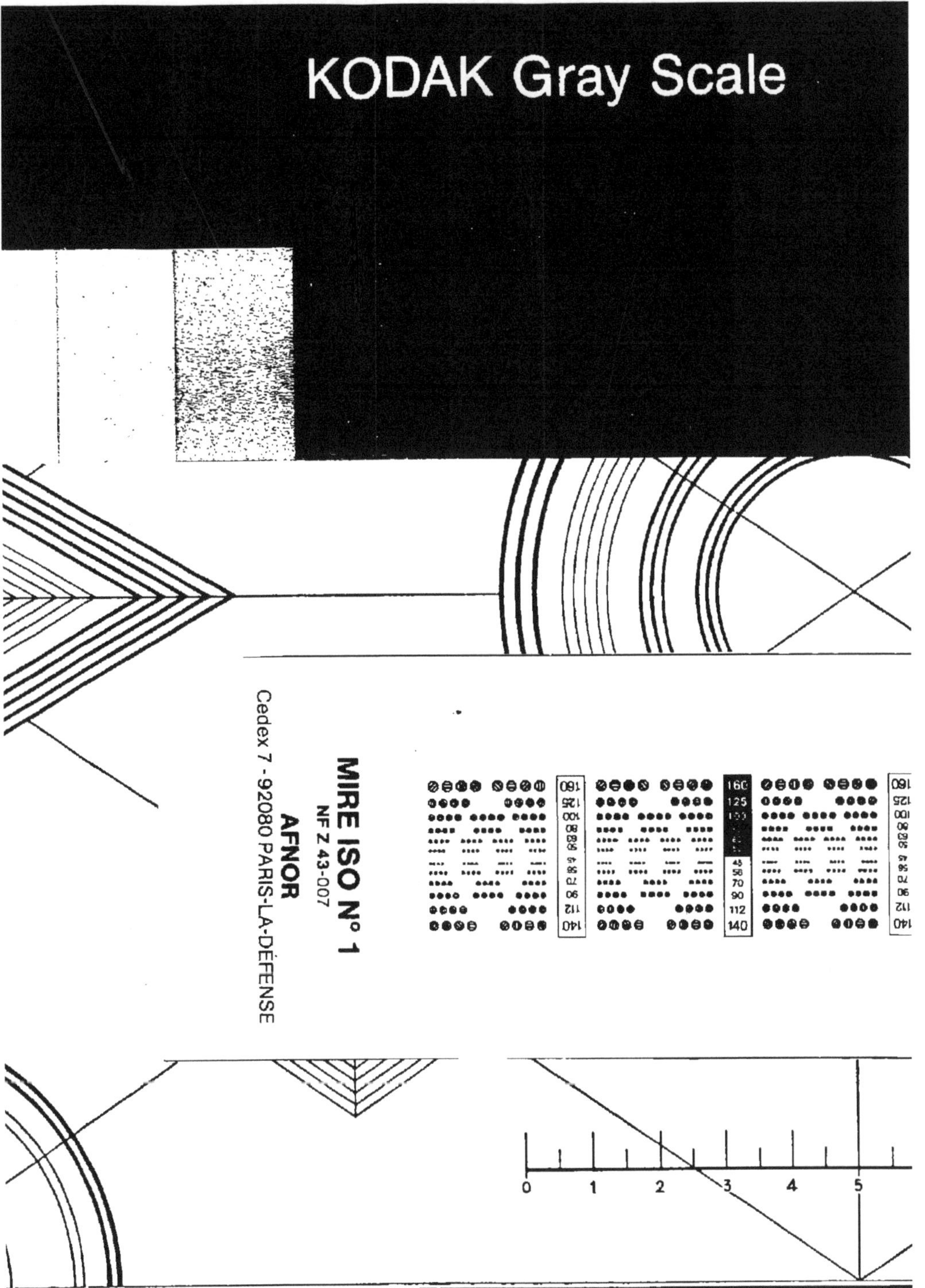

KODAK Gray Scale
MIRE ISO N° 1
NF Z 43-007
AFNOR
Cedex 7 - 92080 PARIS-LA-DÉFENSE
SERVICE PHOTO

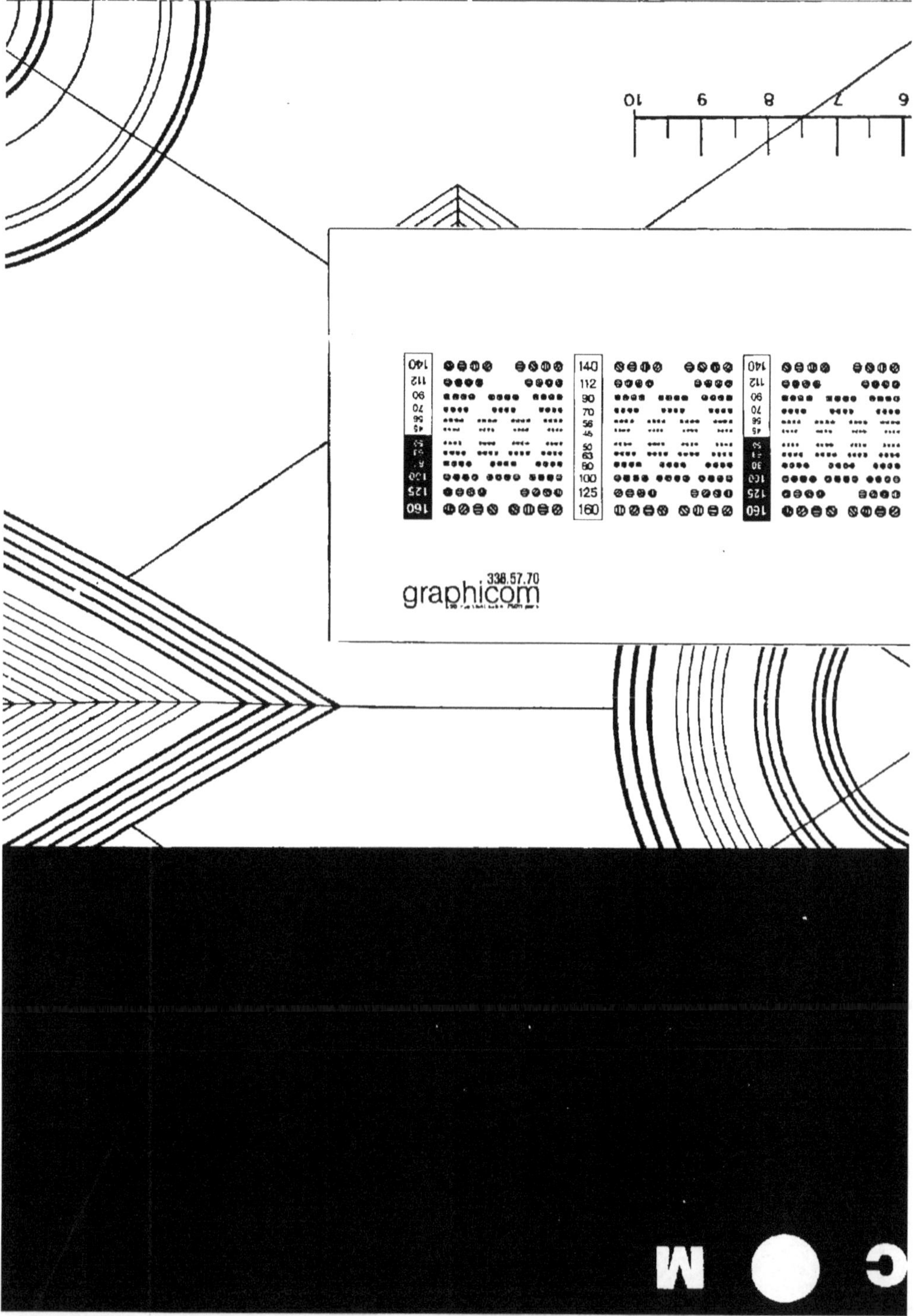

GRAPHIQUE
graphicom
338.57.70
140
112
90
70
56
45
30
63
80
100
125
160
6 7 8 9 10
C M

BIBLIOTHEQUE NATIONALE
DE FRANCE

DEPARTEMENT
DES LIVRES IMPRIMES

FILMOTHEQUE DE SECURITE

V23540

Entier

R 116107

Cde : 6389   Volts : 71   : 8
Date : 05.05.98   EF

Service de la Reproduction
PARIS-RICHELIEU

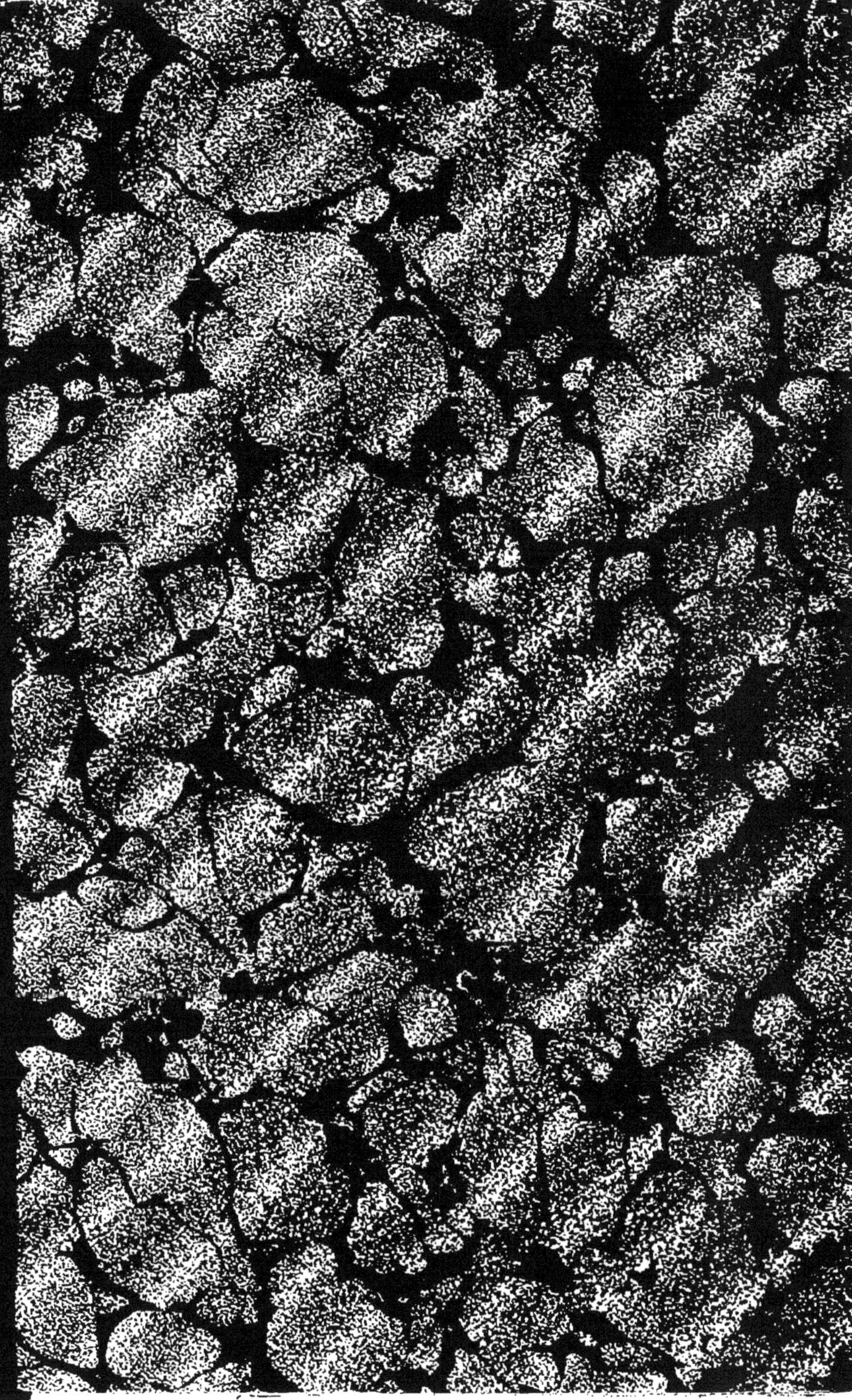

TRAITÉ

THÉORIQUE ET EXPÉRIMENTAL

D'HYDRODYNAMIQUE.

Par M. l'Abbé BOSSUT, de l'Académie Royale des Sciences, Honoraire-Associé-libre de l'Académie royale d'Architecture, de l'Institut de Bologne, de l'Académie impériale des Sciences de Saint-Pétersbourg, de l'Académie Royale des Sciences de Turin, de la Société provinciale d'Utrecht, Examinateur des Élèves du Corps royal du Génie, Inspecteur général des Machines & Ouvrages Hydrauliques des Bâtimens du Roi.

Tome Premier.

A PARIS,

DE L'IMPRIMERIE ROYALE.

M. DCCLXXXVI.

TABLE DES OBJETS
Contenus dans ce Volume.

a ij

TABLE.

a iij

Fin de la Table.

DISCOURS
PRÉLIMINAIRE.

Les Anciens ont porté fort loin la pratique
des machines. On trouve dans les temps les plus
reculés quelques veſtiges des moyens qu'ils
ſavoient employer pour mouvoir de lourds fardeaux avec de foibles agens ; mais ils n'ont eu
pendant pluſieurs ſiècles d'autres guides que l'expérience & le génie d'une Mécanique naturelle.
Archimède, qui vivoit ſeulement deux cents cinquante ans avant Jéſus-Chriſt, eſt le premier qui
ait trouvé le principe général de l'équilibre du
lévier : principe auquel on peut rapporter tout le
fond de la Statique élémentaire. Il n'a rien écrit
ſur la théorie du mouvement , qui demandoit
une Géométrie plus profonde que celle de ſon
temps, & dont la découverte appartient entièrement aux Modernes.

Si la ſcience de la Mécanique ordinaire a été
ſi lente à ſe former, celle de l'Hydrodynamique
a dû l'être bien davantage ; car en ſuppoſant
même qu'on fût parvenu à déterminer géométriquement l'équilibre ou le mouvement d'un
ſyſtème quelconque de corps ſolides, on ne
pouvoit pas appliquer immédiatement la méthode

à une maſſe fluide, dont on ne connoit les élémens, ni pour le nombre, ni pour la figure : il
falloit de plus ici que l'expérience ou une propriété particulière aux fluides, vînt prêter ſon
appui à la Mécanique & à la Géométrie. Archimède en fit la remarque, & c'eſt encore lui qui
a poſé les fondemens de l'Hydroſtatique. Dans
ſon ouvrage *de humido inſidentibus*, il établit
qu'un point quelconque d'une maſſe fluide en
équilibre eſt également preſſé en toutes ſortes de
ſens ; & il examine en conſéquence les conditions
qui doivent avoir lieu pour qu'un corps ſolide,
flottant ſur un fluide, prenne & conſerve la
ſituation d'équilibre. Il applique au triangle, au
cône & au paraboloïde cette théorie générale,
l'un des plus beaux monumens de ſon génie.

Deux Mathématiciens de l'école d'Alexandrie,
Cteſibius & Héron ſon diſciple, environ un ſiècle
après Archimède, inventèrent pluſieurs machines
hydrauliques très-ingénieuſes, dont le jeu dépendoit du reſſort ou du poids de l'air : telles ſont,
par exemple, les *pompes* qui font ſervir l'air de
véhicule à l'action de la force motrice ; la *fontaine
de compreſſion*, appelée encore aujourd'hui la *fontaine de Héron*, dans laquelle l'eau s'élève au-deſſus
de ſon niveau, en vertu de la preſſion de l'air que
l'on y a d'abord condenſé ; le *ſyphon* à branches
inégales où l'eau monte par la plus courte, quand

on y a fait le vide, & s'écoule par la plus longue. Mais si l'on admire les effets de toutes ces machines, on voit avec une surprise mêlée de peine, que les inventeurs en ignoroient entièrement les véritables caufes, & qu'ils les attribuoient à une prétendue horreur de la Nature pour le vide.

On fait remonter jufqu'aux Égyptiens la manière de mefurer le temps par des *clepfydres* d'eau. Ctefibius nous a laiffé une machine de ce genre, où le mouvement étoit produit & entretenu par des moyens d'une recherche très-fubtile, quoiqu'elle ne fût pas d'ailleurs propre à donner la mefure du temps avec une certaine précifion.

En nous renfermant toujours dans le cercle de l'Hydrodynamique, nous voyons que les Anciens ont employé, à quelques différences près, la plupart des machines dont nous nous fervons encore aujourd'hui pour élever l'eau : je veux dire la *vis* qui porte le nom d'Archimède, le *tympan*, les chaînes à *godets*, les *chapelets*, &c. Une épigramme de l'anthologie grecque a donné lieu de croire que les moulins à eau ont été trouvés au temps d'Augufte ; mais Vitruve qui vivoit fous ce Prince, ne dit point dans la defcription qu'il donne de ces moulins, qu'ils fuffent une invention récente ; & vraifemblablement ils étoient déjà connus dans les temps antérieurs.

Les moulins à vent font venus beaucoup plus tard : quelques Auteurs nous en attribuent l'ufage dès le fixième fiècle ; d'autres prétendent que les Croifades nous les ont apportés de l'Orient où ils étoient déjà très-anciens, & où on les emploie de préférence aux moulins à eau, parce que les rivières & les fources font rares & peu abondantes dans ces pays. Sous nos Rois de la première Race on fe fervoit fréquemment en France de moulins à bras, malgré les avantages des moulins à eau.

Toutes ces machines ont été imaginées avant que la théorie du mouvement des fluides fût connue. On attribue à Sextus - Julius - Frontinus (vulgairement nommé *Frontin*), les premières notions qu'on ait eues de cette théorie. Infpecteur des fontaines publiques à Rome, fous les empereurs Nerva & Trajan, il a laiffé, à ce fujet, un ouvrage intitulé *de aquæ ductibus urbis Romæ Commentarius :* il y confidère le mouvement des eaux qui coulent dans des canaux, ou qui s'échappent par des ouvertures, des vafes où elles font contenues : il décrit d'abord les aqueducs de Rome, cite les noms de ceux qui les ont fait conftruire, & les époques de leurs conftructions. Enfuite il fixe & compare enfemble les mefures ou modules dont on fe fervoit alors à Rome pour déterminer les dépenfes des ajutages. De - là il paffe aux moyens de diftribuer les eaux d'un aqueduc ou d'une fontaine. Il fait des obſervations vraies ſur ces différens objets; par exemple, il a vu que le produit d'un ajutage ne doit pas ſeulement s'évaluer par la grandeur de cet ajutage, & qu'il faut encore tenir compte de la hauteur du réſervoir : conſidération très-ſimple, & cependant négligée par quelques Fontainiers modernes. Il a ſenti pareillement qu'un tuyau deſtiné à dériver en partie l'eau d'un aqueduc, doit avoir, ſelon les circonſtances, une poſition plus ou moins oblique par rapport au cours du fluide, &c. Mais on ne trouve d'ailleurs aucune préciſion géométrique dans ſes réſultats; il n'a point connu la vraie loi des vîteſſes, relativement aux hauteurs des réſervoirs.

Les Lettres & les Arts étoient déjà dans la décadence au temps de Frontin; & bientôt l'Europe fut plongée dans la plus affreuſe barbarie. Cette nuit profonde dura près de treize cents ans. La Poëſie & l'Éloquence y jetèrent par intervalles quelques éclairs, trop foibles pour en diſſiper l'obſcurité. L'eſprit humain ne ſortit de cet engourdiſſement qu'au ſiècle de Médicis. On vit alors la foule des arts agréables, encouragés & protégés par de ſimples particuliers, renaître en Italie, & y briller avec le même éclat qu'ils avoient eu autrefois dans les beaux jours de la Grèce & de Rome. Peu-à-peu ils pénétrèrent chez les peuples voifins. La Philofophie eut une marche plus tardive. Je parle fur-tout de cette branche qui, à l'aide du Calcul & de la Géométrie, fe propofe d'expliquer avec certitude & avec évidence les phénomènes de la Nature. Ennemie des ornemens, cherchant le vrai dans toute fa fimplicité, elle avoit peu d'attraits pour des efprits trop fenfibles peut-être aux charmes de la Poëfie & de la Peinture, & accoutumés à ne recueillir, pour ainfi dire, que les fleurs de l'imagination.

Cependant le renouvellement des Sciences fuivit par degrés celui des Lettres & des Arts. L'Italie eut encore la gloire des premiers fuccès dans cette efpèce de régénération de l'entendement humain. Galilée l'un des plus grands génies qu'elle ait produit, mérita d'être appelé le père de la Philofophie moderne. Il dut également ce titre à fes découvertes aftronomiques, & à fa théorie de l'accélération des graves : il foupçonna la pefanteur de l'air; & ce foupçon communiqué à Toricelli le plus illuftre difciple, fut comme un trait de lumière qui conduifit celui-ci à démontrer réellement la pefanteur de l'air, par une foule d'expériences trés-ingénieufes, & à donner la véritable explication de l'afcenfion du mercure dans le baromètre, & de l'eau dans les pompes.

Le mouvement des eaux attira l'attention de Caftelli, autre difciple de Galilée. Dans un petit Traité, publié en 1628, Caftelli explique très-bien quelques phénomènes du mouvement des eaux courantes ; mais il fe trompe dans la mefure des vîteffes qu'il fait proportionnelles aux hauteurs des réfervoirs.

Toricelli, dont nous venons de parler, fut plus heureux. En voyant que l'eau d'un jet qui fort par un petit ajutage, s'élance verticalement prefque à la hauteur du réfervoir, il penfa qu'elle devoit avoir la même vîteffe que fi elle étoit tombée, par fa gravité, de cette hauteur ; d'où il conclut, conformément à la théorie de fon maître, qu'abftraction faite de la réfiftance des obftacles, les vîteffes des écoulemens fuivoient la raifon fous-doublée des preffions. Cette idée fut confirmée par des expériences que Raphaël Magiotti fit dans ce temps-là fur les produits de différens ajutages, fous différentes charges d'eau. Toricelli publia fa découverte en 1643, à la fuite d'un petit Traité intitulé : *De motu gravium naturaliter accelerato.* Elle fit de l'Hydraulique une fcience toute nouvelle : néanmoins elle n'a lieu en rigueur que pour les fluides qui s'écoulent, comme cela arrive ordinairement, par de petits orifices. Lorfque l'orifice eft fort grand, le mouvement du fluide fuit une autre loi beaucoup plus compofée.

A la mort de Pafcal, on trouva dans fes papiers un *Traité de l'équilibre des Liqueurs*, qui fut publié en 1663. Cet ouvrage, vraiment original, eft le premier où les loix de l'Hydroftatique aient été démontrées en détail & d'une manière claire & fimple, par la voie du raifonnement & de l'expérience; mais il n'y eft point parlé du mouvement des fluides.

Parmi les Auteurs qui ont écrit fur ce dernier fujet, & qui ont mis le Théorème de Toricelli en ufage, Mariotte mérite d'être cité avec diftinction. Né avec un talent rare pour imaginer & exécuter des expériences, ayant eu occafion d'en faire un grand nombre fur le mouvement des eaux à Verfailles, à Chantilly & dans plufieurs autres endroits, il compofa fur cette matière un Traité qui ne fut imprimé qu'après fa mort, arrivée en 1686. Il s'y eft trompé en quelques endroits; il n'a fait qu'effleurer plufieurs queftions; il n'a pas connu le déchet occafionné dans le produit d'un ajutage, par la contraction à laquelle la veine fluide eft fujette, lorfque cet ajutage eft percé dans une mince paroi. Malgré ces défauts, fon ouvrage a été fort utile, & il a beaucoup contribué aux progrès de l'Hydraulique pratique.

En 1687, Newton publia fes *Principes Mathématiques*: ouvrage où font traitées les principales queſtions de la Philoſophie naturelle. Le problème du mouvement des fluides n'y eſt pas oublié. Pour nous faire quelque idée de la méthode que Newton emploie pour le réſoudre, repréſentons-nous un vaſe cylindrique vertical, percé à ſon fond d'une ouverture par laquelle l'eau s'échappe ; concevons que ce vaſe reçoive par en-haut autant d'eau qu'il en dépenſe, & que par conſéquent il demeure toujours plein à même hauteur. Cela poſé, Newton partage la maſſe entière de l'eau en deux parties. L'une a la figure d'un ſolide produit par la révolution d'une hyperbole du cinquième degré autour de la droite verticale qui paſſe par le centre du trou ; & ce ſolide a pour deux de ſes élémens le trou même & la ſurface ſupérieure du fluide : l'autre partie eſt le reſte de l'eau contenue dans le cylindre. L'auteur imagine enſuite que les tranches horizontales de l'hyperboloïde ſont ſeules en mouvement, & que le reſte de la maſſe demeure en repos. Il y a donc ainſi, au milieu du fluide, une eſpèce de *cataracte* qui ſe renouvelle ſans ceſſe, tandis que l'eau latérale reſte en repos. En comparant le réſultat de cette théorie avec la quantité de l'écoulement, déterminée par l'expérience, Newton ſe hâta de conclure que la vîteſſe, au ſortir de l'orifice, n'étoit dûe qu'à la moitié de la hauteur de l'eau dans le réſervoir. Mais

A la mort de Pascal, on trouva dans ses papiers un *Traité de l'équilibre des Liqueurs*, qui fut publié en 1663. Cet ouvrage, vraiment original, est le premier où les loix de l'Hydrostatique aient été démontrées en détail & d'une manière claire & simple, par la voie du raisonnement & de l'expérience ; mais il n'y est point parlé du mouvement des fluides.

Parmi les Auteurs qui ont écrit sur ce dernier sujet, & qui ont mis le Théorème de Toricelli en usage, Mariotte mérite d'être cité avec distinction. Né avec un talent rare pour imaginer & exécuter des expériences, ayant eu occasion d'en faire un grand nombre sur le mouvement des eaux à Versailles, à Chantilly & dans plusieurs autres endroits, il composa sur cette matière un Traité qui ne fut imprimé qu'après sa mort, arrivée en 1686. Il s'y est trompé en quelques endroits ; il n'a fait qu'effleurer plusieurs questions ; il n'a pas connu le déchet occasionné dans le produit d'un ajutage, par la contraction à laquelle la veine fluide est sujette, lorsque cet ajutage est percé dans une mince paroi. Malgré ces défauts, son ouvrage a été fort utile, & il a beaucoup contribué aux progrès de l'Hydraulique pratique.

En 1687, Newton publia ses *Principes Mathématiques* : ouvrage où sont traitées les principales queftions de la Philofophie naturelle. Le problème du mouvement des fluides n'y eft pas oublié. Pour nous faire quelque idée de la méthode que Newton emploie pour le réfoudre, repréfentons-nous un vafe cylindrique vertical, percé à fon fond d'une ouverture par laquelle l'eau s'échappe ; concevons que ce vafe reçoive par en-haut autant d'eau qu'il en dépenfe, & que par conféquent il demeure toujours plein à même hauteur. Cela pofé, Newton partage la maffe entière de l'eau en deux parties. L'une a la figure d'un folide produit par la révolution d'une hyperbole du cinquième degré autour de la droite verticale qui paffe par le centre du trou ; & ce folide a pour deux de fes élémens le trou même & la furface fupérieure du fluide : l'autre partie eft le refte de l'eau contenue dans le cylindre. L'auteur imagine enfuite que les tranches horizontales de l'hyperboloïde font feules en mouvement, & que le refte de la maffe demeure en repos. Il y a donc ainfi, au milieu du fluide, une efpèce de *cataracte* qui fe renouvelle fans ceffe, tandis que l'eau latérale refte en repos. En comparant le réfultat de cette théorie avec la quantité de l'écoulement, déterminée par l'expérience, Newton fe hâta de conclure que la vîteffe, au fortir de l'orifice, n'étoit dûe qu'à la moitié de la hauteur de l'eau dans le réfervoir. Mais

il fentit lui-même dans la fuite, que cette conféquence ne pouvoit pas fe concilier avec la hauteur
à laquelle les jets d'eau s'élèvent naturellement. Il
n'avoit pas vu d'abord l'effet de la contraction;
il le vit dans fa feconde édition qui parut en
1714. Sans abandonner le fond de fa théorie, il
regarda la fection de la veine contractée, comme
le vrai orifice par lequel l'écoulement doit être
cenfé fe faire; & la vîteffe en cet endroit, comme
dûe à la hauteur correfpondante de l'eau dans le
réfervoir. Par ce moyen, fa théorie devint plus
conforme à l'expérience; mais elle n'en parut pas
pour cela établie affez folidement. Elle porte en
effet, fur des principes arbitraires & nullement
démontrés. La formation de la cataracte eft contraire aux loix de l'Hydroftatique & à l'expérience, qui concourent à faire voir que lorfqu'un
vafe donne de l'eau par une ouverture, toutes
les particules fe dirigent vers cette ouverture.

Dans cette hiftoire abrégée des inventeurs,
je ne compte pas M. Varignon, qui n'a déterminé
que d'une manière très-imparfaite la vîteffe des
écoulemens; ni M. Guglielmini qui, dans fa
Mefure des eaux courantes, & dans fon *Traité
fur la nature des Fleuves*, excellent quant à la
partie phyfique & pratique, n'a employé d'autre
théorie que celle de Toricelli; ni une foule
d'autres Écrivains qui n'ont fait que copier leurs
prédéceffeurs.   Tel

Tel étoit à peu-près l'état de l'Hydraulique,
lorſque le célèbre M. Daniel Bernoulli, après
avoir donné ſur ce ſujet quelques eſſais imprimés
parmi les Mémoires de l'Académie de Péterſbourg,
mit au jour ſon *Hydrodynamique*, en 1738.
Comme on ne connoît ni le nombre ni la figure
des molécules fluides, & qu'il n'eſt par conſéquent pas poſſible de déterminer rigoureuſement
le mouvement de chacune d'elles en particulier,
M. Bernoulli partage le fluide par maſſes qui ſe
meuvent ſuivant la même loi. Il fait deux ſuppoſitions qui lui paroiſſent conformes à l'expérience,
& propres à fonder une théorie générale &
ſuffiſamment exacte du mouvement des fluides ;
la première, que la ſurface d'un fluide contenu
dans un vaſe qui ſe vide par une ouverture,
demeure toujours horizontale ; la ſeconde, qu'en
imaginant toute la maſſe fluide partagée en une
infinité de tranches horizontales de même volume,
ces tranches demeurent contiguës les unes aux
autres, & que tous leurs points s'abaiſſent verticalement avec des vîteſſes qui ſuivent la raiſon
inverſe de leurs largeurs ou des ſections horizontales du réſervoir. Enſuite, pour déterminer le
mouvement d'une tranche quelconque, il emploie
le principe de la conſervation des forces vives ;
ce qui eſt permis. Car les tranches fluides agiſſent
les unes ſur les autres ſans ſe choquer, & par

degrés infenfibles, à peu près comme des corps
folides, formant un même fyftème & agiffant les
uns fur les autres par des fils ou des léviers, fe
partagent une quantité déterminée de mouvement. Or on fait, quoiqu'on n'en ait pas cependant de démonftration générale, que le principe
en queftion a lieu dans ces fortes de cas. M. Bernoulli parvient ainfi à des folutions très-élégantes
par la marche du calcul & par la fimplicité des
réfultats. Il applique les Théorèmes généraux à des
exemples choifis : par-tout une profonde fcience
de l'analyfe, une phyfique fûre, puifée dans la
nature des chofes, employant le calcul au befoin
& jamais pour la pompe. En un mot, cet ouvrage
eft une des plus belles & des plus fages productions du génie mathématique.

M. Maclaurin & M. Jean Bernoulli, trouvant
que le principe de la confervation des forces
vives n'étoit pas affez direct pour fervir de bafe
à la théorie du mouvement des fluides, réfolu-
rent le problème par d'autres méthodes qu'ils
crurent dériver plus naturellement des premières
loix de la Mécanique. Ils parvinrent d'ailleurs
aux mêmes réfultats que M. Daniel Bernoulli.
On a reproché quelques obfcurités à leurs méthodes ; mais je n'entrerai pas dans cette difcuffion.
Les recherches de M. Maclaurin fur ce fujet,
parurent en 1742, dans fon *Traité des Fluxions;*

& l'*Hydraulique* de M. Jean Bernoulli parut en 1743, dans le recueil de ſes ouvrages.

Il étoit réſervé à M. d'Alembert de porter dans la théorie de l'Hydrodynamique la même lumière dont il avoit éclairé la mécanique des corps ſolides. Le principe général qu'il venoit de découvrir pour trouver le mouvement des corps ſolides qui agiſſent les uns ſur les autres, lui ſervit auſſi, en 1744, dans ſon *Traité des fluides*, à réſoudre de la manière la plus ſimple & la plus élégante, les problèmes qui concernent l'équilibre & le mouvement des fluides. L'auteur fait les mêmes ſuppoſitions que M. Daniel Bernoulli : à cela près, il établit ſon calcul tout autrement ; il conſidère à chaque inſtant le mouvement actuel d'une tranche, comme compoſé du mouvement qu'elle avoit dans l'inſtant précédent, & d'un mouvement qu'elle a perdu : les loix de l'équilibre entre les mouvemens perdus, qui donnent les équations qui repréſentent le mouvement du fluide. M. d'Alembert réſoud par-là avec facilité, non-ſeulement les problèmes des Auteurs qui l'ont précédé, mais il en donne un grand nombre d'autres qui ſont entièrement nouveaux & très-difficiles. Son ouvrage eſt donc original à pluſieurs égards par le fond des choſes même ; il l'eſt du moins d'un bout à l'autre, par la méthode que l'auteur a employée : méthode qui fera à jamais époque dans la science du mouvement, dont elle réduit toutes les loix à celles de l'équilibre.

Quoique l'Hydrodynamique eût ainsi acquis un haut degré de perfection, elle étoit néanmoins astreinte à l'hypothèse, que les tranches du fluide conservent leur parallélisme, ou que tous les points d'une même tranche se meuvent, suivant une seule & même direction. Il étoit à desirer qu'on pût exprimer par des équations, le mouvement d'un point du fluide dans un sens quelconque. M. d'Alembert trouva ces équations d'après ces deux principes; qu'un canal rectangulaire, pris dans une masse fluide en équilibre, est lui-même en équilibre; & qu'une portion du fluide, en passant d'un endroit à l'autre, conserve le même volume lorsque le fluide est incompressible, ou se dilate suivant une loi donnée lorsque le fluide est élastique. Il publia cette méthode très-profonde & très-ingénieuse, dans son *Essai sur la résistance des fluides*, imprimé en 1752. Il l'a encore perfectionnée depuis dans ses *Opuscules mathématiques*. M. Euler a traité de son côté ce problème avec plus d'étendue & plus de généralité dans plusieurs Mémoires imprimés parmi ceux des Académies de Berlin & de Péterfbourg. M. de la Grange en a fait aussi le sujet d'une profonde Differtation *(Acad. de Berlin, 1781)*.

Ces grands Géomètres semblent avoir épuisé toutes les ressources qu'on peut tirer de l'analyse pour déterminer le mouvement des fluides. Malheureusement leurs formules sont si composées, par la nature de la chose, qu'on ne peut les regarder que comme des vérités géométriques, très-précieuses en elles-mêmes; & non comme des symboles propres à peindre l'image sensible du mouvement actuel & physique d'un fluide.

Il y a des Sciences qui, par leur objet, ne sont destinées qu'à servir d'aliment à la curiosité ou à l'inquiétude de l'esprit humain : il en est d'autres qui doivent sortir de cet ordre purement intellectuel pour s'appliquer aux besoins de la Société : telle est en particulier l'Hydrodynamique. La détermination de la quantité de liqueur qui s'écoule par une ouverture proposée, la recherche du mouvement des eaux dans des canaux creusés par l'art ou par la Nature, la connoissance des forces que les fluides exercent par leur poids ou par leur choc, &c, sont des objets d'une utilité continuelle dans la pratique. Il est donc indispensable de perfectionner la science dont il s'agit; & s'il y a des questions où la Géométrie n'offre pour cela que des secours trop pénibles ou même impuissans, il faut tâcher de suppléer à son défaut par la voie de l'expérience. La chose n'est pas impossible : des faits multipliés, analysés avec

attention, & ramenés, autant qu'il eſt poſſible, à
des loix générales, peuvent compoſer une eſpèce
de théorie, dépourvue, à la vérité, de la rigueur
géométrique, mais ſimple, lumineuſe & uſuelle.
C'eſt dans cette vue que j'ai entrepris le Traité
qu'on va lire : j'en avois formé le projet pendant
que j'étois profeſſeur de Mathématiques à l'École
royale du Génie à Mézières. Le devoir de cette
place m'obligeoit d'enſeigner aux jeunes Ingé-
nieurs la mécanique des fluides, qui eſt eſſentielle
à leur état. Je leur dictois quelques eſſais qui
n'étoient pas deſtinés à devenir publics ; je
ſentois l'inſuffiſance de la théorie en pluſieurs
points, & je voulois conſulter l'expérience avant
que de commencer un corps d'ouvrage. Mes
idées ſur cet important objet furent goûtées par
les hommes éclairés & zélés pour le bien, qui
avoient l'adminiſtration de l'École du Génie.
M. le duc de Choiſeul, alors Miniſtre au dépar-
tement de la guerre, accorda des fonds pour
faire des expériences : j'en fis, je méditai, & je
publiai, en 1771, un nouveau traité d'Hydrodynamique, qu'on n'a pas regardé comme inutile
& comme une répétition de ceux qui avoient
déjà paru.

Ce Traité eſt diviſé en deux parties, l'une
théorique, l'autre expérimentale. Depuis la première édition, j'y ai fait un ſi grand nombre

d'additions de toute efpèce, que j'ai été obligé d'en changer ici prefque entièrement la forme, & de faire graver de nouvelles planches. Je donne aujourd'hui la première Partie, c'eft-à-dire, la théorie de l'Hydroftatique & de l'Hydraulique. Mon deffein étoit d'y joindre la partie expérimentale; mais le defir de fatisfaire, du moins autant que je puis, à l'empreffement de plufieurs perfonnes qui demandent cet Ouvrage, me forcent de publier d'abord le premier volume, le feul qui foit prêt à paroître: on imprime le fecond.

Les loix primordiales de l'Hydroftatique étant fort fimples, fort connues, & ayant été confirmées d'ailleurs par une infinité d'expériences, il ne me reftoit qu'à les développer avec méthode & avec un détail fuffifant pour en faciliter l'ufage: c'eft à quoi je me fuis attaché. Celles de l'Hydraulique font beaucoup plus compliquées, & préfentent fouvent des difficultés infurmontables à la mécanique & à l'analyfe. J'ai fait tous mes efforts pour établir clairement & fimplement des principes théoriques, dont on pût retirer quelqu'utilité.

Dans la multitude des queftions relatives à l'équilibre & au mouvement des fluides que mon fujet contient, il y en a plufieurs qui n'avoient pas encore été examinées; d'autres ne l'avoient été que d'une manière imparfaite & fous des rapports prefque entièrement étrangers à la pratique. Mon ouvrage aura donc à cet égard le mérite de la nouveauté, fi j'ai rempli mon intention.

Le Public a reçu avec indulgence les premiers Effais de ce Traité; je lui demande les mêmes bontés pour cette nouvelle édition à laquelle j'ai apporté tous mes foins: il a déjà remarqué fans doute, & il verra également ici, qu'en expofant mes propres recherches, je n'ai laiffé échapper aucune occafion de rendre juftice aux découvertes des Auteurs qui m'ont précédé dans cette carrière.

EXTRAIT DES REGISTRES

De l'Académie Royale des Sciences.

M. DU SÉJOUR & moi, qui avions été nommés pour examiner le *Traité théorique & expérimental d'Hydrodynamique* de M. l'Abbé Boffut, en ayant fait notre rapport, l'Académie a jugé cet Ouvrage digne de l'impreffion. A Paris, ce 30 Août 1786.

Signé le Marquis DE CONDORCET, *Secrétaire perpétuel de l'Académie Royale des Sciences.*

HYDRODYNAMIQUE.

HYDRODYNAMIQUE.

NOTIONS GÉNÉRALES.

I.

L'HYDRODYNAMIQUE est en général une
Science qui a pour objet les loix de l'équilibre &
du mouvement des fluides ; la partie de cette
Science, qui considère l'équilibre des fluides, se
nomme *hydrostatique*, & celle qui considère leur
mouvement, se nomme *hydraulique*.

II.

ON appelle *fluide*, un amas de molécules très-
liées, indépendantes les unes des autres, & parfaitement mobiles en toutes sortes de sens ; tels sont
l'eau, le mercure *, l'air, la flamme, &c.

Dans cette définition, les fluides sont considérés
comme doués d'une parfaite fluidité ; mais physique-

---

* Le mercure est réellement une substance métallique ;
mais comme il est habituellement dans l'état de fluidité, nous
le regardons, sous ce point de vue, comme un vrai fluide.

A

ment parlant, il n'y a point de fluides dont les parties ne foient adhérentes les unes aux autres avec une certaine force qui n'eſt pas la même dans tous , & qui peut varier dans un même fluide, par le chaud, par le froid, ou par d'autres cauſes phyſiques. Nous avons fans ceſſe fous les yeux des preuves de cette adhérence : fi l'on jette de l'eau fur le plancher , les molécules, en s'éparpillant, ont de la peine à fe féparer ; lorſqu'on laiſſe tomber un fluide goutte à goutte, on voit que fes parties forment une eſpèce de filet plus ou moins fenfible : pluſieurs globules de mercure qui viennent à fe toucher , s'uniſſent enfemble , & paroiſſent ne former qu'un même tout , &c. Il eſt vraiſemblable que la qualité dont il s'agit, eſt produite par l'afpérité des parties fluides, combinée avec l'at‑traction réciproque qu'elles exercent les unes fur les autres. Mon but n'eſt pas d'approfondir cette queſtion , ni d'examiner en quoi conſiſte la nature de la fluidité, ni quelle peut être la figure des molé‑cules fluides , ni fi ces molécules ont, par quelque cauſe fecrette , ce qu'on appelle *un mouvement inteſtin ,* indépendant de ceux que la peſanteur ou d'autres forces connues peuvent leur commu‑niquer. J'abandonne aux Phyſiciens & aux Chi‑miſtes toutes ces recherches, fur lefquelles on ne peut guère propoſer que des conjectures.

Quelques Auteurs diſtinguent la *liquidité* d'avec la *fluidité,* comme l'eſpèce d'avec le genre. Selon eux, un corps eſt *fluide,* lorſque ſes parties ne ſont pas liées entre elles, qu'elles cèdent facilement au toucher, & qu'elles ſe répandent comme d'elles-mêmes; en ce ſens, le ſable fin, la cendre, un amas quelconque de menus grains, &c. ſont des *fluides;* mais, ajoutent-ils, pour qu'un corps ſoit *liquide,* il faut de plus que ſes parties ſoient tellement mobiles & ſe balancent tellement par leur poids, que ſi elles ſont en ſuffiſante quantité, elles ſe répandent & forment une ſurface horizontale. Je n'admettrai pas cette diſtinction; & pour me conformer à l'uſage le plus généralement reçu, je confondrai la liquidité avec la fluidité, de manière qu'ayant à déſigner une *liqueur,* je l'appellerai indiſtinctement *liqueur* ou *fluide.* Il n'eſt queſtion dans ce Traité que des fluides proprement dits, & nullement des fluides imparfaits, tels que ſont le ſable, la cendre, &c.

I I I.

Tous les fluides connus peuvent ſe diviſer en fluides *incompreſſibles* & en fluides *compreſſibles* ou *élaſtiques.*

On appelle *fluides incompreſſibles,* ceux dont on ne peut augmenter ni diminuer le volume, en y appliquant les forces ordinaires de preſſion ou de percuſſion; telle eſt, par exemple, l'eau. En effet, ſuivant l'expérience des premiers Académiciens de Florence, répétée depuis par tous les Phyſiciens, ſi on enterme de l'eau dans une boule creuſe, d'or, d'argent, de cuivre, d'étain, de plomb; qu'enſuite pour condenſer l'eau ou pour diminuer l'eſpace qu'elle occupe, on comprime fortement la boule par le moyen d'une preſſe, qu'on la frappe même à coups de marteau, on trouvera que l'eau ne peut être réduite en un moindre volume, & qu'elle ſe fait jour en forme de roſée, à travers l'enveloppe qui la contient, plutôt que de ſouffrir une diminution de volume. Il en eſt de même du vin, du mercure, &c. Mais on obſervera que cet effet impoſſible par les moyens que nous venons d'indiquer, ou qui du moins ne pourroit devenir ſenſible qu'en employant des forces beaucoup plus grandes que ne le permettent la nature de nos agens & celle des matières dont on fait uſage dans ces ſortes d'expériences, on obſervera, dis-je, que cet effet s'opère très-facilement & très-promptement par l'action du chaud ou du froid. Ainſi, à maſſe égale, l'eau chaude occupe un plus grand volume que l'eau froide; le mercure qu'on tenteroit vainement de condenſer ou de dilater par des poids ou par le choc, eſt extrêmement ſenſible aux impreſſions du froid & du chaud : il ſe condenſe par l'un & ſe dilate par l'autre avec une grande mobilité, comme on en peut juger par les Thermomètres à mercure.

On voit par-là que relativement aux fluides incompreſſibles, les forces ordinaires de compreſfion ou de percuffion doivent être regardées comme nulles par rapport aux forces d'expanfion ou de contraction, produites par l'action de la chaleur ou du froid.

Les *fluides élaftiques* font ceux qui peuvent être réduits en un volume plus ou moins petit, felon qu'ils font plus ou moins comprimés. Par exemple, un ballon d'air que l'on comprime avec les mains, diminue de volume, puis s'étend lorfque la compreffion ceffe ou diminue; fur quoi il faut obferver que l'action du chaud & du froid eft bien plus puiffante que la compreffion pour le même effet: ainfi l'air qu'on échauffe fe dilate ou tend à fe dilater très - promptement, & s'il eft contenu, acquiert une plus grande force élaftique; ce même fluide fe condenfe par l'action du froid.

Nous n'avons pas befoin d'avertir, puifque nous l'avons d'ailleurs infinué, que ces deux claffes de fluides ne doivent pas être regardées comme géométriquement féparées l'une de l'autre. Il n'exifte point de fluide parfaitement incompreffible, ni de fluide parfaitement élaftique; tout va par gradation dans la Nature : mais nous fommes quelquefois obligés d'examiner dans nos recherches les cas extrêmes, afin de mieux démêler les effets relatifs aux différentes qualités qui peuvent fe trouver dans un corps, & d'affigner à chacune de ces qualités fes fonctions propres & non celles d'une autre.

A iij

I V.

Un fluide quelconque, qui a la même denſité dans toute ſon étendue, ou qui eſt compoſé de parties toutes de même nature, quand même la denſité varieroit d'un endroit du fluide à l'autre, s'appelle un *fluide homogène*. Telle eſt une pièce d'eau ; il eſt vrai que les parties du fond ſont plus comprimées que celles de la ſurface ; mais cet excès de compreſſion ne diminue pas le volume ou n'augmente pas la denſité, & l'eau eſt compoſée d'ailleurs dans toute ſon étendue de parties égales & ſemblables. L'air eſt auſſi un fluide homogène, quoique dans les lieux bas il ait (à raiſon d'une plus grande charge produite par ſon poids même) une plus grande denſité que dans les lieux élevés, parce qu'il eſt compoſé de parties égales & ſemblables dans toute l'étendue de l'atmoſphère. Nous obſerverons cependant que pour caractériſer ſpécialement ces ſortes de fluides dont la denſité varie, ſans que leurs parties changent de nature, on devroit les appeler *fluides homogènes à denſité variable.*

Un fluide qui ſeroit compoſé de pluſieurs fluides différens, comme, par exemple, d'une couche de mercure, d'une couche d'eau, d'une couche d'huile, &c. s'appelleroit un *fluide hétérogène.*

Par le ſimple mot *fluide,* je déſignerai toujours un fluide homogène ; je ſous-entendrai même que ſa denſité eſt conſtante, à moins que le contraire ne ſoit énoncé ou indiqué.

V.

On doit se rappeler que la *densité* d'un corps (solide ou fluide) est la quantité de matière de ce corps, comprise sous un volume donné qu'on prend pour unité ; ou, ce qui revient au même, le quotient de la masse du corps, divisée par le nombre de pieds cubes ou de pouces cubes (selon qu'on prend le pied cube ou le pouce cube pour unité de mesure du volume), qui forment son volume total. Ainsi, en nommant M la masse, G son volume ou sa *grandeur*, D la densité, on $D = \frac{M}{G}$; & par conséquent $M = G \times D$, c'est-à-dire, que *la masse est égale au produit du volume par la densité*. On voit que la densité d'un corps est toujours relative à celle d'un autre. Il faut avoir soin d'évaluer les volumes des deux corps en unités de la même espèce.

De même, la pesanteur spécifique d'un corps est le poids de ce corps sous un volume donné pris pour unité ; ou, ce qui revient au même, le quotient du poids absolu du corps, divisé par le nombre des mesures de son volume. Si l'on nomme donc P le poids absolu d'un corps, G son volume, p sa pesanteur spécifique, on a $P = \frac{p}{G}$; & par conséquent $P = G \times p$, c'est-à-dire que *le poids absolu est égal au produit du volume par la pesanteur spécifique*. Par exemple, soit le corps proposé,

A iv

de l'eau douce ; on fait qu'un pied cube d'eau douce pèfe 70 livres, à très-peu de chofe près ; prenant donc le poids d'un pied cube d'eau, pour la pefanteur fpécifique de ce fluide, nous aurons $p = 70$ livres, & $P = G \times 70$ livres ; fi G eft de 100 pieds cubes, il viendra $P = 7000$ livres ; fi $G = 25$ pieds cubes, on aura $P = 1750$ livres.

Dans un même endroit de la Terre, ou à des latitudes égales, les maffes font proportionnelles aux poids ; on doit donc alors fuppofer que les denfités de deux corps font proportionnelles à leurs pefanteurs fpécifiques, puifque les denfités de ces deux corps font des maffes comprifes fous le même volume, & que leurs pefanteurs fpécifiques font deux poids compris auffi fous le même volume.

PREMIÈRE PARTIE.

HYDROSTATIQUE.

CHAPITRE PREMIER.

Principes généraux de l'équilibre des Fluides.

(1). QUELS que foient le nombre, la quantité & la direction des forces qui agiffent fur un corps folide, ou fur un fyftème de corps folides, on peut toujours repréfenter les conditions de l'équilibre ou du mouvement, par des formules analytiques plus ou moins fimples, fuivant que les conditions du Problème le font plus ou moins ; & fi dans un grand nombre de cas ces formules fe trouvent trop compliquées, pour être fufceptibles d'applications fatisfaifantes & ufuelles, on doit imputer cet inconvénient à l'imperfection de l'analyfe, & non pas à la Mécanique, qui a donné tout ce qu'on étoit en droit de lui demander. La queftion n'eft pas aux mêmes termes pour les fluides ; car nous ne connoiffons point le nombre, ni la maffe, ni la figure, ni le volume des atomes qui compofent un fluide, & par conféquent nous fommes dans l'impoffibilité abfolue de foumettre directement au calcul l'action & la réaction que les molécules d'un fluide exercent les unes fur les autres en vertu des forces qui les preffent. D'ailleurs, quand même on pourroit former les équations du Problème, la pratique n'en retireroit aucune utilité, à caufe de leur complication néceffaire, & abfolument infurmontable à l'analyfe. Il faut donc appeler ici l'expérience au fecours de la Mécanique, & fonder les loix de l'équilibre & du mouvement des fluides, fur quelque propriété primitive qui foit commune à tous, & qui les caractérife d'une manière fpéciale. Or, parmi les propriétés des fluides, celle qui paroît la plus fimple, & qui dérive le plus immédiatement de leur nature, eft qu'une maffe fluide ne fauroit demeurer en équilibre, à moins qu'une particule quelconque, n'éprouve en tous fens une égale preffion. Nous allons donc prendre ce principe pour la bafe de l'Hydroftatique.

LOI FONDAMENTALE DE L'ÉQUILIBRE DES FLUIDES.

(2). *Lorfqu'une maffe fluide eft en équilibre ; de quelques forces que fes parties puiffent être animées, chaque molécule ou portion infiniment petite de la maffe eft également preffée en toutes fortes de fens. Et réciproquement, fi chaque molécule eft également preffée en tous fens, tout le fyftème fera en équilibre.*

Car, 1.° puifque toutes les particules du fluide font indépendantes les unes des autres, & parfaitement mobiles en toutes fortes de fens, il eſt viſible que ſi une molécule quelconque étoit moins preſſée d'un côté que d'un autre, elle ſe mouvroit néceſſairement vers le côté où feroit la moindre preſſion, & qu'il n'y auroit plus d'équilibre dans le ſyſtème ; ce qui eſt contraire à l'hypothèſe.

Cette loi eſt démontrée par l'expérience ; car ſi à la même profondeur d'un fluide contenu dans un vaſe, on fait aux parois une ouverture, & qu'à cette ouverture on applique un piſton pour empêcher l'écoulement, ce piſton ſera repouſſé par le fluide, avec la même force, ſoit que l'ouverture ſoit horizontale, ou inclinée d'une manière quelconque à l'horizon. Tout cela eſt également vrai pour les fluides incompreſſibles & pour les fluides élaſtiques. Sur quoi on obſervera qu'il peut ſe faire phyſiquement qu'à cauſe de l'adhérence réciproque des particules, l'équilibre ſubſiſtât quand même une molécule feroit un peu moins preſſée d'un côté que d'autre : mais cette inégalité de preſſion ne peut qu'être extrêmement petite ; & la propoſition énoncée eſt rigoureuſement vraie pour les fluides dans l'état de fluidité parfaite, tels que nous les conſidérons ici.

2.° Il n'eſt pas moins évident que ſi chaque molécule du fluide eſt également preſſée en tous ſens, elle demeurera en repos ; d'où réſultera de proche en proche le repos ou l'équilibre dans toute l'étendue de la masse.

(3). *REMARQUE.* On voit par cette propriété la différence qu'il faut mettre entre l'équilibre des solides & celui des fluides. Dans les corps solides, la connexion des parties fait qu'une force appliquée à un point quelconque, pousse parallèlement toute la masse, & que par conséquent il y aura équilibre, si à cette force on en oppose directement une autre qui lui soit égale ; dans les fluides, si chaque goutte, prise séparément, n'est pas également pressée dans tous les points de sa surface, suivant toutes sortes de sens, elle s'étendra vers les côtés où feront les moindres pressions. Suppofons, par exemple, qu'à une goutte fluide foient appliquées deux forces égales, directement oppofées, & deux autres forces, auffi égales entr'elles, directement oppofées, perpendiculaires aux deux premières ; que les deux premières foient repréfentées chacune par 1, & les deux autres, chacune par 2 : la goutte ne fera pas en équilibre ; elle s'allongera dans le fens des forces 1, & s'applatira dans le fens des forces 2 ; de plus fes parties s'échapperont par les vides compris entre les forces 1 & 2. Or, fi la goutte étoit un corps folide, elle feroit évidemment en équilibre. Ainfi, en la regardant comme fluide, elle forme un amas de particules dont le nombre & la figure font telles que la goutte ne peut pas

demeurer en équilibre, si en chaque point, &
dans tous les sens, elle n'est pas également pressée.

(4). THÉORÈME I. *Si en un endroit quelconque* M
(Fig. 1) *d'un vase* A B C D, *fermé de tous côtés,* Fig. 1.
*& plein d'une liqueur considérée comme non pesante,
on fait une ouverture à laquelle soit appliqué un piston
poussé par une force* P ; *l'action de cette force se transmettra dans tous les sens à travers la masse fluide, &
chaque point d'une goutte quelconque* f g k h *souffrira
la même pression que chaque point immédiatement contigu
à la tête du piston.*

Car la pression que souffre chaque point fluide
immédiatement contigu au piston, se transmet aux
points voisins ; chacun de ceux-ci la transmet pareillement à ses voisins ; ainsi de suite dans toute
l'étendue du fluide. La pression d'un point quelconque du fluide est donc absolument la même que
celle de tout point soumis immédiatement à l'action
du piston.

(5). COROLLAIRE I. Il suit de-là que si l'on fait
en *N* une seconde ouverture à laquelle soit appliqué un piston poussé par une force *Q*, il y aura
équilibre, ou ni l'un ni l'autre piston ne pourra
s'enfoncer, pourvu que les forces *P* & *Q* soient
entr'elles comme les ouvertures *M* & *N*, c'est-à-dire pourvu qu'on ait $P : Q :: M : N$. Car la
pression de chaque point de *M* se transmet à
chaque point de *N*, & réciproquement la pression

de chaque point de N fe tranfmet à chaque point de M; donc ces preffions partielles, qui font contraires, fe feront équilibre, fi elles font égales. Or la fomme des preffions de M ou la force P eft proportionnelle à M, & la fomme des preffions de N ou la force Q eft proportionnelle à N; d'où il fuit qu'on aura, pour l'équilibre, $P : Q :: M : N$.

Il en feroit de même pour un plus grand nombre d'ouvertures. Quel que foit ce nombre, fi l'on applique à chacune d'elles un pifton pouffé par une puiffance qui lui foit proportionnelle : toutes ces puiffances fe contre-balanceront mutuellement, & aucun des piftons ne pourra s'enfoncer & faire remonter les autres.

(6). Corollaire II. Connoiffant les deux ouvertures M & N, & l'une des puiffances, on connoîtra l'autre, puifqu'on a $Q = \dfrac{P \times N}{M}$, ou $P = \dfrac{Q \times M}{N}$.

(7). Corollaire III. On voit femblablement qu'en vertu de la force P ou Q, la face quelconque fg de la goutte $fgkh$, fouffre une preffion qui eft exprimée par $P \times \dfrac{fg}{M}$ ou par $Q \times \dfrac{fg}{N}$; car la preffion de chaque point de M ou de N fe tranfmet à chaque point de fg; & chaque point de fg réagit à fon tour, avec la même force, contre chaque point de M ou de N; donc en nommant p la preſſion totale contre fg, on aura $P : p :: M : fg$, & $Q : p :: N : fg$; donc $p = \frac{P \times fg}{M}$, ou $p = \frac{Q \times fg}{N}$.

(8). THÉORÈME II. *Si l'on imagine que la ſurface d'une maſſe fluide* A B C D O *(Fig. 2), non* Fig. 2. *peſante & parfaitement libre, ſoit partagée en une infinité d'élémens* A, B, C, D, *& qu'à tous ces élémens ſoient appliqués perpendiculairement des piſtons pouſſés par des puiſſances proportionnelles à leurs baſes; toutes ces puiſſances ſeront en équilibre.*

En effet, nous pouvons concevoir que la maſſe fluide $A B C D O$ eſt enfermée de tous côtés dans un vaſe percé d'une infinité de trous A, B, C, D, auxquels ſont appliqués des piſtons pouſſés par des puiſſances proportionnelles aux étendues de ces trous : alors on verra (5) que toutes ces puiſſances ſe balancent mutuellement & qu'aucun des piſtons ne peut s'enfoncer.

(9). *REMARQUE.* Puiſqu'aucun des piſtons ne peut s'enfoncer, il eſt évident que la maſſe fluide conſerve toujours ſa forme primitive, & que par conſéquent elle peut être conſidérée, à cet égard, comme formant un corps ſolide. Mais quelques Lecteurs douteront peut-être, ſi elle ne prendra pas, ſoit dans un ſens, ſoit dans un autre, quelque mouvement de tranſlation. Or je vais démontrer que *si tous les élémens de la surface d'un corps solide quelconque, sont poussés perpendiculairement par des puissances proportionnelles à ces élémens ; toutes ces puissances seront en équilibre ;* d'où nous conclurons que le corps demeurera dans une immobilité absolue. Allons par ordre.

(10). LEMME I. *Si les côtés d'un polygone inflexible* A B C D E (Fig. 3) *sont poussés perpendiculairement à leurs milieux, par des puissances* P, Q, R, S, T, *proportionnelles à ces côtés ; toutes ces puissances seront en équilibre.*

Fig. 3.

Menez les diagonales AC, AD ; il est démontré dans la Mécanique, que deux forces concourantes en un point, & leur résultante qui passe nécessairement par ce même point, peuvent être représentées par les côtés d'un triangle, perpendiculaires chacun à chacune des trois forces proposées. Ainsi les deux forces P & Q étant perpendiculaires & proportionnelles aux côtés AB, BC du triangle ABC, ont pour résultante une force (que je nomme X) perpendiculaire & proportionnelle au côté AC du même triangle. De plus, la force X est perpendiculaire sur le milieu de AC ; car elle doit passer par le point a de concours des deux forces composantes P, Q, qui est évidemment le centre du cercle qu'on circonscriroit au triangle ABC ; d'où il suit que la force X est perpendiculaire sur le milieu de la corde AC. On

démontrera

émontrera de la même manière que les deux forces
& *R*, concourantes au point *b*, ont pour réful-
nte une force *Y*, proportionnelle à *A D*, &
erpendiculaire fur fon milieu ; que les deux forces
& *S*, concourantes au point *c*, ont pour réful-
nte une force *Z*, proportionnelle à *A E* & per-
ndiculaire fur fon milieu ; ainfi de fuite , fi le
lygone avoit un plus grand nombre de côtés.
nc les puiffances *P*, *Q*, *R*, *S*, ont pour réfulte une force *Z* égale & directement oppofée à
dernière force *T*; donc tout le fyftème des forces
Q, *R*, *S*, *T*, eft en équilibre.

(11.) COROLL. I. La même démonftration
nt toujours lieu, quel que foit le nombre des
és du polygone, & par conféquent auffi lorfque
nombre devient infini ; on voit que fi l'on a une
rbe rentrante quelconque, inflexible, qu'on
partage en une infinité d'élémens , & qu'au
lieu de tous ces élémens on applique perpendi-
airement des puiffances qui leur foient propor-
nnelles ; ces puiffances feront en équilibre.

(12.) COROLL. II. Confidérons le polygone
CDE comme la fection qu'on formeroit en
upant un prifme droit par le milieu de fa hau-
r , & parallèlement à fes deux bafes oppofées ;
eft clair que les milieux des côtés *AB*, *BC*, &c.
nt les centres de gravité des faces rectangulaires
prifme , & que fi à ces mêmes points on ap-
ique des puiffances perpendiculaires & propor-
nnelles aux faces dont on vient de parler, ces

puiſſances auront entr'elles les mêmes rapports
que les puiſſances *P, Q, R, S, T.* Or les puiſſances *P, Q, R, S, T,* ſont en équilibre ; donc
auſſi les puiſſances perpendiculaires aux centres de
gravité des faces rectangulaires d'un priſme droit,
& proportionnelles à ces faces, ſont en équilibre.

Même réſultat, lorſque la ſection & les baſes
oppoſées du priſme ſont des courbes, & lorſqu'à
tous les points des faces rectangulaires du corps
priſmatique ſont appliquées perpendiculairement
des puiſſances égales.

Fig. 4.   (13.) **LEMME II.** *Si au point G (Fig. 4) milieu
de la largeur moyenne* E F *d'un trapèze* A C D B,
eſt appliquée une force P *perpendiculaire & proportionnelle à la ſurface du trapèze ; cette force pourra
être décompoſée en deux autres, l'une perpendiculaire
& proportionnelle à la projection orthogonale* A c d B *
*du trapèze, l'autre perpendiculaire & proportionnelle
au rectangle* L E M N F K, *qui eſt perpendiculaire
aux deux plans parallèles* A c d B , M C D N
auxquels il ſe termine.

Menez par la direction de la puiſſance *P,* &
perpendiculairement aux droites parallèles *A B,
C D, c d, L K, E F, M N,* le plan *S R T,* qui
ſera par conſéquent perpendiculaire aux quatre
plans *A C D B, A c d B, C D d c , L M N K;*

---

* On appelle *projection orthogonale* d'une figure, celle
qui eſt formée ſur un plan par des perpendiculaires abaiſſées
de tous les points de la figure propoſée.

écompofez enfuite la force P en deux autres , H, dirigées dans le plan SRT, la première V, erpendiculaire à ST, la feconde H, perpeniculaire à RT. Cela pofé, les trois forces , V, H, étant perpendiculaires aux trois tés du triangle RST, on aura

$$P : V : H :: SR : ST : RT \text{ ou } ML;$$

bien (en multipliant la fuite des conféquents r des lignes égales),

$$V : H :: SR \times EF : ST \times LK : ML \times LK$$
$$:: ACDB : AcdB : LMNK.$$

r la direction de la force V eft perpendiculaire cdB, & celle de la force H eft perpendiaire à $LMNK$, puifqu'elles font dans un plan T perpendiculaire aux deux plans $AcdB$, NK, & que de plus la première eft periculaire à ST, la feconde à RT, qui eft rallèle aux droites LM, KN. Donc, &c.

(14.) COROLL. I. Si la hauteur SR du trapèze CDB eft infiniment petite, le point G fera le ntre de gravité de ce trapèze, le point g, fitué la ligne GV, fera le centre de gravité de la ojection $AcdB$; & comme le point G eft tours le centre de gravité du rectangle $LMNK$; s'enfuit que fi au centre de gravité d'un trapèze finiment petit eft appliquée une force perpendiaire & proportionnelle à fa furface, cette force urra être décompofée en deux autres, dont la emière eft perpendiculaire au centre de gravité proportionnelle à la furface du trapèze de projection ; la seconde est perpendiculaire au centre de gravité & proportionnelle à la surface d'un rectangle qui a une base égale à la largeur moyenne du trapèze , & pour hauteur la distance comprise entre deux plans parallèles, menés par les bases opposées & parallèles du trapèze, & sur l'un desquels est faite la projection orthogonale de ce même trapèze.

(15). COROLL. II. La même hypothèse subsistant, imaginons une tranche solide infiniment mince , à bases parallèles, & dont la surface convexe soit composée d'une infinité de trapèzes tels que $ACDB$ pouffés perpendiculairement par les forces P ; & qu'on fasse les projections orthogonales de tous ces trapèzes, sur l'une des bases de la tranche. Cela posé, en substituant à la place de la force P, les deux forces H & V ; 1.° on voit (12) que les forces H, dans tout le contour de la tranche, se font équilibre ; 2.° les forces V étant perpendiculaires aux centres de gravité des trapèzes de projection , & proportionnelles à ces trapèzes , ont pour résultante une force représentée par la somme des mêmes trapèzes , & passant perpendiculairement par le centre de gravité de leur système.

(16.) DÉMONSTR. DE L'ART. 9. Partageons d'abord le corps proposé en deux parties, par un plan que je suppose horizontal , pour fixer les idées, & qui forme une section que j'appelle, par la même raison, *section principale.* Imaginons

nſuite que chaque partie ſoit diviſée en une
nfinité de tranches par des plans parallèles à la
ection principale, & qu'enfin les ſurfaces con-
exes de toutes ces tranches, ſoient partagées
hacune en une infinité de trapèzes, par des plans
erticaux. Les forces perpendiculaires aux centres
e gravité des trapèzes latéraux, & proportion-
lles à ces trapèzes, étant ſuppoſées décompoſées
acune en deux autres, l'une horizontale, l'autre
rticale : on voit, par l'article précédent, 1.°
e pour toutes les tranches qui compoſent le
rps entier, les forces horizontales ſe font équibre. 2.° Il n'eſt pas moins clair, relativement
x deux parties du corps, que la réſultante des
rces verticales, pour la partie inférieure, eſt
roportionnelle à l'aire de la ſection principale,
aſſe perpendiculairement par ſon centre de gra-
ité, agiſſant de bas en haut ; & que de même
réſultante des forces verticales, pour la partie
upérieure, eſt proportionnelle à l'aire de la ſection
rincipale, paſſe perpendiculairement par ſon
entre de gravité, agiſſant de haut en bas ; d'où
 s'enſuit que ces deux réſultantes font égales &
irectement oppoſées, & que par conſéquent
lles ſe détruiſent. Il y a donc auſſi équilibre
ntre toutes les forces verticales. Donc enfin toutes
es forces appliquées à la ſurface du corps ſe font
quilibre, & ce corps doit demeurer dans une
mmobilité abſolue.

(17.) COROLLAIRE. Concluons de tout ce

RELIURE SERRÉE

qui précède, 1.° que la maffe fluide $ABCDO$ *(Fig. 2)*, doit conferver invariablement fa figure: 2.° qu'elle ne peut recevoir aucun mouvement de tranflation.

(18.) Scholie général. On voit par les deux Théorèmes précédens, & les conféquences que nous en avons tirées, la manière dont les forces extérieures à un fluide, agiffent fur fes parties & fur les parois du vafe où il peut être contenu. Nous allons maintenant examiner les efforts qui naiffent de la pefanteur même du fluide, foit qu'ils exiftent feuls, ou qu'ils fe combinent avec des forces extérieutes.

Je fuppofe toujours avec Galilée, 1.° que la pefanteur d'un corps eft une force conftante & proportionnelle à la maffe, pour toutes les diftances qui ne diffèrent pas confidérablement les unes des autres, où ce corps peut fe trouver du centre de la terre. 2.° Que les directions des pefanteurs des parties d'un même corps qui n'eft pas très-étendu en largeur, font fenfiblement parallèles entr'elles. Quand il s'agira d'autres hypothèfes de pefanteur, je le dirai expreffément.

CHAPITRE II.

De l'équilibre d'un fluide soumis à l'action de la pesanteur ; pression qu'il exerce contre les parois & le fond du vase où il est contenu.

(19.) THÉORÈME I. *La surface d'une liqueur abandonnée à l'action libre de sa pesanteur, & en équilibre dans un vase* ABCD (Fig. 5) *qui la contient, est perpendiculaire en chacun de ses points à la direction de la pesanteur.*

Fig. 5.

Soit $A\,m\,D$ la surface libre du fluide ; une particule quelconque m est pressée par la pesanteur, suivant la direction verticale $m\,n$; représentons cette force par $m\,n$, & décomposons-là en deux autres forces $m\,p$, $m\,q$, dirigées suivant les deux élémens de la courbe $A\,m\,D$, contigus au point m. Cela posé, pour que la particule m demeure en équilibre, il faut que les forces $m\,p$, $m\,q$, soient égales chacune à chacune des forces que les particules voisines exercent contr'elle dans les sens opposés $p\,m$, $q\,m$. Or, ces dernières forces sont égales entr'elles, pour satisfaire à la loi générale de l'article 2. Donc les forces $m\,p$, $m\,q$, sont aussi égales ; donc la direction de la force $m\,n$ partage en deux parties égales l'angle $p\,m\,q$; donc elle ne penche pas plus sur l'élément $m\,p$ que sur l'élément $m\,q$, ou ce qui revient au même, elle est perpendiculaire en m à la courbe $A\,m\,D$. Et comme la même perpendicularité de la pesanteur aura également lieu dans tous les autres points de la courbe *A m D*, concluons que réciproquement la surface *A m D* du fluide est perpendiculaire en chacun de ces points à la direction de la pesanteur.

(20.) COROLLAIRE. Donc si les directions des pesanteurs de toutes les molécules du fluide vont concourir en un même point, la courbe *A m D* sera un arc de cercle; ou, la surface du fluide sera partie d'une surface sphérique dont le centre est le point de tendance de toutes les molécules.

Lorsque les dimensions de la surface d'un fluide sont très-petites par rapport au rayon de la Terre, cette surface peut être regardée comme un plan, parce qu'alors le centre de la Terre où les pesanteurs des molécules du fluide vont concourir, peut être regardé comme placé à une distance infinie. Telle est la surface d'une pièce d'eau, celle du bassin d'un jardin, &c. En effet, soit *A (Fig. 6)* le centre de la Terre supposée sphérique; *B C* un arc quelconque de sa surface; *B D* la tangente au point *B*; *A D* la sécante. M. l'Abbé Picard trouve, dans son *Traité du nivellement*, qu'en supposant le diamètre de la Terre, de 6538594 toises (ce qui est sensiblement vrai), à une distance $BD = 100$ toises, répond la différence de niveau $DC = 1\frac{1}{2}$ lignes seulement. A une distance $BD = 200$ toises, répond $DC = 5\frac{1}{3}$ lignes; à une distance $BD = 300$ toises, répond $DC = 1$ pouce, &c.

Fig. 6.

(21.) THÉORÈME II. *Si un siphon* KMNO
(Fig. 7), *de figure quelconque, & dont les branches
peuvent être égales ou inégales, contient de l'eau, ou
tout autre fluide, les surfaces* A B, D E, *de ce
fluide, dans les deux branches du siphon, seront de
niveau, c'est-à-dire, dans un même plan horizontal.*

Fig. 7.

Traçons, par la pensée, dans le réservoir
FGHL (*Fig. 8*), un siphon *KMNO* parfaitement égal à celui qui est proposé ; & imaginons
ensuite que l'eau du réservoir, à l'exception de
la partie *A B M D E N* qui répond au siphon
fictif, vienne à se durcir sans changer de place
ni de volume ; il est clair que la portion d'eau,
demeurée liquide, sera dans le même état de
compression & de stagnation, qu'elle étoit avant
que le reste de la masse se durcît, & que par
conséquent les deux surfaces *A B, D E* demeureront de niveau. Or tout est le même dans les
deux siphons des *Figures 7 & 8* ; donc les surfaces *A B, D E*, étant de niveau dans celui de la
Figure 8, le sont aussi dans celui de la *Figure 7*.

Fig. 8.

(22.) COROLLAIRE. Le mécanisme des
siphons s'applique à une infinité de phénomènes
de la Nature. Ainsi, par exemple, si on creuse un
puits dans le voisinage d'un étang, d'une mer,
d'une rivière, &c, l'eau montera dans ce puits, &
s'y mettra de niveau avec les eaux environnantes,
parce que le puits & le réservoir voisin peuvent
être regardés comme les deux branches ascendantes

d'un fiphon, lefquelles communiquent enfemble au moyen des fentes & des crevaffes qui fe trouvent dans l'intérieur de la terre. De même, l'eau qu'on amène d'un point à un autre par un long tuyau, comme, par exemple, l'eau deftinée à former une fontaine publique, fe mettroit de niveau aux deux extrémités de la conduite, fi le point d'arrivée étoit auffi élevé que celui de départ ; mais le point d'arrivée étant plus bas que celui de départ, l'eau coule & forme la fontaine defirée.

(23.) *REMARQUE.* L'art du nivellement eft fondé fur la propofition précédente. Mon objet n'eft point d'enfeigner ici cet Art qu'on peut apprendre dans d'autres Ouvrages, & en particulier dans le *Traité de M. l'Abbé Picard ;* mais je crois devoir expliquer brièvement une méthode très-commode de tenir l'état d'un nivellement, & de s'épargner la peine de faire une multitude de profils.

Fig. 9. Soient $A, B, C, D, E,$ *(Fig. 9)* un nombre quelconque d'objets dont on veut déterminer la pofition refpective par rapport à un même plan horizontal. Confidérons ces objets comme s'ils étoient placés au fond d'une mer dont MN feroit le niveau ; il eft clair que la pofition des points propofés fera connue par rapport au plan horizontal MN, fi l'on parvient à connoître les lignes verticales $Aa, Bb, Cc, Dd, Ee.$ Feignons que le plan MN foit élevé au-deffus du point A de départ, d'une quantité donnée & arbitraire, par exemple, de 100 pieds : vous écrirez 100 au point *A*, fur une carte ou brouillon de carte qui fert à repréfenter, au moins groffièrement , le terrein. L'inftrument à niveller étant placé en *A*, le premier coup de niveau vous fera connoître de combien le point *A* eft plus élevé que le point *B*; fuppofons que cette élévation foit de 3 pieds ; vous écrirez fur la carte, 103 au point *B*, ce qui veut dire que la verticale *A a* étant de 100 pieds, la verticale *B b* eft de 103 pieds. Tranfportez l'inftrument de *A* en *B*, & regardez le point *B* comme le point du départ ; le coup de niveau donné de *B* en *C*, vous fera connoître de combien le point *B* eft plus élevé que le point *C*; foit cette élé-ation de 4 pieds 6 pouces; vous écrirez fur la carte au point *C*, 107 pieds 6 pouces pour la valeur de *C c*. En continuant à opérer toujours de la même manière, vous parviendrez à déterminer fucceffivement les cotes des autres points ; je fuppofe que les cotes trouvées foient telles que la *figure 9* les repréfente. Maintenant , voulez-vous favoir de combien le point *A* eft plus élevé que le point *C*? Retranchez la cote de *A*, de celle de *C*, c'eft-à-dire, 100 pieds de 107 pieds 6 pouces, le refte 7 pieds 6 pouces eft la hauteur demandée. Voulez-vous favoir de combien le point *A* eft plus élevé que le point *E*? Retranchez 100 pieds de 101 pieds, le refte 1 pied eft la hauteur demandée , &c.

On ne fe borne pas ordinairement à niveller

un terrein, c'est-à-dire; à déterminer la position des objets par rapport au plan de l'horizon; on mesure encore les distances des objets & les angles que ces distances forment entr'elles, pour avoir la représentation complète du terrein.

(24.) SCHOLIE. On doit remarquer que la proposition de l'*article 21*, souffre une restriction dans l'état naturel & physique des fluides. Pour que la liqueur se mette réellement de niveau dans les deux branches du siphon, il faut qu'elles aient l'une & l'autre une certaine grosseur, sans que néanmoins il soit nécessaire pour cela qu'elles aient la même capacité, ni la même figure. Mais lorsque l'une des branches est fort mince, que, par exemple son diamètre n'excède pas 2 lignes environ, tandis que celui de l'autre est plus considérable; alors la liqueur ne se met plus de niveau dans les deux branches. La plupart des liqueurs, comme le vin, l'eau, l'huile, l'esprit-de-vin, &c. montent plus haut dans la petite branche (qu'on nomme *capillaire*, du mot latin *capillus*, cheveu), que dans l'autre ; au contraire le mercure se tient plus bas dans la branche capillaire que dans la grosse branche. Ces phénomènes ont une cause particulière dont la recherche appartient à la Physique *. Ici je fais abstraction de cette cause, & je considère les fluides comme simplement soumis à l'action

---

* Voyez à ce sujet le *Traité de la figure de la Terre*, de M. Clairaut ; & les *Institutions newtoniennes*, de M. l'abbé Sigorgne.

de la pefanteur qui les pouffe vers le centre de la Terre; d'où il fuit qu'alors ils doivent toujours fe mettre de niveau dans les deux branches du fiphon, quel que foit le rapport des diamètres de ces branches.

(25.) THÉORÈME III. *La liqueur contenue dans e vafe* A B C D *(Fig. 10) étant en repos, & fou- ife à la feule action de la pefanteur; une particule uelconque* m *eft également preffée en tous fens avec ne force égale au poids de la petite colonne* o m *qui lui répond verticalement.* Fig. 10.

En effet, 1.° la particule *m* eft également reffée en toutes fortes de fens, autrement elle e feroit pas en équilibre (2).

2.° La preffion qu'elle fouffre eft égale au oids abfolu de la petite colonne *o m;* car fi l'on onçoit que la maffe entière du fluide, à l'ex- eption de la colonne *o m,* vienne à fe durcir ns pouvoir changer de place ni de volume, la articule *m* demeure toujours dans le même état compreffion qu'auparavant. Or, lorfque le et *o m* eft feul fluide, le refte de la maffe étant urci, elle porte évidemment le poids entier de e filet *o m.* Donc la mefure de la preffion qu'elle ouffre dans tous les fens, eft le poids abfolu de a même colonne *o m.*

(26.) COROLLAIRE I. Imaginons une courbe uelconque *F m Q (Fig. 11)* qui touche la par- icule *m* du côté de la paroi *A B,* & fuppofons Fig. 11.

que la portion de liqueur $A\,F\,m\,Q\,B$ fe durciffe fans pouvoir changer de place ni de volume ; la particule m eft toujours preffée en tous fens, de la même manière que fi la maffe entière étoit demeurée fluide. On peut auffi concevoir, fans troubler l'équilibre, que la portion quelconque $D\,H\,S\,C$ de liqueur eft encore durcie. Donc fi l'on a un vafe quelconque $F\,Q\,S\,H$ (*Fig. 12*), un point quelconque m de fes parois eft preffé par le fluide avec une force égale au poids abfolu du petit filet vertical $o\,m$ qui fe termineroit à la furface du fluide , prolongée s'il eft néceffaire; car on peut regarder la liqueur du vafe $F\,Q\,S\,H$ (*Fig. 12*) comme la portion $F\,Q\,S\,H$ de liqueur du vafe repréfenté (*Fig. 11*), les deux portions $A\,F\,m\,Q\,B$, $D\,H\,S\,C$, étant fuppofées durcies.

(27). C{\sc orollaire} II. Soit $m\,y$ une partie quelconque infiniment petite des parois du vafe $F\,Q\,S\,H$ (*Fig. 12*); la preffion perpendiculaire que cette partie fouffre , eft en raifon compofée du nombre de molécules qui couvrent la petite furface $m\,y$, & de la hauteur verticale $o\,m$ qu'on peut regarder comme la même pour tous les points de l'élément $m\,y$. Ainfi en nommant p la pefanteur fpécifique de la liqueur, la preffion dont il s'agit fera exprimée par $p \times o\,m \times m\,y$, puifque (*N{\sc ot}. G{\sc én}. art. v*) le poids abfolu eft le produit de la pefanteur fpécifique par le volume.

(28.) T{\sc héorème} IV. *La liqueur contenue dans le vafe* A B C D (Fig. 13) *étant en repos, &*

oumise à la seule action de la pesanteur : la somme des
ressions perpendiculaires que souffrent tous les élémens
d'une partie quelconque finie f n r du fond ou des parois
u vase, est égale au poids absolu d'une colonne qui auroit
our base la surface f n r (convertie en une surface
lane, s'il est nécessaire), & pour hauteur la distance
erticale G O du centre de gravité G de la même
urface f n r, à la surface A D du fluide.

Partagez la surface *f n r* en une infinité d'élémens *f g, g x, x y,* &c; & menez les verti-
ales *f t, g u, x z,* &c, terminées par la surface
u fluide. En nommant *p* la pesanteur spécifique
u fluide, les pressions perpendiculaires que
ouffrent les élémens *f g, g x, x y,* &c, sont
eprésentées respectivement par les produits
$\times f g \times f t, p \times g x \times g u, p \times x y \times x z,$ &c. Or,
l'on considère ces produits comme les momens
'autant de petits poids, par rapport au plan de
iveau de la liqueur, on aura, par la Mécanique,
$$\times f g \times f t + p \times g x \times g u + p \times x y$$
$$x z + \&c. = p \times (f g + g x + x y + \&c.)$$
$$G O = p \times f n r \times G O ;$$ ce qui revient à l'énoncé
u Théorème.

(29.) COROLLAIRE I. Donc si le fond *B C*
Fig. 14, 15, 16) d'un vase de figure quel-
onque est horizontal, la pression que ce fond
ouffre est exprimée par $p \times B C \times G O,$ *p* étant
a pesanteur spécifique du fluide, *G O* la verticale
levée par le centre de gravité *G* du fond *B C,*

Fig. 14,
15 & 16.

& terminée par la furface du fluide, prolongée lorfqu'il eft néceffaire.

On voit par-là que fi les fonds des trois vafes, repréfentés dans les *Figures 14, 15, 16,* font égaux, & que la même liqueur foit à même hauteur au-deffus du fond, dans les trois vafes, on voit, dis-je, que les fonds fouffriront des preffions égales. Il eft en effet évident que fi l'on mène (*Fig. 15, 16*) les verticales *B m, C n;* qu'enfuite on fuppofe (*Fig. 15*) que les deux portions de liqueur *A B m, D C n,* fe durciffent en confervant toujours la même place & le même volume, & que (*Fig. 16*) les efpaces *A B m, D C n* étant fuppofés remplis de liqueur, les parois *A B, D C* s'anéantiffent, tout demeure le même qu'auparavant, & les trois fonds doivent être également preffés.

(30.) COROLL. II. Il peut donc fe faire que la preffion du fond d'un vafe, & le poids total de la liqueur contenue dans ce vafe foient des chofes très-différentes. Dans le vafe cylindrique de la *Figure 14,* la preffion du fond eft égale au poids de toute la liqueur; mais dans les vafes des *Figures 15 & 16,* la première force eft moindre ou plus grande que la feconde.

Lorfqu'on a un vafe rempli d'eau à foulever verticalement, ou à foutenir fur un plan incliné, il faut avoir égard, dans le calcul de la puiffance, au poids abfolu de l'eau & du vafe, & nullement à la preffion contre les fonds & contre les parois;

car

r alors on peut confidérer à chaque inftant le
ftème comme ne faifant qu'une feule & même
affe folide.

(31.) COROL. III. Soit DC *(Fig. 17)* Fig. 17.
e furface rectangulaire verticale, comme, par
emple, une vanne d'éclufe, expofée à la preffion
la maffe d'eaux dormantes $DABC$, dont
tendue horizontale DA eft auffi grande ou
i petite qu'on voudra, car cela eft abfolument
ifférent quant à l'effet de la preffion. Soit G
milieu ou centre de gravité de la furface DC;
mmons a fon côté horizontal. Cela pofé,
la preffion perpendiculaire que fupporte la
face DC, eft $p \times a \times DC \times GD$, ou $p \times a$
$\dfrac{(DC)^2}{2}$, p étant la pefanteur fpécifique de l'eau.

nfi pour faire une application particulière, fi
n fuppofe $a = 3$ pieds, $DC = 12$ pieds, &
nféquemment $a \times \dfrac{(DC)^2}{2} = 216$ pieds cubes;
'enfuite on fe rappelle que le pied cube d'eaux
ces pèfe 70 livres, ce qui donne $p = 70$ livres,
prenant le pied cube pour l'unité de mefure du
lume : on trouvera que la valeur de la preffion
$\times a \times \dfrac{(DC)^2}{2}$ eft 15120 livres.

2.° Pour déterminer le centre P de *preffion*, c'eft-
-dire, le point par où paffe la réfultante de
utes les preffions contre tous les points de DC,
partage DC en une infinité d'élémens Rr, &

Tome I. C

j'obferve que le moment de la preffion totale

$$p \times a \times \frac{(DC)^2}{2}$$ devant être égal (par les principes

de la Statique) à la fomme des momens des preffions élémentaires contre tous les Rr, on a l'équation

$$p \times a \times \frac{(DC)^2}{2} \times PD = \int p \times a \times Rr \times DR \times DR$$

ou bien $$\frac{(DC)^2}{2} \times PD = \int Rr \times (RD)^2.$$

Or la fomme des quantités $Rr \times (RD)^2$, prife dans toute la hauteur DC, compofe évidemment une pyramide dont la bafe $= (DC)^2$ & la hauteur $= DC$. Donc $$\frac{(DC)^2 \times PD}{2} = \frac{(DC)^3}{3};$$ & par conféquent $PD = \frac{2}{3} DC$. Le centre de preffion eft donc placé aux deux tiers de la hauteur DC, à compter de la furface du fluide. Ce point eft celui du plus grand effort des eaux, & confé- quemment l'endroit où il faudroit appliquer per- pendiculairement la force deftinée à foutenir la pouffée des eaux, la furface DC étant fuppofée d'ailleurs parfaitement libre & deftituée de tout autre appui.

On trouveroit femblablement la preffion & le centre de preffion, fi la furface DC étoit inclinée.

(32.) **COROL. IV.** On a vu (5) que les
Fig. 1. deux puiffances P & Q (*Fig. 1*) appliquées à deux piftons qui preffent un fluide contenu dans un vafe fermé de tous côtés, excepté en M & N

doivent être entr'elles comme les ouvertures M & N, pour se faire mutuellement équilibre; ce qui donne $Q = P \times \dfrac{N}{M}$. Suppofons maintenant que la puiffance appliquée en N ait non-feulement à contre-balancer la puiffance P, mais encore la reffion qui réfulte contre N en vertu du poids u fluide : alors cette dernière preffion étant $\times N \times ND$, où p eft la pefanteur fpécifique du uide, il eft clair que la puiffance appliquée en N evra avoir pour valeur $P \times \dfrac{N}{M} + p \times N \times ND$.

Quant à la force néceffaire pour foutenir le afe : fi on le fuppofe placé fur une table horintale, cette table fupportera un effort égal à fomme faite du poids du vafe, du poids de eau, & d'un poids égal à la puiffance P, cette uiffance étant fuppofée agir verticalement de haut n bas. De plus, il faudra que l'effort de la puifnce Q foit détruit par le frottement du vafe r la table, ou par un effort égal & conaire à Q.

CHAPITRE III.

De l'équilibre & de la preſſion des fluides mixtes ou des fluides dont la denſité eſt variable.

(33.) **T**HÉORÈME I. *Deux fluides de différentes* eſpèces A F I G, E D M K (Fig. 18), *dont les baſes* A F, E D *ſont de niveau, & dont les preſſions en s'exerçant ſur le fluide quelconque interpoſé* A BC D, *ſe balancent mutuellement, ont des hauteurs* A H, E K *réciproquement proportionnelles à leurs peſanteurs ſpécifiques.*

En effet, les preſſions des deux fluides $AFIG$, $EDMK$, ſur leurs baſes, doivent être regardées comme des poids, qui preſſant la ſurface du fluide $ABCD$, ſe font équilibre ; & par conſéquent (5) ces preſſions ſont entr'elles comme les baſes AF, ED. Or, en nommant p la peſanteur ſpécifique du fluide $AFIG$, H ſa hauteur AH, ϖ la peſanteur ſpécifique du fluide $EDMK$, h ſa hauteur EK: les preſſions dont il s'agit ſont reſpectivement (29), $p \times H \times AF$, $\varpi \times h \times ED$. Ainſi on a la proportion $p \times H \times AF : \varpi \times h \times ED :: AF : ED$; d'où l'on tire $p \times H = \varpi \times h$, & $H : h :: \varpi : p$.

Par exemple, ſi le fluide $AFIG$ eſt de l'eau, & le fluide $EDMK$, du mercure, on aura, $p : \varpi :: 1 : 14$, & par conſéquent $H : h :: 14 : 1$.

'où il fuit que, pour contre-balancer une colonne
'eau de 32 pieds de hauteur, il faut employer
ne colonne de mercure, qui ait, à peu de chofe
rès, 28 pouces de hauteur.

(34.) COROLLAIRE I. Donc fi un fluide,
ont la pefanteur fpécifique eft ϖ, preffe fous une
auteur h, une furface, ou un autre fluide, on
ourra fubftituer à cette preffion la preffion d'un
uide dont la pefanteur fpécifique foit p, en
onnant à ce dernier fluide une hauteur exprimée
r $\dfrac{\varpi \times h}{p}$.

(35.) COROLLAIRE II. De-là fuit la manière de
terminer la preffion fur la bafe MN *(Fig. 19)*   Fig. 19.
n vafe qui contiendroit des couches horizontales
différens fluides $MNKD$, $DKGC$, $CGFB$,
FEA; car foient ML, LP, PQ, QH, les
uteurs ou épaiffeurs verticales de ces couches;
p', p'', p''', leurs pefanteurs fpécifiques: la pref-
n du fond MN fera la même que fi, à la
ce des couches fupérieures $DKGC$, $CGFB$,
FEA, on fubftitue d'autres couches pareilles
la couche inférieure $MNKD$, & dont les
uteurs foient refpectivement $\dfrac{p' \times LP}{p}$, $\dfrac{p'' \times PQ}{p}$,

$\dfrac{''' \times QH}{p}$; donc (29) la preffion de $MN =$

$$\times MN \times \left(ML + \frac{p' \times LP}{p} + \frac{p'' \times PQ}{p} + \right.$$

$$\left. \frac{''' \times QH}{p} \right) = MN \times (p \times ML + p' \times LP +$$

$p'' \times PQ + p''' \times QH$). C'eſt-à-dire, que *pour avoir la preſſion du fond* M N, *il faut multiplier ce fond par la ſomme des produits des hauteurs & des peſanteurs ſpécifiques des couches fluides contenues dans le vaſe.*

(36.) THÉORÈME II. *Le fluide* A B C (Fig. 20), *peſant & contenu dans un vaſe, étant ſuppoſé compoſé d'une infinité de couches, dont la denſité varie ſuivant une loi quelconque; il y aura équilibre dans ce fluide, ſi toutes les couches ſont de niveau, ou perpendiculaires à la direction de la peſanteur.*

Imaginons d'abord que la couche la plus baſſe *M N B*, exiſte ſeule, & qu'elle ſoit en équilibre: ſa ſurface *M N* ſera horizontale (19). D'un autre côté, il eſt clair (8) que cette couche conſervera ſon état, ſi à chacun de ſes points on applique perpendiculairement des puiſſances égales de quantités quelconques; car qu'elle ſoit peſante ou non, les efforts de ces puiſſances agiſſent de la même manière les uns contre les autres & contre les parois du vaſe. Or, les puiſſances dont il s'agit ne ſont autre choſe que les preſſions réſultantes du poids des tranches ſupérieures *M N Q P, P Q S R. . . . . D E C A;* & on voit que tous les points de *M N* ſouffriront des preſſions égales, ſi tous les plans *P Q, R S. . . . . . D E, A C,* ſont horizontaux. Par conſéquent, dans cette hypo-thèſe, la tranche *M N B* eſt en équilibre. On prouvera de même que la tranche *M N Q P* eſt en équilibre, lorſque les plans *R S. . . . D E, A C,*

nt horizontaux; ainsi de suite. Il y a donc équi-
re dans toute l'étendue du fluide, lorsque ses
uches sont horizontales.

(37.) PROBLÈME. *Déterminer la pression que
uide du Théorème précédent exerce contre une partie
lconque des parois du vase ?*

Par le point B, le plus bas du fluide, soit
vée la verticale BH; on voit, par exemple,
le point B porte tout le poids du filet ver-
l BH, ou la somme des poids des filets partiels
, bc, bd, &c. Or, si l'on nomme respecti-
ent ϖ, ϖ', ϖ'', &c. les densités ou pesanteurs
ifiques des tranches MNB, $MNQP$,
RS, &c : le poids du filet $Bb = \varpi \times Bb$;
du filet $bc = \varpi' \times bc$; celui du filet $cd =$
cd, &c. Ainsi la pression du point B a pour
ur $\varpi \times Bb + \varpi' \times bc + \varpi'' \times cd + $ &c.
comme cette valeur est la même chose que

$$\left(Bb + \frac{\varpi' \times bc}{\varpi} + \frac{\varpi'' \times cd}{\varpi} + \&c.\right),$$

$$' \times \left(bc + \frac{\varpi \times Bb}{\varpi'} + \frac{\varpi'' \times cd}{\varpi'} + \&c.\right),$$

$$'' \times \left(cd + \frac{\varpi \times Bb}{\varpi''} + \frac{\varpi' \times bc}{\varpi''} + \&c.\right),$$

, &c : on voit qu'on peut substituer au fluide
posé, un fluide dont la densité est la même
toute la hauteur BH.

u'on mène par les deux points quelconques
, infiniment voisins, les deux plans horizontaux
, $g\,t$, lesquels déterminent les deux élémens
, Tt, des parois du vase. Il résulte sur chaque

point de Gg ou de Tt, une preſſion perpendiculaire égale à la preſſion du point F; ce qui eſt évident (25), en ſubſtituant à notre fluide un fluide dont la denſité ſoit conſtante. Or la preſſion du point F eſt le poids abſolu du filet vertical HF, & comme, en faiſant $HF = x$, la denſité ou la peſanteur ſpécifique du fluide en $F = \varphi$, le poids du filet HF eſt évidemment $\int \varphi \, dx$, il s'enſuit que la preſſion perpendiculaire que ſouffre Gg, eſt $Gg \times \int \varphi \, dx$, & que la ſomme des preſſions contre AG eſt $\int Gg \times \int \varphi \, dx$. Faiſons quelques applications particulières de cette formule.

EXEMPLE I. *On demande la preſſion que ſupporte le fond horizontal* KD *du vaſe* $AKDC$ (Fig. 21), *les denſités des tranches* GT, MN, *étant entr'elles comme les hauteurs* HF, Hb!

Soient $HB = a$, la denſité du fluide en $KD = \varpi$; on aura, $\varphi = \dfrac{\varpi x}{a}$, $\int \varphi \, dx$

$$= \int \frac{\varpi x \, dx}{a} = \frac{\varpi x^2}{2a} = \frac{\varpi a}{2}, \text{ en faiſant } x = a.$$

Donc la preſſion du fond KD ſera $\dfrac{\varpi a}{2} \times KD$.

Ce réſultat peut ſe trouver par les ſimples élémens de la Géométrie, en conſidérant que les denſités peuvent être cenſées former une progreſſion arithmétique, dont le premier terme, qui répond au point H, eſt zéro, le dernier ϖ, & le nombre des termes, HB.

EXEMPLE II. *Le vaſe* $AKDC$ (Fig. 22) *étant ſuppoſé rectangulaire, on demande la preſſion*

que souffre la partie V Y de la paroi verticale A K,
les densités du fluide étant proportionnelles aux hauteurs, comme dans l'exemple précédent ?

En faisant $HB = a$, la densité du fluide en $D = \varpi$, on aura, $\varphi = \dfrac{\varpi\, x}{a}$, $\int \varphi\, dx$

$\int \dfrac{\varpi\, x\, dx}{a} = \dfrac{\varpi\, x^2}{2a}$; & $\int G g \int \varphi\, dx =$

$\dfrac{\varpi\, x^2\, dx}{2a} = \dfrac{\varpi\, x^3}{6a} + A$. La constante A doit

être telle que l'intégrale ou la pression s'évanouisse, lorsque $x = AV$; ce qui donne $A =$

$\dfrac{\varpi \times (AV)^3}{6\,HB}$. Faisant ensuite $x = AY$, on

ra $\dfrac{\varpi \times (AY)^3 - \varpi \times (AV)^3}{6\,HB}$, pour la valeur totale

la pression contre **V Y**.

On pourroit parvenir au même résultat, sans
secours du Calcul intégral, en considérant que les
ids absolus des filets **H F**, & par conséquent
ssi les pressions contre les élémens de **V Y**,
oissent comme les carrés des hauteurs **H F**, ou
mme les élémens d'un tronc de pyramide, lequel
pour hauteur **V Y**, pour base supérieure $\dfrac{\varpi \times (AV)^2}{2\,HB}$,

pour base inférieure $\dfrac{\varpi \times (AY)^2}{2\,HB}$. D'où il suit

e la valeur de ce tronc, ou de la pression contre

Y, est $\dfrac{\varpi \times (AY)^2}{2\,HB} \times \dfrac{AY}{3} - \dfrac{\varpi \times (AV)^2}{2\,HB} \times \dfrac{AV}{3}$,

u $\dfrac{\varpi \times (AY)^3 - \varpi \times (AV)^3}{6\,HB}$.

CHAPITRE IV.

De l'épaisseur que doivent avoir les tuyaux de conduite, pour résister à la pression des fluides stagnans.

(38.) ON appelle *tuyaux de conduite*, les tuyaux qui mènent l'eau d'un réservoir à un endroit plus bas, pour y former un jet d'eau, une fontaine, &c.

Fig. 23. (39). LEMME. *Si à tous les angles d'un polygone régulier flexible* A B C D E F (Fig. 23), *sont appliquées des puissances* P, Q, R, &c. *dirigées du centre* O *à la circonférence, & en équilibre :* 1.° *toutes ces puissances sont égales ;* 2.° *tous les côtés du polygone sont également tendus ;* 3.° *la somme de toutes les puissances est à la tension de l'un quelconque des côtés du polygone, comme le contour du polygone est au rayon du cercle circonscrit.*

Prenez arbitrairement, sur la direction de l'une P des puissances, la partie Ay pour la représenter, & achevez le parallélogramme $Axyz$, dont les côtés Ax, Az tombent sur les côtés AB, AF du polygone. La puissance P, la tension du cordon AB, & celle du cordon AF étant en équilibre feront proportionnelles aux trois lignes Ay, Ax, xy, ou (à cause des deux triangles isoscèles semblables xAy, OAB), aux trois lignes AB,

B, OA; de même la puiſſance Q, la tenſion
u cordon BC, & celle du cordon BA, ſont
roportionnelles aux trois lignes BC, OC, OB;
inſi de ſuite. Or, dans toutes ces ſuites de pro-
ortionnelles, il règne évidemment le même
apport, puiſqu'en vertu de l'équilibre, chaque
ôté du polygone eſt également tendu en ſens
ppoſés. Ainſi en nommant x, g, h, k, l, ζ
es tenſions des côtés AB, BC, CD, &c. du
olygone, on aura $P : Q : R : S : T : V : x : g$
$h : k : l : \zeta :: AB : BC : CD : DE : EF : FA$
$OB : OC : OD : OE : OF : OA$. Donc 1.° à cauſe
e $AB = BC = CD = DE = EF = FA$,
n aura $P = Q = R = S = T = V$. 2.° A cauſe
e $OB = OC = OD = OE = OF = OA$,
n aura $x = g = h = k = l = \zeta$. 3.° On aura
$+ Q + R + S + T + V : x :: AB$
$BC + CD + DE + EF + FA : OB$.

(40). **Théorème.** *Si l'on a* (Fig. 24 & 25) Fig. 24 & 25.
eux cylindres flexibles **ABCD**, **abcd**, *droits*
inclinés, remplis de liqueurs de différentes eſpèces;
s tenſions des deux circonférences **BMNC**, **bmnc**
es baſes, ſuivant les direΓtions des tangentes en chacun
c leurs points, ſeront entr'elles en raiſon compoſée de
urs rayons **BH**, **bh**, *des peſanteurs ſpécifiques des*
queurs, & des hauteurs verticales des cylindres.

Je ſuppoſe que les baſes ***BMNC***, ***bmnc***, ſont
orizontales, ou que du moins tous leurs points
uiſſent, dans chaque cylindre, être regardés comme
galement éloignés des ſurfaces ſupérieures des

fluides ; ce qui a lieu dans la pratique , puifqu'on ne cherche les épaiffeurs des tuyaux , que pour des tuyaux dont les hauteurs font confidérables en comparaifon de leurs diamètres.

Soient AB, ab les hauteurs verticales de nos deux cylindres ; p & ϖ les pefanteurs fpécifiques des deux liqueurs ; F & f les tenfions des deux circonfé-rences $BMNC$, $bmnc$. Il eft clair que les fommes des preffions exercées du dedans au dehors, fuivant les directions des rayons , fur tous les points des deux circonférences $BMNC$, $bmnc$, par les fluides $ABCD$, $abcd$, font exprimées par les pro-duits $p \times BMNC \times AB$, & $\varpi \times bmnc \times ab$. Or, par l'article précédent, on a les deux proportions:

$$p \times BMNC \times AB : F :: BMNC : BH,$$
$$\varpi \times bmnc \times ab : f :: bmnc : bh.$$

Mais les circonférences $BMNC$, $bmnc$, font en-tr'elles comme leurs rayons BH, bh, c'eft-à-dire, $BMNC : BH :: bmnc : bh$. Donc on aura $p \times BMNC \times AB : F :: \varpi \times bmnc \times ab : f$; ou bien $F : f :: p \times BMNC \times AB : \varpi \times bmnc \times ab$; ou bien encore (en mettant pour la raifon de $BMNC$ à $bmnc$ celle de BH à bh),

$$F : f :: p \times BH \times AB : \varpi \times bh \times ab.$$

(41.) PROBLÈME. *Déterminer le rapport des épaiffeurs que doivent avoir deux cylindres compofés d'anneaux flexibles pour réfifter aux efforts de deux fluides qui tendent à les rompre ?*

Coupons les deux cylindres de l'article précédeut

ivant leurs bafes $BMNC, bmnc$; & foient
Fig. 26 & 27), les deux couronnes ou anneaux
$SERKM, bserkm$, les fections réfultantes.
iaginons que ces anneaux foient compofés d'une
finité de filets repréfentés par les circonférences
$YVZ, xyvz$; les réfiftances qu'ils oppofent à
ur rupture, font évidemment en raifon compofée
s nombres de filets, ou des épaiffeurs BS, bs, &
es ténacités des matières qui forment les tuyaux.
onc, en nommant R & r les deux réfiftances
nt il s'agit; E & e les épaiffeurs BS & bs;
& t les ténacités des matières dont les tuyaux
nt faits : on aura $R : r :: ET : et$. Or, pour
'il y ait équilibre, il faut que les forces R
r foient égales refpectivement aux forces F &
dont il a été parlé dans l'article précédent.
onc, en nommant H & h les hauteurs des
ueurs dans les deux cylindres, D & d les
amètres des bafes des mêmes cylindres : on aura

$$T : et :: \frac{p \times H \times D}{2} : \frac{\varpi \times h \times d}{2}.$$

onc $E : e :: \frac{p \times H \times D}{T} : \frac{\varpi \times h \times d}{t}$, c'eft-à-

e, que les épaiffeurs des deux anneaux pro-
fés, font comme les produits des pefanteurs
écifiques des liqueurs, des hauteurs des liqueurs,
s diamètres des tuyaux, divifés par les ténacités
s matières dont les tuyaux font compofés.

(42.) COROLLAIRE I. Lorfque les liqueurs
nt de même efpèce auffi-bien que les matières

dont les tuyaux font faits, on a $p = \varpi$, $T = t$, & la proportion précédente devient $E : e :: HD : hd$.

(43.) COROLL. II. Si on a $p = \varpi$, $T = t$, $D = d$, on aura $E : e :: H : h$. Par où l'on voit que toutes chofes d'ailleurs égales, l'épaiffeur d'un anneau doit être d'autant plus grande que la hauteur du fluide placé au-deffus eft plus grande.

Ainfi on fe jette dans une dépenfe fuperflue & abfolument inutile, en donnant la même épaiffeur à tous les tuyaux d'affemblage qui doivent former une conduite deftinée à foutenir l'eau à une hauteur confidérable ; car fi les parties inférieures ont une épaiffeur fuffifante, comme elles doivent l'avoir en effet, les parties fupérieures ont néceffairement trop d'épaiffeur. On fait cette faute en une infinité d'occafions : on l'a faite notamment dans les anciens tuyaux de la Machine de Marly. Il feroit pourtant bien aifé d'avoir des tuyaux d'affemblage de même diamètre intérieur, & de trois ou quatre épaiffeurs différentes ; de placer en bas les tuyaux les plus épais, & fucceffivement les autres à raifon des différentes hauteurs de l'eau.

(44). SCHOLIE. Pour pouvoir appliquer la théorie précédente à la pratique, il faut connoître par une expérience immédiate, l'épaiffeur qu'un certain tuyau doit avoir pour réfifter à la preffion d'un fluide donné ; il faut de plus connoître les ténacités des matières dont les tuyaux peuvent être compofés. Les Auteurs qui ont fait des expériences de ce genre, donnent des réfultats quelquefois très-différens les uns des autres. Je vais déterminer les épaisseurs des tuyaux de plomb & de cuivre, d'après une expérience faite autrefois à Versailles, & une proposition de M. Mariotte, rapportées l'une & l'autre dans un recueil qui a pour titre : *Divers ouvrages de Mathématiques & de Physique, par M.^{rs} de l'Académie Royale des Sciences ;* Paris, 1693.

L'expérience est *qu'un tuyau de plomb de 16 pouces de diamètre, épais de 6 ½ lignes, a soutenu 50 pieds de charge d'eau* (page 516 de l'ouvrage cité).

La proposition de M. Mariotte est *qu'un tuyau de cuivre de 6 pouces de diamètre, sous 30 pieds de charge d'eau, doit avoir ½ ligne d'épaisseur* (page 513).

Il peut se faire que les épaisseurs dont il s'agit soient plus grandes qu'il ne les faudroit pour le simple état d'équilibre ; car il n'est point dit dans l'expérience citée, qu'on ait diminué l'épaisseur du plomb, jusqu'à ce que le tuyau vînt à crever ; ni dans la proposition de M. Mariotte, qu'on ait soumis le cuivre à la même épreuve. Mais on fait très-sagement dans la pratique de porter ainsi les mesures au-delà des limites de l'équilibre.

En appliquant aux deux hypothèses précédentes, la proportion générale de l'article 41, $E : e$

$$: \frac{p \times H \times D}{T} : \frac{\varpi \times h \times d}{t}, \text{ elle deviendra } 6 \, \frac{1}{2} : \frac{1}{2}$$

$$: \frac{50 \times 16}{T} : \frac{30 \times 6}{t} ; \text{ d'où résulte } \frac{T}{t} = \frac{40}{117}.$$

le rapport de la ténacité du plomb à celle du

cuivre, eſt fort différent de celui qu'on trouveroit en comparant enſemble les poids que deux fils., l'un de plomb, l'autre de cuivre, peuvent ſoutenir ſans ſe rompre. Néanmoins, dans les applications que nous allons faire de nos formules, nous adopterons l'expérience de Verſailles, & la propoſition de M. Mariotte, comme étant immédiatement fondées ſur des élémens ſemblables à ceux des queſtions que nous avons à réſoudre.

EXEMPLE I. *On propoſe de déterminer l'épaiſſeur que doit avoir un tuyau de plomb de 6 pouces de diamètre, & qui doit ſoutenir l'effort d'une colonne d'eau de 100 pieds de hauteur?*

En nommant x l'épaiſſeur cherchée, on aura $50 \times 16 : 100 \times 6 : : 6\frac{1}{2}$ lignes $: x = 4\frac{7}{8}$ lignes.

EXEMPLE II. *On demande l'épaiſſeur que doit avoir un tuyau de cuivre de 4 pouces de diamètre pour ſoutenir l'effort d'une colonne de mercure de 50 pieds de hauteur?*

La peſanteur ſpécifique de l'eau eſt à celle du mercure, comme 1 eſt à 14 ; ainſi en employant la propoſition de M. Mariotte, & nommant x l'épaiſſeur cherchée, on aura $30 \times 6 \times 1 : 50 \times 4 \times 14 : : \frac{1}{2} : x = 7\frac{7}{9}$ lignes.

CHAPITRE V.

CHAPITRE V.

e l'Équilibre des Fluides dans des vases flexibles.

45.) **L**ORSQ'UN vase est solide, le fluide qu'il
ontient s'adapte à sa forme intérieure, & la sur-
ace de ce fluide, supposée libre, est toujours
orizontale; mais quand les parois du vase sont
exibles, ce vase prend une figure particulière,
elle que la demande l'équilibre des forces aux-
uelles le fluide est soumis; avec cette condition
énéralement nécessaire, que si la partie supérieure
u fluide en a la liberté, elle se met de niveau,
omme si le vase étoit solide; car aussi-tôt que
'équilibre est établi dans un vase flexible, rien
'empêche de regarder ce vase comme solide. Voici
es principes d'après lesquels on peut déterminer en
énéral la figure d'un vase flexible.

(46.) LEMME. *Déterminer les conditions de
équilibre d'un polygone flexible, à chacun des angles
uquel sont appliquées deux sortes de forces dirigées du
edans au-dehors, les unes qui divisent les angles du
olygone en deux parties égales, les autres qui sont
outes parallèles à une ligne donnée de position ?*

Soient *(Fig. 28) A B, BC, CD*, trois côtés Fig. 28.
onsécutifs du polygone proposé; *P & P'* les
uissances qui divisent en deux parties égales les

Tome I.   D

deux angles ABC, BCD du polygone; p & p' les puiſſances parallèles entr'elles & à une ligne donnée de poſition. Ayant pris BM & BN pour repréſenter les deux forces P & p, j'achève le parallélograme $BMON$, afin de réduire ces deux forces à une force unique, repréſentée par la diagonale BO. Je forme le ſecond parallélograme $BOKH$, dont BO eſt un côté, la diagonale BK tombe ſur le côté CB prolongé, & le côté BH tombe ſur le côté AB du polygone. Alors il eſt évident que BK exprime la tenſion du côté CB, dans le ſens CB. En faiſant la même opération pour l'angle C que pour l'angle B, c'eſt-à-dire, le parallélograme $Cmon$ analogue au parallélograme $BMON$, & le parallélograme $Cokh$ analogue au parallélograme $BOKH$; on voit que Ck exprime la tenſion du côté BC dans le ſens BC. Or, pour qu'il y ait équilibre, il faut que le côté BC ſoit également tendu dans le ſens CB & dans le ſens oppoſé BC. Reſte donc ſeulement à trouver les expreſſions des lignes BK, Ck, & à les égaler entr'elles.

Le triangle BOK donne $BO : BK :: $ ſin. $BKO : $ ſin. BOK; & par conſéquent

$$BK = \frac{BO \times \text{ſin.} \; BOK}{\text{ſin.} \; BKO}.$$

Or, ang. $BKO = $ ang. ABK; & ang. $BOK = $ ang. $BOM + $ ang. $MOK = $ ang. $OBp + $ ang. ABZ. Ainſi

$$BK = \frac{BO \times \text{ſin.} \; (OBp + ABZ)}{\text{ſin.} \; ABK};$$

ou

$$BK = \frac{BO \times (\text{ſin.} \, ABZ . \text{coſ.} OBp + \text{coſ.} ABZ . \text{ſin.} OBp)}{\text{ſin.} \; ABK},$$

finus total étant pris pour l'unité. Mais, fi du point on abaiffe OR perpendiculaire fur Bp, on aura

$$\mathrm{f}.OBp = \frac{OR}{BO} = \frac{ON \times \mathrm{fin}.ONR}{BO} = \frac{P.\,\mathrm{fin}.\,PBp}{BO}\;;$$

$$\mathrm{c}.OBp = \frac{BR}{BO} = \frac{BN + NR}{BO} = \frac{p + P.\,\mathrm{cof}.\,PBp}{BO}.$$

onc

$$BK = \frac{\mathrm{fin}.ABZ.(p + P.\,\mathrm{cof}.\,PBp) + P.\,\mathrm{cof}.\,ABZ.\,\mathrm{fin}.\,PBp}{\mathrm{fin}.\;ABK}$$

$$\frac{p.\,\mathrm{fin}.\,ABZ + P(\mathrm{fin}.\,ABZ.\,\mathrm{cof}.\,PBp + \mathrm{cof}.\,ABZ.\,\mathrm{fin}.\,PBp)}{\mathrm{fin}.\;ABK}$$

$$\frac{p.\,\mathrm{fin}.\,ABZ + P.\,\mathrm{fin}.\,(ABZ + PBp)}{\mathrm{fin}.\;ABK}$$

$$\frac{p.\,\mathrm{fin}.\,ABZ + P.\,\mathrm{fin}.\,ABY}{\mathrm{fin}.\;ABK}.$$

On trouvera de même $Ck = \dfrac{p'.\,\mathrm{fin}.\,DCZ' + P'.\,\mathrm{fin}.\,DCY'}{\mathrm{fin}.\;DCk}.$

alant cette valeur à celle de BK, on aura l'équation

$$\frac{p.\,\mathrm{fin}.\,ABZ + P.\,\mathrm{fin}.\,ABY}{\mathrm{fin}.\;ABK} = \frac{p'.\,\mathrm{fin}.\,DCZ' + P'.\,\mathrm{fin}.\,DCY'}{\mathrm{fin}.\;DCk},$$

i exprime les conditions de l'équilibre pour trois tés contigus quelconques du polygone.

(47.) **REMARQUE.** On comprend affez que les nditions de l'équilibre font les mêmes, & doivent conféquent s'exprimer de la même manière, t que le polygone forme une figure continue, t que, par exemple, on fuppofe que les côtés S, DX font attachés à des points fixes S, X, que la partie SVX du polygone n'exifte point; le polygone étant flexible, l'équilibre doit avoir u féparément dans toutes fes parties, n'importe mment les efforts des points extrêmes d'une rtie quelconque foient contre-balancés.

(48.) PROBLÈME. *Déterminer la courbe qui doit former un vase flexible, chacun de ses points étant supposé sollicité par deux forces, l'une perpendiculaire à la courbe, l'autre parallèle à l'axe des abscisses ou à celui des ordonnées ?*

La solution de ce problème se tire du lemme précédent, en supposant que le polygone dont il y est question a une infinité de côtés, ou forme une courbe (*Fig. 29*). Que AB, BC, CD soient trois élémens consécutifs de cette courbe ; OV, O les deux axes des coordonnées perpendiculaires & que les forces P, P' étant perpendiculaires à la courbe, les forces p, p' soient parallèles à l'axe OV. Ayant mené à l'axe ON les ordonnées AL BL', CL'', supposons $OL = x$, $OL' = x'$ $OL'' = x''$; $AL = y$, $BL' = y'$, $CL'' = y'$ un élément quelconque de la courbe $= ds$, différentielle que je regarderai comme constante ; nommons de plus R le rayon de la développée qui répond au point B, & R' celui qui répond au point C. Il est clair qu'on aura ici sin. AB

$$= \frac{dx}{ds} \text{, sin. } ABY = 1 \text{, sin. } ABK = \frac{ds}{R}$$

$$\text{sin. } DCZ' = \frac{dx''}{ds} \text{, sin. } DCk = \frac{ds}{R'} \text{,}$$

$$= P + dP, \; p' = p + dp \text{; } \& \text{ que p}$$

conséquent l'équation (A) de l'article 46 devient

$$R(pdx + Pds) = R'[(p + dp)dx'' + (P + dP)d$$

ou bien (en observant que $dx'' = d(x' + dx$

$$= d'x + 2dx + ddx) = dx + 2ddx + d$$

$' = R + dR$; effaçant les termes qui fe
étruifent, & négligeant les infiniment petits qui
affent le fecond ordre),

$$(B)\ p\,dx\,dR + R\,dx\,dp + 2\,Rp\,ddx$$
$$+ R\,dP\,ds + P\,dR\,ds = 0:$$

quation que l'on intégrera, s'il eft poffible,
rfque l'on connoîtra la loi des forces P & p,
omme on va le voir par quelques exemples.

(49.) COROLLAIRE I. Suppofons que la
ourbe *MANG* foit pofée fur un plan horizon-
l, que les forces p s'évanouiffent, & que les
rces P, perpendiculaires à la courbe, foient conf-
ntes. Alors on aura $p = 0$, $dp = 0$, $P = C$,
$P = 0$; & l'équation *(B)* deviendra fimplement
$dR = 0$; ce qui donne pour R une quantité
onftante, & fait voir que dans cette hypothèfe la
ourbe demandée eft un cercle.

Il fuit de-là que fi l'on emplit de liqueur un
afe prifmatique vertical, & dont les parois font
arfaitement flexibles, fans être extenfibles, le
afe prendra la figure d'un cylindre droit ; car fi
on décompofe fa furface convexe en une infinité
'anneaux par des plans horizontaux, chaque
nneau fera preffé perpendiculairement en chacun
e fes points par le fluide, avec une force conf-
ante, & prendra par conféquent, dans l'état
'équilibre, la figure d'un cercle.

(50.) COROLLAIRE II. Que la courbe
AN, confidérée comme uniformément pefante,
oit fituée dans un plan vertical, & attachée en

M & N à deux points fixes de niveau, la partie MGN étant fupprimée. La furface MN du fluide eft horizontale ; les forces P, qui expriment les preffions perpendiculaires de ce fluide en chaque point des parois du vafe, font proportionnelles aux lignes verticales BL', & les forces p font les poids des élémens de la courbe. Nommons g la gravité, b la largeur de la furface fur laquelle s'exerce la preffion du fluide ; c^2 l'aire de la fection perpendiculaire à la corde regardée comme cylindrique. On aura $P = g b y' ds = g b (y + dy) ds$, $dP = g b (dy + ddy) ds$, $p = g c^2 ds$, $dp = 0$. Subftituant ces valeurs dans l'équation (B), elle deviendra, $c^2 dx dR + 2 R c^2 ddx + b R dy ds + b y dR ds = 0$, ou bien $c^2 dx dR + c^2 R ddx + b R dy ds + b y dR ds = - c^2 R ddx$, ou (en mettant pour R fa valeur $\dfrac{ds\,dy}{ddx}$ dans le fecond membre), $c^2 dx dR + c^2 R ddx + b R dy ds + b y dR ds = - c^2 ds dy$, dont l'intégrale eft $c^2 R dx + by R ds = A ds - c^2 y ds$. Éliminant R, on aura $c^2 dx dy ds + c^2 y ds ddx = A ds ddx - b y dy ds'$, dont l'intégrale eft $c^2 y dx ds = B ds^2 + A dx ds - \dfrac{b y^2 ds^2}{2}$, équation d'où l'on tire enfin celle-ci

$$dx = \frac{(2 B - b y^2)\, dy}{\sqrt{[\,(2 c^2 y - 2 A)^2 - (2 B - b y^2)^2\,]}},$$

laquelle s'intègre en général par les quadratures des courbes. Cette intégration introduira dans le calcul une troifième conftante C. Pour déterminer

es trois conftantes A, B, C, on obfervera 1.° que
$= 0$, donne $x = 0$, ou $x =$ une quantité
éterminée, puifqu'on eft maître de placer à volonté
'origine de la courbe; 2.° que les points extrêmes
M & N font donnés de pofition; 3.° que la
longueur de la corde $M A N$ eft donnée; ou
ue la courbe fait, par exemple, en M un angle
onné avec l'axe MN; ou qu'elle fatisfait à
uelque condition équivalente.

(51.) COROLLAIRE III. Si dans l'hypothèfe
e l'article précédent, on a $A = 0$, $B = 0$,
n trouvera $x = C \pm \sqrt{\left(\frac{c^4}{b^2} - y^2 \right)}$, équation
u cercle.

(52.) COROLLAIRE IV. La même hypothèfe
de l'article 50 étant d'abord reprife en général:

1.° Si l'on fait $c' = 0$, ou fi la courbe $M A N$
peut être regardée comme non pefante, on aura
$$d x = \frac{(2 B - b y^2) dy}{\sqrt{[4 A^2 - (2 B - b y^2)^2]}},$$ équation de
la *lintéaire* commune.

2.° Si l'on fait $b = 0$, ou que la liqueur
puiffe être regardée comme non pefante, on
aura $$d x = \frac{B dy}{\sqrt{[(c^2 y - A)^2 - B^2]}},$$ équation
de la *chaînette*.

(53.) SCHOLIE. Il feroit facile d'appliquer
cette théorie à la recherche de la figure d'une
veffie gonflée par l'air, d'un *outre* rempli de vin,
&c, fi l'on connoiffoit la loi fuivant laquelle s'é-
tendent les fibres dont ces fortes de vafes font

compofés. Les conditions de l'équilibre s'établiffent toujours de la même manière, quelle que puiffe être la nature de la furface du vafe flexible. La feule difficulté eft d'intégrer les équations auxquelles on eft conduit. Comme tous les calculs de cette efpèce portent fur des principes un peu hypothétiques, & qu'ils n'appartiennent pas proprement à l'Hydrof-tatique, je ne m'y arrêterai pas davantage.

Le premier problème qu'on ait réfolu fur cette matière, eft celui d'un vafe flexible foumis à la preffion d'un fluide pefant : il le fut, en 1692, par les deux illuftres frères Jacques & Jean Bernoulli. Depuis ce temps-là, Daniel Bernoulli, Euler & d'autres Géomètres, ont étendu & généralifé les mêmes queftions, dans les Mémoires des Académies de Péterfbourg, de Berlin, &c.

CHAPITRE VI.

Des Fluides élastiques, & en particulier de l'équilibre de l'air; principes d'expérience, sur lesquels cet équilibre est fondé.

(54.) Les fluides élastiques ont, comme fluides, toutes les propriétés de ces sortes de corps ; & on peut à cet égard leur appliquer les propositions générales que nous avons établies sur l'équilibre des fluides. Mais ils ont de plus d'autres propriétés particulières, dépendantes de la vertu élastique, ou de cette faculté par laquelle ils diminuent ou augmentent de volume, selon qu'ils sont plus ou moins comprimés.

De tous les fluides élastiques, l'air est le plus connu, le plus répandu, l'agent le plus universel dans la Physique & la Mécanique. Nous allons donc examiner ici les propriétés dont il est doué, tant parce qu'il mérite cette distinction, que pour fixer les idées, & que d'ailleurs on appliquera facilement la même théorie aux autres espèces de fluides élastiques.

(55.) THÉORÈME I. *L'air est un fluide pesant.*

En effet, la pesanteur est une force universelle répandue dans la Nature, & il n'y a point de corps qui ne lui soit soumis. Tous les phénomènes terrestres & célestes prouvent cette vérité. La pefanteur de l'air, dont il s'agit ici, eft démontrée à tous les yeux, par la fufpenfion de la colonne de mercure dans le tube d'un Baromètre.

Les anciens Philofophes ne connoiffoient point la pefanteur de l'air. Ils admettoient dans la Nature deux fortes de corps, les corps *pefans,* tels qu'une pierre, un morceau de plomb, & en général tous les corps qui étant abandonnés à eux-mêmes def-cendent vers la terre ; & les corps *légers,* comme l'air, la flamme, &c, parce que ces corps femblent s'éloigner de la terre & s'élever dans les parties fupérieures : on ignoroit alors que cette afcenfion eft produite, ou par leur élafticité, ou par l'action d'autres corps plus maffifs & plus pefans, qui tendent à gagner le bas & à repouffer en haut les fluides dont ils viennent occuper la place. On doit à Galilée l'opinion ou la penfée, que l'air eft un fluide pefant ; mais fon difciple Toricelli eft le premier qui ait dé-montré cette propofition par la voie de l'expérience. Déjà porté à croire, d'après les principes de Galilée, que l'eau s'élevoit dans les pompes en vertu de la preffion de l'atmofphère, & jugeant en confé-quence qu'un fluide plus denfe ou plus pefant que l'eau s'éleveroit moins haut à proportion, dans un tube vide d'air, il prit un tuyau de verre *A B* Fig. 30. *(Fig. 30)*, d'environ trois pieds de longueur, ouvert par le bout *A*, & fermé par le bout *B*; il le remplit de mercure : enfuite ayant bouché le bout *A* avec le doigt, il renverfa le tube, de manière que le bout *B* étoit en haut, le bout *A* en bas, & plongé dans une cuvette *MCN* qui contenoit déjà du mercure; enfin il retira son doigt, pour abandonner la colonne de mercure à l'action de la pesanteur. Alors, après quelques mouvemens d'oscillation, la colonne de mercure *A E*, se tint immobile, à la hauteur d'environ 28 pouces au-dessus de la surface du mercure de la cuvette *MCN*. De-là Toricelli conclut avec raison que la colonne de mercure demeure ainsi suspendue dans le tube, en vertu de la pression de l'air extérieur sur la surface du mercure contenu dans la cuvette *MCN*, pression qui n'a pas lieu sur la colonne contenue dans le tube dont le bout supérieur *B* est fermé hermétiquement. En effet, si l'on ouvre ce bout, pour permettre à l'air d'entrer dans le tube, la colonne tombe aussi-tôt & se répand dans la cuvette. Nos Baromètres ordinaires ne sont autre chose que le tube de Toricelli en expérience continuelle. Je n'ai pas besoin de faire observer que la conclusion est la même, soit qu'on suppose que l'air agisse immédiatement par son poids sur la surface du mercure de la cuvette, ou qu'il agisse par son ressort, puisque dans ce dernier cas l'élasticité est produite par la compression ou le poids de l'air supérieur.

(56.) *REMARQUE I.* La hauteur du mercure dans le tube du Baromètre est différente & plus ou moins grande, selon que les lieux sont moins ou plus élevés par rapport à un même niveau, tel, par exemple, que celui de la mer. La première expérience de ce genre eſt celle que Paſcal fit exécuter ſur la montagne du Puy-de-Dome, voiſine de Clermont en Auvergne. Du pied au ſommet de cette montagne, qui eſt élevée d'environ 500 toiſes au-deſſus de Clermont, le mercure baiſſa dans le tube de trois pouces une ligne & demie. Nous indiquerons ci-deſſous la cauſe de cette variation.

(57.) *REMARQUE II.* Dans un même lieu, la hauteur du mercure dans le Baromètre n'eſt pas conſtante : elle change à raiſon des changemens qui arrivent dans le poids ou le reſſort de l'atmoſphère, par la pluie, par les vents, &c. Nous reviendrons ſur cet objet.

(58.) COROLLAIRE I. L'air étant ainſi peſant, & ſa preſſion ſur chaque point de la ſurface de la Terre étant équivalente au poids d'un filet de mercure, dont je ſuppoſe qu'on connoiſſe la hauteur moyenne, il eſt facile de trouver le poids de toute la maſſe d'air qui environne le globe terreſtre. Car ſoient R le rayon du globe terreſtre; r la hauteur donnée du filet de mercure dont on vient de parler; π le rapport de la circonférence au diamètre; ϖ la peſanteur ſpécifique du mercure, c'eſt-à-dire, par exemple, le poids d'un pied cube de mercure, en prenant le pied cube pour l'unité de volume. On cherchera les ſolides de deux ſphères, dont l'une a pour rayon $R + r$, l'autre R; & on retranchera le ſecond ſolide du premier; ce qui donnera

$$\frac{4\,\pi\,(R+r)^3}{3} - \frac{4\,\pi\,R^3}{3} \text{ ou } 4\,\pi\,\left(R^2\,r + r^2\,R\right.$$

$$\left. + \frac{r^3}{3}\right)$$ pour refte, qui étant réduit en pieds

cubes, & puis multiplié par ϖ, ou par le poids
d'un pied cube de mercure, donnera le poids de
l'atmofphère.

Dans ce calcul, on peut négliger, pour abréger,
les termes qui contiennent r^2 & r^3, comme très-
petits par rapport au premier.

Par exemple, foient $r = 28$ pouces ; le poids
d'un pied cube de mercure $= 980$ livres. Suppofons de plus, fuivant les obfervations, que
chaque degré d'un grand cercle de la Terre eft
de 57000 toifes. On trouvera, en effectuant
les calculs indiqués par la formule $4\,\pi\,R^2\,r$, que
le poids total de l'atmofphère eft d'environ
1102898214981818181818 livres.

(59.) **COROLLAIRE II.** Deux colonnes,
l'une de mercure, l'autre d'eau, qui fe font mutuellement équilibre, ont des hauteurs réciproquement proportionnelles à leurs pefanteurs fpécifiques
(33) ; en forte que fi la colonne de mercure a
28 pouces de hauteur, celle d'eau doit avoir
environ 32 pieds de hauteur. Or, la preffion de
l'atmofphère contre-balance la première de ces deux
colonnes, comme nous venons de le voir ; donc
elle contre-balancera auffi la feconde. Ainfi dans
le vide, la preffion de l'atmofphère doit foutenir
une colonne d'eau d'environ 32 pieds de hauteur.

Si vous en voulez directement la preuve par l'expérience, ayez un tuyau ou corps de pompe vertical QH *(Fig. 31)*, plongé dans l'eau $MCDN$ par le bout Q qui eſt ouvert ; faites gliſſer de bas en haut, le long de ce tuyau, un piſton maſſif KO, qui en rempliſſe exactement la capacité : l'eau montera dans le tuyau, juſqu'à ce qu'elle ſoit élevée au‑deſſus du niveau MN, d'environ 32 pieds ; après quoi elle s'arrêtera, quoique le piſton continue de monter. On en voit la raiſon. Le piſton en montant laiſſe après lui un vide dans lequel l'air extérieur ne peut pas entrer, & la preſſion libre de cet air ſur la ſurface MN du réſervoir, force l'eau à paſſer par l'ouverture Q, & à s'élever dans le tuyau. L'eau s'arrête à la hauteur de 32 pieds, parce qu'alors ſon poids eſt en équilibre avec la preſſion de l'atmoſphère.

(60.) C O R O L L A I R E I I I. Suppoſons que dans l'expérience précédente, l'eau ſoit parvenue à ſa plus grande hauteur AB ; qu'enſuite on élève encore le piſton, & qu'il ſe faſſe entre la ſurface BT de l'eau & la baſe du piſton, un vide tel que BP. Cela poſé, ſi l'on fait entre les points A & B une ouverture latérale E au tuyau, l'air extérieur entrera avec force par cette ouverture, & diviſera en deux parties AF, ET, la colonne AT qui eſt compoſée de molécules très‑mobiles. La première AF retombera, par ſa peſanteur, dans le réſervoir $MCDN$, parce que la preſſion de l'air qui entre par E eſt en équilibre avec la preſſion de l'air qui tend à faire monter l'eau par le bout Q du tuyau. Mais la ſeconde partie ET étant pouſſée par l'air qui entre par E & qui agit en toutes ſortes de ſens, de bas en haut comme de haut en bas, montera néceſſairement dans l'eſpace vide BP qui eſt au-deſſus. Il en eſt de cette élévation de la colonne ET, comme de la ſuſpenſion de l'eau contenue dans une bouteille renverſée dont le goulot eſt ouvert. L'eau eſt ſoutenue dans la bouteille par la preſſion de l'air extérieur contre le goulot.

Par-là on explique l'expérience de la pompe de Séville, faite en 1766. Un Ferblantier de cette ville ayant entrepris de faire monter l'eau à la hauteur de 60 pieds, par le moyen d'une pompe aſpirante ordinaire, & ne pouvant réuſſir à obtenir cet effet, donna de dépit un coup de marteau au tuyau d'aſpiration, & y fit un trou d'environ une ligne de diamètre, à 10 pieds au-deſſus du réſervoir. Alors l'eau monta rapidement à la hauteur de 60 pieds. En continuant de pomper, le trou latéral étant fermé, puis d'ouvrir ce trou, ainſi de ſuite alternativement, on formera un jet d'eau intermittent, à une hauteur qui pourroit excéder conſidérablement 60 pieds, comme on le verra ci-deſſous. Cette expérience a été répétée & variée de pluſieurs manières en France; on y a ſubſtitué du mercure à l'eau, afin de pouvoir employer des tuyaux plus courts & faciliter les manœuvres. (*Mém. de l'Acad. des Sc. de Paris, an. 1766,* page 431).

Les pompes de cette efpèce., & toutes celles qui tiennent au même principe, ont l'inconvénient de demander une mécanique particulière pour la manœuvre du robinet deftiné à fermer & à ouvrir le trou E, & de donner (à force motrice égale), moins d'eau que les pompes ordinaires. On conçoit en effet qu'à l'air déjà contenu dans la colonne d'eau ET, il fe mêle encore des globules provenans de celui qui entre par l'ouverture E; que tout cet air, par fa force expanfive qui agit en tous fens, détache une partie de la colonne d'eau ET, & la livre à l'action de la pefanteur dirigée de haut en bas; & que cet effet, nuifible au produit de la pompe, fera d'autant plus fenfible, que la pompe aura un plus grand diamètre.

(61.) C OROLLAIRE IV. Soit $ABHO$ *(Fig. 32)*, un fiphon recourbé & compofé de deux branches d'inégale longueur; qu'on plonge la plus courte BA dans la liqueur CN d'un tonneau CD, & qu'on ôte l'air contenu dans l'intérieur du fiphon, en le fuçant par le bout O; alors la liqueur du tonneau montera dans le fiphon & fortira par le bout O, pourvu que ce bout foit au-deffous de la furface MN de la liqueur du tonneau.

Ce phénomène eft le même que celui du Baromètre. En effet, imaginons que le bout O du fiphon eft plongé dans un vafe EF qui contient de la liqueur. On voit que chacune des parties AB, OH du fiphon peut être regardée comme

un tube

un tube particulier, pareil à celui de Toricelli. Ainsi en représentant la pression de l'atmosphère par KX, le poids de la colonne fluide AB par KV, celui de la colonne HO par KZ; il est clair que VX exprime la force qui soulève le fluide dans le tuyau AB, & que ZX exprime la force qui tend à soulever le fluide dans le tuyau OH. Or, comme ces deux dernières forces sont contraires, la plus foible est détruite; & ZV est la force restante qui produit l'écoulement dans le sens $ABHO$.

On voit par-là, 1.° que si $KV = KZ$, il ne peut pas y avoir d'écoulement. 2.° Que si le poids de la plus courte branche est plus grand que celui de l'atmosphère, il n'y aura pas d'écoulement, parce qu'alors la pression de l'atmosphère n'a pas la force suffisante pour soulever la liqueur jusqu'en B. Ainsi, par exemple, si la liqueur est de l'eau, il faut que la hauteur de la plus courte branche AB soit de moins de 32 pieds; pour le mercure, AB doit être moins de 28 pouces, &c.

Ce mécanisme du siphon recourbé, à branches inégales, sert à expliquer le jeu de certaines fontaines *intermittentes* ou *réciproques*. On sait, en général, que les fontaines & les rivières ont leurs sources dans de vastes réservoirs d'eaux, creusés par la Nature dans l'intérieur & au pied des montagnes, lesquels sont alimentés par les eaux pluviales qui tombent sur la croupe de la montagne & dans les environs, & qui pénètrent par les crevasses du terrein jusqu'au réservoir, d'où elles s'écoulent pour former la fontaine , la rivière , &c. Si les eaux pluviales recueillies dans le réfervoir font en quantité fuffifante pour fournir toujours à cette dépenfe , le cours de la fontaine ou de la rivière fera continuel ; finon il fera intermittent & fubordonné aux temps de pluie & de féchereffe. Mais les fontaines réciproques dont il eft ici queftion, ont une autre caufe. Soit *MANE* (*Fig. 33*), un réfervoir placé au pied d'une montagne , & nourri par les eaux pluviales ; à la place du produit de ces eaux , je fubftitue , par la penfée, celui d'un tuyau *KS*, qui en verferoit la même quantité par l'ouverture *S* dans le réfervoir *MANE*. Suppofons que les eaux de ce réfervoir s'échappent par l'endroit *A*, d'où part une décharge *ABHO*, femblable à un fiphon recourbé , dont la plus petite branche eft *AB*, comme dans la *Figure 32*. L'eau verfée par le tuyau *KS* dans le réfervoir *MANE*, s'y élèvera fucceffivement ; elle montera auffi dans le tuyau *AB*, d'où elle chaffera l'air : quand fon niveau *MN* fera arrivé à la hauteur du point *B*, elle s'écoulera par la branche *BHO* ; & on voit que cet écoulement feroit continuel , fi la quantité d'eau fournie par *KS* étoit fupérieure ou au moins égale à la quantité débitée par *HO*. Mais fuppofons que la première quantité foit inférieure à la feconde ; alors le niveau *MN* s'abaiffe progreffivement, & néanmoins l'écoulement par *HO* continue d'avoir lieu , comme celui du fiphon de la *Figure 32*, tant que l'eau couvre le trou *A* ; mais quand le

Fig. 33.

trou *A* est enfin découvert, & quand l'air s'est introduit par ce trou dans le siphon *ABHO*, l'écoulement en *O* cesse. Mais le tuyau *KS* continuant à verser de l'eau dans le réservoir, elle s'y élève de nouveau à la hauteur du point *B*; d'où résulte un nouvel écoulement semblable au premier, & qui finit de même; ainsi de suite. Le cours de la fontaine est donc intermittent ou réciproque.

On voit que ces sortes de fontaines peuvent être susceptibles de plusieurs variétés, par la combinaison de plusieurs réservoirs & de plusieurs siphons recourbés.

(62.) **THÉORÈME II.** *L'air est un fluide élastique.*

Qu'on prenne une vessie & qu'on la gonfle en y introduisant de l'air, on aura un ballon qui se comprime lorsqu'on le presse, & qui se dilate lorsqu'on cesse de le presser. Donc, &c.

(63.) **THÉORÈME III.** *La force élastique de l'air comprimé est égale à celle qui produit la compression.*

La fontaine de *Héron* en fournit la preuve. Cette achine *(Fig. 34)*, qu'on fait ordinairement avec u fer-blanc, est composée d'une caisse *ABCD*, ermée de tous côtés, pleine d'eau jusqu'en *EF*, un eu au-dessous de *AB*; d'une autre caisse *GHKI*, ussi fermée de tous côtés, égale à la première, & leine d'air; d'un tuyau *OT* soudé exactement vec les platines *AB, DC, GH*, lequel communique au dehors par le bout *O*, & avec la caisse inférieure par le bout T qui eſt très-près du fond IK; d'un tuyau XY ſoudé aux deux caiſſes, & dont le bout ſupérieur X eſt près du fond AB; d'un tuyau QP dont le bout inférieur P eſt proche le fond DC, & le bout ſupérieur Q, ſoudé avec le fond AB, eſt garni d'un ajutage. Cela poſé, fermez l'ajutage Q avec le doigt, ou avec un robinet; verſez un peu d'eau par le bout O du tuyau OT; elle deſcendra juſqu'en IK, & montera, par exemple, en VS. Alors il n'y aura plus aucune communication de l'air extérieur avec celui qui reſte dans les deux caiſſes. Continuez à verſer de l'eau; l'air contenu dans les eſpaces $GHSV$, XY, $ABFE$, ſe condenſera peu-à-peu juſqu'à ce que ſa force élaſtique ſoit en équilibre avec la preſſion de l'eau verſée par OT. Si la ſurface de l'eau dans la caiſſe $GHKI$ eſt MN, l'air dont on vient de parler preſſera perpendiculairement chaque partie de la ſurface qui l'environne avec une force égale au poids d'une colonne d'eau qui auroit pour baſe la partie preſſée, & OL pour hauteur. Ainſi la ſurface EF de l'eau contenue dans la caiſſe ſupérieure, eſt pouſſée de haut en bas par ce même air, & l'eau tend à s'élever par le tuyau PQ; de ſorte que ſi on vient à ouvrir l'ajutage, il ſortira un jet d'eau qui s'élèvera à la hauteur RZ égale à OL. Cette hauteur produite par le reſſort de l'air, eſt celle que produiroit le poids de la colonne OL, comme on le verra dans l'Hydraulique.

On peut remarquer qu'en faiſant rentrer par O

l'eau qui tombe du jet, cette eau paffe dans la caiffe inférieure, & que par conféquent le jet durera juf-qu'à ce que toute l'eau comprife depuis le point P jufqu'en EF foit fortie en jailliffant.

(64.) THÉORÈME IV. *L'air fe comprime lui-même par fon propre poids.*

Car l'air étant un fluide pefant, fi l'on conçoit l'atmofphère partagée en une infinité de tranches, ou plutôt de couches perpendiculaires à la direction de la pefanteur, il eft évident que les couches infé-rieures feront chargées du poids des fupérieures; d'où réfultera néceffairement une compreffion qui fera plus grande, toutes chofes d'ailleurs égales, à mefure que la couche comprimée fera placée plus bas dans l'atmofphère.

Je dis *toutes chofes d'ailleurs égales,* car il y a d'autres caufes, comme le froid & le chaud, qui concourent à comprimer & à dilater l'air. La denfité de ce fluide eft extrêmement variable; elle eft en-viron huit ou neuf cents fois moindre que celle de l'eau ordinaire. Le rapport moyen de ces denfités, dans nos climats, peut s'exprimer fenfiblement par la fraction $\frac{1}{850}$.

(65.) COROLLAIRE. De-là & de l'article 63, il fuit que fi l'air, après s'être comprimé lui-même par fon propre poids, vient à agir par fon feul reffort, il produira le même effet qu'il produifoit par fon poids. Cela eft confirmé par l'expérience que voici.

E iij

    Prenez une bouteille de verre *ABCD (Fig. 35),* de figure cylindrique ; verſez-y du mercure *AEFD;* faites-y entrer un petit tuyau de verre *K,* de 29 ou 30 pouces de hauteur, ouvert par les deux bouts, & dont celui d'en bas trempe de quelques lignes dans le mercure ; ſcellez ce tuyau exactement au col de la bouteille , de manière que l'air contenu dans l'eſpace *EBCF* n'ait aucune communication avec l'air extérieur ; mettez enſuite cette bouteille & ſon tuyau ſous le récipient *LIHM* de la machine pneumatique ; pompez, autant qu'il ſera poſſible, l'air contenu dans ce récipient : alors le mercure s'abaiſſera en *NO,* & il s'élèvera dans le tuyau au-deſſus de *NO,* à-peu-près à la même hauteur qu'il ſe ſoutient dans le Baromètre, dans l'endroit où l'on fait l'expérience. La raiſon en eſt évidente ; car avant que de commencer à faire le vide dans la machine pneumatique, l'air contenu dans l'eſpace *EBCF* eſt dans le même état que l'air extérieur ; lorſqu'enſuite on vient à faire le vide ſous le récipient, le même air *EBCF* déploie ſon reſſort, force en conſéquence le mercure à s'abaiſſer en *NO* & à monter dans le tuyau vide ; & cette aſcenſion eſt à peu-près égale à celle qui eſt produite dans le baromètre par le poids de l'air. Je dis *à peu-près,* parce qu'il n'eſt jamais poſſible de vider parfaitemeut d'air le récipient de la machine pneumatique.

(66.) THÉORÈME V. *Si l'on comprime une même maſſe ou quantité d'air, & qu'on la réduiſe à occuper différens efpaces ou volumes, ces volumes feront entr'eux en raifon inverfe des forces comprimantes.*

Cette propofition fe prouve par l'expérience fuivante, qui eft très-connue des Phyficiens, & que M. Mariotte a faite le premier. Soit *A B C* *(Fig. 36)*, un tuyau de verre recourbé, fermé hermétiquement par le bout *C*, & ouvert par le bout *A*. Les deux branches *D A*, *E C* font verticales; mais la branche *D E* de jonction eft horizontale. On donne ordinairement trois ou quatre lignes de diamètre intérieur à ce tuyau. La petite branche *E C* doit être parfaitement cylindrique pour pouvoir comparer exactement entr'eux les différens volumes de la maffe d'air qu'on y condenfe. Nous fuppofons qu'elle ait 12 pouces de hauteur ; l'autre *D A* eft beaucoup plus haute. Verfez légèrement dans le tube un peu de mercure pour remplir la branche horizontale, & faites en forte que les deux furfaces *D V*, *I E* de ce fluide, dans les deux branches verticales, foient de niveau, afin que l'air enfermé dans l'efpace *E C* foit dans le même état que l'air extérieur ; car il eft évident que fi le reffort de l'air intérieur *E C* étoit plus ou moins tendu que celui de l'air extérieur, les furfaces *I E, D V* feroient inégalement preffées, & que par conféquent elles ne pourroient pas être de niveau. Continuez enfuite à verfer du mercure dans la branche *D A;* & vous verrez qu'à mefure qu'il s'élèvera en *H*, la furface *E I* s'élèvera en *F*. En fuppofant que la preffion de

Fig. 36.

l'atmosphère soit équivalente au poids d'une colonne de mercure de 28 pouces de hauteur, vous trouverez que si, ayant mené l'horizontale FG, la hauteur $GH = 14$ pouces, la hauteur FC de l'espace occupé par l'air sera $= 8$ pouces; si $GH = 28$ pouces, FC sera $= 6$ pouces; &c. Or il suit de-là que les différens volumes de l'air enfermé d'abord dans EC, suivent la raison inverse des poids comprimans: car au premier instant où cet air ne supporte que la pression de l'atmosphère, il peut être regardé comme chargé du poids d'une colonne de mercure, haute de 28 pouces; lorsqu'on met ensuite dans la branche DA, du mercure à la hauteur de 14 pouces au-dessus de la ligne de niveau FG, la pression que souffre notre masse d'air est égale au poids d'une colonne de mercure, qui a 28 pouces $+$ 14 pouces, ou 42 pouces de hauteur; lorsque la hauteur du mercure dans la branche DA, au-dessus de FG, est 28 pouces, la pression de la même masse d'air est égale au poids d'une colonne de mercure qui a 28 pouces $+$ 14 pouces $+$ 14 pouces, ou en tout 56 pouces, de hauteur, &c. D'où l'on voit que les poids comprimans étant représentés par les nombres 28, 42, 56, les volumes de la masse d'air sont exprimés par les nombres 12, 8, 6. Or, on a ces différentes proportions, $12 : 8 :: 42 : 28$; $12 : 6 :: 56 : 28$; $8 : 6 :: 56 : 42$. Donc les volumes suivent la raison renversée des poids comprimans.

On fera des raiſonnemens analogues pour des hauteurs de mercure qui ſuivroient tout autre rapport dans les deux branches du tube ; & ces raiſonnemens, fondés ſur l'expérience, aboutiront à la même concluſion finale.

Toutes ces expériences doivent être faites de manière que l'air enfermé en *EC* ait la même température que l'air extérieur, & que par conféquent ſon volume ne varie qu'à raiſon des poids comprimans. Sans cette précaution, le chaud & le froid n'agiſſant pas de même ſur les deux airs, changeroient les réſultats, & il ſeroit difficile de ſéparer, par une méthode ſûre & non hypothétique, leurs effets d'avec ceux des poids comprimans.

(67.) C O R O L L A I R E I. Puiſque la force élaſtique de l'air eſt égale à la force qui le comprime (63), il s'enſuit que les différentes forces élaſtiques d'une même maſſe d'air, à qui l'on fait occuper différens volumes, ſont en raiſon inverſe de ces volumes.

(68.) C O R O L L. II. On voit par l'article V des *N O T I O N S   G É N É R A L E S,* que ſous même maſſe, les denſités ſont en raiſon inverſe des volumes. Ainſi, quand une même maſſe d'air occupe ſucceſſivement différens volumes, les forces qui la compriment, ou les forces élaſtiques qu'elle a en conféquence, ſont proportionnelles à ſes denſités dans ces différens états. Il exiſte donc toujours, pour une même maſſe d'air, cette loi générale

entre les volumes, les forces élastiques & les
denfités, que les volumes venant à diminuer ou
à augmenter par un moyen quelconque, les forces
élaftiques & les denfités augmentent ou diminuent
proportionnellement.

(69.) COROLLAIRE III. Par-là on trouve
la loi que fuivent les dilatations de l'air dans la
machine pneumatique.

On fait que les principales pièces de la machine
pneumatique ordinaire, dont il eft ici queftion, &
à laquelle on peut rapporter toutes les autres,
font le récipient, la platine, le corps de pompe,
le pifton qui fe hauffe & fe baiffe le long du
corps de pompe, & un robinet percé de manière
qu'étant tourné dans un certain fens, il permet
la communication du récipient avec le corps de
pompe, fans la permettre avec l'air extérieur; &
qu'étant tourné dans un autre fens, il permet la
communication de l'air extérieur avec le corps de
pompe, fans la permettre avec le récipient.

Cela pofé, ayant nommé A la fomme des capacités du récipient & de la partie fupérieure du corps
de pompe qui demeure vide lorfque le pifton eft
hauffé; B la fomme des capacités du récipient &
du vide du corps de pompe, lorfque le pifton eft
baiffé; n le nombre de fois qu'on fait jouer le pifton;
$\dfrac{m}{1}$ le rapport de la denfité de l'air extérieur à celle
de l'air intérieur & raréfié après le nombre n de

coups de piston : suppofons qu'au premier inftant
le piston foit hauffé, le robinet ouvert en-dehors
& fermé du côté du récipient; qu'alors on applique
le récipient fur la platine. Il eft clair qu'en ce
moment, la denfité de l'air contenu dans l'efpace A
eft la même que celle de l'air extérieur ; je la
repréfente par D. Maintenant fi l'on ferme le robinet
en dehors, qu'on l'ouvre du côté du récipient, &
qu'on baiffe le piston ; l'air contenu dans l'efpace A
fe dilatera en vertu de fa force élaftique, & fe
répandra uniformément dans l'efpace B. De plus,
la denfité qu'il aura dans l'efpace B, fera à la
denfité qu'il avoit dans l'efpace A, réciproquement
comme A eft à B, puifque la maffe demeure la
même. Faifant donc cette proportion $B : A :: D :$
un quatrième terme ; ce quatrième terme $D \times \dfrac{A}{B}$
exprime la denfité de l'air intérieur après le premier
coup de piston. Pareillement, fi après avoir fermé
le robinet du côté du récipient, ouvert le robinet
en dehors & élevé le piston, on ferme le robinet
en dehors, qu'on l'ouvre du côté du récipient &
qu'on abaiffe une feconde fois le piston, l'air
contenu dans l'efpace A, & dont la denfité eft
$D \times \dfrac{A}{B}$, fe répandra dans l'efpace B, de manière
que faifant cette proportion, $B : A :: D \times \dfrac{A}{B}$
: un quatrième terme, ce quatrième terme $D \times \dfrac{A^2}{B^2}$
exprime la denfité de l'air intérieur, après le fecond

coup de piston. En continuant à raisonner de même, on voit que la densité de l'air intérieur après le troisième coup de piston, est exprimée par $D \times \dfrac{A^3}{B^3}$; que la densité après le quatrième coup de piston est exprimée par $D \times \dfrac{A^4}{B^4}$; & qu'après le nombre n de coups de piston la densité est exprimée par $D \times \dfrac{A^n}{B^n}$. On aura donc, par hypothèse, cette proportion $D : D \times \dfrac{A^n}{B^n} :: m : 1$; d'où l'on tire $m \times A^n = B^n$. Prenant les logarithmes de chaque membre, on aura log. $(m \times A^n) =$ log. B^n, ou bien, log. $m + n$. log. $A = n$. log. B. D'où l'on voit que si parmi les quatre quantités m, n, A, B que cette équation renferme, on en connoît trois, on pourra trouver la quatrième; ce qui donne la solution des questions suivantes.

I. *Connoissant les capacités* A *&* B, *& le rapport* m *de la densité de l'air extérieur à celle de l'air intérieur, trouver le nombre* n *de coups de piston!*

L'équation précédente donne celle-ci $n = \dfrac{\text{log. } m.}{\text{log. } B - \text{log. } A}$ qui résout la question.

Par exemple, soient $A = 5$, $B = 7$, $m = 4$; on trouvera $n = \dfrac{60206}{14613} = 4\frac{1}{8}$ à peu-près.

II. *Connoissant les capacités* A *&* B, *le nombre* n *de coups de piston, trouver le rapport* m *de la densité de l'air extérieur à celle de l'air intérieur!*

Cette queſtion ſe réſout par l'équation log. m $= n \times ($ log. $B -$ log. $A)$.

Par exemple, ſoient $A = 5$, $B = 7$, $n = 10$: on trouvera log. $m = 1,46128$, & par conſéquent $m = 29$ environ.

III. *Connoiſſant le rapport* m *de la denſité de l'air extérieur à celle de l'air intérieur, le nombre* n *de coups de piſton, la capacité* A, *trouver la capacité* B!

Cette queſtion ſe réſout par l'équation log. B
$$= \frac{\text{log. } m + n \text{ log. } A}{n}.$$

Par exemple, ſoient $m = 29$, $n = 6$, $A = 5$: on trouvera log. $B = 0,94270$, & par conſéquent $B = 9$ environ.

IV. *Connoiſſant le rapport* m *de la denſité de l'air extérieur à celle de l'air intérieur, le nombre* n *de coups de piſton, la capacité* B, *trouver la capacité* A!

Cette queſtion ſe réſout par l'équation log. A
$$= \frac{n \text{ log. } B - \text{log. } m}{n}.$$

Par exemple, ſoient $m = 29$, $n = 9$, $B = 7$: on trouvera log. $A = 0,68261$, & par conſéquent $A = 5$ environ.

Les mêmes principes ſervent à expliquer l'équilibre des pompes, comme on le verra bientôt.

(70.) SCHOLIE. La propoſition que *l'air ſe comprime ſuivant la proportion des poids dont il eſt chargé*, & les conſéquences qui en réſultent, ne doivent pas être regardées comme généralement vraies en toute rigueur; car dans les expériences qui ont fervi jufqu'ici de bafe à cette règle, on n'a employé que des condenfations de moyenne force. Mais on fent que cette règle ne peut être exacte dans les cas extrêmes. En effet, imaginons d'abord que la compreffion augmente à l'infini : il faudroit que la condenfation augmentât de même, & qu'enfin l'air n'occupât plus qu'un efpace infiniment petit. Or, quelque figure qu'on attribue aux molécules aériennes ; il eft clair que lorfque leurs refforts ont été comprimés jufqu'à ce que toutes leurs parties fe touchent, l'impénétrabilité mutuelle de ces parties ne permet plus de compreffion. Ajoutez que l'air peut être mêlé de parties dures, dénuées de reffort, ou douées d'un reffort très-imparfait. Si au contraire on fuppofe que la compreffion diminue à l'infini, on ne peut pas fuppofer de même que l'air fe dilate à l'infini ; car le reffort parfait ou imparfait des molécules aériennes, ne peut avoir qu'une extenfion déterminée, & il eft impoffible de concevoir qu'une maffe finie vienne à occuper un efpace infini. Il n'eft donc pas vrai, en rigueur, que les condenfations de l'air fuivent généralement le rapport des poids comprimans. Mais comme les forces comprimantes que nous pouvons employer dans nos expériences, ne paffent jamais certaines limites, la propofition de l'article 66 peut alors être regardée comme vraie fans reftriction.

CHAPITRE VII.

Élémens de la Statique des Pompes.

(71.) ON fait un fi grand ufage des pompes, que je crois devoir expliquer avec quelque détail la théorie de l'équilibre de ces machines.

Les pompes, en général, font des tuyaux deſtinés à élever l'eau à une certaine hauteur, au moyen d'un principe moteur quelconque qui met en jeu le poids ou le reſſort de l'air, & qui fait fervir ce poids ou ce reſſort de véhicule à fon action fur l'eau qu'il s'agit d'élever.

Il y a trois efpèces principales de pompes : la pompe *afpirante*, la pompe *foulante*, & la pompe qui eft tout-à-la-fois *afpirante & foulante*. Toutes les machines de cette efpèce ne font que des combinaiſons des trois qu'on vient de nommer, comme dans la mécanique ordinaire les machines compoſées ne font que des combinaiſons des fept machines fimples & primordiales.

Pompe afpirante.

(72.) La pompe afpirante *(Fig. 37)* eft compoſée de deux tuyaux verticaux *A M N C*, *A B D C*, qui ont le même axe, & qui s'affemblent en *A C*. Le premier, qui trempe dans l'eau, s'appelle *tuyau d'afpiration ;* le fecond fe nomme *corps de pompe.*

Fig. 37.

En *AC* eſt une cloiſon ou *diaphragme* percé d'un trou, couvert par une *ſoupape E* qui s'ouvre de bas en haut. Dans le corps de pompe, monte & deſcend alternativement un piſton, dont la tige *Z* eſt mue par un levier, ou de toute autre manière qu'on voudra. La tête de ce piſton eſt percée dans la direction de ſon axe, d'un trou, couvert par une ſoupape *F* qui s'ouvre de bas en haut. Il parcourt dans ſon jeu un certain eſpace, dont je ſuppoſe que *G K* eſt la hauteur, c'eſt-à-dire, que le piſton étant baiſſé, ſa baſe inférieure eſt dans le plan horizontal *G H,* & qu'étant hauſſé, cette même baſe eſt dans le plan horizontal *K I.* La limite inférieure *G H* de la courſe du piſton, doit être le plus près qu'il eſt poſſible de la ſoupape *E.*

On voit que des deux ſoupapes *E* & *F,* qui d'ailleurs s'ouvrent & ſe ferment alternativement de la même manière, la première *E* occupe toujours la même place (on l'appelle, par cette raiſon, ſoupape *dormante*) ; & la ſeconde *F* eſt *mobile* avec le piſton qui la porte.

La preſſion de l'atmoſphère dans un même endroit eſt ſujette à quelques variations, comme nous le dirons plus expreſſément ci-deſſous; mais dans tout ce petit traité des pompes, nous la regardons comme une force conſtante, en l'évaluant ſur le pied de ſa quantité moyenne. Cette quantité eſt à peu-près équivalente, dans nos climats, au poids d'une colonne d'eau de 32 pieds de hauteur,

ou

ou au poids d'une colonne de mercure de 28 pouces de hauteur.

Cela posé, pour expliquer le jeu de la pompe aspirante, supposons qu'au premier instant, la base du piston soit en *G H*. Alors l'air compris dans l'espace *M C,* l'air compris dans l'espace *A H,* & l'air naturel ou l'air de l'atmosphère, dans l'endroit où est la machine, ont la même densité, la même force élastique : les deux soupapes *E* & *F* étant supposées permettre, par la liberté qu'elles ont de s'ouvrir & de se fermer, la communication des trois airs dont il s'agit ; après quoi ces deux soupapes se ferment par leurs poids. Maintenant, élevez le piston de *G H* en *K I :* la soupape *F* demeure fermée par son poids & par la pression de l'air supérieur ; l'air *M C* & l'air *A H* se dilatent ; le premier, par sa force d'expansion, fait ouvrir la soupape *E ;* ces deux airs se mêlent ensemble, & ne forment plus qu'un même air, dont la force élastique diminuant en même raison que l'espace dans lequel il se répand, augmente (67), ne peut plus faire équilibre à la pression de l'air extérieur sur la surface *M N* du réservoir ; par conséquent, cette dernière force doit faire monter l'eau dans le tuyau d'aspiration, d'une certaine quantité *M x,* tandis que le piston monte de *G H* en *K I.* La hauteur *M x* est telle que le poids de la colonne d'eau *M u,* joint à la force élastique de l'air affoibli, répandu dans l'espace *x I,* & au poids de la soupape *E,* est en équilibre avec

Tome I.   F

la preſſion de l'air extérieur. Quand le piſton eſt parvenu en *K I,* la ſoupape *E* retombe par ſon poids & iſole l'air compris dans l'eſpace *x C ;* & la colonne d'eau *M u* demeure toujours ſuſpendue à la même hauteur *M x.* Abaiſſez le piſton de *K I* en *G H :* l'air affoibli, compris dans l'eſpace *A I,* s'appuie par ſon reſſort qui agit en tout ſens, contre la ſoupape *E* qu'il tient fermée, & contre la ſoupape *F* qu'il force à s'ouvrir ; l'air affoibli, compris depuis *A C* juſqu'à la baſe inférieure du piſton, coule par le trou *f,* & ſe mêle avec l'air extérieur. Cet effet dure juſqu'à ce que le piſton ſoit parvenu en *G H ;* enſuite la ſoupape *F* ſe ferme. Élevez le piſton de *G H* en *K I :* la ſou-pape *F* demeure fermée, la ſoupape *E* s'ouvre, & l'eau monte encore d'une certaine quantité *x y,* dans le tuyau d'aſpiration ; ainſi de ſuite. D'où l'on voit, qu'après un certain nombre de coups de piſton, l'eau arrivera dans le corps de pompe, & ſortira, ou par l'extrémité ſupérieure de ce tuyau, ou par un tuyau *O* implanté au corps de pompe. Cet écoulement durera tant que l'on con-tinuera de faire jouer le piſton.

On voit que le jet d'eau n'eſt pas continu, & qu'il a lieu ſeulement, ou peut être cenſé avoir lieu pendant que le piſton monte.

(73.) *REMARQUE.* Il faut obſerver, qu'en négligeant même le poids de la ſoupape *E,* & en ſuppoſant qu'on pût faire dans le tuyau d'aſpi-ration le même vide que dans la partie ſupérieure

du tube du Baromètre, la hauteur *A M* doit être
moindre que la hauteur de la colonne d'eau, qui
feroit équilibre à la colonne de mercure du Baromètre, dans l'endroit où la pompe joue : & cela,
afin que l'eau puiſſe arriver en *A C,* & paſſer dans
le corps de pompe. Ainſi la hauteur de la colonne
de mercure étant ſuppoſée de 28 pouces, la hauteur *A M* doit être moindre que 32 pieds. Mais
cette condition étant une fois remplie, la hauteur
L V de la ſurface *B D* de l'eau dans le corps de
pompe, au-deſſus de la ſurface *M N* de l'eau du
réſervoir, peut être plus grande que la hauteur de
la colonne d'eau équivalente à la preſſion de l'atmoſphère. Sur quoi néanmoins on doit prendre
garde que la tige *Z* du piſton, ſe mouvant dans
le corps de pompe *A B D C,* la hauteur *A B* de
ce tuyau ne doit pas être trop grande ; autrement
la tige *Z* feroit expoſée à ſe fauſſer.

(74.) L'écoulement de l'eau par le tuyau de
fortie *O,* ou le produit de la pompe, eſt facile à
déterminer : car on voit que dans le temps que le
piſton monte de *G H* en *K I,* il ſort une quantité
d'eau équivalente à un cylindre d'eau *G I.*

(75.) Ce même écoulement ayant toujours lieu,
*le piſton ſoutient continuellement en montant un effort
égal au poids d'une colonne d'eau qui auroit pour
baſe le cercle de la tête du piſton, & pour hauteur
celle de la ſurface de l'eau dans le corps de pompe
au-deſſus de la ſurface de l'eau du réſervoir ;* c'eſt-à-
dire, qu'en nommant *F* l'effort ſoutenu par le

piſton , a^2 l'aire du cercle repréſenté par GH, h la hauteur LV de la ſurface BD de l'eau dans le corps de pompe au-deſſus de la ſurface MN du réſervoir : on a $F = a^2 \times h$. Car ſoit VS la hauteur de la colonne d'eau équivalente à la preſſion de l'atmoſphère ; & ſuppoſons que le piſton, en montant, ſoit parvenu dans la poſition quelconque gh, à laquelle répond la hauteur rV : il eſt clair , 1.º que le piſton eſt pouſſé de haut en bas par la preſſion de l'atmoſphère, qui produit un effort $= a^2 \times VS$, & par la preſſion de la colonne d'eau gD, qui produit un effort $= a^2 \times rL$. De ſorte qu'en tout le piſton eſt pouſſé de haut en bas , avec une force $= a^2 \times VS + a^2 \times rL$. 2.º Le piſton eſt pouſſé de bas en haut par la preſſion de l'atmoſphère ſur la ſurface MN du réſervoir, qui produit un effort $= a^2 \times VS$; cet effort eſt détruit en partie par le poids de la colonne d'eau qui a pour baſe le cercle gh ou GH, & pour hauteur, rV. De ſorte qu'en tout le piſton eſt pouſſé de bas en haut, avec une force $= a^2 \times VS - a^2 \times rV$. Par conſéquent on a $F = (a^2 \times VS + a^2 \times rL) - (a^2 \times VS - a^2 \times rV)$; ce qui ſe réduit à $F = a^2 \times LV = a^2 \times h$.

A cette force, il faut ajouter le poids du piſton dans l'eau , & le frottement que le piſton éprouve le long des parois du corps de pompe , pour avoir la réſiſtance totale que le piſton eſt obligé de ſurmonter en montant.

Le piſton deſcend par ſon poids dans l'eau ; il

n'a pas alors d'autre réſiſtance à vaincre que le frottement, & un petit choc contre l'eau.

Pompe foulante.

(76.) On voit *(Fig. 38)* une pompe foulante. Fig. 38. Le corps de pompe *A B D C* trempe dans l'eau d'un réſervoir dont la ſurface eſt *M N;* le piſton entre par en bas, & ſoulève ou *foule* l'eau ; ſa tige *Z* eſt ſolidement fixée à un chaſſis mobile *T Y X* qu'on fait monter & deſcendre alternativement par le moyen d'un levier, ou de toute autre manière ; ſa tête eſt percée d'un trou couvert par une ſoupape *F* qui s'ouvre de bas en haut. En *AC*, un peu au-deſſous de la ſurface *M N* de l'eau du réſervoir, eſt un diaphragme percé d'un trou couvert par une ſoupape *E* qui s'ouvre de bas en haut. Le corps de pompe s'unit en *A C* avec le tuyau montant *A C V* qui porte l'eau à l'endroit où l'on veut l'élever.

Pour expliquer le jeu de cette pompe, ſuppoſons qu'au premier inſtant la tête du piſton ſoit placée en *K I,* qui eſt la limite la plus baſſe de ſa courſe. Alors le corps de pompe eſt rempli d'eau ; & cette eau eſt de niveau avec celle du réſervoir, les deux ſoupapes *E* & *F* permettant, par leur mobilité, la communication des eaux ; enſuite ces deux ſoupapes ſe ferment par les peſanteurs qui leur reſtent dans le fluide. Élevez le piſton de *K I* en *G H,* qui eſt la limite ſupérieure de ſa courſe : la ſoupape inférieure *F* demeure fermée,

la foupape *E* s'ouvre, & l'eau contenue dans l'efpace *KH* s'élève au-deffus de *GH,* & paffe dans
le tuyau montant ; de plus, pendant que le pifton
monte, il eft fuivi par l'eau qui entre du réfervoir
dans le corps de pompe. Abaiffez le pifton de *GH*
en *KI:* la foupape *F* s'ouvre, & la foupape *E*
fe ferme & empêche l'eau qui eft au-deffus de
defcendre : élevant une feconde fois le pifton,
la foupape *F* fe ferme, la foupape *E* s'ouvre, &
l'eau continue de s'élever dans le tuyau montant
ACV; ainfi de fuite. On voit que par le jeu
réitéré du pifton, l'eau s'élève de plus en plus
dans le tuyau *ACV,* & finit par arriver à la
hauteur defirée.

L'élévation de l'eau eft intermittente, comme
dans la pompe de la première efpèce.

(77.) *REMARQUE.* La hauteur du tuyau
montant n'eft pas limitée ici, comme pour la
pompe afpirante, parce que la tige *Z* du pifton
eft au-dehors de ce tuyau. On donne à cette tige
la longueur fimplement néceffaire pour le jeu du
pifton, & pour venir gagner la traverfe inférieure
du chaffis *TYX.*

(78.) Il eft clair que cette pompe donne une
quantité d'eau équivalente au cylindre *KH,* pendant le temps que le pifton monte de *KI* en *GH.*

(79.) En raifonnant comme pour la pompe
foulante, on verra que le pifton, en montant,
foutient ici de la part de l'eau un effort égal au

poids d'une colonne qui auroit pour bafe le cercle de la tête du piston, & pour hauteur la verticale comprise depuis la surface de l'eau du réservoir jusqu'à la surface de l'eau dans le tuyau montant. A quoi il faut ajouter le poids du chaffis TYX, celui du piston dans l'eau, & le frottement contre les parois du corps de pompe.

Le piston defcend par la pefanteur; il eft retardé par le frottement & par un petit choc contre l'eau.

Pompe afpirante & foulante.

(80.) La pompe afpirante & foulante, repréfentée par la *Figure 39*, eft compofée d'un tuyau d'afpiration $AMNC$ qui trempe dans l'eau MN d'un réfervoir; d'un corps de pompe $ABDC$, dans lequel le piston P fe meut comme dans les deux pompes précédentes; & d'un tuyau montant CQV. En AC & QR font deux foupapes, ou deux clapets à charnières, qui s'ouvrent de bas en haut. Le piston joue dans l'étendue GK; fa tête eft maffive, & n'eft pas percée comme dans les deux cas précédens. On voit qu'en le faifant monter & defcendre alternativement, l'eau s'élève d'abord dans le tuyau d'afpiration & dans le corps de pompe, comme dans la pompe afpirante ordinaire, avec cette différence que maintenant l'air s'échappe par le tuyau montant, & non par la tête du piston. Les mouvemens alternatifs des deux foupapes E & F font abfolument les mêmes dans les deux cas. L'eau arrive, après quelques

Fig. 39.

coups de piston, dans l'espace vide que ce même piston en s'élevant occasionne dans le corps de pompe. Ensuite le piston en descendant la foule & la fait passer dans le tuyau montant CQV. Élevant le piston, il aspire de nouvelle eau qu'il foule en descendant ; ainsi de suite.

Il est clair que la remarque de l'article 73 doit s'appliquer ici.

(81.) Le produit de la pompe, ou la quantité d'eau qu'elle jette par l'extrémité supérieure du tuyau montant, s'estime toujours par le cylindre d'eau KH, qui sortiroit pendant le temps que le piston emploie à s'abaisser de KI en GH.

(82.) Pour trouver la valeur de la force motrice, supposons que la tête du piston soit dans la position gh, à laquelle répond la hauteur verticale gM au-dessus de l'eau du réservoir. Soient MS la hauteur de la colonne d'eau équivalente à la pression de l'atmosphère, & ML la hauteur entière à laquelle l'eau est élevée. Nommons a^2 l'aire du cercle gh; h la hauteur gM; H la hauteur gL; P le poids du piston & de son équipage; X la force qui pousse le piston de bas en haut, ou pendant l'aspiration, en faisant abstraction du frottement; Y la force qui pousse le piston de haut en bas, ou pendant le refoulement, toujours abstraction faite du frottement. Cela posé, 1.° le piston parvenu en gh étant supposé monter, ou aspirer l'eau, & par conséquent, la soupape F étant fermée, il est clair que $X = P + a^2 \times SM$

$$- (a^2 \times SM - a^2 \times gM) = P + a^2 \times gM$$
$$= P + a^2 h.$$

2.° Le piston parvenu en gh étant supposé descendre, ou fouler l'eau, & par conséquent la soupape E étant fermée, on a $Y = a^2 \times SM + a^2 \times gL - a^2 \times SM - P = a^2 H - P$.

La somme des deux forces X & Y est $a^2 h + a^2 H$, ou $a^2 \times ML$. Ainsi l'effort total que l'agent est obligé de déployer pour mouvoir la machine, est égal au poids d'une colonne d'eau qui auroit pour base la tête du piston, & pour hauteur celle du point où l'eau est élevée au-dessus du réservoir. Mais nous avons ici l'avantage, que cet effort se partage en deux parties, l'une qui répond à l'aspiration, l'autre au refoulement; au lieu que dans les deux premières espèces de pompes, l'effort total s'exerce pendant que le piston s'élève & foule l'eau.

(83.) Nous ferons à ce sujet une remarque importante. Comme dans toute machine il est essentiel d'établir, autant qu'il est possible, l'uniformité de mouvement, on doit s'attacher à rendre les deux forces X & Y égales entr'elles. Cette égalité donnera $P + a^2 h = a^2 H - P$; d'où l'on tire $P = \dfrac{a^2 (H - h)}{2}$, Ainsi, 1.° des deux parties gL, gM de la hauteur totale ML. la première doit être plus grande que la seconde; car si on avoit $H = h$, ou $H < h$, le poids P feroit nul ou négatif; or, ni l'un ni l'autre ne peut avoir lieu. 2.° Si tout restant d'ailleurs le même, la surface

MN de l'eau du réfervoir vient à s'abaiffer ou à s'élever (ce qui arrive quand le tuyau d'afpiration trempe dans une rivière), il faut diminuer ou augmenter P en conféquence; ce qu'on peut tou, jours obtenir, du moins jufqu'à un certain point, en déchargeant ou en chargeant la tête du piston de certains poids amovibles.

Le défaut d'équilibre entre les forces X & Y eft très-commun. On y eft tombé dans les prétendues corrections que l'on fit, il y a quelques années, à l'un des équipages des pompes de la Samaritaine. Il ne paroît pas qu'on ait connu la véritable caufe des inconvéniens qui ont réfulté de ces changemens.

(84.) La pompe afpirante & foulante peut avoir une autre forme ou une autre difpofition que celle de la *Figure 39.* Dans cette Figure, le pifton afpire en montant & foule en defcendant,
Fig. 40. Mais on peut faire en forte (*Fig. 40*) que le pifton afpire en defcendant & foule en montant.

En nommant a^2 l'aire du cercle gh; h la hauteur rM du pifton parvenu en gh, au-deffus de l'eau du réfervoir; H la hauteur rL depuis gh jufqu'au point où l'eau eft élevée; P le poids du pifton & de fon équipage; X la force qui pouffe le pifton de haut en bas, ou pendant l'afpiration; Y la force qui pouffe le pifton de bas en haut, ou pendant le refoulement, on trouvera (abftraction faite du frottement), $X = a^2 h - P$, $Y = a^2 H + P$. Donc, fi l'on fait $X = Y$, on aura $a^2 h - P = a^2 H + P$; ce qui donne $P = \dfrac{a^2(h - H)}{2}$. Ainfi, dans le cas préfent, il faut que des deux parties Mr, rL de la hauteur totale ML, la feconde foit moindre que la première.

La hauteur ML à laquelle on veut élever l'eau étant donnée, on déterminera, d'après le rapport des diftances verticales de gh à la furface de l'eau du réfervoir, & à la furface de l'eau de la décharge, quelle eft celle des deux pompes *(Fig. 39 & 40)*, qu'il convient d'employer.

Dans la pratique, on fuppofera que la pofition moyenne gh du pifton répond au milieu de GI.

Nous n'avons pas befoin d'ajouter que dans nos calculs de forces, nous confidérons le fimple état d'équilibre.

(85.) **SCHOLIE I.** Dans les trois efpèces de pompes propofées, le jet d'eau formé au dégorgeoir n'eft pas toujours égal, & il éprouve de l'intermittence ; car il y a environ la moitié du temps qui eft employée à abaiffer ou à élever le pifton pour prendre de nouvelle eau ; & pendant cette partie du temps, il ne fort point d'eau, ou du moins il n'en fort que très-peu par le dégorgeoir. On peut éviter cette intermittence, ou rendre le jet continu, en garniffant le tuyau montant, comme on le voit dans la pompe foulante de la *Figure* 41, d'une efpèce de tambour creux   Fig. 41. Gx, fermé au-dehors de tous côtés, mais qui communique avec le tuyau interrompu en G, H. Ce tambour, qu'on appelle *réfervoir d'air*, contient d'abord de l'air qui a même denſité que celui du dehors. Quand on élève le piſton, l'eau qui monte par la branche $CBDQ$, ſe répand en partie dans le réſervoir Gx; elle condenſe l'air qui y eſt contenu ; elle lui coupe la communication avec l'air extérieur, & le réduit à n'occuper que l'eſpace $kryx$. Lorſqu'enſuite on abaiſſe le piſton, l'air ainſi condenſé ſe dilate par ſon reſſort, force l'eau à deſcendre de kr en KR, & à s'élever par conféquent dans la branche $GHQD$. En continuant le même jeu, on voit qu'il monte ſans ceſſe de l'eau dans cette branche, & que le jet à l'endroit du dégorgeoir doit être continu, du moins ſenſiblement.

Il y a des faiſeurs de pompes qui s'imaginent que le réſervoir d'air augmente de moitié l'effet de la machine ; car, diſent-ils, puiſqu'alors le jet eſt continu, la pompe doit donner deux fois autant d'eau qu'elle en donneroit s'il n'y avoit pas de réſervoir d'air, & que le jet fût intermittent. Mais ils ne font pas attention que le produit de la pompe n'eſt jamais que la quantité d'eau que le piſton ſoulève en montant ; & que la puiſſance motrice (la vîteſſe du piſton demeurant toujours la même) emploie toujours le même effort, ſoit qu'elle faſſe monter directement cette eau juſqu'au dégorgeoir, ſoit qu'une partie de cette eau ſe répande dans le réſervoir d'air, d'où elle eſt ſoulevée enſuite par le reſſort de l'air. Car dans le ſecond cas, il faut tendre le reſſort de l'air du réſervoir

Gx; & cet effort, joint à celui qui fait monter aduellement une partie de l'eau dans la branche $GHQD$, épuife la force entière; ce qui revient au premier cas. Si donc le jet eft continu quand il y a un réfervoir d'air, l'eau fort avec une vîteffe deux fois moindre qu'elle ne fortiroit s'il n'y avoit pas de pareil réfervoir, & que le jet fût intermittent; & le produit de la pompe eft toujours le même. Le réfervoir d'air a donc fimplement l'avantage de procurer plus d'uniformité au mouvement de la machine; & de rendre le jet d'eau continu, ce qui eft très-utile dans les pompes à incendie, parce qu'un jet d'eau continu éteint plus facilement le feu, qu'un jet qui va par bonds, quoiqu'avec plus de vîteffe.

(86.) SCHOLIE II. On emploie, pour mouvoir les pompes, toutes fortes d'agens, comme des hommes, des chevaux, des courans d'eau, l'adion du vent, &c. Les petites machines de ce genre, telles que les pompes à puits ou à incendies, font ordinairement mues à bras d'hommes. Lorfqu'il faut élever une quantité confidérable d'eau, on multiplie à proportion la force motrice; & pour qu'elle exerce continuellement le même effort, du moins à peu-près, fans refter jamais oifive, on établit plufieurs équipages de pompes; de manière que lorfqu'une partie des piftons defcend, l'autre monte.

Tout le jeu de ces machines dépend de la régularité du mouvement alternatif des *foupapes* ou des *clapets.* Il faut donc que ces pièces foient tellement conftruites & difpofées, qu'elles tiennent bien l'eau quand elles font fermées ; & qu'elles s'ouvrent facilement quand elles doivent le faire. Les détails de pratique fur ce fujet n'entrent pas dans mon plan.

Les tuyaux des pompes fouffrent quelquefois des efforts très-confidérables. Lorfque ces tuyaux feront faits avec des matières flexibles, comme, par exemple, avec du plomb, du cuivre, du fer même, & qu'on aura évalué en colonnes d'eau de hauteurs données, les preffions qu'ils fupportent, on trouvera les épaiffeurs qu'ils doivent avoir pour ne pas crever, au moyen de la théorie du chapitre IV.

CHAPITRE VIII.

Continuation du même sujet : hauteurs auxquelles l'eau s'élève fucceffivement dans les pompes ; arrêts qu'elle peut éprouver.

(87.) Soit d'abord la pompe afpirante de la *Figure 37*, où la foupape dormante E eft placée à la jonction du corps de pompe avec le tuyau d'afpiration AN, dont la hauteur AM doit être moindre que 32 pieds (73). Je fuppofe qu'afin de pouvoir vider l'air, autant qu'il eft poffible, du tuyau d'afpiration, la limite inférieure GH de la courfe du pifton, touche, du moins à peu de chofe près, la foupape E ; ce qu'on peut établir avec d'autant plus de liberté, que la foupape E ne doit s'ouvrir que lorfque le pifton monte. Examinons comment, à chaque coup de pifton, l'eau s'élève fucceffivement dans le tuyau d'afpiration : par-là, nous parviendrons à connoître les *arrêts* ou les interruptions que ce mouvement afcenfionnel peut éprouver.

(88.) Il réfulte de l'article 72, qu'à chaque fois que le pifton, en montant, arrive en KI, la preffion de l'atmofphère ou de l'air naturel fait équilibre à la force élaftique ou à la preffion de l'air affoibli, compris depuis KI jufqu'à la furface de la colonne d'eau élevée dans le tuyau

Fig. 37.

d'afpiration, & au poids de cette même colonne.
Or, pour établir clairement les conditions de l'équilibre entre ces trois forces, nous les réduirons à la même efpèce; & nous évaluerons en conféquence les deux premières par des preffions de colonnes d'eau, de hauteurs convenables : hauteurs que j'appellerai, pour abréger, *hauteurs dûes* aux forces dont il s'agit. La hauteur dûe à la preffion de l'atmofphère eft conftante, ou peut être fuppofée telle ; mais la hauteur dûe à la preffion de l'air fucceffivement raréfié eft variable, & dépend du degré d'affoibliffement de cet air.

Maintenant , il eft clair qu'il y aura équilibre entre les trois forces propofées, fi la hauteur dûe à la preffion de l'atmofphère, eft égale à la fomme de la hauteur dûe à la preffion de l'air intérieur affoibli, & de la hauteur de la colonne d'eau élevée dans le tuyau d'afpiration au-deffus du niveau MN du réfervoir. Il eft indifférent d'ailleurs que les preffions s'exercent fur des bafes égales ou inégales, comme il eft indifférent, dans un fiphon, que les deux branches foient égales ou inégales (21).

(89.) Suppofons qu'en vertu du premier coup ou de la première afcenfion du pifton , de GH en KI, l'eau s'élève en xu dans le tuyau d'afpiration ; & imaginons que le pifton demeure un inftant en KI. Alors la preffion de l'atmofphère ou de l'air naturel contre-balance la preffion de la colonne d'eau Mu, & la force élaftique de l'air dilaté dans l'efpace Ku. Nommons

La hauteur

La hauteur AM du tuyau d'afpiration.... a,
Le jeu GK ou AK du piſton.......... b,
Le rayon du corps de pompe AD....... R,
Le rayon du tuyau AN d'afpiration...... r,
Le rapport de la circonférence au diamètre.. π,
La hauteur dûe à la preſſion de l'air naturel.. h,
La hauteur xM de la colonne Mu...... x,
La hauteur dûe à la preſſion ou à la force
élaſtique de l'air dilaté dans l'eſpace Ku.. y.

On aura d'abord l'équation *(A)*, $h = x + y$.

La hauteur dûe à la force élaſtique de l'air naturel qui occupoit l'eſpace AN avant l'afcenſion du piſton, étant repréſentée par h, & cet air s'étant répandu, pendant l'afpiration, dans l'eſpace Ku, la hauteur y dûe à la force élaſtique qu'il a dans ce fecond état, fera repréſentée (67) par $h \times \dfrac{AN}{Ku}$; c'eſt-à-dire qu'on aura $y = h \times \dfrac{AN}{Ku}$. Or, l'eſpace ou le cylindre $AN = \pi r^2 a$; l'eſpace Ku ou la fomme des cylindres KC, Au, eſt $= \pi R^2 b + \pi r^2 (a - x)$. Ainſi nous aurons cette feconde équation *(B)*, $y = \dfrac{h\, r^2 a}{R^2 b + r^2 (a - x)}$.

Comparant enſemble les deux équations *(A)* & *(B)*, & faifant, pour abréger, $\dfrac{R^2}{r^2} = k$, $h + a + kb = p$, on trouvera, $x = \dfrac{p \pm \sqrt{(p^2 - 4\,khb)}}{2}$, $y = \dfrac{2h - p \mp \sqrt{(p^2 - 4\,khb)}}{2}$.

Des deux valeurs de x & de y, indiquées par le double figne, il ne faut prendre que les valeurs indiquées par les fignes inférieurs ; car chacune des valeurs de x ou de y, doit être moindre que h. Or, si l'on employoit le signe supérieur pour x, on auroit $\dfrac{p + \sqrt{(pp - 4khb)}}{2} > h$, ou

$+ \sqrt{[(h + a + kb)^2 - 4khb]} > h - a - kb$, puisqu'en carrant chaque membre & réduisant, il vient $4ah > 0$. Si au contraire on emploie le signe inférieur pour x, on trouvera que la valeur de x est moindre que h; & que la valeur correspondante pour y, c'est-à-dire, la quantité

$$\dfrac{h - a - kb + \sqrt{[(h + a + kb)^2 - 4khb]}}{2}, \text{ est aussi}$$

moindre que h, puisque $\dfrac{\sqrt{[(h + a + kb)^2 - 4khb]}}{2}$

$< h + a + kb$, le terme $- 4khb$ étant toujours négatif. Par conséquent les deux valeurs de x & de y, qui satisfont au problème, sont :

$$\text{I.} \quad \begin{cases} x = \dfrac{p - \sqrt{(pp - 4khb)}}{2}, \\[2mm] y = \dfrac{2h - p + \sqrt{(pp - 4khb)}}{2}. \end{cases}$$

Connoissant ainsi les valeurs de x & de y, qui répondent au premier coup de piston, on trouvera semblablement les valeurs analogues qui doivent répondre successivement au second, au troisième, au quatrième, &c. coup de piston. En effet, soit My la hauteur de l'eau dans le tuyau d'aspiration, correspondante au second coup de piston, c'est-à-dire, après que le piston redescendu d'abord de KI en GH, est remonté ensuite de GH en KI. Nommons x' cette hauteur, & y' la hauteur dûe à la force élastique du second air affoibli. Nous aurons d'abord l'équation *(C)*, $h = x' + y'$. Mais d'un autre côté, le premier air affoibli qui, au premier instant de la seconde aspiration, occupoit l'espace $A\,u$, & qui avoit alors une force élastique proportionnelle à la hauteur y, étant maintenant répandu dans l'espace $K\zeta$, aura une force élastique proportionnelle à la hauteur $y \times \dfrac{A\,u}{K\zeta}$, ou $\dfrac{y\,r^2\,(a-x)}{R^2 b + r^2 (a-x')}$. On aura donc $y' = \dfrac{y\,r^2\,(a-x)}{R^2 b + r^2 (a-x')}$, ou *(D)*, $y' = \dfrac{y\,(a-x)}{a-x'+kb}$.

Comparant ensemble les deux équations *(C)* & *(D)*, & mettant pour y sa valeur $h-x$, on trouvera :

$$\mathrm{II.}\begin{cases} x' = \dfrac{p-\sqrt{[pp-4khb-4x(h+a-x)]}}{2}. \\[2ex] y' = \dfrac{2h-p+\sqrt{[pp-4khb-4x(h+a-x)]}}{2}. \end{cases}$$

J'ai pris les signes inférieurs pour les valeurs de x' & de y', par la même raison que pour les valeurs de x & de y. Il en sera de même pour les suivantes.

Semblablement, si l'on nomme x'' la hauteur de l'eau dans le tuyau d'aspiration, après le troisième coup de piston ; y'' la hauteur dûe à la force élastique du troisième air affoibli : on trouvera, en observant que x'' & y'' dérivent de x' & de y', suivant la même loi que x' & y' dérivent de x & de y, on trouvera, dis-je :

$$\text{III.} \begin{cases} x'' = \dfrac{p - \sqrt{[pp - 4khb - 4x'(h + a - x')]}}{2}, \\[2ex] y'' = \dfrac{2h - p + \sqrt{[pp - 4khb - 4x'(h + a - x')]}}{2}. \end{cases}$$

Ainſi de ſuite.

D'où l'on voit que ſi en général on déſigne par $x^{(n)}$ la valeur de x, après le nombre $n + 1$ de coups de piſton ; par $y^{(n)}$ la valeur correſpondante de y ; par $x^{(n-1)}$ la valeur de x après le nombre n de coups de piſton ; par $y^{(n-1)}$ la valeur correſpondante de y : on aura,

$$x^{(n)} = \frac{p - \sqrt{[pp - 4khb - 4x^{(n-1)}(h + a - x^{(n-1)})]}}{2},$$

$$y^{(n)} = \frac{2h - p + \sqrt{[pp - 4khb - 4x^{(n-1)}(h + a - x^{(n-1)})]}}{2}.$$

(90.) Il eſt évident qu'au moyen des équations précédentes, on connoîtra, après un nombre quelconque de coups de piſton, la hauteur de l'eau dans le tuyau d'aſpiration, & la force élaſtique de l'air enfermé dans la machine. On connoîtra auſſi les hauteurs produites par chaque coup de piſton en particulier, & les différences des forces élaſtiques ſucceſſives de l'air enfermé, puiſqu'ayant trouvé x, x', x'', &c. y, y', y'', &c. on a les valeurs des quantités x, $x' - x$, $x'' - x'$, &c. y, $y' - y$, $y'' - y'$, &c.

(91.) En regardant le poids de la ſoupape E comme nul, on formera, après un certain nombre de coups de piſton, un vide d'air dans la pompe, & l'eau finira toujours par s'élever en E, pourvu que la hauteur AM foit tout au plus égale à h. Cette propofition, qui eft une fuite du principe pofé, que la hauteur dûe à la preffion de l'atmofphère eft h, réfulte de nos formules. Car, fi après un certain nombre $n + 1$ de coups de pifton, l'eau s'arrêtoit dans le tuyau d'afpiration, on auroit $x^{(n)} = x^{(n-1)}$, & par conféquent

$$x^{(n-1)} = \frac{p - \sqrt{[pp - 4khb - 4x^{(n-1)}(h+a-x^{(n-1)})]}}{2};$$

d'où l'on tire $x^{(n-1)} = h$, & d'où l'on doit conclure que fi a ou $AM < h$, l'eau ne s'arrêtera pas dans le tuyau d'afpiration, & qu'elle paffera dans le corps de pompe.

(92.) Lorfqu'il faudra avoir égard au poids de la foupape E, vous le regarderez comme celui d'une colonne d'eau qui a pour bafe l'ouverture de la foupape, & une hauteur donnée en conféquence; vous retrancherez cette hauteur de h, & vous fubftituerez le refte h' à la place de h dans les calculs précédens. Alors, tous les réfultats qui ont lieu par rapport à h feront auffi vrais pour h', qu'on peut regarder comme la hauteur dûe à la force extérieure qui tend maintenant à faire monter l'eau dans le tuyau d'afpiration, puifque l'effort de la foupape E eft contraire à celui de la preffion totale de l'atmofphère & doit en être fouftrait.

(93.) La pofition de la foupape E, à la jonction du tuyau d'afpiration avec le corps de pompe, eft la plus avantageufe de toutes pour évacuer l'air intérieur, & pour donner ainſi à la pompe toute la perfection dont elle eſt ſuſceptible. Le ſeul inconvénient de cette poſition, eſt que les cuirs dont la ſoupape eſt ordinairement garnie, venant à ſe deſſécher lorſque la pompe reſte quelque temps dans l'inaction, il peut ſe faire que la ſoupape E ne ſe ferme pas bien exactement, ce qui obligeroit à tenir le tuyau d'aſpiration plus court que ne le demandent les calculs précédens. On voit que la même remarque a lieu pour la ſoupape mobile F.

(94.) Conſidérons maintenant une autre eſpèce de pompe aſpirante, où la ſoupape dormante, au lieu d'être placée au haut du tuyau d'aſpiration, comme ci-deſſus, eſt ici placée au bas de ce tuyau. Je ſuppoſe donc que tout reſtant d'ailleurs le même *(Fig. 37)*, la ſoupape E ſoit en MN, entièrement noyée dans l'eau du réſervoir. En faiſant monter & deſcendre alternativement le piſton, l'eau entrera dans le tuyau d'aſpiration, & s'y élèvera, mais non ſuivant la même loi que dans le cas précédent. Elle pourra s'arrêter, en ſuppoſant même que la hauteur AM du tuyau d'aſpiration ſoit beaucoup moindre que 32 pieds. Car ſoit, par exemple, Mr la hauteur à laquelle l'eau eſt arrivée après un certain nombre de coups de piſton : comme, le piſton étant deſcendu en GH, l'air compris dans l'eſpace rH eſt devenu de l'air naturel, il peut ſe faire que la force élaſtique de cet air dilaté lorſque le piſton arrive en KI, jointe à la preſſion de la colonne d'eau élevée

dans le tuyau d'aspiration, forme une somme
ou une force égale à la pression de l'atmosphère;
d'où il suit que l'eau ne pourra pas monter davantage. Cherchons par le calcul la manière dont l'eau
s'élève; ce qui nous fera connoître les cas où les
arrêts ont lieu.

(95.) Soient Mx, My, &c. les hauteurs successives auxquelles l'eau arrive dans le tuyau d'aspiration. En gardant toutes les dénominations de
l'article 89, il est évident d'abord qu'on aura
ici comme là, après le premier coup de piston, les
deux équations, $x + y = h$, $y = \dfrac{h\,a}{k\,b + a - x}$;
d'où l'on tire, $x = \dfrac{p - \sqrt{(pp - 4\,k\,h\,b)}}{2}$,
$y = \dfrac{2h - p + \sqrt{(pp - 4\,k\,h\,b)}}{2}$. Mais les équations
analogues suivantes ne font pas les mêmes.

Pour les trouver, on observera qu'au commencement de la seconde aspiration, l'air compris dans
l'espace Au est de l'air naturel; d'où il suit que
cet air, après la seconde aspiration, étant répandu
dans l'espace $K\zeta$, la hauteur dûe à sa force élas-
tique sera $h \times \dfrac{Au}{K\zeta}$, ou $\dfrac{h\,(a - x)}{k\,b + a - x'}$. On
aura donc, $y' = \dfrac{h\,(a - x)}{k\,b + a - x'}$; & comme on
a toujours $x' + y' = h$, on trouvera:
$$x' = \dfrac{p - \sqrt{[(pp - 4\,k\,b\,h - 4\,h\,x)}}{2},$$

$$y' = \frac{2h - p + \sqrt{[(pp - 4khb - 4hx)}}{2}.$$

De même, en obfervant que x'' & y'' dérivent de x' & de y', comme x' & y' dérivent de x & y, on trouvera :

$$x'' = \frac{p - \sqrt{(pp - 4khb - 4hx')}}{2},$$

$$y'' = \frac{2h - p + \sqrt{(pp - 4khb - 4hx')}}{2}.$$

Et en général,

$$x^{(n)} = \frac{p - \sqrt{(pp - 4khb - 4hx^{(n-1)})}}{2},$$

$$y^{(n)} = \frac{2h - p + \sqrt{(pp - 4khb - 4hx^{(n-1)})}}{2}.$$

(96.) Maintenant, fuppofons que l'eau s'arrête après le nombre $n + 1$ de coups de piston ; on aura alors $x^{(n)} = x^{(n-1)}$, & par conféquent

$$x^{(n-1)} = \frac{p - \sqrt{(pp - 4khb - 4hx^{(n-1)})}}{2};$$

d'où l'on tire

$$x^{(n-1)} = \frac{a + kb \pm \sqrt{[(a + kb)^2 - 4khb]}}{2};$$

& d'où l'on voit qu'à caufe du double figne, l'eau s'arrêtera en deux endroits, lorfque la quantité radicale fera réelle : condition qui exige que l'on ait, ou $(a + kb)^2 = 4khb$, ou $(a + kb)^2 > 4khb$. Dans la première hypothèfe, les deux valeurs de $x^{(n-1)}$ font égales, & l'eau ne s'arrête qu'en un feul endroit, auquel répond la valeur $x^{(n-1)}$ $= \frac{a + kb}{2}$: dans la feconde, l'eau s'arrête en deux endroits auxquels répondent les deux valeurs de $x^{(n-1)}$. Si la quantité radicale eſt imaginaire, il n'y a point d'arrêt à craindre. Éclairciſſons cette théorie par un ou deux exemples.

EXEMPLE I. Soient $h = 32$ pieds; $a = 20$ pieds; $b = 4$ pieds; $k = 1$, ou le rayon du tuyau d'aſpiration, égal à celui du corps de pompe, de manière que ces tuyaux n'en forment qu'un ſeul. On trouvera pour $x^{(n-1)}$, ces deux valeurs, $x^{(n-1)} = 8$ pieds; $x^{(n-1)} = 16$ pieds. Ainſi il y a d'abord un arrêt, quand l'eau dans le tuyau d'aſpiration eſt arrivée à 8 pieds de hauteur au-deſſus de *MN*. Si alors on verſe par en haut de l'eau dans la pompe, en ſoulevant, par exemple, avec un crochet la ſoupape *F*, cet arrêt ſubſiſtera tant que la hauteur de l'eau dans le tuyau d'aſpiration ſera moindre que 16 pieds, ou ne ſurpaſſera pas 16 pieds; mais paſſé ce point, il n'y a plus d'arrêt. Tout cela eſt aiſé à voir immédiatement : car dans l'intervalle de 8 pieds à 16 pieds, la hauteur de la colonne d'eau aſpirée & la hauteur dûe à la force élaſtique de l'air intérieur, forment une ſomme > 32 pieds; mais la ſomme analogue eſt < 32 pieds, dans l'intervalle de 16 pieds à 20 pieds d'où commence la courſe du piſton.

EXEMPLE II. Soient $h = 32$ pieds; $a = 25$ pieds; $b = 2$ pieds; $k = 4$. On trouvera ces deux valeurs, $x^{(n-1)} = \dfrac{33 \pm \sqrt{65}}{2}$. L'eau s'arrêtera donc en deux endroits. Mais ſi tout reſtant d'ailleurs le même, on faiſoit $k = 6$, il n'y auroit point d'arrêt ; il n'y en auroit point non plus, ſi continuant de laiſſer $k = 4$, on faiſoit $b = 4$ pieds, &c.

(97.) On voit, par ces calculs, les inconvéniens de placer la ſoupape dormante en *MN*. Il eſt vrai qu'alors, étant toujours noyée dans l'eau, elle eſt moins expoſée à dépérir qu'elle ne feroit dans l'air. De plus, ſa peſanteur diminuée par l'eau, oppoſe peu de réſiſtance à la preſſion de l'atmoſphère ; mais par-là même elle peut balotter dans l'eau, & ne pas joindre bien exactement les parois du trou qu'elle doit boucher. Il vaut donc beaucoup mieux établir la ſoupape dormante *E* en *AC* qu'en *MN*.

Quelquefois la ſoupape dormante *E* étant placée en *AC*, on en met auſſi une autre en *MN :* alors celle-ci fait ſimplement, par rapport à la précédente, la fonction de *ſoupape de ſûreté.* Ces deux ſoupapes jouent en même temps, & ont les mêmes mouvemens alternatifs.

(98.) Dans la pratique, on laiſſe toujours un certain intervalle, plus ou moins grand, entre la limite inférieure *GH* de la courſe du piſton, & la ſoupape dormante *E* ſuppoſée placée en *AC*. Ce cas eſt intermédiaire à celui de l'article 87, où l'on a regardé *GH* comme touchant, du moins à très-peu près, la ſoupape *E*, & à celui de l'article 94, où la ſoupape dormante eſt placée en *M N*. Il participe donc des avantages & des inconvéniens attachés aux deux autres. Les calculs néceſſaires pour déterminer les mouvemens & les arrêts de l'eau, dans cette nouvelle hypothèſe, font ſi faciles à établir & à exécuter, à l'imitation des précédens, que je croirois tomber dans une longueur ſuperflue, ſi je m'y arrêtois.

(99.) La pompe foulante (*Fig. 38*) n'eſt ſujette à aucun arrêt, lorſque la ſoupape dormante *E* trempe dans l'eau du réſervoir. Mais ſi cette ſoupape étoit placée au - deſſus de la ſurface *M N* du réſervoir, par exemple en *r s*, à une hauteur *s t*, telle que l'eſpace intérieur *A C s r* fût plus grand que le volume d'eau que le piſton ſoulève en montant depuis *K I* juſqu'en *G H* : alors il pourroit ſe faire que l'eau ne pût arriver en *r s*, & qu'elle s'arrêtât quelque part au-deſſous de cette ligne. Car ſuppoſons que par la première élévation du piſton, l'eau arrive en *u z* : en ce moment l'air compris depuis la ſurface de cette eau juſqu'en *r s*, eſt de l'air naturel qui ſe dilate & s'affoiblit quand le piſton deſcend ; ainſi de ſuite alternativement, pendant tout le temps que le piſton joue. Lorſque le piſton deſcend, la colonne d'eau *A z* eſt pouſſée de haut en bas par ſon propre poids, & par la force élaſtique de l'air contenu dans l'eſpace *u s* : de telle ſorte que la réſultante ou la ſomme de ces deux forces, fait équilibre à la preſſion de l'atmoſphère ſur la ſurface *M N* du réſervoir. Or, puiſque la colonne

Fig. 38.

d'eau $A\,z$ monte avec le piston & defcend avec lui; s'il arrive (ce qui eft évidemment poffible), que d'un coup de piston au fuivant la defcente de la colonne d'eau $A\,z$ foit égale à fa montée, elle ne pourra jamais atteindre rs. Il y aura donc alors ce qu'on appelle *arrêt*, dans la machine. Le calcul des élévations fucceffives de l'eau & de fes arrêts, fe fait exactement de la même manière que pour la pompe afpirante.

(100.) Dans la pompe afpirante & foulante, il peut fe trouver également des arrêts qu'on déter-minera toujours par les mêmes moyens, foit que l'afpiration fe faffe quand le piston monte *(Fig. 39)*, ou qu'elle ait lieu quand le piston defcend *(Fig. 40)*. On doit fe fouvenir dans tous les cas que la force élaftique de l'air diminue en même raifon que fon volume augmente.

Fig. 39 & 40.

(101.) Je finis par l'examen fuccinct de l'af-cenfion de l'eau dans les pompes, quand elle y eft pouffée par l'action d'une *manivelle triple*, com-binée avec la preffion de l'atmofphère. On appli-quera facilement la même théorie aux autres efpèces de manivelles.

Fig. 42.

Soit $A\,M\,N\,C$ *(Fig. 42)*, un tuyau vertical, plongé dans l'eau $M\,N$ d'un réfervoir, & portant trois corps de pompe égaux, dans lefquels jouent trois pistons par le moyen de trois leviers $R\,V$, $T\,Y$, $S\,X$. Ces leviers reçoivent eux-mêmes le mouvement de trois chaînes ou de trois autres leviers RB, TK, SH, dont lés extrémités B, K, H, formant les fommets d'un triangle équilatéral BKH, ou ce qu'on nomme la *manivelle triple*, tournent circulairement autour du centre O de ce triangle. La roue $BKDH$ eft mue par un agent quelconque, tel, par exemple, qu'un courant d'eau qui la fait tourner dans le fens $BKDH$. La difpofition & le mouvement des foupapes font les mêmes pour chaque corps de pompe, que dans la pompe afpirante ordinaire. Nous plaçons les foupapes *dormantes* E, E', E'' immédiatement à la jonction de chaque corps de pompe avec le tuyau d'afpiration $AMNC$.

La pofition des points d'appui des trois leviers RV, TY, SX, eft indifférente, quant aux principes d'où dépend la folution du problème ; mais pour fimplifier le difcours & les expreffions du calcul, nous fuppofons que ces appuis font dans les milieux des leviers : de forte que la levée de chaque pifton eft égale au diamètre du cercle que décrit la manivelle.

(102.) Quelle que puiffe être la fituation initiale de la manivelle, il eft clair qu'alors l'air compris dans le tuyau d'afpiration & dans le corps de pompe, eft de l'air naturel. Quand enfuite on fait tourner la manivelle, l'air compris dans le tuyau d'afpiration, & dans le corps de pompe dont le pifton monte, fe raréfie ou fe dilate, feulement parce que ce pifton monte : un pifton qui s'abaiſſe, donne l'entrée à l'air extérieur dans l'eſpace compris entre ſa ſoupape mobile & ſa ſoupape dormante. En effet, lorſqu'un piſton quelconque monte, ſa ſoupape mobile eſt fermée & ſa ſoupape dormante eſt ouverte : le contraire arrive pour un piſton qui deſcend.

(103.) Suppoſons d'abord qu'au premier inſtant le coude B de la manivelle ſoit placé à l'extrémité ſupérieure du diamètre vertical BD de la roue, & que par conſéquent la ligne horizontale KH, qui joint les deux autres coudes de la manivelle, diviſe le rayon OD en deux parties égales. En cet inſtant, la ſoupape mobile F touche ou peut être cenſée toucher la ſoupape dormante E; & les ſoupapes mobiles F', F'' ſont chacune diſtantes de leurs ſoupapes dormantes E', E'', d'une quantité $= BG$. Soient les points Q, M les milieux des arcs BK, BH, & ſoit menée la droite QM: la circonférence de la roue ſe trouve ainſi partagée en ſix parties égales BQ, QK, KD, DH, HM, MB; & on a $BL = DG$. Comme les coudes B, K, H de la manivelle, en s'abaiſſant ou en s'élevant, font au contraire monter ou deſcendre les piſtons, on voit que lorſqu'après un ſixième de révolution, B eſt arrivé en Q, K en D, H en M; le piſton correſpondant à B ſera élevé d'une quantité égale à BL; le piſton correſpondant à K, déjà élevé de la quantité BG, s'eſt élevé encore de la quantité GD; enfin le piſton correſpondant à H, d'abord élevé de la quantité BG, s'abaisse de la quantité GL. On voit aussi que l'air intérieur venant à se dilater, l'eau s'élève à une certaine hauteur Mr dans le tuyau d'aspiration. Or, puisque la dilatation de l'air intérieur ne s'opère que par l'ascension des pistons, il s'enfuit que si l'on nomme π le rapport de la circonférence au diamètre ; m le rayon du tuyau d'aspiration ; n le rayon de chacun des trois corps de pompe ; il s'enfuit, dis-je, que la portion d'air intérieur qui au premier instant occupoit un espace représenté par $\pi m^2 \times AM + \pi n^2 \times BG$, & la seule qui se dilate, occupe à la fin du sixième de révolution un espace $= \pi m^2 \times Ar + \pi n^2 \times (BD + BL)$. Dans ce second état, la force élastique de l'air ainsi dilaté, jointe au poids de la colonne d'eau rN, doit faire équilibre à la pression de l'atmosphère. Ainsi on pourra déterminer, par la méthode de l'article 89, la hauteur Mr, après le premier sixième de révolution. On déterminera de même la hauteur Mt de l'eau après le second sixième de révolution, en considérant qu'aussi-tôt que le coude K, maintenant en D, passe ce point, la portion d'air dilaté qui est demeurée dans l'intérieur de la pompe, & qui dès ce moment se réduit à la quantité $\Pi m^2 \times Ar + \Pi n^2 \times BL$, passe au volume $\Pi m^2 \times At + \Pi n^2 \times BG$, quand le point K arrive en H; ainsi de suite.

(104.) En général, qu'au premier instant les trois coudes de la manivelle soient placés aux points b, k, h. Menez au diamètre vertical BD les perpendiculaires bf, kg, hi. Puis cherchez d'abord la hauteur Mu, à laquelle l'eau s'élève dans le tuyau d'aspiration, pendant que b va en Q, k en D, h en M. Or, dans cet intervalle de temps, la portion d'air naturel intérieur qui vient à se dilater, & qui occupoit un espace représenté par $\Pi m^2 \times AM + \Pi n^2 \times (Bf + Bg)$, finit par occuper un espace $= \Pi m^2 \times Au + \Pi n^2 \times (BD + BL)$. Au moment que le point K passe le point D, la portion d'air intérieur dilaté se réduit à la quantité $\Pi m^2 \times Au + \Pi n^2 \times BL$; & quand le point K arrive en H, elle passe au volume $\Pi m^2 \times Az + \Pi n^2 \times BG$, la hauteur Mz étant alors celle de l'eau dans le tuyau d'aspiration; ainsi de suite.

Il est facile d'exprimer analytiquement les ascensions progressives de l'eau dans le tuyau d'aspiration, & de s'assurer par-là si elle arrivera ou non aux corps de pompe. Le détail de ces calculs me meneroit trop loin.

CHAPITRE IX.

CHAPITRE IX.

Des densités de l'atmosphère à différentes hauteurs : usage du Baromètre pour déterminer les différences de ces hauteurs.

(105.) LES couches inférieures de l'atmosphère portant le poids des supérieures, l'air doit avoir, par cette cause seule, une plus grande densité & une plus grande force élastique dans les lieux bas que dans les lieux élevés. Si l'on connoissoit exactement la-loi suivant laquelle il se comprime, ou se dilate d'un point à l'autre, on pourroit déterminer, ou par l'état de l'air en un endroit quelconque, la hauteur de cet endroit au-dessus d'un niveau connu, tel, par exemple, que celui de la mer ; ou réciproquement, l'état de l'air, par la hauteur. L'un de ces problèmes est, comme on voit, l'inverse de l'autre ; & la Géométrie fournit toujours des moyens, au moins approchés, pour déterminer la chose inconnue dans ces sortes de questions.

(106.) Soit AB *(Fig. 43)*, une colonne verticale de l'atmosphère ; MBN un niveau connu. Nommons g la gravité ; q la hauteur AQ du point extrême A au-dessus du point quelconque Q ; x, la hauteur QB du point Q au-dessus du point connu B ; c la densité de l'air en Q, laquelle est une fonction

Fig. 43.

Tome I.   H

qui dépend de la hauteur AQ ou BQ, & qui peut renfermer encore dans son expression la chaleur de l'air en Q, ou quelqu'autre qualité physique. Il est clair que le poids du filet AQ est $\int g\varphi\,dq$, ou $\int -g\varphi\,dx$. Or, ce poids doit être contrebalancé par la pression que l'air ambiant exerce contre le point Q, pression qui agissant en tous sens, tend à soulever le filet QA; donc si on la nomme p, on aura, $p = \int -g\varphi\,dx$, ou $dp = -g\varphi\,dx$, équation dans laquelle il faudra mettre pour φ sa valeur donnée par les phénomènes.

(107.) Lorsque l'air se condense uniquement par son propre poids, & abstraction faite de toutes les causes qui peuvent troubler la loi naturelle de cette condensation, la densité d'une couche quelconque est proportionnelle à la pression. Donc, en nommant P la pression de l'air en B, D sa densité, on aura alors $P : D :: p : \varphi = \dfrac{pD}{P}$; & par conséquent $dp = -\dfrac{gDp\,dx}{P}$, ou $dx = -\dfrac{P}{gD}\times\dfrac{dp}{p}$, dont l'intégrale est $x = C - \dfrac{P}{gD}\times \log. p$. La constante C doit être telle qu'en faisant $x = 0$, on ait $p = P$; donc $C = \dfrac{P}{gD}\times \log. P$. Ainsi $x = \dfrac{P}{gD}\times \log.\left(\dfrac{P}{p}\right)$.

Maintenant, les pressions P & p pouvant être exprimées par les poids des colonnes de mercure qui, dans le Baromètre, répondent aux points B & Q, si l'on nomme H & h les hauteurs de ces colonnes, δ la densité du mercure; on aura $P = g H \delta ; p = g h \delta :$ donc $x = \dfrac{H\delta}{D} \times \log.\left(\dfrac{H}{h}\right)$. Or, dans cette expression, x exprime le logarithme du nombre $\left(\dfrac{H}{h}\right)$, dans un système de logarithmes dont le module est $\dfrac{H\delta}{D}$: désignons par $L.\left(\dfrac{H}{h}\right)$ le logarithme du même nombre, dans le système des Tables logarithmiques ordinaires, où le nombre fondamental est 10, & le module, 0,4342944 que je nomme k pour abréger ; on aura, comme on sait, $x : L.\left(\dfrac{H}{h}\right)$ $:: \dfrac{H\delta}{D} : k ;$ donc $x = \dfrac{H\delta}{D.k} \times L.\left(\dfrac{H}{h}\right)$. ou $x = \dfrac{H\delta}{Dk} \times (L.H - L.h)$. Par où l'on voit qu'en prenant dans les Tables ordinaires le logarithme du nombre $\left(\dfrac{H}{h}\right)$, ou la différence des logarithmes de H & de h; puis multipliant cette différence par la quantité $\dfrac{H\delta}{D.k}$, on aura la hauteur du point Q au-dessus du point B. Si l'on considère donc ce dernier point comme celui par rapport auquel on veut déterminer la position de plusieurs autres lieux, la question est d'abord de trouver le coéfficient $\dfrac{H\delta}{Dk}$.

(108.) Prenons pour bafe, avec M. Bouguer (*Mém. de l'Acad. année 1753, page 515*), qu'en Amérique, à Carabourou, extrémité feptentrionale de la première bafe des triangles qui, dans cette partie du monde, ont fervi à déterminer la figure de la Terre, le mercure fe tenoit dans le Baromètre à 21 pouces 2 lignes $\frac{3}{4}$, & qu'au fommet de la montagne de Pitchincha, il fe tenoit à 15 pouces 11 lignes ; & que par une mefure géométrique le fecond pofte fe foit trouvé plus élevé que le premier, de 1208 toifes. Regardant donc ici le point B comme Carabourou, & le point Q comme le fommet de Pitchincha : nous avons $x = 1208$ toifes ; $H = 21$ pouces 2 lignes $\frac{3}{4} = 254{,}75$ lignes ; $h = 15$ pouces 11 lignes $= 191$ lignes ; $L.H = 2{,}4061142$; $L.h = 2{,}2810334$; $L.H - L.h = 0{,}1250808$. Par conféquent on aura $1208 = \dfrac{H \delta}{D k} \times 0{,}1250808$; d'où l'on tire $\dfrac{H \delta}{D k} = 9658$ toifes à peu-près.

Dans cette expreffion, le nombre k eft conftant & connu, fa valeur étant $0{,}4342944$; les nombres H, $\dfrac{\delta}{D}$ dépendent de la pofition du point B. On voit que connoiffant H, on connoîtra auffi, par la formule précédente, la quantité $\dfrac{\delta}{D}$, c'eft-à-dire, le rapport de la denfité du mercure à la denfité de l'air en B.

Faisons maintenant quelques applications de la formule générale $x = \dfrac{H \delta}{D k} (L . H - L . h)$,

ou $x = 9658 (L . H - L . h)$.

EXEMPLE I. *On demande la position d'un village nommé Alaussy, situé au pied de la montagne de Choussai, par rapport à Carabourou, en supposant, comme M. Godin l'a observé, que le mercure dans le Baromètre se tenoit dans ce village à 21 pouces 1 ligne $\frac{1}{4}$.*

On a $H = 254,75$ lignes; $h = 253,25$ lignes; $L . H - L . h = 0,0025648$. Donc $x = 24,77$ toises à peu-près, hauteur d'Alaussy au-dessus de Carabourou; ce qui s'accorde, à très-peu de chose près, avec la mesure géométrique.

EXEMPLE II. *On demande la position du sommet de la montagne de Choussai, par rapport à Carabourou, en supposant que le mercure se tenoit dans le Baromètre, au sommet de Choussai, à 17 pouces 10 lignes $\frac{1}{2}$, comme M. Godin l'a observé.*

On a $H = 254,75$ lignes; $h = 214,5$ lignes; $L . H - L . h = 0,0746869$; donc $x = 722,95$ toises environ, hauteur du sommet de Choussai au-dessus de Carabourou; ce qui est sensiblement conforme à la mesure géométrique.

(109.) *REMARQUE I.* Quelque simple que soit l'usage de la méthode précédente, M. Bouguer l'a simplifié encore. Il a observé que pour déterminer la différence des hauteurs de deux endroits, il fuffit de prendre la différence des logarithmes de ces hauteurs exprimée en lignes ; de regarder les quatre premieres figures de cette différence après le caractériftique, comme exprimant des toifes ; d'en retrancher fa trentième partie : le refte exprime en toifes la hauteur d'un lieu au-deffus de l'autre. Ainfi, par exemple, la différence des logarithmes des hauteurs du mercure à Carabourou, & au fommet de Pitchincha, réduite en lignes, eft 0,1250808 : fuppofons que 1250 exprime des toifes, & retranchons-en fa trentième partie, c'eft-à-dire, 42 à peu-près ; le refte, 1208 toifes, exprime la hauteur de Pitchincha au-deffus de Carabourou. Il en fera de même pour tous les autres cas où la formule $x = \dfrac{H\,\delta}{D\,k} \left(L.H - L.h \right)$ peut être employée.

(110.) *REMARQUE II.* Nous obferverons en paffant que la détermination de la hauteur à laquelle l'air qui entre par le trou E *(Fig. 31)*, dans l'expérience de la pompe de Sévile, peut foutenir l'eau dans le vide, eft un problème dépendant des mêmes principes ; car il eft clair que la colonne d'eau ET peut être regardée comme un poids qui réagit contre l'air inférieur qui le foutient : il n'eft pas moins clair que ce poids feroit équilibre à la preffion de l'atmofphère en RP. Suppofons donc, par exemple, que dans le lieu A où fe fait l'expérience, la preffion de l'atmofphère élève l'eau à 32 pieds dans le vide, ou, ce qui revient au même, le mercure à 28 pouces dans le Baromètre, & que la colonne d'eau *ET* foit de 24 pieds, ou équivalente à une colonne de mercure de même bafe & de 21 pouces de hauteur. La queftion propofée revient à ceci. On fait que dans un lieu *A* le mercure fe foutient à 28 pouces dans le Baromètre; on demande la hauteur d'un lieu *R* où le mercure fe foutiendra à 21 pouces. On trouve le lieu *R* plus élevé que le lieu *A*, de 1217 toifes à peu-près. La colonne d'eau *ET* s'élèveroit donc à cette hauteur, fi elle ne donnoit point de paffage à l'air à travers fa maffe, & fi le frottement le long des parois du tuyau ne lui oppofoit point de réfiftance.

(111.) SCHOLIE. Il eft conftant (fauf les reftrictions de l'article 70), qu'une même quantité d'air fe comprime proportionnellement aux poids dont elle eft chargée. Indépendamment des preuves qu'on en avoit déjà, M. Bouguer rapporte, dans le Mémoire cité, qu'il a reconnu la vérité de cette loi par une foule d'expériences faites dans les vallées & fur les fommets des montagnes du Pérou. De-là il fuit, comme nous l'avons vu, qu'en ayant fimplement égard aux poids des couches de l'atmofphère, les hauteurs des lieux font comme les logarithmes des hauteurs correfpondantes du mercure dans le Baromètre; ou, ce qui revient au même, ces dernières hauteurs étant fuppofées en progreffion géométrique, les autres font en progreffion arithmétique. Cette conféquence a fait trouver, dans les exemples précédens, les hauteurs refpectives de plufieurs endroits avec beaucoup de précifion. M. Bouguer s'eft fervi également avec fuccès du même principe dans tout le haut de la Cordelière du Pérou. Plus un lieu eft élevé, plus l'air eft libre, dégagé des caufes qui troublent l'équilibre naturel qui devroit réfulter de fon poids, & moins par conféquent la ,i des denfités produites par ce poids fubit d'altération. Mais la méthode dont il s'agit s'eft écartée fenfiblement de la vérité dans la partie inférieure de la Cordelière, & fur plufieurs autres montagnes de la Zone Torride. On l'a trouvée auffi en défaut en plufieurs endroits de l'Europe: la caufe de ces erreurs vient des différens degrés de température de l'air en différens endroits. Une chaleur plus ou moins grande, dilate plus ou moins l'air, & trouble la loi des denfités. Il faut donc alors faire quelque correction à la formule de l'article 107, comme on le verra dans le chapitre fuivant.

CHAPITRE X.

Des variations du Baromètre : moyens que fournit le Thermomètre pour rectifier les hauteurs données par le premier instrument.

(112.) LES Baromètres destinés à servir pour des observations que l'on veut comparer entre elles, doivent être construits sur des principes uniformes & réguliers; autrement le mercure ne se tiendra pas à même hauteur dans deux Baromètres placés en un même endroit : souvent même les résultats que donneront séparément deux Baromètres, transportés successivement en plusieurs lieux, ne s'accorderont pas ensemble.

(113.) On trouve dans plusieurs livres de Physique, & en particulier dans les *Recherches* de M. de Luc, *sur les modifications de l'atmosphère*, les meilleures manières de construire les Baromètres. Les principales précautions qu'il faut prendre pour cela, font 1.° de bien purger d'air le mercure, en sorte qu'on soit assuré que le mercure employé de cette façon dans plusieurs Baromètres, aura la même qualité, la même pesanteur spécifique. 2.° Il faut donner au tube d'un Baromètre deux lignes & demie ou trois lignes de diamètre intérieur, soit pour éviter l'effet de la *capillarité*, soit pour faire sortir plus aisément l'air du tube quand on conſtruit le Baromètre, ſoit enfin pour rendre moins ſenſibles les expanſions du mercure, produites par la chaleur. 3.° On doit éviter ces vapeurs élaſtiques dont M. Daniel Bernoulli parle dans ſa Pièce ſur *les Courans de la mer,* qui remporta le Prix de l'Académie des Sciences de Paris, en 1751. Ce grand Géomètre, dont la ſagacité à pénétrer les ſecrets de la Nature, étoit extrême, a obſervé le premier qu'il ſe forme autour de tous les fluides, dans le vide, une atmoſphère ou une vapeur élaſtique : cette vapeur eſt produite par la plus légère humidité, & elle eſt extrêmement ſenſible aux impreſſions du chaud & du froid. Si donc le tube d'un Baromètre conſerve quelque humidité, ſi ſes parois intérieures ont été enduites ou touchées par quelque liqueur, telle que de l'eſpritde-vin, &c. le mercure s'élèvera moins haut dans ce tube que dans un autre bien ſec & bien pur. *Voyez la Diſſertation de M. Bernoulli, pages 25, 26, 27 & 28.*

(114.) Dans les Baromètres pris au haſard, le mercure ſe tient preſque toujours moins haut que dans un Baromètre *parfait,* c'eſt-à-dire, conſtruit ſuivant les principes que je viens d'indiquer. La cauſe de ce défaut d'élévation, vient tout ſimplement, pour l'ordinaire, de ce qu'en conſtruiſant le Baromètre, on a laiſſé une petite quantité d'air dans la partie ſupérieure du tube. Il eſt facile de trouver la relation entre la hauteur totale du tube, celle du mercure, celle que l'air enfermé occuperoit dans fon état naturel, même fi le bout fupérieur du tube étoit ouvert, & la preffion de l'atmofphère mefurée par la hauteur du mercure dans un Baromètre parfait. Car foient *(Fig. 50)* dans un Baromètre imparfait, AB la hauteur du tube, AE celle du mercure, BH celle qu'occuperoit l'air enfermé s'il étoit libre; & fuppofons $AB = a$, $AE = p$, $BH = q$, la hauteur du mercure dans un Baromètre parfait $= h$. La force élaftique de l'air BH qui fe dilate en BE, eft

$$(67) \quad h \times \frac{BH}{BE}, \quad \text{ou} \quad \frac{hq}{a-p}; \quad \text{\& cette force,}$$

jointe au poids de la colonne de mercure AE, doit être égale à la preffion de l'atmofphère. On a donc l'équation,

$$p + \frac{hq}{a-p} = h, \quad \text{ou} \quad ap - pp + hq - ah + hp = 0,$$

qui contient la relation demandée. On voit que a & h étant fuppofées données, on trouvera q, connoiffant p; ou p, connoiffant q.

(115.) Suppofons qu'un Baromètre ait toute la perfection qu'on peut lui donner, & obfervons fon état pendant un long intervalle de temps, dans un même endroit : nous verrons que la hauteur de la colonne de mercure eft fujette à de fréquentes variations, par les divers changemens de temps.

1.° Ordinairement le mercure fe tient élevé lorfque le temps eft beau, fixe, calme & fec; au contraire, le mercure s'abaiffe quand le temps devient changeant, pluvieux, orageux, & que l'air eft agité par de grands vents ou fort chargé de vapeurs.

2.° Les plus grandes hauteurs & les plus grands abaiffemens du Baromètre, arrivent toujours en hiver ; & plus dans un même climat les viciffitudes du chaud & du froid font grandes, plus auffi les variations du Baromètre font confidérables.

3.° Sur les hautes montagnes, les variations du Baromètre font très-petites, & quelquefois prefque nulles : alors, on trouve avec exactitude les différence de niveaux des lieux, par le moyen de cet inftrument.

4.° Dans le voifinage de l'Équateur, les variations du Baromètre font beaucoup moins fenfibles que vers les pôles. Par exemple, à Quito, la hauteur de la colonne de mercure ne varie tout au plus que d'une ligne & demie ; & en bas, au bord de la mer, de deux lignes & demie ou trois lignes : à Paris, la variation eft de plus de vingt-fix lignes.

5.° Si dans un même lieu il arrive, par un beau temps, que le mercure vienne à defcendre, il y aura de la pluie ou du vent ; fi au contraire dans un temps pluvieux le mercure vient à monter, c'eft figne d'un prochain beau temps. Dans un temps fort chaud, la defcente du mercure prédit le tonnerre : dans un temps froid, l'afcenfion du mercure annonce la gelée ; & au contraire la defcente du mercure, par un temps de gelée, prédit le dégel.

Tels font les principaux phénomènes des variations du Baromètre. Ces variations indiquent toujours un changement dans l'état de l'atmofphère ; mais les fuites de ce changement ne font pas conftamment & invariablement les mêmes ; & quelquefois, par exemple, on a de la pluie, quand le Baromètre, fuivant fes mouvemens ordinaires, femble promettre du beau temps.

(116.) Les Phyficiens fe font mis à la torture pour trouver la caufe des variations du Baromètre. Mon objet n'eft pas de faire l'énumération des fyftèmes qu'ils ont imaginés fur ce fujet : je me borne à donner une idée générale de quelques-uns des principaux.

Selon M. Léibnitz, les vapeurs deftinées à former la pluie étant d'abord difperfées & foutenues dans l'atmofphère, elles doivent néceffairement augmenter fon poids, & par conféquent auffi la preffion que l'air exerce fur la furface du mercure contenu dans la cuvette du Baromètre. Ainfi, tant que les vapeurs flottent dans l'air, ou que le beau temps dure, le mercure doit fe tenir haut dans le tube. Mais que les vapeurs pouffées par les vents, ou par telle autre caufe qu'on voudra imaginer, viennent à s'amonceler ; elles forment de petits corps plus pefans fpécifiquement que l'air, elles doivent donc tomber en pluie. Or, durant quelles

Syftème de M. Léibnitz.

tombent ainfi, elles foulagent l'air, d'une partie de leurs poids , conformément aux loix de la Mécanique. En effet, imaginons qu'un corps folide de même pefanteur fpécifique que l'air, & par conféquent immobile dans l'endroit où il eft placé, vienne à acquérir, par une caufe quelconque, un plus grand volume, fans augmenter de maffe ou de poids; alors ce corps defcendra néceffairement, & la partie de fon poids qui eft employée à le faire defcendre , ceffera de preffer l'atmofphère qui la fupportoit auparavant. Le choc que ce corps exerce contre l'air , ne compenfe pas la diminution de preffion dont il s'agit , comme on pourra s'en affurer quand on faura déterminer la percuffion des fluides : l'air devient donc plus léger lorfque la pluie tombe ; & le Baromètre doit baiffer. La defcente du mercure commence un peu avant la pluie , foit parce qu'il faut un certain temps aux gouttes d'eau pour fe former, foit parce que les vents les amènent quelquefois d'endroits fort éloignés. Si la pluie n'eft pas toujours la fuite de la defcente du Baromètre, M. Léibnitz en attribue la caufe aux vents qui emportent ailleurs les gouttes, ou qui les divifent & les difperfent dans l'atmofphère. Affurément ce fyftème eft très-ingénieux ; il fatisfait aux principaux phénomènes de la pluie & du beau temps ; mais il n'explique point ceux qui font relatifs au tonnerre , à la gelée, aux changemens de vents, &c.

M. Halley explique les mouvemens du Baromètre

par l'action des vents fur les vapeurs pluviales flottantes dans l'atmofphère. Suivant fes principes, dans un temps calme & tendant à la pluie, le Baromètre baiffe ordinairement, parce que deux vents foufflant en fens contraire, raréfient l'air & le rendent plus léger : dans un temps ferein & fixe, le Baromètre eft comme le centre où les vents accumulent l'air & le rendent plus pefant ; ainfi le Baromètre doit monter : dans un temps calme & froid, le mercure monte, parce qu'alors il arrive du Nord des vents froids qui amoncellent l'air : les plus grandes variations du Baromètre font au Nord, parce que les vents du Nord font plus forts & plus variables que ceux du Sud, &c. On voit que ce fyftème eft fondé fur plufieurs fuppofitions, dont quelques-unes font difficiles à recevoir, ou paroiffent même fe contredire.

Syftème de M. Halley.

L'hypothéfe de M. de Mairan met auffi en jeu l'action des vents ordinaires, pour condenfer ou raréfier l'air. De plus, il y ajoute celle du feu central, qui (felon lui) émane continuellement des entrailles de la terre, & qui produit dans l'air des agitations, des mouvemens, dont les quantités & les directions peuvent être modifiées par plu-fieurs caufes phyfiques & locales : nouveau champ de fuppofitions infuffifantes ou gratuites.

Syftème de M. de Mairan.

Depuis que M. le Roi, de la Société Royale de Montpellier, a fait voir (*Mém. de l'Académie, année 1751, page 481*), que l'air tient toujours une certaine quantité d'eau en diffolution, on a

Syftème moderne.

cherché à établir fur cette bafe une nouvelle expli-cation des variations du Baromètre. On fuppofe que les parties aqueufes, mêlées avec l'air, en diminuent fe poids ; & cela peut venir, comme M. de Sauffure le remarque dans fon excellent Traité d'*Hygrométrie*, de ce que les vapeurs fe forment par la converfion de l'eau en un fluide élaftique, dont le volume, à quantité égale de matière, eft beaucoup plus grand que celui de l'air pur. L'hypothèfe d'une telle diminution dans le poids de l'air, par l'accumulation des vapeurs pluviales, explique pourquoi l'abaiffement du mercure dans le Baromètre eft un figne de pluie. L'eau eft tenue en diffolution dans l'air par un certain degré de chaleur : quand l'air eft faturé d'eau, & qu'il vient à fe refroidir, il en aban-donne la plus grande partie, qui tombe alors en rofée ou en pluie. Mais en admettant ces effets, on eft encore très-éloigné d'y pouvoir trouver la caufe des variations du Baromètre ; car M. de Sauffure prouve, par le raifonnement & l'expé-rience, que la plus grande différence entre l'air fec & l'air humide, ne peut produire que des variations de deux ou trois lignes dans le Baro-mètre ; ce qui eft fort loin de celles que l'on obferve dans nos climats. Voyez fon Ouvrage, *pages 2 8 3 & fuivantes.* Je reviens à ce qui regarde plus fpécialement mon fujet.

(117.) M. Amontons, l'un des meilleurs Phy-ficiens du commencement de ce fiècle, avoit avancé

(Mém.

(Mém. de l'Acad. 1704, pages 164 & 271),
que la chaleur influe fenfiblement fur les variations du Baromètre. Des Savans, trompés par des
expériences équivoques, nièrent cette propofition.
M. de Luc a trouvé que des Baromètres dont le
mercure n'avoit pas été purgé par l'action du feu,
étoient fujets à des mouvemens irréguliers par le
changement de chaleur ; tantôt ftationnaires, au
moins fenfiblement, quand la chaleur augmente;
fouvent montans, & quelquefois defcendans, d'où
il a conclu que les Savans dont il s'agit ont été
induits en erreur par de femblables Baromètres.
Il s'eft de plus affuré que les Baromètres purgés
d'air par l'action du feu, montoient conftamment
par la chaleur & defcendoient par le froid. Voilà
donc des Baromètres réguliers, & ceux qu'il faut
employer.

(118.) Avant que de paffer plus avant, nous
obferverons que la différence de chaleur dans
l'atmofphère, eft la caufe de certains courans que
l'on y remarque. Soient *(Fig. 44),* fur un même   Fig. 44.
niveau $ABEF$, deux portions d'air $ABCD$,
$EFGH$, dont la première eft plus chaude que
la feconde. Imaginons deux tuyaux horizontaux
mn, pq de communication ; & fuppofons qu'au
premier inftant, dans le tuyau inférieur, la preffion
en m foit égale à la preffion en n, ce qui peut
avoir lieu, en fuppofant que la colonne mC, plus
rare & moins pefante fpécifiquement que la colonne
nH, eft plus haute en compenfation: il eft clair

Tome I.   I

que dans le tuyau supérieur, la pression en p est plus grande que la pression en q, puisque la colonne mp est plus légère que la colonne nq; donc il passe de l'air de $ABCD$ en $EFGH$, par le tuyau pq. Or cet air, ainsi introduit, augmente la masse d'air $EFGH$ & la pression en n; d'où résulte un second courant, contraire au premier, de l'air $EFGH$ en $ABCD$, par le tuyau inférieur nm. Il en seroit de même, si on supposoit au premier instant la pression en p égale à la pression en q; car alors la pression en n seroit plus grande que la pression en m; ce qui produiroit d'abord un courant de l'air $EFGH$ dans l'air $ABCD$, par le tuyau nm; & ensuite un courant de l'air $ABCD$ dans l'air $EFGH$, par le tuyau pq. On voit par-là que si deux chambres voisines, l'une chaude, l'autre froide, viennent à communiquer ensemble par une porte qu'on ouvre, il s'établit deux courans contraires, l'un inférieur, de la chambre froide dans la chambre chaude; l'autre supérieur, de la chambre chaude dans la chambre froide. De même, lorsqu'on allume du feu au foyer d'une cheminée, l'air contenu dans la chambre, & celui qui s'y introduit sans cesse par les vides de la porte ou des fentes, forment un courant inférieur dirigé vers la cheminée, & un courant supérieur qui est forcé de s'élever par le tuyau de la cheminée & emporte la fumée avec lui; à moins que le tuyau de la cheminée ne soit trop large relativement à la chambre, ou que ce fecond courant ne rencontre des obftacles dans fon chemin ou à fa fortie, auxquels cas la fumée fe répand dans la chambre, &c.

(119.) La température de l'air fe détermine par le moyen du Thermomètre. On fait que cet inftrument eft compofé d'une boule & d'un tuyau de verre, dans lefquels on a enfermé hermétiquement une certaine quantité d'un fluide élaftique, qui, en fe dilatant par la chaleur, ou en fe condenfant par le froid, fait connoître à chaque inftant l'état de l'air dans l'endroit où le Thermomètre eft placé. Le fluide dont il s'agit peut être de l'efprit-de-vin, du mercure, de l'huile de lin, &c. On donne la préférence au mercure, parce qu'il eft très-fenfible aux impreffions du chaud ou du froid, & qu'il ne fe détériore point par le laps du temps. Voyez l'*Effai fur les Thermomètres* du docteur Martine & l'Ouvrage **de M.** de Luc, déjà cité.

(120.) Le chaud & le froid étant des quantités relatives, les expanfions ou les contractions de la liqueur thermométrique, doivent être rapportées, s'il eft poffible, à des termes fixes, foit afin de pouvoir comparer le chaud & le froid d'un lieu avec ceux d'un autre, foit pour connoître la température relative de différens climats, foit pour être en état de faire par-tout un grand nombre d'expériences phyfiques & chymiques, qui demandent un degré précis de chaud ou de froid. Voici quelques remarques générales fur les Thermomètres les plus ufités.

(121.) M. de Réaumur prend pour origine de fa graduation la congélation de l'eau, non la congélation naturelle, qui n'a pas conftamment lieu au même degré de froid, mais une congélation artificielle faite avec de la glace & des fels. Pour éviter l'erreur qui pourroit naître de la glace naturelle plus ou moins froide qu'on emploie dans cette opération, il fait fa congélation dans un temps où l'air n'a aucune difpofition à geler l'eau, & il prend pour terme fixe, le moment où la première furface de l'eau commence à fe geler artificiellement. Il marque ce point par *zéro* fur le tube du Thermomètre; & fuppofant que toute la liqueur thermométrique comprife dans la partie inférieure, à compter de ce même point, eft divifée en 1000 parties égales, il trouve, ou conclut, qu'elle fe dilate d'environ 84 parties par la chaleur de l'eau bouillante; ce qui donne un autre point de l'échelle de graduation. J'ai dit *trouve* ou *conclut,* parce que l'efprit-de-vin que M. de Réaumur a prefque toujours employé dans fes Thermomètres, commence à bouillir un peu avant l'eau, & ne peut conféquemment marquer que d'une manière incertaine l'ébullition de l'eau. De plus, la chaleur de l'eau bouillante n'eft un terme fixe que pour une hauteur fixe du mercure dans le Baromètre : car on a obfervé que l'eau s'échauffe plus difficilement, mais auffi acquiert & conferve un plus grand degré de chaleur, à mesure que le Baromètre se tient plus haut. Le mercure a l'avantage de pouvoir supporter, sans bouillir, une chaleur très-supérieure à celle de l'eau bouillante, & de ne se glacer que par un extrême froid. En employant ce fluide dans le Thermomètre de Réaumur, on détermine la chaleur de l'eau bouillante pour une hauteur donnée du Baromètre, avec la même exactitude que la congélation artificielle de l'eau ; & on a alors deux termes fixes de la graduation thermométrique, au-dessous & au-dessus desquels on peut la continuer.

(122.) Dans le Thermomètre de Farenheit, qui a toujours employé le mercure, le terme *zéro* est à 32 degrés plus bas que dans celui de Réaumur, & le degré 212 marque la chaleur de l'eau bouillante ; de sorte que depuis le degré 32, correspondant au degré *zéro* de Réaumur, jusques au degré 212 correspondant à l'eau bouillante, il y a 180 degrés. Les degrés supérieurs servent à mesurer la chaleur des huiles bouillantes, de l'étain fondu, &c. On voit que chaque degré de Réaumur vaut à peu-près deux degrés de Farenheit.

(123.) La graduation du Thermomètre de M. de l'Isle, au lieu d'aller en montant, va en descendant. Il suppose que le volume du mercure, le Thermomètre étant plongé dans l'eau bouillante, est de 10 mille ou 100 mille parties, & il marque en de telles parties au-dessus & au-dessous de ce point fixe, tous les degrés de chaleur correspondans à tous les degrés poffibles de dilatation & de con-denfation. Ces divifions font exprimées, contre l'ordinaire, par des nombres qui croiffent à mefure que la chaleur décroît. L'exactitude de ce Thermomètre dépend du feul terme de l'eau bouillante, qu'il eft par conféquent important de bien déterminer, en le fubordonnant à une hauteur donnée du mercure dans le Baromètre.

(124.) On trouve dans les *Tranfactions Philofophiques, an.* 1701, un Mémoire de Newton, intitulé *Scala graduum caloris & frigoris,* où l'Auteur détermine les degrés de chaud & de froid de plufieurs corps, en faifant ufage d'un Thermomètre à l'huile de lin & d'un fer chaud. Il prend pour l'origine ou le degré *zéro* du Thermomètre, la congélation de l'eau en hiver. Il exprime les différens degrés de chaleur par les termes de deux progreffions, l'une arithmétique, l'autre géométrique, qui fe correfpondent, & formées de telle manière que 1 & 12 étant deux termes analogues dans ces deux progreffions, les autres paires de termes analogues font 2 & 24, 3 & 48, 4 & 96, &c. Par-là, Newton trouve, en employant fimplement le Thermomètre, que le degré de chaleur du corps humain étant 1 dans la progreffion arithmétique, & 12 dans la progreffion géométrique, le degré de chaleur où un morceau de cire flottant fur un bain chaud commence à fe fondre, eft 2 dans la première progreffion, & 24 dans la feconde ; le degré de chaleur de l'eau bouillante eft 2 ½ dans la première, & 34 dans la feconde ; ainfi de plufieurs autres fubftances, depuis la glace jufques à l'étain fondu. Mais pour les chaleurs plus grandes, que la boule du Thermomètre ne pourroit fupporter fans fe fondre ou fe brifer, Newton continue la double graduation, par le moyen d'un fer chaud, en cette forte. Il fait rougir au feu un morceau de fer; il obferve les progrès de la diminution de chaleur de ce corps expofé en plein air; il fuppofe que la quantité de chaleur perdue à chaque inftant, durant le temps du refroidiffement, eft proportionnelle à l'excès de la chaleur du corps fur la chaleur de l'air environnant, de forte que les temps du refroidiffement étant fuppofés en progreffion arithmétique, les degrés de chaleur forment une progreffion géométrique; il lie cette dernière progreffion avec celle qu'on a tirée du Thermomètre, en laiffant refroidir le morceau de fer jufques à la température de la chaleur du corps humain; & il continue auffi parlà la progreffion arithmétique tirée du Thermomètre. Il détermine femblablement la chaleur qui fait fondre plufieurs métaux, ou ce qui revient au même, la chaleur par laquelle ces métaux, fondus d'abord, commencent enfuite à fe durcir, en pofant fur un fer rougi au feu, un morceau de métal fondu, & obfervant le temps du refroidiffement jufqu'à ce que ce métal commence à fe durcir, & que la chaleur du fer devienne égale à celle du corps humain. Toute cette théorie eft

I iv

très-ingénieufe; mais on a reconnu que l'hypothèfe de Newton fur la diminution de chaleur des métaux, s'écartoit fenfiblement de la vérité, & on a cherché d'autres moyens plus exacts pour arriver au but. Cette difcuffion eft étrangère à mon fujet.

(125.) Tous les Thermomètres ont un défaut effentiel & inévitable. Le verre eft fujet aux variations du chaud & du froid; il fe dilate & fe condenfe différemment à proportion de fon épaiffeur; ce qui trouble la marche naturelle de la liqueur thermométrique. De plus, il peut fe faire que les degrés d'expanfion de cette liqueur n'expriment pas exactement ceux de la chaleur; il eft très-poffible qu'à mefure que la chaleur croît également, elle trouve plus ou moins de difficulté à dilater la même liqueur. Enfin, il me femble que pour rendre deux Thermomètres comparables enfemble avec toute la précifion que le fujet peut comporter, il faudroit que ces deux inftrumens euffent, du moins à peu-près, même figure, mêmes dimenfions, même efpèce & même quantité de liqueur.

(126.) Si j'écrivois un Traité de Phyfique, je parlerois ici de la féchereffe & de l'humidité de l'air; je ferois connoître la relation que ces deux qualités ont avec la chaleur; je donnerois la defcription des inftrumens deftinés à les mefurer, & que par cette raifon on nomme *Hygromètres*. Mais, fur tous ces objets intéreffans, je ne puis que renvoyer au livre de M. de Sauffure que j'ai déjà cité.

(127.) Auffitôt qu'on eut reconnu l'influence de la chaleur fur la hauteur du mercure dans le Baromètre, les Géomètres-phyficiens, & en particulier M. Daniel Bernoulli & M. Euler, cherchèrent à introduire cet élément dans la recherche des hauteurs des lieux par le moyen du Baromètre. Ils donnèrent, pour cela, de nouvelles formules plus ou moins fimples, plus ou moins conformes avec les mefures géométriques. Mais comme quelques-unes de ces mefures manquoient elles-mêmes d'exactitude, ce défaut qu'on ignoroit alors & qu'on a reconnu depuis, fut caufe que des formules propres à repréfenter certaines obfervations, en contredifoient d'autres; ce qui a retardé les progrès de cette branche de l'Hydroftatique - phyfique. Enfin on a fait, dans ces derniers temps, de nouvelles & de nombreufes expériences fur cette matière; & on a tâché de fatisfaire aux obfervations, en appliquant un terme de correction à la formule $x = \dfrac{H\,\delta}{D\,k}\,(L.H - L.h)$ que nous avons donnée (107).

(128.) M. de Luc, l'un de ceux qui s'eft le plus occupé de cet objet, trouve, par les obfervations qu'il a faites fur les montagnes des environs de Genève & dans fes voyages, que la formule précédente donne les hauteurs des lieux avec exactitude, & n'a par conféquent befoin d'aucune correction, lorfque le mercure dans le Thermomètre de Réaumur, fe tient à $16\frac{1}{4}$ degrés au-deffus de la glace. Tel eft donc le point d'où il part pour corriger la formule relativement à d'autres degrés de chaleur. La règle qu'il donne en conféquence pour déterminer la différence de niveau de deux lieux A & B, revient à celle-ci : obfervez en A & B les degrés du Thermomètre ; prenez les deux différences de ces degrés à $16\frac{1}{4}$ degrés, en ayant égard aux fignes ; ajoutez-les enfemble ; prenez la moitié de la fomme, ce qui vous donnera un nombre abfolu que je nomme $\pm n$. Alors, x étant la différence de niveau, donnée par la formule non corrigée

$$x = \frac{H \, \delta}{D . k} \, (L . H - L . h) \, ; \, y, \text{ la véritable}$$

différence de niveau qu'on cherche ; on aura, felon M. de Luc, $y = x \pm \dfrac{x . n}{215}$.

(129.) En 1781, M. Trembley, qui s'eft annoncé de très-bonne heure pour un grand Géomètre, envoya à l'Académie des Sciences un Mémoire dans lequel il prouve, d'après un grand nombre d'obfervations faites avec toute l'exactitude poffible aux environs de Genève, par M. le Chevalier de Schuckburgh, & en Angleterre par M. le Colonel le Roi, que la méthode de M. de Luc donne les différences de niveau avec moins d'exactitude que ne les donne la méthode fimple ou la formule $x = \dfrac{H \delta}{D k} \, (L . H - L . h) \, ;$ d'où il conclut que M. de Luc a mal fixé le degré moyen du Thermomètre. Il fait voir, par la combinaifon des obfervations dont il s'agit, que le degré moyen du Thermomètre eft 11 $\frac{1}{2}$, & que le divifeur de $+$ n, au lieu d'être 215, doit être 192. Subftituant donc, dans la formule de M. de Luc, 11 $\frac{1}{2}$ à 16 $\frac{2}{4}$, & 192 à 215, Il obtient, $y = x \pm \dfrac{n \cdot x}{192}$; formule qui repré-fente, à peu de chofe près, les obfervations de M. le Chevalier de Schuckburgh, & de M. le Colonel le Roi. Mais, comme M. Trembley l'obferve lui-même, toute cette matière a befoin d'être foumife encore à de nouvelles expériences. Elles font d'autant plus néceffaires qu'indépen-damment de la chaleur, la différence des vents, celle de féchereffe ou d'humidité de l'air, &c. peuvent auffi produire quelques variations dans les hauteurs du Baromètre en deux endroits : effets à conftater & à introduire dans le calcul.

Il eft inutile de faire remarquer qu'on détermine ainfi, au moyen des obfervations du Baromètre & du Thermomètre, faites au lieu du départ & en l'air, les hauteurs auxquelles les Voyageurs aëriens s'élèvent dans les Ballons aéroftatiques.

CHAPITRE XI.

Principes généraux de l'équilibre des corps flottans sur un fluide.

(130.) LA surface d'un corps solide plongé dans un fluide, est pressée perpendiculairement en tous ses points par le fluide adjacent, de la même manière & par les mêmes raisons que le fond & les parois d'un vase sont pressés par la liqueur qu'il contient. De toutes ces pressions résulte une force qui tend à soulever le corps, & qui ne peut être détruite que par la pesanteur même de ce corps, ou par la pesanteur combinée avec une force extérieure. Cherchons donc d'abord la quantité & la direction de la résultante de toutes les pressions du fluide, afin de pouvoir connoître la force qu'il lui faut opposer pour établir l'équilibre. Nous aurons besoin, pour cela, des principes de Mécanique qui ont été démontrés dans les articles 10, 11, 12, 13, 14 & 15.

(131.) THÉORÈME I. *Un corps solide A*
Fig. 45. *(Fig. 45), plongé dans un fluide, est soulevé verticalement par ce fluide, avec une force dont la quantité a pour mesure le poids du fluide déplacé, & dont la direction passe par le centre de gravité de ce même fluide déplacé, ou, ce qui revient au même, par le*

centre de gravité de la partie du corps, plongée dans le fluide & confidérée comme homogène.

Soit MN la furface du fluide; imaginons que la partie MON du corps qui y eft plongé foit partagée en une infinité de tranches par des plans horizontaux Ss, Rr; & qu'enfuite la ceinture qui enveloppe chaque tranche & qui en forme la furface convexe, foit partagée en une infinité de trapèzes. Soit G le centre de gravité de l'un quelconque X de ces trapèzes latéraux; par le point G, menons la verticale Gg, & la perpendiculaire PG à la furface du trapèze, & fuppofons que le plan $MSRN$ paffe par ces deux lignes. Il eft évident que SR eft la hauteur du trapèze, & qu'en menant les verticales SL, RK, la petite droite LK fera la hauteur du trapèze de projection orthogonale fur la furface du fluide; de forte que fi l'on nomme B la largeur moyenne du trapèze X, laquelle eft auffi celle du trapèze de projection, la furface du trapèze $X = B \times SR$, & la furface du trapèze de projection $= B \times LK$. De plus, la furface du rectangle dont la bafe $= B$, & la hauteur eft Ry, diftance des deux plans horizontaux Ss, Rr, aura pour valeur $B \times Ry$.

Maintenant chacun des trapèzes qui compofent la furface convexe d'une tranche, pouvant être confidéré comme une partie des parois d'un vafe, on voit (28) que le trapèze X eft preffé perpendiculairement, ou fuivant la direction PG, avec une force P, qui a pour valeur $B \times SR \times Gg$.

Décompofons cette force en deux autres, fituées dans le plan $MSRN$, l'une V verticale, l'autre H horizontale. La hauteur Gg étant la même pour tous les trapèzes latéraux d'une même tranche, la force P, dont la valeur abfolue eft $B \times SR \times Gg$, peut être fuppofée proportionnelle à $B \times SR$, pour tous ces trapèzes; & alors (13) la force V fera proportionnelle à $B \times LK$, & la force H fera proportionnelle à $B \times Ry$. Or (15), toutes les forces H, correfpondantes à tous les rectangles $B \times Ry$, pour une même tranche, fe font équilibre. Par conféquent il ne refte que les forces V: & comme la valeur abfolue de la force P eft $B \times SR \times Gg$, la valeur abfolue de la force V fera $B \times LK \times Gg$, expreffion qui eft celle du petit folide compofé de filets verticaux compris entre le trapèze X & fa projection; puifque fuivant le Théorème du P. Guldin, un tel folide peut être confidéré comme engendré par tous les points du trapèze de projection, qui fe feroient mus verticalement jufqu'à la furface X. Ainfi chaque trapèze latéral eft pouffé verticalement, avec une force qui eft égale au petit folide correfpondant, & qui de plus paffe évidemment par le centre de gravité de ce folide. Or le fluide déplacé par le corps A n'eft autre chofe que la fomme ou la différence de tous ces petits folides. Donc la fomme ou la réfultante de toutes les forces qui tendent à foulever verticalement le corps A, eft égale au poids du fluide déplacé, & paffe par le centre de

gravité de ce fluide, ou par celui de la partie *MON*
du corps, plongée dans le fluide & confidérée
comme homogène.

(132.) COROLLAIRE I. Si un corps abandonné
à l'action de la pefanteur & flottant fur un fluide,
eft dans une immobilité abfolue, ces deux conditions ont toujours lieu tout-à-la-fois. 1.° Le poids
du corps eft égal au poids du fluide déplacé :
2.° le centre de gravité du corps & celui de la
partie enfoncée dans le fluide, confidérée comme
homogène, font placés dans une même ligne verticale. Car pour l'équilibre, il faut 1.° que le
poids du corps foit égal à l'effort du fluide qui
tend à le foulever verticalement ; 2.° il faut que
ces deux forces foient directement oppofées.

Quand ces deux conditions n'ont pas lieu tout-
à-la-fois, le corps ofcille & ne parvient à l'équilibre
que lorfque la réfiftance de l'eau & de l'air, ou
d'autres caufes, ayant anéanti tous fes mouvemens,
il trouve enfin & conferve une fituation telle que
fon poids & la pouffée verticale du fluide fe
détruifent mutuellement. On voit par-là que fi
l'on veut qu'un vaiffeau flottant fur la mer, enfonce
dans l'eau une partie *déterminée* de fon volume,
il faut tellement proportionner & diftribuer la
charge, qu'en ajoutant fon poids à celui de la
coque même du vaiffeau, la fomme foit égale au
poids de l'eau qui doit être déplacée; & que de
plus les centres de gravité de ces deux poids foient
fitués dans une même ligne verticale.

(133.) **COROLLAIRE II.** Le corps étant toujours foumis à l'action de fa pefanteur & de la pouffée verticale du fluide, & ces deux forces étant fuppofées égales & directement contraires; fi l'on nomme M le volume total de ce corps; N, celui de fa partie enfoncée dans le fluide & confidérée comme homogène; p, fa pefanteur fpécifique; ϖ, la pefanteur fpécifique du fluide : l'état d'équilibre fera repréfenté par l'équation $p \times M = \varpi \times N$, en fe fouvenant que le poids abfolu d'un corps *(NOTIONS GÉNÉRALES, art. V)*, eft le produit de la pefanteur fpécifique par le volume. Or, cette équation fait voir, 1.° que fi $\varpi = p$, on aura $N = M$; c'eft-à-dire, que fi le corps flottant & le fluide ont la même pefanteur fpécifique, le corps s'enfoncera entièrement dans le fluide, & s'y tiendra d'ailleurs indifféremment à telle profondeur qu'on voudra. 2.° Si on a $p < \varpi$, on aura $N < M$; c'eft-à-dire, que fi le corps flottant a une pefanteur fpécifique moindre que celle du fluide, il ne s'y enfoncera qu'en partie. 3.° Comme la plus grande valeur que N puiffe avoir eft M, fi on a $p > \varpi$, on aura $p \times M > \varpi \times N$; donc alors le corps A tombera au fond du vafe & tendra à defcendre, ou preffera le fond du vafe avec une force $= p \times M - \varpi \times N = (p - \varpi) \times M$, à caufe qu'ici N devient M.

On voit par-là pourquoi on a plus de peine à foutenir un poids hors de l'eau, que lorfqu'il eft plongé dans l'eau : dans le premier cas on foutient

tout

tout le poids du corps ; dans le fecond , on foutient feulement l'excès du poids du corps fur le poids de l'eau dont il occupe la place.

(134.) CoROLLAIRE III. Suppofons que le corps furnage librement , ou que fa pefanteur fpécifique foit moindre que celle du fluide. De l'équation $p \times M = \varpi \times N$, on tire la proportion $p : \varpi :: N : M$, c'eft-à-dire que *la pefanteur fpécifique du corps eft à celle du fluide, comme le volume de la partie du corps plongée dans le fluide, eft au volume total du même corps.* Connoiffant trois termes quelconques de cette proportion, on déterminera celui qui eft inconnu.

(135.) CoROLLAIRE IV. Si l'on augmente ou fi l'on diminue le volume N que le corps flottant enfonce dans le fluide, d'une quantité n, il faudra, pour maintenir l'équilibre, augmenter ou diminuer le poids abfolu $p \times M$ du même corps, d'un poids q tel que l'on ait $p \times M \pm q = \varpi \times N \pm \varpi \times n$, ou bien $q = \varpi \times n$. Le poids additionnel ou fouftractif q, eft donc toujours égal au poids du fluide que le corps déplace de plus ou de moins que dans fon premier état.

On déterminera par-là les changemens qui arrivent à la flottaifon d'un Vaiffeau, lorfqu'on fait quelque changement à fa charge ou au volume qu'il enfonce dans la mer.

(136.) *REMARQUE.* Cette tendance que les fluides ont à foulever les corps flottans , eft

employée tous les jours avec fuccès à tirer des
fardeaux très-pefans du fond d'une rivière ou de
la mer. On prend pour cela un bateau d'un grand
volume, qu'on fait enfoncer profondément en le
chargeant de poids très-pefans ; en cet état, on
l'attache folidement au fardeau qu'on veut élever.
Enfuite on ôte, en partie ou en totalité, les poids
qui l'avoient fait enfoncer ; & alors il s'élève en
vertu de la pouffée verticale du fluide, & fait
monter le fardeau auquel il eft attaché, avec une
force qui, au premier inftant, eft égale à la fomme
des poids dont on l'a déchargé.

(137.) THÉORÈME II. *Si l'on plonge dans
un fluide un corps folide plus pefant fpécifiquement
que lui, ce corps y perdra une partie de fon poids,
telle qu'on aura cette proportion : le poids abfolu du
corps eft à la perte de poids qu'il fait dans le fluide,
comme la pefanteur fpécifique du corps eft à la pefanteur
fpécifique du fluide.*

Car puifque le corps eft plus pefant fpécifiquement
que le fluide, il s'y enfoncera entièrement (133), &
tendra à defcendre avec une force $= M \times (p - \varpi)$.
Or, pour foutenir cette force, fuppofons que le
corps foit placé dans l'un des baffins d'une balance
(que par cette raifon on appelle *balance hydroftatique*), lequel baffin eft plongé dans le fluide,
tandis que l'autre, fufpendu en l'air, eft chargé
du contre-poids convenable ; ou, ce qui revient
au même, imaginons que la force dont il s'agit

foit détruite par une force Q égale & directement oppofée. On aura $Q = M (p - \varpi)$; ou $p M - Q = M \varpi$; ou $p \times (p M - Q) = p \times M \varpi$; d'où l'on tire $p M \cdot p M - Q :: p : \varpi$; ce qui eft la proportion du Théorème.

(138.) **COROLLAIRE.** On voit par-là que connoiffant le poids abfolu d'un corps folide qui s'enfonce entièrement dans un fluide, ou qui a plus de pefanteur fpécifique que ce fluide, & la perte de poids que fait le corps étant plongé dans le fluide : on connoîtra la pefanteur fpécifique du fluide, lorfque celle du corps fera donnée, ou bien réciproquement la pefanteur fpécifique du corps, lorfque celle du fluide fera donnée.

(139.) **THÉORÈME III.** *Si on plonge dans deux fluides différens un même corps folide plus pefant fpécifiquement que chacun d'eux : les pefanteurs fpécifiques des deux fluides feront entr'elles comme les pertes de poids que le corps y fait.*

Car foient toujours M le volume du corps propofé; p fa pefanteur fpécifique; ϖ & ϖ' les pefanteurs fpécifiques des deux fluides; Q & Q' les deux contre-poids du corps, c'eft-à-dire, les forces qu'il faut employer pour l'empêcher de defcendre dans les deux fluides : on aura les deux équations $Q = M (p - \varpi)$, $Q' = M (p - \varpi')$. La première donne $M = \dfrac{p M - Q}{\varpi}$; & la feconde, $M = \dfrac{p M - Q'}{\varpi'}$. Donc $\dfrac{p M - Q}{\varpi} = \dfrac{p M - Q'}{\varpi'}$, ou bien $(pM - Q)\varpi' = (pM - Q')\varpi$; d'où l'on tire $\varpi : \varpi' :: pM - Q : pM - Q'$; ce qui eſt la proportion du Théorème.

(140.) COROLLAIRE. Connoiſſant les pertes de poids que fait un même corps plongé ſucceſſivement dans deux fluides, & la peſanteur ſpécifique de l'un des fluides, on connoîtra la peſanteur ſpécifique de l'autre.

(141.) THÉORÈME IV. *Si on plonge dans un même fluide deux corps chacun plus peſans ſpécifiquement que lui, & que ces corps perdent des parties égales de leurs poids : ils auront des volumes égaux.*

Car ſoient M & M' les volumes des deux corps; p & p' leurs peſanteurs ſpécifiques; Q & Q' leurs contre-poids ; ϖ la peſanteur ſpécifique du fluide : on aura les équations $Q = pM - \varpi M$, $Q' = p'M' - \varpi M'$. Donc ſi l'on ſuppoſe que les deux corps perdent des parties égales de leurs poids dans le fluide, ou qu'on ait $pM - Q = p'M' - Q'$, on aura auſſi $\varpi M = \varpi M'$, ou $M = M'$; c'eſt-à-dire que les volumes des deux corps ſeront égaux.

(142.) COROLLAIRE. De-là ſuit la manière de réſoudre le problème de la couronne de Hieron, Roi de Syracuſe. Voici en quoi conſiſtoit ce problème.

Hieron ayant fait faire une couronne qui, ſelon ſes conventions avec l'orfévre, devoit être d'or pur, & ſoupçonnant qu'on y avoit mêlé de l'argent,

voulut favoir d'Archimède la manière d'éclaircir ce
foupçon, fans endommager la couronne. On ne
connoît pas bien exactement les moyens qu'Archimède employa pour cela, mais il y a toute
apparence qu'il s'y prit ainfi.

Puifque les corps qui perdent des parties égales
de leurs poids dans un même fluide ont des
volumes égaux, il eft clair que fi l'on prend un
lingot d'or, tel que l'excès de fon poids dans
l'air ou dans le vide fur fon poids dans l'eau,
foit égal à l'excès du poids de la couronne dans
le vide fur fon poids dans l'eau, ce lingot & la
couronne auront des volumes égaux. On déterminera de la même manière un lingot d'argent de
même volume que la couronne.

Cela pofé, fi l'on a trouvé que dans l'air la
couronne pèfe moins que le lingot d'or & plus
que le lingot d'argent, & fi l'on eft affuré d'ailleurs
qu'elle ne contient que de l'or & de l'argent, on
conclura qu'elle n'eft ni d'or, ni d'argent purs,
mais un compofé de ces deux métaux ; & on
trouvera, en général, ce qui y entre de chacun
d'eux, par le calcul fuivant. Soient A & B les
poids des deux corps compofans ; M, le poids du
corps mixte ; G, le volume commun aux trois
corps ; u & z, les parties des poids A & B qu'il
faut prendre pour former M. On aura d'abord,
$u + z = M$. D'un autre côté, le volume de u eft
$\dfrac{Gu}{A}$, comme étant une quatrième proportionnel

aux trois quantités A, u, G; & de même le volume de z est $\dfrac{G z}{B}$. Or la fomme de ces deux volumes est G; ce qui donne cette feconde équation $\dfrac{G u}{A} + \dfrac{G z}{B} = G$, ou $B u + A z = A B$.

Donc $u = \dfrac{A (M - B)}{A - B}$, $z = \dfrac{B (A - M)}{A - B}$.

Cette méthode feroit infuffifante, fi l'efpèce des métaux étoit inconnue, fi on ne favoit pas, par exemple dans le problème précédent, que la couronne ne contient que de l'or & de l'argent; car il eft clair qu'on peut faire avec de l'or & un autre métal, tel que du cuivre, un mixte de même poids & de même volume qu'un mixte compofé d'or & d'argent. De plus, fi la couronne contenoit plus de deux efpèces de métaux, qu'on fût, par exemple, qu'elle eft compofée d'or, d'argent & de cuivre, le Problème feroit indéterminé; car on peut combiner enfemble ces trois métaux de plufieurs manières, telles que le mixte réfultant ait le même poids & le même volume. Il en eft de même *à fortiori* pour un plus grand nombre de métaux.

(143.) *REMARQUE.* On explique par les principes précédens, la conftruction & l'équilibre des *aréomètres* ou *pèfe-liqueurs*.

La forme d'un aréomètre eft arbitraire jufqu'à un certain point; elle doit cependant être telle qu'il divife facilement le fluide en s'y enfonçant plus ou moins, & qu'il fe maintienne dans la fituation

Fig. 46. verticale. Celui de Farenheit *(Fig. 46)*, a ces

propriétés. Il est composé d'un long tube cylindrique CD, & de deux boules creuses A, B; la plus basse B, qui est la plus petite, reçoit du mercure, ou quelqu'autre matière pesante qui sert de *lest* à l'instrument & lui procure de la stabilité; l'autre A, toujours submergée, élève le centre de gravité de la partie de l'aréomètre, qui est plongée dans le fluide; ce qui augmente encore sa stabilité. Cet instrument peut servir à trouver les pesanteurs spécifiques des fluides, ou en le faisant enfoncer toujours à la même profondeur, au moyen de poids dont on le charge ou le décharge, ou en lui conservant le même poids, & lui permettant de s'enfoncer librement à différentes profondeurs; ce qui fait deux cas.

1.° Supposons que l'aréomètre s'enfonce jusqu'au point M dans deux fluides différens. Soient P & $P \pm q$ les poids absolus qu'il doit avoir pour cela; ϖ & ϖ' les pesanteurs spécifiques des deux fluides; G le volume de la partie constante $MABN$ de l'aréomètre. On aura (133), $P = \varpi \times G$, $P \pm q = \varpi' \times G$. Donc $\varpi' = \dfrac{\varpi \times (P \pm q)}{P}$. Ainsi connoissant P, ϖ, & le poids additif ou soustractif q, on connoîtra ϖ'.

2.° Si l'on veut que l'aréomètre ait toujours le même poids, il s'enfoncera à différentes profondeurs dans deux fluides différens. Soient K, M les points auxquels il s'enfonce; & nommons P son poids absolu; H & G les volumes $KABH$

$M\ A\ B\ N$ plongés dans les deux fluides ; ϖ & ϖ' les pesanteurs spécifiques de ces fluides. On aura $P = \varpi \times H$, $P = \varpi' \times G$; & $\varpi' = \dfrac{\varpi \times H}{G}$. Connoiffant donc ϖ, H, G, on connoîtra ϖ'.

Lorfque l'aréomètre eft d'une figure régulière & connue, il eft facile de toifer, par les règles de la géométrie, les volumes H, G. Mais ordinairement la forme de l'inftrument ne permet pas d'employer cette méthode avec exactitude ; & alors on s'y prendra ainfi. Les points V & K font les extrêmes des enfoncemens dans la plus pefante & la plus légère des liqueurs dont ont veut comparer les pefanteurs fpécifiques : divifez l'intervalle VK en un certain nombre de parties égales ; faites enfoncer fucceffivement l'aréomètre (en augmentant ou diminuant fon left) jufqu'à tous les points de divifions, dans un fluide dont la pefanteur fpécifique foit donnée ; & ayant déterminé, par le moyen de la balance ordinaire, les poids abfolus & fucceffifs de l'inftrument, vous trouverez, par le moyen de l'article 134, les volumes correfpondans qu'il enfonce dans le fluide. Il eft évident qu'on peut faire en forte que ces volumes croiffent ou décroiffent dans tel rapport qu'on voudra, en prenant les poids convenablement.

Les aréomètres font faits ordinairement ou en verre, ou en cuivre, ou en fer-blanc, &c. Il faut employer le verre pour ceux qui font deftinés à être plongés fouvent dans des liqueurs corrofives.

CHAPITRE XII.

Examen des situations d'équilibre de divers corps flottans.

(144.) POUR qu'un corps solide flottant sur un fluide ne monte ni ne descende, & n'ait aucun mouvement de rotation, il faut 1.º que son poids soit égal au poids du fluide déplacé; 2.º que le centre de gravité de ce corps & celui de sa partie submergée, considérée comme homogène, soient situés sur la même ligne verticale. Je considère des corps flottans qui ont moins de pesanteur spécifique que le fluide, & qui par conséquent surnagent: objet utile en plusieurs occasions, sur-tout dans l'Architecture navale. On déterminera de même l'équilibre des corps entièrement submergés, en observant qu'alors le volume de la partie submergée est le volume total du corps; & que si le corps est supposé soutenu dans le fluide par une force étrangère, cette force doit être dirigée de bas en haut, & telle que l'excès du poids du corps sur cette même force soit égal à la poussée verticale du fluide.

(145.) THÉORÈME I. *Toute figure plane homogène, divisée en deux parties égales & semblables par son axe supposé vertical, tout solide homogène produit par la révolution d'une courbe quelconque autour d'un axe vertical, demeurera en équilibre en flottant dans cette situation sur un fluide.*

Car il eſt clair qu'alors, 1.° le poids de la figure ou du ſolide, moins peſant ſpécifiquement que le fluide, eſt ſoutenu par la pouſſée verticale & contraire du fluide. 2.° Le centre de gravité de la figure ou du ſolide, & celui de ſa partie enfoncée dans le fluide, ſont placés ſur une même ligne verticale.

On voit par-là qu'un triangle iſocèle, une parabole, un cône droit, un cylindre droit, une ſphère, &c. ſuppoſés homogènes, demeureront en équilibre ſur un fluide, lorſque leurs axes ſeront verticaux.

(146.) *REMARQUE.* On doit obſerver que la propoſition inverſe n'eſt pas vraie généralement; c'eſt-à-dire que ſi un corps homogène, diviſé en parties ſymétriques par ſon axe, eſt en équilibre ſur un fluide, il ne s'enſuit pas toujours que ſon axe eſt vertical. Car nous verrons tout-à-l'heure que ce même corps peut avoir quelquefois pluſieurs autres ſituations d'équilibre.

(147.) THÉORÈME II. *Tout corps priſmatique homogène, dont l'axe eſt horizontal, demeurera en équilibre ſur un fluide, lorſque le centre de gravité de la ſection faite dans ſon milieu, parallèlement à ſes baſes, ſera dans une même ligne verticale avec celui de la partie de cette ſection, qui eſt plongée dans le fluide.*

Car on peut regarder les centres de gravité

du prisme & de sa partie plongée dans le fluide, comme réunis dans les deux points dont nous venons de parler. Le prisme est donc alors en équilibre. Ainsi, pour déterminer la situation d'équilibre de ces sortes de prismes, il suffit de déterminer celle de la section faite dans leur milieu.

(148.) PROBLÈME I. *Trouver la position que doit prendre le triangle homogène* E S G (*Fig. 47*), *flottant sur le fluide* M N, *pour demeurer en équilibre, en supposant qu'il n'y ait qu'un angle* S *d'enfoncé dans le fluide ?*

Les deux conditions requises pour l'équilibre sont, 1.° que le poids absolu du triangle ESG doit être égal au poids absolu du triangle d'eau MSN.

2.° Que les centres de gravité R & O des deux triangles ESG, MSN doivent être placés dans une même ligne RO verticale, & par conséquent perpendiculaire à la surface MN du fluide. Voici la manière de les remplir.

Ayant divisé, chacune en deux parties égales aux points P, Q, les bases EG, MN des deux triangles ESG, MSN; soient tirées les droites SP, SQ, sur lesquelles on prendra les parties $SR = \frac{2}{3} SP$, $SO = \frac{2}{3} SQ$, pour déterminer les centres de gravité R, O des deux mêmes triangles. Soient menées les droites RO, PQ, qui seront parallèles entr'elles, puisque les côtés du triangle SPQ font coupés proportionnellement en R & O; & de plus perpendiculaires à MN, puifque RO doit être verticale. Du point P foient abaiſſées les perpendiculaires PA, PD fur les côtés SE, SG du triangle ESG prolongés lorfqu'il eſt néceſſaire; & foient tirées les droites PM, PN qui font évidemment égales entr'elles, à caufe de $QM = QN$, & de PQ perpendiculaire fur MN.

$$\text{Suppofons}\begin{cases} SE \dots\dots\dots\dots\dots\dots\dots = a \\ SG \dots\dots\dots\dots\dots\dots\dots = b \\ SP \dots\dots\dots\dots\dots\dots\dots = c \\ \text{le ſinus total} \dots\dots\dots\dots = \mathtt{1} \\ \text{l'angle donné } PSE \dots\dots\dots = m \\ \text{l'angle auſſi donné } PSG \dots\dots = n \\ SM \dots\dots\dots\dots\dots\dots\dots = x \\ SN \dots\dots\dots\dots\dots\dots\dots = y \\ \text{la pefanteur fpécifique du triangle} \dots = p \\ \text{la pefanteur fpécifique du fluide} \dots = \varpi. \end{cases}$$

Les deux triangles ESG, MSN qui ont l'angle commun S font entr'eux comme les produits $SE \times SG$, $SM \times SN$. Ainſi on aura, par la première condition de l'équilibre, $pab = \varpi xy$.

Dans le triangle rectangle PAS, on a $PA = PS.$ fin. $PSA = c$ fin. m; $SA = PS$ cof. $PSA = c$ cof. m. On a pareillement dans le triangle rectangle PDS, $PD = c$ fin. n; $SD = c$ cof. n. Donc $AM = c$ cof. $m - x$; $DN = c$ cof. $n - y$; $(PM)^2 = (c$ fin. $m)^2 + (c$ cof. $m - x)^2$; $(PN)^2 = (c$ fin. $n)^2$

$+ (c \cos. n - y)^2$. Or $(PM)^2 = (PN)^2$.
Ainsi on aura l'équation $(c \sin. m)^2 + (c \cos. m$
$- x)^2 = (\sin. n)^2 + (c \cos. n - y)^2$, ou simplement $xx - 2cx \cos. m = yy - 2cy \cos. n$,
parce que $(\sin. m)^2 + (\cos. m)^2 = 1$, & $(\sin. n)^2$
$+ (\cos. n)^2 = 1$. Cette équation remplit la
seconde condition de l'équilibre.

Il est aisé de trouver les valeurs de x & de y
par la construction de deux hyperboles. Mais en
employant la voie de l'élimination, & chassant y,
on parviendra à l'équation déterminée,

$$x^4 - 2cx^3 \cos. m + \frac{2cpab\,x \cos. n}{\varpi} - \frac{p^2 a^2 b^2}{\varpi^2} = 0 ,$$

dont les racines combinées avec l'équation $y = \frac{pab}{\varpi x}$,
feront connoître les différentes positions du triangle,
qui admettent l'équilibre.

(149.) COROLLAIRE I. On sait par la règle
de Descartes, que dans toute équation dont les
racines sont réelles, il y en a autant de positives
que les signes $+$ & $-$ s'y trouvent de fois être
changés : & autant de négatives qu'il s'y trouve
de fois deux signes $+$, ou deux signes $-$, qui
s'entresuivent. Ainsi, puisque le terme qui devroit
contenir x^2 manque dans notre équation, on voit
que si toutes ses racines sont réelles, il y en aura
nécessairement trois positives & une négative. La
racine négative ne peut pas servir, parce que la
pesanteur n'ayant qu'une direction, la droite SM
ne peut en conséquence être placée que d'un seul

côté par rapport au point S. Mais les racines positives indiqueront des positions réelles d'équilibre, pourvu que l'on ait de plus $x < a$, & $y < b$.

(150.) COROLLAIRE II. Suppofons, pour faire une application fimple de notre équation générale, que le triangle propofé $E\,S\,G$ foit ifocèle. On aura $b = a$, cof. $n =$ cof. m; & l'équation générale deviendra, $x^4 - 2\,c\,x^3$ cof. m

$$+ \frac{2\,c\,p\,a^2\,x\,\text{cof. } m}{\varpi} - \frac{p^2\,a^4}{\varpi^2} = 0;$$ d'où l'on tire

ces deux équations du fecond degré, $x^2 - \frac{a^2\,p}{\varpi} = 0$,

$$x^2 - 2\,c\,x\,\text{cof. } m + \frac{a^2\,p}{\varpi} = 0.$$

La première donne $x = \pm\, a\, \sqrt{[\frac{p}{\varpi}]}$, ou

fimplement $x = a\,\sqrt{[\frac{p}{\varpi}]}$, parce que la racine pofitive eft feule utile. Or comme on a toujours

$y = \frac{p\,a\,b}{\varpi\,x}$, on aura auffi $y = a\,\sqrt{[\frac{p}{\varpi}]}$.

Donc $y = x$. Ainfi le triangle $M\,S\,N$ eft ifocèle de même que le triangle $E\,S\,G$, ou ce qui revient au même, la bafe $E\,G$ du triangle propofé eft parallèle à la furface du fluide.

La feconde équation donne $x = c$ cof. $m \pm$

$\sqrt{[(\,c\,\text{cof. } m\,)^2 - \frac{a^2\,p}{\varpi}]}$. Ainfi à caufe de

$y = \frac{p\,a^2}{\varpi\,x}$, on aura

$$y = \frac{p\,a^2}{\varpi\,(\,c\,\text{cof. } m \pm \sqrt{[(\,c\,\text{cof. } m\,)^2 - \frac{a^2\,p}{\varpi}]}}$$

$$= c \cos. m \mp \sqrt{[(c \cos. m)^2 - \frac{a^2 p}{\varpi}]}.$$ Ce fecond

cas donne donc les deux combinaifons fuivantes,

$$\begin{cases} x = c \cos. m + \sqrt{[(c \cos. m)^2 - \frac{a^2 p}{\varpi}]} \\ y = c \cos. m - \sqrt{[(c \cos. m)^2 - \frac{a^2 p}{\varpi}]} \end{cases}$$

$$\begin{cases} x = c \cos. m - \sqrt{[(c \cos. m)^2 - \frac{a^2 p}{\varpi}]} \\ y = c \cos. m + \sqrt{[(c \cos. m)^2 - \frac{a^2 p}{\varpi}]} \end{cases}$$

qui indiquent deux nouvelles fituations d'équilibre,
lorfque les valeurs de x & de y font réelles, & que
de plus on a $x < a$, & $y < a$. Or pour que ces
deux conditions foient remplies, il faut que l'on ait

$$1.^o \quad \frac{a^2 p}{\varpi} < (c \cos. m)^2, \text{ ou } \frac{p}{\varpi} < \frac{(c \cos. m)^2}{a^2}.$$

$$2.^o \quad a > c \cos. m + \sqrt{[(c \cos. m)^2 - \frac{a^2 p}{\varpi}]},$$

ou $\dfrac{p}{\varpi} > \dfrac{2 a c \cos. m - a a}{a a}$.

Les limites entre lefquelles eft renfermée alors la
valeur de $\dfrac{p}{\varpi}$ font donc $\dfrac{(c \cos. m)^2}{a^2}$ & $\dfrac{2 a c \cos. m - a a}{a a}$.

Par exemple, lorfque le triangle propofé eft
équilatéral, on a $c \cos. m = \dfrac{3}{4} a$; & ce
triangle, outre la première fituation d'équilibre
indiquée par la première équation, pourra en
avoir encore deux autres, pourvu que l'on ait
$\dfrac{p}{\varpi} < \dfrac{9}{16}$ & $\dfrac{p}{\varpi} > \dfrac{8}{16}$, ou que la

valeur de $\dfrac{\varpi}{p}$ foit comprife entre les deux frac-

tions $\dfrac{9}{10}$ & $\dfrac{8}{10}$.

(151.) **PROBLÈME II.** *Trouver la pofition que*

Fig. 48. *doit prendre le triangle homogène* S E G (Fig. 48), *flottant fur un fluide* M N , *pour demeurer en équilibre, en fuppofant que les deux angles* E, G *foient enfoncés dans le fluide ?*

Il n'y a , pour réfoudre ce problème , qu'à renverfer de haut en bas la Figure relative au précédent, en procédant comme il fuit.

Les trois centres de gravité du triangle SEG, du trapèze $MNGE$ & du triangle SMN font toujours placés dans une même ligne droite. Or pour qu'il y ait équilibre, il faut que le centre de gravité du triangle propofé SEG & celui de fa partie $MNGE$ plongée dans le fluide, foient dans une même ligne verticale. Donc les centres de gravité des deux triangles SEG, SMN font auffi placés dans une même ligne verticale. Du fommet S, je mène aux milieux des bafes EG, MN les droites SP, SQ ; & ayant pris $SR = \dfrac{2}{3} SP$, $SO = \dfrac{2}{3} SQ$, je tire par les centres de gravité R, O des deux triangles SEG, SMN, la droite RO qui eft verticale, ou perpendiculaire à la furface du fluide. Soient joints les points P & Q, par la droite PQ qui eft parallèle à RO ; & du point P foient menées

les

les droites PM, PN, & les perpendiculaires PA, PD, fur SE, SG refpectivement. On aura, comme ci-deffus, $PM = PN$. Cela pofé,

$$\text{Soient} \begin{cases} SE\ldots\ldots\ldots\ldots\ldots\ldots\ldots = a \\ SG\ldots\ldots\ldots\ldots\ldots\ldots\ldots = b \\ SP\ldots\ldots\ldots\ldots\ldots\ldots\ldots = c \\ \text{le finus total}\ldots\ldots\ldots\ldots\ldots = 1 \\ \text{l'angle donné } PSE\ldots\ldots\ldots\ldots = m \\ \text{l'angle auffi donné } PSG\ldots\ldots\ldots = n \\ SM\ldots\ldots\ldots\ldots\ldots\ldots\ldots = x \\ SN\ldots\ldots\ldots\ldots\ldots\ldots\ldots = y \\ \text{la pefanteur fpécifique du triangle } SEG. = p \\ \text{la pefanteur fpécifique du fluide}\ldots = \varpi. \end{cases}$$

On a $SEG : SMN :: SE \times SG : SM \times SN$; & par conféquent $SEG - SMN$ ou $EMNG : SEG :: SE \times SG - SM \times SN : SE \times SG$. Ainfi le quadrilatère $EMNG$
$$= \frac{SEG \times (SE \times SG - SM \times SN)}{SE \times SG}.$$ Or la première condition de l'équilibre demande que l'on ait $p \times SEG = \varpi \times EMNG$; on aura donc
$$p \times SEG = \varpi \times \frac{SEG \times (SE \times SG - SM \times SN)}{SE \times SG},$$
on bien, $pab = \varpi(ab - xy)$.

On a, comme ci-deffus, $PA = c$ fin. m, $SA = c$ cof. m, $PD = c$ fin. n, $SD = c$ cof. n, $AM = c$ cof. $m - x$, $DN = c$ cof. $n - y$, $(PM)^2 = (c \text{ fin. } m)^2 + (c \text{ cof. } m - x)^2$, $(PN)^2 = (c \text{ fin. } n)^2 + (c \text{ cof. } n - y)^2$.

Ainſi, à cauſe de $PM = PN$, on aura,

$$x\,x - 2\,c\,x\,\operatorname{coſ}.\,m = y\,y - 2\,c\,y\,\operatorname{coſ}.\,n.$$

Comparant cette équation avec la précédente, on trouvera, $x^4 - 2\,c\,x^3\,\operatorname{coſ}.\,m + \dfrac{2\,c\,(\varpi - p)\,a\,b\,x\,\operatorname{coſ}.\,n}{\varpi}$

$- \dfrac{(\varpi - p)^2\,a^2\,b^2}{\varpi^2} = 0$, équation dont les racines combinées avec l'équation $p\,a\,b = \varpi\,(a\,b - x\,y)$ donneront les différentes ſituations d'équilibre du triangle.

On voit aſſez que la remarque générale de l'article 149 s'applique également ici.

(152.) **COROLLAIRE.** Soit SEG un triangle iſocèle. On aura $b = a$, coſ. $n =$ coſ. m; & notre équation deviendra $x^4 - 2\,c\,x^3\,\operatorname{coſ}.\,m$

$+ \dfrac{2\,c\,(\varpi - p)\,a^2\,x\,\operatorname{coſ}.\,m}{\varpi} - \dfrac{(\varpi - p)^2\,a^4}{\varpi^2} = 0$,

d'où l'on tire ces deux autres équations,

$$x^2 - \frac{a^2\,(\varpi - p)}{\varpi} = 0,$$

$$x^2 - 2\,c\,x\,\operatorname{coſ}.\,m + \frac{a^2\,(\varpi - p)}{\varpi} = 0,$$

dont la première donne $x = a\,\sqrt{\left[\dfrac{\varpi - p}{\varpi}\right]}$,

$y = a\,\sqrt{\left[\dfrac{\varpi - p}{p}\right]}$, & fait voir que le triangle eſt en équilibre lorſque ſa baſe EG eſt horizontale; la ſeconde donne ces deux combinaiſons,

$$\left\{ \begin{aligned} x &= c\,\operatorname{coſ}.\,m + \sqrt{\left[(c\,\operatorname{coſ}.\,m)^2 - \frac{a^2\,(\varpi - p)}{\varpi}\right]} \\ y &= c\,\operatorname{coſ}.\,m - \sqrt{\left[(c\,\operatorname{coſ}.\,m)^2 - \frac{a^2\,(\varpi - p)}{\varpi}\right]} \end{aligned} \right\}$$

$$\left\{ \begin{aligned} x &= c\;\mathrm{cof.}\;m - \sqrt{\left[(c\;\mathrm{cof.}\;m)^2 - \frac{a^2\,(\varpi - p)}{\varpi}\right]} \\ y &= c\;\mathrm{cof.}\;m + \sqrt{\left[(c\;\mathrm{cof.}\;m)^2 - \frac{a^2\,(\varpi - p)}{\varpi}\right]} \end{aligned} \right\}$$

qui repréfenteront deux nouvelles fituations d'équi-libre, pourvu que l'on ait 1.° $\dfrac{p}{\varpi} > \dfrac{a^2 - (c\,\mathrm{cof.}\,m)^2}{a^2}$;

2.° $\dfrac{p}{\varpi} < \dfrac{2\,aa - 2\,ac\,\mathrm{cof.}\,m}{a^2}$.

Par exemple, quand le triangle SEG eft équilatéral, ou qu'on a $c\,\mathrm{cof.}\;m = \dfrac{3}{4}\,a$, fi l'on

a de plus $\dfrac{p}{\varpi} > \dfrac{7}{16}$ & $\dfrac{p}{\varpi} < \dfrac{8}{16}$; ce triangle

aura trois fituations d'équilibre fur le fluide.

(153.) PROBLÈME III. *Trouver la pofition que doit prendre le rectangle homogène* B H S K *(Fig. 49) flottant fur un fluide, pour demeurer en équilibre, en fuppofant qu'il n'y ait que l'angle* S *d'enfoncé dans le fluide !*   Fig. 49.

Qu'on mène du point S au point Q milieu de MN la droite SQ, & qu'on prenne $SO = \dfrac{2}{3}\,SQ$;

le point O fera le centre de gravité du triangle MSN. Or comme le centre de gravité du rectangle $BHSK$ eft au point d'interfection R des deux diagonales BS, HK, il s'enfuit que, fi par ce point R & par le point O on tire la droite RO, cette ligne, par les conditions de l'équilibre, fera verti-cale, ou perpendiculaire à la furface MN du fluide.

Soit prife $RP = \dfrac{SR}{2}$, & foit menée la ligne PQ qui fera évidemment paralléle à RO, & par conféquent perpendiculaire fur le milieu de MN. D'où il fuit que les droites PM, PN feront égales. Enfin du point P, foient abaiffées les perpendiculaires PA, PD fur SH, SK refpectivement.

$$\text{Soient} \begin{cases} SH\ldots\ldots\ldots\ldots\ldots\ldots\ldots\ldots = a \\ SK\ldots\ldots\ldots\ldots\ldots\ldots\ldots\ldots = b \\ SM\ldots\ldots\ldots\ldots\ldots\ldots\ldots\ldots = x \\ SN\ldots\ldots\ldots\ldots\ldots\ldots\ldots\ldots = y \\ \text{la pefanteur fpécifique du rectangle} \\ \quad BHSK\ldots\ldots\ldots\ldots\ldots\ldots = p \\ \text{la pefanteur fpécifique du fluide}\ldots\ldots = \varpi. \end{cases}$$

La première condition de l'équilibre donne l'équation $p\,a\,b = \dfrac{\varpi \cdot x\,y}{2}$.

De plus, puifque l'on a $SP = \dfrac{3}{4}\,SB$, on aura
$$PA = \frac{3}{4}\,BH = \frac{3}{4}\,b, \; SA = \frac{3}{4}\,SH$$
$$= \frac{3}{4}\,a, \; PD = \frac{3}{4}\,BK = \frac{3}{4}\,a, \; SD$$
$$= \frac{3}{4}\,SK = \frac{3}{4}\,b. \text{ Donc } (PM)^2 = \frac{9\,b^2}{16}$$
$$+\left(\frac{3}{4}\,a - x\right)^2, (PN)^2 = \frac{9\,a^2}{16} + \left(\frac{3}{4}\,b - y\right)^2.$$
Ainfi, à caufe de $PM = PN$, on aura
$$x\,x - \frac{3\,a\,x}{2} = y\,y - \frac{3\,b\,y}{2}.$$

Comparant cette équation avec la précédente, & éliminant y, on aura l'équation déterminée

$$x^4 - \frac{3 a x^3}{2} + \frac{3 p a b^2 x}{\varpi} - \frac{4 p^2 a^2 b^2}{\varpi^2} = 0,$$

par le moyen de laquelle on trouvera les différentes situations d'équilibre du rectangle.

(154.) COROLLAIRE. Soit le rectangle proposé un carré. On aura $b = a$; notre équation devient

$$x^4 - \frac{3 a x^3}{2} + \frac{3 p a^3 x}{\varpi} - \frac{4 p^2 a^4}{\varpi^2} = 0,$$

& se décompose en ces deux autres équations,

$$x^2 - \frac{2 p a^2}{\varpi} = 0 \; ; \; x^2 - \frac{3 a x}{2} + \frac{2 p a^2}{\varpi} = 0.$$

La première donne $x = a \sqrt{[\frac{2 p}{\varpi}]}, y = a \sqrt{[\frac{2 p}{\varpi}]}$; d'où l'on voit que le carré est en équilibre, lorsque sa diagonale $H K$ est horizontale, ce qui est évident par soi-même. La seconde donne

$$x = \frac{a [3 \pm \sqrt{\frac{(9 \varpi - 32 p)}{\varpi}}]}{4},$$

$$y = \frac{a [3 \mp \sqrt{\frac{(9 \varpi - 32 p)}{\varpi}}]}{4},$$

d'où résultent deux nouvelles situations d'équilibre, lorsqu'on a $\frac{p}{\varpi} < \frac{9}{32}$ & $\frac{p}{\varpi} > \frac{8}{32}$.

(155.) REMARQUE. On trouve par la même méthode la position d'équilibre d'un rectangle dont trois angles seroient submergés. Car on n'a pour cela qu'à imaginer que la *Figure 49* est renversée de bas en haut, que les trois angles B, H, K sont submergés, & que le triangle MSN est la partie

du rectangle, faillante au-deſſus de la ſurface *MN*
du fluide. Ainſi en conſervant les mêmes dénominations, on aura évidemment ces deux équations,

$$p\,ab = \varpi\left(ab - \tfrac{xy}{2}\right); \quad xx - \tfrac{3ax}{2} = yy - \tfrac{3by}{2},$$

qui réſolvent le nouveau problème.

(156.) **PROBLÈME IV.** *Trouver la poſition que*
doit prendre le rectangle homogène B H S K *(Fig. 50),*
flottant ſur un fluide, pour demeurer en équilibre, en
ſuppoſant que les deux angles H & S *ſoient plongés*
dans le fluide !

Du point *M*, où le côté *B H* rencontre la
ſurface *M N* du fluide, menez au côté oppoſé
K S la perpendiculaire *M I ;* ce qui partage le
trapèze ſubmergé *M H S N* en un triangle *M I N*
& un rectangle *M H S I ;* élevez, par l'angle *H*,
la verticale *H L ;* des centres de gravité *T, G,*
O, R, du triangle *M I N*, du rectangle partiel
M H S I, du trapèze *M H S N*, & du rectangle
total *B H S K*, menez à *H B* les perpendiculaires *T E, G X, O V, R Z ;* menez de plus, des
points *O, R, V, Z,* les horizontales *O Q, R Y,*
V C, Z L ; & par les points *V, Z,* abaiſſez les
verticales *V D, Z A.*

$$\text{Soient}\begin{cases} S\,H \dots\dots\dots\dots\dots\dots\dots = a \\ H\,B \dots\dots\dots\dots\dots\dots\dots = b \\ H\,M \dots\dots\dots\dots\dots\dots\dots = x \\ S\,N \dots\dots\dots\dots\dots\dots\dots = y \\ \text{la peſanteur ſpécifique du rectangle} \dots = p \\ \text{celle du fluide} \dots\dots\dots\dots\dots = \varpi. \end{cases}$$

On a d'abord, par la première condition de l'équilibre, $p \times BHSK = \varpi \times MHSN$, d'où $MHSN = \dfrac{pab}{\varpi}$, ou $\dfrac{a(x+y)}{2} = \dfrac{pab}{\varpi}$ ou $x + y = \dfrac{2pb}{\varpi}$, ou $y = \dfrac{2pb}{\varpi} - x$.

En confidérant les momens du triangle MIN du rectangle $MHSI$, & du trapèze $MHSN$ par rapport à HB comme axe, on aura, par la propriété des momens, $MHSN \times OV = MIN \times TE + MHSI \times GX$, ou $MHSN \times OV$,

$$= \frac{MI \times IN}{2} \times \frac{2}{3} MI + HM \times MI \times \frac{MI}{2},$$

ou (en nommant D la droite OV), $\dfrac{pabD}{\varpi}$

$$= \frac{a^2(y-x)}{3} + \frac{a^2 x}{2}, \text{ ou } D = \frac{\varpi.(2ay+ax)}{6pb}.$$

Le centre de gravité O du trapèze $MHSN$ est évidemment placé au milieu de la droite aOb, parallèle aux côtés oppofés MH, NS; ce qui donne Oa, ou $HV = \dfrac{HM+ca}{2} = \dfrac{x}{2} + \dfrac{D(y-x)}{2a}$.

Maintenant, le triangle MIN, comparé fucceffivement avec les triangles HCV, ODV, HLZ, RAZ, qui lui font tous femblables, donne $CV = \dfrac{IN \times HV}{MN}$, $OD = \dfrac{MI \times OV}{MN}$, $LZ = \dfrac{IN \times HZ}{MN}$, $RA = \dfrac{MI \times RZ}{MN}$, c'eft-à-dire (en nommant, pour abréger un peu, MN, z),

$$CV = \left[\frac{x}{2} + \frac{D(y-x)}{2a}\right] \times \frac{(y-x)}{z},$$

$$OD = \frac{aD}{\zeta}, \quad LZ = \frac{b(y-x)}{2\zeta}, \quad RA = \frac{a^2}{2\zeta}.$$

Donc $OQ = OD + VC = \frac{aD}{\zeta} +$

$[\frac{x}{2} + \frac{D(y-x)}{2a}] \cdot \frac{(y-x)}{\zeta} \, ; \, RY = RA$

$+ ZL = \frac{a^2}{2\zeta} + \frac{b(y-x)}{2\zeta}$. Or, puifqu'en

vertu de la feconde condition de l'équilibre, les centres de gravités O, R, doivent être placés fur une même ligne verticale, on a $OQ = RY$, c'eft-à-dire (en négligeant ζ, qui eft divifeur de tous les termes), $aD + [\frac{x}{2} + \frac{D(y-x)}{2a}]$

$\times (y-x) = \frac{a^2}{2} + \frac{b(y-x)}{2}$, ou $D[2a^2$

$+ (y-x^2)] = a^3 + ab(y-x) - ax$

$\times (y-x)$. Subftituant dans cette équation pour D

fa valeur $\frac{\varpi(2ay + ax)}{6pb}$ trouvée ci-deffus; fubfti-

tuant enfuite pour y fa valeur $\frac{2pb}{\varpi} - x$: on

parviendra à l'équation déterminée du troifième degré

$$\left(\frac{\varpi(\frac{4pb}{\varpi} - x)}{6pb}\right) [2a^2 + (\frac{2pb}{\varpi} - 2x)^2] = a^3$$

$+ (b-x)(\frac{2pb}{\varpi} - 2x)$, ou $\varpi a^2 (\frac{pb}{\varpi} - x)$

$+ 2\varpi(\frac{4pb}{\varpi} - x)(\frac{pb}{\varpi} - x)^2 = 6pb$

$\times (b-x) \cdot (\frac{pb}{\varpi} - x)$; équation divifible par

$\frac{pb}{\varpi} - x$, & qui donne par conféquent d'abord

$$x = \frac{pb}{\varpi} \; ;$$ enſuite l'équation du ſecond degré

$$x^2 - \frac{2\,pbx}{\varpi} + \frac{4\,p^2 b^2}{\varpi^2} - \frac{3\,pb^2}{\varpi} + \frac{a^2}{2} = 0.$$

La valeur de x, donnée par la première équation $x = \frac{pb}{a}$, étant ſubſtituée dans l'équation $y = \frac{2pb}{\varpi} - x$, donne auſſi $y = \frac{pb}{a}$. Ainſi les lignes x & y ſont égales; d'où il ſuit que le rectangle eſt en équilibre lorſque le côté plongé dans le fluide eſt horizontal, ce qui eſt évident par ſoi-même. L'équation du ſecond degré, donne (en déterminant d'abord x, puis mettant pour x ſa valeur dans l'équation $y = \frac{2pb}{\varpi} - x$),

$$\left\{ \begin{aligned} x &= \frac{pb \pm \sqrt{[\,3\,b^2(\varpi p - p^2) - \frac{a^2 \varpi^2}{2}\,]}}{\varpi} \\[2ex] y &= \frac{pb \mp \sqrt{[\,3\,b^2(\varpi p - p^2) - \frac{a^2 \varpi^2}{2}\,]}}{\varpi}. \end{aligned} \right.$$

Ainſi le rectangle propoſé pourra avoir deux nouvelles ſituations d'équilibre, pourvu que, 1.° les valeurs de x & de y ſoient réelles ; 2.° qu'elles ſoient poſitives ; 3.° que chacune d'elles ſoit moindre que b.

(157.) COROLLAIRE. Suppoſons que le rectangle propoſé devienne un carré, ou que l'on ait $b = a$. Ce carré eſt d'abord en équilibre, lorſque ſon côté qui eſt plongé dans le fluide eſt horizontal. De plus on a ces équations,

$$\begin{cases} x = \dfrac{ap + a\sqrt{[\,3\,(\varpi p - p^2) - \dfrac{\varpi^2}{2}\,]}}{\varpi} \\[2em] y = \dfrac{ap - a\sqrt{[\,3\,(\varpi p - p^2) - \dfrac{\varpi^2}{2}\,]}}{\varpi} \end{cases}$$

$$\begin{cases} x = \dfrac{ap - a\sqrt{[\,3\,(\varpi p - p^2) - \dfrac{\varpi^2}{2}\,]}}{\varpi} \\[2em] y = \dfrac{ap + a\sqrt{[\,3\,(\varpi p - p^2) - \dfrac{\varpi^2}{2}\,]}}{\varpi} \end{cases}$$

d'où ſuivent deux nouvelles ſituations d'équilibre lorſque la fraction $\dfrac{p}{\varpi}$ ſera compriſe entre $\frac{3}{4}$ &

$$\frac{3 + \sqrt{3}}{6}.$$

(158.) **PROBLÈME V.** *Trouver la poſition que* **Fig. 51.** *doit prendre la parabole homogène* A B C (Fig. 51), *flottante ſur un fluide pour demeurer en équilibre, en ſuppoſant que ſa partie* F M N *ſoit ſeule plongée, & que les points* B, C *ſoient hors du fluide?*

Il eſt d'abord évident que la parabole *A B C*, ſuppoſée moins peſante ſpécifiquement que le fluide, eſt en équilibre lorſque ſon axe eſt vertical. Mais il s'agit ici de ſavoir en général ſi elle ne peut pas encore être en équilibre, quand ſon axe eſt incliné.

Soient *A D* l'axe de la courbe, *B D* ou *B C* fa

dernière ordonnée. Ayant tiré par le point H, milieu de MN, & parallèlement à DA, le diamètre HF, je mène du point F l'ordonnée FG, la droite FX au foyer X, & la tangente FT qui rencontre en T l'axe DA prolongé, & qui, par la propriété de la parabole, est parallèle à MN. Du point M, j'abaisse MY perpendiculaire sur FH prolongée. Je joins les centres de gravité K & I de la parabole ABC & de sa partie FMN, par la droite KI qui, en vertu de l'équilibre, doit être verticale, ou perpendiculaire à MN.

$$\text{Soient} \begin{cases} AD \dots\dots\dots\dots\dots\dots\dots\dots = a \\ BD \dots\dots\dots\dots\dots\dots\dots\dots = b \\ \text{le paramètre de l'axe } AD = \dfrac{bb}{a} \dots = c \\ FH \dots\dots\dots\dots\dots\dots\dots\dots = x \\ MH \dots\dots\dots\dots\dots\dots\dots\dots = y \\ FG \dots\dots\dots\dots\dots\dots\dots\dots = z \\ \text{la pesanteur spécifique de la parabole} \dots = p \\ \text{la pesanteur spécifique du fluide} \dots = \varpi. \end{cases}$$

On aura, par la propriété de la parabole, $AK = \frac{2}{5} AD = \frac{2}{5} a$; $FI = \frac{2}{5} FH = \frac{2}{5} x$; $GT = 2GA = \dfrac{2z^2}{c}$; $FT = \dfrac{z\sqrt{(cc + 4zz)}}{c}$.

Les deux triangles semblables FGT, MYH, donnent $FT : FG :: MH : MY = \dfrac{cy}{\sqrt{(cc + 4zz)}}$.

Or, l'aire parabolique $ABC = \frac{4}{3} BD \times DA$, & l'aire $FMN = \frac{4}{3} MY \times FH$. Ainsi on aura, par la première condition de l'équilibre,

$$pab = \dfrac{\varpi cyx}{\sqrt{(cc + 4zz)}}.$$

Comme la feconde condition de l'équilibre eft évidemment remplie lorfque l'axe de la parabole eft vertical, & que par conféquent $z = 0$, on voit, par l'équation précédente, que dans ce cas particulier, on a $pab = \varpi yx = \varpi x \sqrt{cx}$, en obfervant qu'alors $y = \sqrt{cx}$. D'où réfulte $x = a\sqrt[3]{\dfrac{p^2}{\varpi^2}}$. Mais revenons au problème général où le point F ne tombe pas fur le point A.

La propriété de la parabole donne $FX = \dfrac{cc + 4zz}{4c}$; $yy = x \times 4 FX = \dfrac{x(cc + 4zz)}{c}$, & $y = \dfrac{\sqrt{x}.\sqrt{(cc + 4zz)}}{\sqrt{c}}$. Subftituant cette valeur de y dans l'équation générale $pab = \dfrac{\varpi cyx}{\sqrt{(cc + 4zz)}}$, on trouvera $x = a\sqrt[3]{\dfrac{p^2}{\varpi^2}}$; d'où l'on voit que la valeur de x eft toujours la même, quelle que puiffe être la pofition de la parabole fur le fluide *.

La droite KI étant perpendiculaire à MN, les deux triangles FGT, ILH font femblables & donnent $FT : GT :: IH : HL = \dfrac{4zz}{5\sqrt{(cc + 4zz)}}$.

---

* Nous obferverons à cette occafion, que fi dans une parabole les abfciffes de deux diamètres quelconques, comptées de leurs fommets, font égales ; les parallélogrammes formés par les deux ordonnées, les deux tangentes & les autres côtés parallèles aux diamètres, feront égaux, & les efpaces paraboliques feront auffi égaux ; ce qui eft analogue à la propriété qu'ont les parallélogrammes faits autour de diamètres conjugués, dans l'ellipfe ou l'hyperbole, d'être égaux entr'eux.

Donc $LO = HO - HL = FT - HL$

$= \dfrac{z\sqrt{(cc+4zz)}}{c} - \dfrac{4xz}{5\sqrt{(cc+4zz)}}$. Les deux triangles semblables FGT, KLO donnent

$GT : FT :: LO : OK = \dfrac{cc+4zz}{2c} - \dfrac{2x}{5}$.

Mais d'un autre côté, on a $OK = KA - OA$

$= KA - (OT - AT) = \dfrac{3}{5}a - x$

$+ \dfrac{z^2}{c}$. Égalant entr'elles les deux valeurs de

OK, on trouvera $zz = \dfrac{6ac - 5cc - 6cx}{10}$,

ou bien (en mettant pour x sa valeur trouvée

ci-deffus), $zz = \dfrac{6ac - 5cc}{10} - \dfrac{6ac}{10}\sqrt[3]{\dfrac{p^2}{\varpi^2}}$;

ce qui donne deux nouvelles fituations d'équilibre,

femblables, l'une à droite, l'autre à gauche,

pourvu que l'on ait $6a > 5c + 6a \times \sqrt[3]{\dfrac{p^2}{\varpi^2}}$,

ou $\dfrac{p}{\varpi} < \left(\dfrac{6a - 5c}{6a}\right)^{\frac{3}{2}}$, quantité fuppofée réelle

& pofitive.

(159.) **PROBLÈME VI.** *On fuppofe mainte-*
nant que la parabole ABC *n'ait pas le même centre*
de gravité que de figure, foit parce qu'elle n'eft pas
homogène dans toute fon étendue, foit parce qu'elle eft
chargée de quelque corps étranger placé ailleurs qu'à
fon centre de figure, & lié folidement avec elle : il
s'agit de trouver la pofition qu'elle doit prendre pour être
en équilibre fur le fluide MN!

Soit le point K' le centre de gravité du fyftème

de tous les poids dont la parabole ABC eſt chargée, & qui font équilibre à la pouſſée verticale & contraire du fluide. Ce point K' étant donné de poſition, ſi l'on mène la droite $K'V$ perpendiculaire à l'axe AD de la parabole, cette ligne & la partie correſpondante AV de l'axe feront données. Soit FMN l'eſpace parabolique, plongé dans le fluide. Par le centre de gravité I de cet eſpace conſidéré comme homogène, & par le point K', je mène la droite IK' qui doit être néceſſairement verticale à cauſe de l'équilibre, & qui va rencontrer en K l'axe AD. J'achève la conſtruction comme dans l'article précédent, & je garde les mêmes dénominations, en faiſant de plus $K'V = k,\ AV = h;$ & obſervant que par p on doit entendre ici la peſanteur ſpécifique d'un corps de même poids que la parabole ABC, & dont le volume feroit l'aire ABC ſuppoſée homogène. On trouvera, comme tout-à-l'heure,

l'équation, $pab = \dfrac{\varpi c y x}{\sqrt{(cc + 4zz)}}$, qui remplit la première condition de l'équilibre. Enſuite on

trouvera $x = a\sqrt[3]{\dfrac{p^2}{\varpi^2}}.$

Les trois triangles ſemblables $FGT,\ ILH,\ KLO,$ donnent, comme ci-deſſus, $OK = \dfrac{cc + 4zz}{2c}$

$- \dfrac{2x}{5}$; & les deux triangles ſemblables $FGT,$ KVK' donnent $GT : FG :: VK' : VK$

$= \dfrac{ck}{2z}$. Donc $OV = OK - VK$

$= \dfrac{cc + 4zz}{2c} - \dfrac{2x}{5} - \dfrac{ck}{2z}$. Mais d'un

autre côté, $OV - VT - OT = AV$

$+ AT - HF = h + \dfrac{z^2}{c} - x$. Égalant

entr'elles les deux valeurs de OV, on trouvera

$10z^3 - (10ch - 6cx - 5c^2)z - 5c^2k = 0$,

équation dont les racines (après avoir mis pour x

sa valeur trouvée ci-deſſus) feront connoître les

poſitions d'équilibre de la parabole.

En faiſant $k = 0$, $h = \dfrac{3}{5}a$, on retombe dans

la ſolution précédente, comme cela doit être.

Je ne multiplierai pas davantage ces applications.
On procédera d'une manière analogue dans les
autres cas, ſoit que les corps flottans ſoient homogènes ou non.

CHAPITRE XIII.

De la stabilité des corps flottans : des oscillations simples que font ces corps dérangés de la situation d'équilibre.

(160.) Toutes les situations d'équilibre d'un corps ont la même fin, celle d'établir l'immobilité de ce corps ; mais toutes ne lui procurent pas le même degré de consistance ou de stabilité ; & si par quelque cause extérieure, l'équilibre vient à être dérangé, il est possible que le corps achève de trébucher, ou qu'il revienne à sa première situation. Or, par rapport aux corps flottans, il existe en effet de telles causes extérieures : par exemple, l'impulsion du vent, l'agitation des lames, &c, qui tendent continuellement à troubler l'équilibre. Ce n'est donc pas assez que le centre de gravité du corps & celui de sa partie submergée, toujours regardée comme homogène, soient placés sur une même ligne verticale : la position respective de ces deux points sur cette ligne & leurs distances mutuelles, rendent l'état d'équilibre plus ou moins ferme, ainsi qu'on le verra bientôt.

Je supposerai toujours, pour parvenir à des résultats simples & satisfaisans, que les inclinaisons d'où résultent les dérangemens des situations d'équilibre, puissent être regardées comme très-

petites ;

petites; j'examinerai les oscillations qu'elles produisent autour d'un axe *fixe* ; j'appelle *simples* ces
sortes d'oscillations, pour les distinguer de celles
qui ont lieu autour de plusieurs axes, & dont il
sera parlé dans le Chapitre suivant.

(161.) Avant d'entrer en matière, rappelonsnous ici un Théorème de mécanique dont nous
allons faire usage. *Lorsqu'un corps est poussé suivant
une direction qui ne passe pas par son centre de gravité,
ce point est mu comme s'il se trouvoit sur la direction
de la force motrice ; & le corps tourne autour de ce
même point comme s'il étoit fixe.* D'où il suit que si
un corps est poussé par deux forces parallèles &
égales, de directions opposées, l'une passant par
le centre de gravité, l'autre à une distance quelconque de ce point, le centre de gravité demeure
immobile ; mais, en vertu de la seconde force, le
corps tourne autour du centre de gravité, comme si
cette force existoit seule, & que le centre de gravité
fût un point fixement arrêté. Voyez, pour la démonstration & pour un plus ample développement, mon
Traité de Mécanique, articles 449, 450, &c.

(162.) PROBLÈME I. *Déterminer les conditions
de la stabilité d'une figure plane verticale flottante sur
un fluide !*

Il peut arriver que le centre de gravité de la
figure entière soit placé plus bas que celui de sa
partie submergée, soit parce que la figure n'est
pas homogène, soit parce qu'elle est chargée de
quelque corps étranger placé vers le fond ; ou bien

que le premier centre soit placé plus haut que le second.

Ier CAS. Soit *(Figure 52)* ABK la figure proposée, d'abord en équilibre; MN, la ligne de flottaison; G le centre de gravité de tout le poids de la figure: F celui de sa partie submergée que l'on regarde toujours comme homogène, ainsi que les autres parties de pareille nature. Les deux points G & F sont placés sur une même ligne verticale GZ, tant que l'équilibre subsiste. Mais supposons que par quelque cause extérieure, la figure ABK s'incline un peu du côté de B, ou ce qui revient au même, que la figure demeurant immobile, la ligne de flottaison prenne la position mn; avec cette condition, que la nouvelle partie submergée soit égale à la première MNK: qu'ensuite la figure soit abandonnée uniquement à l'action de la pesanteur & de la poussée verticale du fluide. On voit d'abord, par l'article précédent, qu'à cause de $mnK = MNK$, le centre de gravité G de la figure ne monte ni ne descend. La partie $NVmK$ étant commune aux deux surfaces mnK, MNK, les deux triangles NVn, MVm sont égaux; c'est-à-dire, qu'en menant leurs hauteurs nf, mh, on a $\dfrac{NV \times nf}{2} = \dfrac{MV \times mh}{2}$.

Or, $Vf : Vh :: nf : mh = \dfrac{nf \times Vh}{Vf}$; & comme l'inclinaison de la figure est supposée très-petite, on a sensiblement $Vf = VN$, $Vh = VM$;

ce qui donne $mh = \dfrac{nf \times VM}{VN}$. Subſtituant cette valeur de mh dans l'équation $\dfrac{NV \times nf}{2} = \dfrac{MV \times mh}{2}$, on trouvera $(NV)^2 = (MV)^2$, ou $NV = MV$; d'où il ſuit que le point V où les deux lignes de flottaiſon ſe coupent, eſt le milieu de MN.

Ayant mené par le point I, centre de gravité de la partie ſubmergée mnK, la droite Ig perpendiculaire à la ſurface actuelle mn du fluide, & qui rencontre en g la verticale GZ, il eſt clair que comme le point g eſt placé au-deſſus du centre de gravité G de la figure, la pouſſée verticale actuelle du fluide qui s'exerce ſuivant Ig, & qui tend à faire tourner la figure autour d'un axe horizontal paſſant par le centre de gravité G, la ramène vers la ſituation d'équilibre, & que par conſéquent la figure a de la ſtabilité.

Par le centre de gravité G de la figure, celui F de la partie MNK primitivement ſubmergée, & ceux des triangles NVn, MVm, ſoient menées perpendiculairement à mn les droites Gi, DFd, yx, zu; de plus ſoit menée, par le point G, la droite GDE perpendiculaire aux parallèles DFd, EIg, & par conſéquent horizontale. Les ſurfaces mnK, MNK, NVn, MVm doivent être conſidérées ici comme exprimant des pouſſées verticales du fluide, & par conſéquent comme des forces verticales, dirigées de bas en haut, ayant le centre de gravité de leur ſyſtème, placé à la droite de GZ.

M ij

Maintenant, puisque $m\,n\,K + M\,V\,m = M\,N\,K + N\,V\,n$, les deux forces résultantes $(m\,n\,K + M\,V\,m)$, & $(M\,N\,K + N\,V\,n)$, seront en équilibre; si de plus ces deux forces ont des momens égaux par rapport à la verticale $G\,i$; c'est-à-dire, si (en désignant les momens par la lettre initiale M placée au-devant des forces), on a l'équation $M.(m\,n\,K + M\,V\,m) = M.(M\,N\,K + N\,V\,n)$. Or la force $(m\,n\,K + M\,V\,m)$ étant composée des deux forces $m\,n\,K$, $M\,V\,m$, dont les directions sont placées de différens côtés par rapport à l'axe $G\,i$, on a $M.(m\,n\,K + M\,V\,m)$

$$= M.m\,n\,K - M.M\,V\,m = m\,n\,K \times G\,E$$

$$- \frac{M\,V \times m\,h}{2} \times i\,\zeta;\ \&\ \text{la force}\ (M\,N\,K + N\,V\,n)$$

étant composée des deux forces $M\,N\,K$, $N\,V\,n$ dont les directions tombent du même côté de l'axe, on a $M.(M\,N\,K + N\,V\,n) = M.M\,N\,K$

$$+ M.N\,V\,n = M\,N\,K \times G\,D + \frac{N\,V \times n\,f}{2} \times i\,x.$$

On aura donc, $m\,n\,K \times G\,E - \dfrac{M\,V \times m\,h}{2} \times i\,\zeta$

$$= M\,N\,K \times G\,D + \frac{N\,V \times n\,f}{2} \times i\,x;\ \text{ou,}$$

$$m\,n\,K \times G\,E = M\,N\,K \times G\,D + \frac{N\,V \times n\,f}{2}$$

$$\times (i\,\zeta + i\,x) = M\,N\,K \times G\,D + \frac{M\,N \times n\,f}{4}$$

$$\times \tfrac{2}{3}\,m\,n = M\,N\,K \times G\,D + \frac{(M\,N)^2 \times n\,f}{6};$$

équation où $m\,n\,K \times G\,E$ exprime le moment

de la pouffée verticale actuelle du fluide, ou la mefure de la ftabilité. Il ne s'agit donc plus que de réduire cette équation à fa forme la plus fimple.

Lorfque la ligne de flottaifon a paffé de la pofition MN à la pofition mn, un point quelconque, par exemple le point Z, placé fur la verticale GZ, a décrit l'arc ZQ, tel que le côté GZ étant perpendiculaire à MN, le côté GQ eft perpendiculaire à mn, & tous les angles ZGQ, GFD, NVn, MVm font égaux. Donc, en nommant R le rayon donné GZ, Z l'arc ZQ, on aura

$$GD = FG \times \frac{Z}{R}; \; nf = NV \times \frac{Z}{R} = \frac{MN}{2} \times \frac{Z}{R};$$

valeurs qui étant fubftituées dans l'équation mnK

$$\times GE = MNK \times GD + \frac{(MN)^2}{6} \times nf, \text{ donnent}$$

$$mnK \times GE = (MNK \times FG + \frac{(MN)^3}{12}) \times \frac{Z}{R}.$$

IIe CAS. Le centre de gravité de la figure eft ici placé en G', au-deffus de celui F de la partie MNK primitivement fubmergée ; je mène par ce point les droites G' i', D' G' E', l'une perpendiculaire, l'autre parallèle à mn; tout le refte eft d'ailleurs le même. On a toujours $M.(mnK + MVm) = M.(MNK + NVn)$. Or,

$$M.(mnK + MVm) = M.mnK - M.MVm$$
$$= mnK \times G'E' - \frac{MV \times mh}{2} \times i'\zeta; \& \text{ fembla-}$$

blement, $M.(MNK + NVn) = M.NVn$

$$-M.MNK = \frac{NV \times nf}{2} \times i' x - MNK \times G'D'.$$

On aura donc $mnK \times G'E' - \dfrac{MV \times mh}{2}$

$\times i' \, \zeta = \dfrac{MV \times nf}{2} \times i' x - MNK \times G'D';$

d'où l'on tire, en opérant comme ci-dessus,

$$mnK \times G'E' = (\frac{(MN)^3}{12} - FG' \times MNK)$$

$$\times \frac{z}{R}.$$

En réuniſſant les deux cas à l'aide du double figne $\pm$, & nommant D la diſtance initiale du centre de gravité de la figure à celui de ſa partie ſubmergée, nous aurons, pour l'expreſſion du moment de la pouſſée verticale actuelle de l'eau,

$$(\frac{(MN)^3}{12} \pm D \times MNK) \times \frac{z}{R}.$$

(163.) **COROLLAIRE.** On voit que dans le premier cas, la figure a toujours de la ſtabilité; & que toutes choſes d'ailleurs égales, elle en a d'autant plus, que ſon centre de gravité eſt placé plus bas par rapport à celui de ſa partie ſubmergée, ou que la diſtance D de ces deux points eſt plus grande.

La figure a auſſi de la ſtabilité dans le ſecond cas, lorſque la quantité $\dfrac{(MN)^3}{12} - D \times MNK$ eſt poſitive ; & d'autant plus, que cette quantité eſt plus grande. Mais ſi cette même expreſſion étoit négative, la figure manqueroit de

ſtabilité ; l'inclinaiſon primitive augmenteroit, &
la figure finiroit par trébucher.

Si on avoit $\dfrac{(MN)^3}{12} - D \times MNK = 0$,

(ce qui eſt toujours relatif au ſecond cas), la
figure ſeroit indifférente à tourner dans un ſens
ou dans un autre, & la plus petite force étrangère la feroit verſer. De plus, on auroit MNK
$\times G' E' = 0$, ou $G' E' = 0$. D'où il ſuit
qu'alors le centre de gravité de la figure tombe
ſur le point g, interſection des deux perpendiculaires menées des centres de gravité des deux
parties ſubmergées dans les deux poſitions de la
figure, aux deux lignes de flottaiſon. Si l'on veut
donc que cette figure ait de la ſtabilité, il faut
que ſon centre de gravité ſoit toujours placé au-
deſſous du point g.

Le point g eſt celui que M. Bouguer appelle
métacentre, dans ſon *Traité du Navire*, & au-deſſous
duquel doit tomber le centre de gravité du poids
total d'un Vaiſſeau, pour que ce Vaiſſeau flottant
à la mer ait de la ſtabilité.

(164.) P R O B L È M E II. *Déterminer les mouve-*
mens d'oſcillation que fera la figure dans l'hypothèſe
du Problème précédent, & qu'elle ait de la ſtabilité ?

La figure ayant été inclinée de manière que le
point donné Z a décrit l'arc ZQ, on doit conſidérer l'angle ZGQ comme donné, & comme
celui d'inclinaiſon initiale. Maintenant, la figure

M iv

revient fur fes pas en vertu de la pouffée verticale du fluide qui s'exerce fuivant Gi ou $G'i'$; & dans un temps t, le point Q décrit un arc QR, tel que fi l'on nomme z cet arc, S la fomme des produits des élémens de toute la figure par les carrés de leurs diftances au point G, on a, par les formules ordinaires des forces accélératrices *(Voyez mon Traité de Mécan. art. 451 & not. IV)*,

$$\left(\frac{(MN)^3}{12} - \pm D \times MNK \right) \times \frac{Z}{R} = \frac{S}{R} \times \frac{ddz}{dt^2}.$$

Or, cette équation eft exactement de la même nature que celle d'un pendule ofcillant autour d'un point fixe. Car foit *(Fig. 53)*, P un pendule fufpendu au point fixe G, autour duquel il ofcille : qu'on écarte ce pendule de la verticale GZ, de forte que l'angle ZGQ foit ici le même que dans la *Figure 52* : que le pendule partant de la pofition P, décrive dans le temps t l'arc Pp, & le point Q l'arc $QR = u$. On aura (en nommant s la fomme des produits des élémens de P par les carrés de leurs diftances au point G),

$$P \times GP \times \frac{Z}{R} = \frac{s}{R} \times \frac{ddu}{dt^2}.$$

D'où l'on voit que les mouvemens du pendule & de la figure propofée font femblables; & fi l'on veut que ces mouvemens foient exactemént les mêmes , on n'aura qu'à égaler la valeur de $\frac{ddu}{dt^2}$ à celle de $\frac{ddz}{dt^2}$. Cette condition donne $\dfrac{P \times GP}{s}$

$$= \frac{(MN)^3 \pm 12\, D \times MNK}{12\, S}.$$ Soit P un pendule

simple, c'eſt-à-dire, un poids aſſez petit pour que toute ſa maſſe puiſſe être cenſée réunie en un même point ; & nommons L la longueur de ce pendule, ou la diſtance GP ; on aura alors $s = P \times L^2$; & l'équation précédente nous

donnera, $L = \dfrac{12\, S}{(MN)^3 \pm 12\, D \times MNK}$:

expreſſion de la longueur d'un pendule ſimple quï fait ſes oſcillations dans le même temps que la figure propoſée. Ainſi, comme les oſcillations de ce pendule ſont *iſochrones* entr'elles, & ne ceſſent que par la réſiſtance de l'air ou des autres obſtacles qui peuvent anéantir le mouvement : les oſcillations de la figure ſeront auſſi iſochrones, & ne s'éteindront que par la réſiſtance qu'elle éprouve en frappant l'air & l'eau.

E X E M P L E. *La figure propoſée étant un triangle iſocèle homogène* ABK *(Figure* 54*),* & *la partie* Fig. 54. *ſubmergée* MNK *étant auſſi un triangle iſocèle, on demande la valeur de* L.

Ayant mené du ſommet K la perpendiculaire KCD ſur les baſes parallèles MN, AB, nommons MN, a ; KC, c ; AB, f ; KD, g ; p, la denſité ou la peſanteur ſpécifique du triangle ; ϖ, la denſité ou la peſanteur ſpécifique du fluide : on aura d'abord $pfg = \varpi ac$, ou bien encore (à cauſe des triangles ſemblables ABK, MNK), $pf^2 = \varpi a^2$; $pg^2 = \varpi c^2$.

Le dénominateur de L a pour valeur relative au volume, $a^3 - 4ac(g-c)$. Mais, comme dans ces problèmes, il faut prendre les quantités relativement aux maffes, cette valeur, qui fe rapporte au triangle fluide MNK, doit être mulipliée par ϖ. Je la fuppofe pofitive, afin que la figure ait de la ftabilité.

Pour trouver S, d'une manière fort fimple, je cherche la fomme des produits des élémens du triangle ABK, par les carrés de leurs diftances au fommet K, & j'emploie ce Théorème général de mécanique (Voyez mon *Traité, articles 487 & 488) : la fomme des produits des élémens d'un corps par les carrés de leurs diftances à un axe qui ne paffe pas par le centre de gravité, eft égale à la fomme des produits des mêmes élémens par les carrés de leurs diftances à un axe paffant par le centre de gravité & parallèle au précédent, plus au produit de la maffe du corps par le carré de la diftance des deux axes.*

Soit donc VE une perpendiculaire quelconque à l'axe KD du triangle ABK; foit pris fur cette ligne l'élément Tt, & foit tirée TK. La fomme des produits de tous les points de VE par les carrés de leurs diftances au fommet K

$$\text{eft } \int Tt \times (TK)^2 = \int Tt \times (EK)^2 +$$
$$\int Tt \times (TE)^2 = VE \times (EK)^2 + \frac{(VE)^3}{3}$$
$$= (EK)^3 \times \left(\frac{AD}{KD} + \frac{(AD)^3}{3(KD)^3}\right), \text{ à caufe}$$

de $VE = EK \times \dfrac{AD}{KD}$. Soit pris le point e infiniment près de E: la fomme des produits de tous les points du triangle ABK, par les carrés de leur diftance au fommet K, fera $2 \int E e \times (EK)^3$

$$\times \left(\frac{AD}{KD} + \frac{(AD)^3}{3(KD)^3} \right) = \frac{(KD)^4}{2} \times \left(\frac{AD}{KD} \right.$$

$$+ \left. \frac{(AD)^3}{3(KD)^3} \right) = \frac{f g^3}{4} + \frac{g f^3}{48}.$$ Maintenant,

on a, par le Théorème cité, $\dfrac{f g^3}{4} + \dfrac{g f^3}{48}$

$$= S + \frac{f g}{2} \times \frac{4 g^2}{9};$$ d'où l'on tire

$$S = \frac{f g \times (3 f f + 4 g g)}{144}.$$ Cette valeur,

qui eft relative au volume & qui appartient au triangle folide ABK, doit être multipliée par p, afin d'avoir une quantité relative à la maffe.

Donc enfin $L = \dfrac{p f g (3 f f + 4 g g)}{\omega [12 a^3 - 48 a c (g - c)]};$

ou $L = \dfrac{c (3 f f + 4 g g)}{12 [a^2 - 4 c (g - c)]}.$

(165.) SCHOLIE. Il eft facile d'appliquer la même théorie à la recherche de la ftabilité & des ofcillations fimples d'un corps folide flottant fur un fluide. Car foit ABK *(Fig. 52)*, la coupe verticale du corps, perpendiculaire à l'axe de rotation qui y eft repréfenté par le point G ou G'. Que F repréfente l'axe horizontal, perpendiculaire à ABK, & paffant par le centre de gravité de la partie du corps, plongée dans le fluide. Soit achevée d'ailleurs la conftruction comme dans

Fig. 52.

l'article 162. Il eſt évident que tout eſt le même dans les deux cas, avec cette différence qu'ici MN eſt le profil de la ſurface de flottaiſon du corps, & que NVn, MVm repréſentent deux onglets formés par la rotation des ſurfaces NV, MV, autour de l'axe horizontal déſigné par le point V dans le profil ABK. Ces deux onglets ſont néceſſairement égaux, parce qu'on ſuppoſe que le centre de gravité du corps ne monte ni ne deſcend. Ainſi l'axe horizontal, repréſenté par le point V, paſſe par le centre de gravité de la ſurface de flottaiſon MN; car l'égalité des deux onglets rend les diſtances des centres de gravité des deux ſurfaces NV, MV, à l'axe V, réciproquement proportionnelles à ces mêmes ſurfaces. D'après ces notions, & les principes établis, on trouvera les conditions de la ſtabilité du corps, & la longueur du pendule ſimple qui fait ſes oſcillations dans le même temps que ce corps.

CHAPITRE XIV.

Continuation du même sujet : Théorie générale des mouvemens très-petits, ascensionnels & oscillatoires des corps flottans.

(166.) M.ʳˢ Daniel Bernoulli, Euler & d'Alembert, ont résolu successivement & en différens temps les principales questions relatives à cette matière (Voyez les *Mémoires de l'Académie de Pétersbourg*, année 1739 ; la *Science Navale* de M. Euler; la *Résistance des fluides* de M. d'Alembert, & le *tome I* de ses *Opuscules mathématiques*). J'ai aussi traité le même sujet dans mes deux Pièces *sur l'arrimage des Vaisseaux*, qui partagèrent les Prix de l'Académie des Sciences de Paris, en 1761 & 1765. Comme il appartient à l'Hydrostatique & à la Mécanique, il doit naturellement trouver encore place dans cet Ouvrage. Je commence par les principes de Mécanique & de Géométrie qui me seront nécessaires.

(167.) **Lemme I.** *Le centre de gravité ou de masse* G *d'un corps* (Fig. 55)*, parcourant suivant une loi quelconque la droite* G X *; si l'on mène par ce point & perpendiculairement à* G X *le plan* A D*, qui conserve toujours son parallélisme dans l'espace absolu; qu'ensuite on suppose que chaque molécule du corps parcoure perpendiculairement & relativement au* Fig. 55.

plan AD *l'espace* p m : *on aura (en nommant* d P *chaque molécule élémentaire du corps,* p *l'espace parcouru* p m, d t *l'élément du temps,* φ *la force accélératrice suivant* p m), *on aura, dis-je, pour l'étendue entière du corps,* $\int$ p d P $= 0$; & $\int$ φ d P $= 0$, ou $\int \dfrac{d P . d d p}{d t^2} = 0$.

Les espaces *p m* étant simplement parcourus relativement au plan *AD,* nous pouvons toujours supposer que ce plan est en repos, en imaginant, pour cela, qu'on imprime au centre de gravité *G* un mouvement égal & contraire à celui qu'il a. Cela posé, il est clair 1.° que l'intégrale $\int p\, dP$, appliquée à tous les points de la masse du corps, exprime la différence qui se trouve entre la somme des produits des molécules de la partie *AED* du corps, multipliées chacune par le chemin qu'elle décrit de gauche à droite, perpendiculairement au plan *AD,* & la somme des produits des molécules de la partie *AFD,* multipliées chacune par le chemin qu'elle décrit de droite à gauche, perpendiculairement au même plan. Or, quand le centre de gravité est immobile, ou regardé comme tel, cette différence est égale à zéro. (*Voyez mon Traité de Mécanique, art. 403 & suiv.*).

2.° La quantité $\int φ\, d P$ ou $\int \dfrac{d P . d d p}{d t^2}$ est aussi zéro pour l'étendue entière du corps : car les forces φ étant, par exemple, positives pour la partie *AED* du corps, elles font négatives pour la partie *AFD*;

& il y a autant de $\varphi\, dP$ pour l'une de ces parties que pour l'autre, puifque le centre de gravité eſt ici regardé comme immobile. Donc on a, pour le corps entier, $\int \varphi\, dP = 0$, ou $\int \dfrac{a P . dd p}{d t^2} = 0$.

(168.) LEMME II. *Déterminer les conditions générales de l'équilibre entre les forces qui follicitent un corps en mouvement, & les réfiſtances qu'il leur oppoſe par fon inertie !*

I. Imaginons par un point fixe A *(Fig. 56)*, trois axes AP, AC, AB perpendiculaires entre eux, & immobiles dans l'efpace abſolu. On peut concevoir, pour fixer l'imagination, que les deux axes AP, AC font fitués dans le plan de la planche, & que l'axe AB eſt perpendiculaire au même plan. Quel que puiſſe être le nombre, & quelles que puiſſent être les directions des forces appliquées au corps propoſé, il eſt clair que toutes ces forces pourront toujours, à chaque inſtant, être réduites à trois forces feulement, parallèles chacune à chacun des trois axes AP, AC, AB. Je fuppoſe que ces forces ainſi réduites, font dirigées dans les fens Ff, Ee, Dd, & qu'elles font exprimées par les lignes Ff, Ee, Dd. D'un point quelconque N du corps, foit abaiſſée NM perpendiculairement au plan CAP, & foit tirée MP perpendiculaire à AP. Soit décompoſée la réfiſtance que la molécule du corps, placée en N, oppoſe au mouvement par fon inertie, en trois forces Np, Nm, Nn parallèles refpectivement

Fig. 56.

aux trois axes AP, AC, AB. Pour que l'équilibre dont nous avons parlé ait lieu, il faut 1.° que la réfultante ou la fomme de chacune de ces forces élémentaires, foit égale à la force follicitante qui lui correfpond; 2.° que le moment provenant des premières forces, par rapport à chacun de nos trois axes, foit égal au moment correfpondant qui provient des forces follicitantes.

Soient Force $Ff = F$; Force $Ee = E$; Force $Dd = D$; $AP = q$; $PM = r$; $NM = s$; l'élément du temps $= dt$; chaque molécule du corps $= dP$; on aura d'abord ces trois équations $F = \int \frac{dP\,ddq}{dt^2}$, $E = \int \frac{dP\,ddr}{dt^2}$, $D = \int \frac{dP\,dds}{dt^2}$, qui font relatives au mouvement de tranflation du corps.

Ayant fuppofé que les directions des forces F, E, D rencontrent les trois plans BAC, BAP, CAP aux points F, E, D refpectivement; foient menées parallèlement à CA les droites FO, DK aux deux axes AB, AP; parallèlement à AB les droites FQ, ER aux deux axes AC, AP; parallèlement à AP les droites ES, DH aux deux axes AB, AC. Il eft vifible que le moment de la force F, par rapport à AP eft nul; que le moment de cette force par rapport à AC eft $F \times FQ$; que le moment de cette même force par rapport à AB eft $F \times FO$; que le moment de la force E par rapport à AC eft nul; que le moment de cette

force

force par rapport à AB, eſt $E \times ES$; que le moment de cette même force par rapport à AP, eſt $E \times ER$; que le moment de la force D par rapport à AB, eſt nul; que le moment de cette force par rapport à AC, eſt $D \times DH$; que le moment de cette même force par rapport à AP, eſt $D \times DK$. De la combinaiſon de ces momens, réſulte pour chaque axe un moment unique, & en déſignant ce moment par la lettre initiale M, placée au-devant de l'axe, on a

$$M \cdot AC = F \times FQ - D \times DH,$$
$$M \cdot AB = F \times FO - E \times ES,$$
$$M \cdot AP = E \times ER - D \times DK.$$

En analyſant de la même manière les momens de la réſiſtance de la molécule dP placée en N, par rapport aux trois axes AC, AB, AP, il réſultera,

$$M \cdot AC = \int \frac{s\,dP\,ddq}{dt^2} - \int \frac{q\,dP\,dds}{dt^2},$$
$$M \cdot AB = \int \frac{r\,dP\,ddq}{dt^2} - \int \frac{q\,dP\,ddr}{dt^2},$$
$$M \cdot AP = \int \frac{s\,dP\,ddr}{dt^2} - \int \frac{r\,dP\,dds}{dt^2}.$$

Égalant chacun à chacun ces momens aux momens correſpondans des forces ſollicitantes, on aura ces trois autres équations, relatives aux mouvemens de rotation :

$$F \times FQ - D \times DH = \int \frac{s\,dP\,ddq}{dt^2} - \int \frac{q\,dP\,dds}{dt^2},$$

$$F \times FO - E \times ES = \int \frac{r\,dP\,ddq}{dt^2} - \int \frac{q\,dP\,ddr}{dt^2},$$

$$E \times ER - D \times DK = \int \frac{s\,dP\,ddr}{dt^2} - \int \frac{r\,dP\,dds}{dt^2}.$$

11. Par le centre de gravité G du corps, concevons trois nouveaux axes GV, GT, GY parallèles chacun à chacun des axes fixes AP, AC, AB. Ces axes GV, GT, GY font mobiles avec le centre de gravité ; mais chacun d'eux demeure toujours parallèle à lui-même. Soient par rapport au point G, les trois coordonnées GV, VL, LN qui répondent au point N. Ayant prolongé l'axe VG jufqu'à ce qu'il rencontre en Z le plan BAC, du point Z foient menées les droites ZI, ZX parallèles chacune à chacun des deux axes AC, AB. Confervons les dénominations précédentes, & fuppofons de plus $ZG = \pi$, $AX = \varpi$, $AI = \theta$, $GV = q'$, $VL = r'$, $LN = s'$, la diftance de la droite Ff au plan $TGV = \alpha$, la diftance de la même ligne au plan $YGV = \varsigma$, la diftance de la droite Ee au plan $YGT = \delta$, la diftance de la même ligne au plan $TGV = \gamma$, la diftance de la droite Dd au plan $YGT = \varphi$, la diftance de la même ligne au plan $YGV = \xi$. On aura évidemment $q = \pi + q'$, $r = \varpi + r'$, $s = \theta + s'$, $ddq = dd\pi + ddq'$, $ddr = dd\varpi + ddr'$, $dds = dd\theta + dds'$, $FQ = \theta + \alpha$, $FO = \varpi + \varsigma$, $ES = \pi + \delta$, $ER = \theta + \gamma$, $DH = \pi + \varphi$, $DK = \varpi + \xi$. Subftituant toutes ces valeurs dans les fix équations

fondamentales du numéro précédent, on aura 1.° les trois équations, $F = \int \dfrac{dP\,dd\Pi}{dt^2}$ $+ \int \dfrac{dP\,ddq'}{dt^2}$, $E = \int \dfrac{dP\,dd\varpi}{dt^2} + \int \dfrac{dP\,ddr'}{dt^2}$ $D = \int \dfrac{dP\,dd\theta}{dt^2} + \int \dfrac{dP\,dds'}{dt^2}$. Or, par la seconde partie du Lemme précédent, on a

$$\int \dfrac{dP\,ddq'}{dt^2} = 0, \ \int \dfrac{dP\,ddr'}{dt^2} = 0, \ \int \dfrac{dP\,dds'}{dt^2} = 0.$$

De plus, comme $dd\Pi$, $dd\varpi$, $dd\theta$, font les mêmes pour tous les points du corps, on voit que nos trois premières équations deviennent

$$F = \dfrac{P\,dd\Pi}{dt^2}, \ E = \dfrac{P\,dd\varpi}{dt^2}, \ D = \dfrac{P\,dd\theta}{dt^2}.$$

2.° Pour ſavoir ce que deviennent les trois autres équations, conſidérons d'abord les parties correſpondantes $F \times QF$ & $\int \dfrac{s\,dP\,ddq}{dt^2}$ de la première. On a $F \times FQ = F \times \theta + F \times \alpha$; & $\int \dfrac{s\,dP\,ddq}{dt^2} = \int \dfrac{(\theta + s')\,dP\,(dd\Pi + ddq')}{dt^2}$

$$= \int \dfrac{\theta\,dP\,dd\Pi}{dt^2} + \int \dfrac{s'\,dP\,dd\Pi}{dt^2} + \int \dfrac{\theta\,dP\,ddq'}{dt^2}$$

$+ \int \dfrac{s'\,dP\,ddq'}{dt^2} = \dfrac{P\,\theta\,dd\Pi}{dt^2} + \dfrac{dd\Pi}{dt^2}\int s'\,dP$

$+ \theta \int \dfrac{dP\,ddq'}{dt^2} + \int \dfrac{s'\,dP\,ddq'}{dt^2}$, quantité qui

devient $F \times \theta + \int \dfrac{s'\,dP\,ddq'}{dt^2}$, en mettant pour

$\dfrac{P\,\theta\,dd\Pi}{dt^2}$ ſa valeur $F \times \theta$, & obſervant que par la

première partie du Lemme précédent, $\int s'\,dP = 0$,

& par la 2.ᵉ $\int \dfrac{dP\,dd\,q'}{d\,t^2} = 0$. Si l'on fait les mêmes opérations fur les autres parties correfpondantes de nos équations, & qu'on efface les termes qui fe détruifent, on trouvera que ces équations fe réduifent enfin aux fuivantes:

$$F \times \alpha - D \times \varphi = \int \frac{s'\,dP\,dd\,q'}{d\,t^2} - \int \frac{q'\,dP\,dd\,s'}{d\,t^2},$$

$$F \times \epsilon - E \times \delta = \int \frac{r'\,dP\,dd\,q'}{d\,t^2} - \int \frac{q'\,dP\,dd\,r'}{d\,t^2},$$

$$E \times \gamma - D \times \xi = \int \frac{s'\,dP\,dd\,r'}{d\,t^2} - \int \frac{r'\,dP\,dd\,s'}{d\,t^2}.$$

I I I. Quel que puiffe être le mouvement de chaque point N du corps propofé, relativement au centre de gravité, nous pouvons toujours concevoir qu'il eft produit par la rotation du corps autour des trois axes GY, GV, GT. Suppofons (*Fig. 57*), qu'au premier inftant le point N foit en H; & foient GE, EF, FH les coordonnées correfpondantes. Imaginons qu'en vertu de la rotation du corps autour de l'axe GY, la droite FH, en tournant parallèlement à elle-même, prenne la pofition SK; qu'en vertu de la rotation autour de l'axe GV, le point K parvienne en R; qu'en vertu de la rotation autour de l'axe GT, le point R parvienne en N. Les coordonnées NL, LV, GV font ici les mêmes que dans la figure précédente. Soient tirées les droites GF, GS, DK. Du point R, foit abaiffée RO perpendiculaire fur le plan TGV; & par le point O foit menée perpen-

Fig. 57.

diculairement à GT la droite XO qui paſſe néceſſairement par le point L. Soient tirées les droites XR, XN. Enfin des points D & X, ſoient élevées perpendiculairement au plan TGV, ou parallèlement à l'axe GY, les droites DZ, XP. Suppoſons $GE = \psi$, $EF = \lambda$, $FH = \mu$, l'angle de rotation autour de l'axe $GY = x$, l'angle de rotation autour de l'axe $GV = y$, l'angle de rotation autour de l'axe $GT = \zeta$.

Puiſque l'angle DGS eſt la ſomme de l'angle EGF & de l'angle FGS (x), on aura $DS = GF \times \text{fin.} DGS = \lambda \,\text{coſ.} x + \psi \,\text{fin.} x$; $GD = GF \times \text{coſ.} DGS = \psi \,\text{coſ.} x - \lambda \,\text{fin.} x$.

L'angle RDZ ou ORD étant la ſomme de l'angle KDZ ou DKS & de l'angle RDK (y), on aura $DO = DK . \text{fin.} RDZ = DS . \text{coſ.} y + SK . \text{fin.} y = \lambda \,\text{coſ.} x \,\text{coſ.} y + \psi \,\text{fin.} x \,\text{coſ.} y + \mu \,\text{fin.} y$; $RO = DK \times \text{coſ.} RDZ = SK \times \text{coſ.} y - DS \times \text{fin.} y = \mu \,\text{coſ.} y - \lambda \,\text{coſ.} x \,\text{fin.} y - \psi \,\text{fin.} x \,\text{fin.} y$.

L'angle NXP ou XNL étant la différence de l'angle RXP ou XRO & de l'angle RXN (ζ), on aura $XL = XR \times \text{fin.} NXP = XO \times \text{coſ.} \zeta - RO \times \text{fin.} \zeta = \psi \,\text{coſ.} x \,\text{coſ.} \zeta - \lambda \,\text{fin.} x \,\text{coſ.} \zeta - \mu \,\text{coſ.} y \,\text{fin.} \zeta + \lambda \,\text{coſ.} x \,\text{fin.} y \,\text{fin.} \zeta + \psi \,\text{fin.} x \,\text{fin.} y \,\text{fin.} \zeta$; $LN = XR \times \text{coſ.} NXP = RO \times \text{coſ.} \zeta + XO \times \text{fin.} \zeta = \mu \,\text{coſ.} y \,\text{coſ.} \zeta - \lambda \,\text{coſ.} x \,\text{fin.} y \,\text{coſ.} \zeta - \psi \,\text{fin.} x \,\text{fin.} y \,\text{coſ.} \zeta + \psi \,\text{coſ.} x \,\text{fin.} \zeta - \lambda \,\text{fin.} x \,\text{fin.} \zeta$.

D'où il suit qu'à cause de $XL = GV = q'$, $DO = VL = r'$, $LN = s'$, on aura

$$q' = \downarrow \cos. x \cos. z - \lambda \sin. x \cos. z - \mu \cos. y \sin. z + \lambda \cos. x \sin. y \sin. z + \downarrow \sin. x \sin. y \sin. z;$$

$$r' = \lambda \cos. x \cos. y + \downarrow \sin. x \cos. y + \mu \sin. y;$$

$$s' = \mu \cos. y \cos. z - \lambda \cos. x \sin. y \cos. z - \downarrow \sin. x \sin. y \cos. z + \downarrow \cos. x \sin. z - \lambda \sin. x \sin. z.$$

Ainsi on pourra chasser q', r', s', ddq', ddr', dds' des équations précédentes. Il est à remarquer au sujet des trois quantités $\int s' dP ddq' - \int q' dP dds'$, $\int r' dP ddq' - \int q' dP ddr'$, $\int s' dP ddr' - \int r' dP dds'$, qui sont les mêmes respectivement que $\int dP d (s' dq' - q' ds')$, $\int dP d (r' dq' - q' dr')$, $\int dP d (s' dr' - r' ds')$, il est à remarquer, dis-je, que dans les deux différentiations successives qu'il faut faire d'abord pour trouver $d (s' dq' - q' ds')$, $d (r' dq' - q' dr')$, $d (s' dr' - r' ds')$, les angles x, y, z sont variables, & les quantités $\downarrow$, λ, μ sont constantes ; mais que dans l'intégration qui suit, il n'y a que les quatre quantités dP, $\downarrow$, λ, μ qui doivent être regardées comme variables, & que les autres doivent être écrites au-devant du signe d'intégration, parce qu'alors les intégrales expriment les mouvemens des parties du corps.

Ces formules générales servent à déterminer les mouvemens d'un corps quelconque, animé de forces quelconques. En voici l'application à notre sujet.

(169.) **PROBLÈME.** *Déterminer les mouvemens que doit prendre un corps flottant, lorsqu'ayant été d'abord un peu dérangé de la situation d'équilibre, par une cause quelconque, il est ensuite uniquement abandonné à l'action de sa pesanteur & de la poussée verticale du fluide ?*

Soient, au premier instant des mouvemens qu'il s'agit de déterminer, ABK (*Fig. 58*) une section verticale du corps flottant, par un plan qui passe par son centre de gravité G, & qui contient l'axe vertical GY & l'axe horizontal GV; HPK (*Fig. 59*) une autre section verticale, perpendiculaire à la première, qui passe aussi par le centre de gravité G, & qui contient l'axe vertical GY & l'axe horizonral GT; $MENI$ (*Fig. 60*) la section horizontale du corps, faite à fleur d'eau, & dans laquelle MN est la section commune des deux plans $MENI$, ABK; & EI est la section commune des deux plans $MENI$, HPK. Les trois axes GY, GV, GT font ici les mêmes que dans les *Figures* 56 & 57. Faisons passer, pour plus de simplicité dans le calcul, le plan ABK (*Fig. 58*), par le centre de gravité L du plan de flottaison $MENI$ (*Fig. 60*) : supposition toujours permise, puisque la position des axes dans l'espace est arbitraire. Le centre de gravité F (*Fig. 61*) de la partie submergée au premier instant, étant supposé placé à une certaine distance (fort petite) de la verticale GY, menons par ce centre F & par la verticale GY le plan

Fig. 58, 59, 60 & 61.

N iv

CDK qui coupe le plan $MENI$ suivant RS. Du point F, foient menées les droites FQ, FF', l'une perpendiculaire à GY, l'autre à RS. Soit auffi menée par le point F' *(Fig. 60)*, $F'f$ perpendiculaire à MN. Ici & dans la fuite, les quatre *Figures 58, 59, 60 & 61,* doivent toujours être combinées enfemble ; il faut fe bien repréfenter leur pofition refpective , & chercher dans chacune d'elles les lignes, les furfaces & les folides qu'on aura befoin de défigner.

Cela pofé, il eft clair que le corps en queftion étant foumis feulement à l'effort de fa pefanteur, & de la pouffée verticale du fluide , les forces que nous avons nommées ci-deffus F & E font ici nulles , & qu'il ne refte que la feule force D qui eft la différence de la pouffée verticale du fluide & de la pefanteur du corps; que par conféquent ce corps ne peut avoir aucun mouvement progreffif horizontal, ou que $\pi = 0$, $\varpi = 0$; mais qu'en vertu de la force D, fon centre de gravité peut monter ou defcendre (ici nous fuppofons qu'il monte d'une quantité égale à Oq), tandis que le corps tourne autour des trois axes GY, GV, GT. De plus, en confidérant la difpofition du centre de gravité de la partie fubmergée, on voit qu'en vertu de la rotation autour de l'axe GT, le point B s'élève , le point A s'abaiffe , & la fection MN du corps prend la pofition mn; qu'en vertu de la rotation autour de l'axe GV, le point H s'élève, le point P s'abaiffe, & la fection

EI du corps prend la position *ei*. Or, durant le temps *t* de tous ces mouvemens, il sort de l'eau un prisme ayant *MENI* pour base & *Oq* ou *Oq'* pour hauteur, plus les deux onglets *nqc*, *eq'r*; au contraire, il entre dans l'eau les deux onglets *mqd*, *tq'i* : sur quoi il faut observer que les deux onglets *eq'r*, *tq'i* sont égaux, comme étant produits par la rotation des espaces *MNE*, *MNI*, autour de l'axe *mn* ou *MN* qui passe par le centre de gravité de leur système. Ce sont-là les seuls changemens qui arrivent dans la partie submergée du corps; & il est visible que le mouvement autour de l'axe vertical *GY*, n'y contribue en rien. Supposons que les verticales élevées par les centres de gravité des quatre onglets *nqc*, *mqd*, *eq'r*, *tq'i*, rencontrent le plan *MENI*, aux points *g*, *z*, *l*, *s*, respectivement ; & soient menées les droites *gh*, *zk*, *lp*, *su* perpendiculaires à *MN*. Nommons :

La pesanteur spécifique du corps............... *p*,

Celle du fluide............................ ϖ,

Le volume entier du corps................. *M*,

Celui de la partie plongée au premier instant.... *N*,

L'aire *MENI*........................... *a'*,

La distance *OL* de son centre de gravité *L* au point *O*............................ *b*,

La hauteur *GQ (Fig. 61)*, du centre de gravité de la partie submergée, au-dessus de celui *G* du corps........................... *h*,

Of (Fig. 60)........................... δ,

F'f................................... δ',

Oq (Fig. 59)........................... ι,

L'angle de rotation autour de l'axe verticale GY. x,

L'angle de rotation autour de l'axe horizontal GV. y,

L'angle de rotation autour de l'axe horizontal GT. z,

L'onglet $eq'r$ ou $tq'i$ .... $i^3 y$,

Op .... k,

lp .... k',

Ou .... n,

su .... n',

L'onglet nqc .... $c^3 z$,

Oh .... e,

gh .... e',

L'onglet mqd .... $f^3 z$,

Ok .... g,

zk .... g'.

Je n'ai pas befoin d'avertir que les quantités a, b, c, f, g, g', h, i, k, k', e, e', δ, δ' font données ou déterminables par la Géométrie.

On aura d'abord, $D = \varpi \times (N - MENI \times Oq - nqc + mqd - eq'r + iq't)$
$- p \times M = \varpi (N - MENI \times Oq - nqc + mqd) - p \times M = \varpi N - \varpi a^3 \theta - \varpi c^3 z + \varpi f^3 z - pM.$

De plus, fi l'on confidère qu'en vertu de l'inclinaifon du corps vers A, le centre de gravité F s'approche du plan HPK de la quantité hz, ou que Of devient $\delta - hz$, & qu'en vertu de l'inclinaifon vers P, le même point F s'approche du plan ABK de la quantité hy ou que $F'f$ devient $\delta' - hy$; on verra fans peine qu'après le temps t le moment de la pouffée verticale du fluide, par rapport à l'axe GT, ou $D \times \varphi =$ $\varpi [N (\delta - hz) + a^2 b \theta - c'e z - f^3 g z$

$— i^3 ky — i^3 ny]$, & que le moment de la même force, par rapport à l'axe GV, ou $D \times \xi =$ $— \varpi [N (\delta' — hy) + c^3 e' \zeta + f^3 g' \zeta — i^3 k' y — i^3 n' y]$.

Reſte à trouver les valeurs de $\int dPd(s'dq' — q'ds')$, $\int dPd(r'dq' — q'dr')$, $\int dPd(s'dr' — r'ds')$ en fonctions des angles x, y, ζ. Or, comme les oſcillations ſont cenſées fort petites, il eſt clair que dans les valeurs de q', r', s' trouvées ci-deſſus, on pourra négliger tous les termes qui contiennent plus d'un ſinus, ſuppoſer dans les termes qui contiennent un ſinus & un coſinus ou deux coſinus, chaque coſinus $= 1$, & prendre l'angle pour le ſinus. Donc

$$s'dq' — q'ds' = — \lambda \mu dx — (\mu^2 + \psi^2) d\zeta + \psi \lambda dy,$$
$$r'dq' — q'dr' = — (\psi^2 + \lambda^2) dx — \lambda \mu d\zeta — \psi \mu dy,$$
$$s'dr' — r'ds' = \psi \mu dx + (\lambda^2 + \mu^2) dy — \psi \lambda d\zeta;$$
$$\int dPd(s'dq' — q'ds') = — pddx \int \lambda \mu dM$$
$$— pdd\zeta \int (\mu^2 + \psi^2) dM + pddy \int \psi \lambda dM,$$
$$\int dPd(r'dq' — q'dr') = — pddx \int (\psi^2 + \lambda^2) dM$$
$$— pdd\zeta \int \lambda \mu dM — pddy \int \psi \mu dM,$$
$$\int dPd(s'dr' — r'ds') = pddx \int \psi \mu dM$$
$$+ pddy \int (\lambda^2 + \mu^2) dM — pdd\zeta \int \psi \lambda dM:$$

quantités dans leſquelles les parties compriſes ſous le ſigne d'intégration ſont données par la figure du corps. Nous ferons pour abréger, $\int \lambda \mu dM = A$, $\int (\mu^2 + \psi^2) dM = B$, $\int \psi \lambda dM = C$,

$$\int (\psi^2 + \lambda^2)\, dM = G, \quad \int \psi \mu\, dM = H,$$
$$\int (\lambda^2 + \mu^2)\, dM = K.$$

Il réfulte de tout ce qui précède, qu'on aura les quatre équations fuivantes qui expriment en général toutes les ofcillations (très-petites), dont un corps flottant peut être affecté :

(A) $[\varpi N - \varpi a^2 \theta - (\varpi c^3 - \varpi f^3)\, \zeta - p M]\, dt^2$
$= p M dd\theta,$

(B) $-\varpi [N (\delta - h\zeta) + a^2 b\theta - (c^3 e + f^3 g)\, \zeta$
$- (i^3 k + i^3 n)\, y]\, dt^2 = - p A ddx - p B dd\zeta$
$+ p C ddy,$

(C) $p G ddx + p A dd\zeta + p H ddy = 0,$

(D) $\varpi [N (\delta' - hy) + (c^3 e' + f^3 g')\, \zeta - (i^3 k'$
$+ i^3 n')y]\, dt^2 = p H ddx + p K ddy - p C dd\zeta.$

Comme les quatre variables θ, x, y, ζ ne font qu'au premier degré dans les équations (A), (B), (C), (D), ces équations combinées enfemble s'intègrent facilement par les méthodes que M. d'Alembert a données dans les Mémoires de l'Académie de Berlin pour les années 1748 & 1750. Je ne ferai pas ici en général ce calcul, qui n'a d'autre difficulté que fa longueur. Je me borne à l'examen de quelques cas particuliers.

(170.) COROLLAIRE I. Suppofons, comme il arrive dans les ofcillations des vaiffeaux flottans à la mer, que le plan ABK partage le corps flottant en deux parties exactement égales, & que les centres de gravité des deux onglets $eq'r$, $iq't$ fe trouvent, du moins à peu près dans le plan

HPK, on aura rigoureusement $e' = 0$, $g' = 0$; & dans l'équation (B) on pourra négliger les termes $i^3 ky$, $i^3 ny$, comme incomparablement plus petits que les autres. De plus, on aura, par la propriété du centre de gravité, $\int \lambda \mu\, dM = 0$, $\int \psi \lambda\, dM = 0$. Ainsi nos équations se changeront en celles-ci,

$$[\varpi N - \varpi a^2 \theta - (\varpi c_3 - \varpi f^3)\zeta - pM]\, dt^2 \quad \text{(E)}$$
$$= pM\, dd\theta,$$

$$\varpi [N(\delta - h\zeta) + a^2 b\theta - (c^3 e + f^3 g)\zeta]\, dt^2 \quad \text{(F)}$$
$$= pB\, dd\zeta,$$

$$Gddx + Hddy = 0, \qquad\qquad\qquad \text{(G)}$$

$$\varpi [N(\delta' - hy) - 2 i^3 k' y]\, dt^2 = pH\, ddx \quad \text{(H)}$$
$$+ pK\, ddy,$$

résultats qui reviennent à ceux que j'ai trouvés un peu différemment dans les deux pièces citées.

Comme on peut mettre dans la dernière équation, à la place de $pH\,ddx$ sa valeur $-\dfrac{pH^2\,ddy}{G}$, & que H est une quantité dont le carré, tout au moins, peut être traité comme infiniment petit du premier ordre, on pourra négliger le terme $-\dfrac{pH^2\,ddy}{G}$. Soient pour abréger le calcul,

$$\frac{\varpi N - pM}{pM} = I, \quad \frac{\varpi a^2}{pM} = L, \quad \frac{\varpi c^3 - \varpi f^3}{pM} = P,$$

$$\frac{\varpi N \delta}{pB} = Q, \quad - \frac{\varpi a^2 b}{pB} = R,$$

$$\frac{\varpi (Nh + c^3 e + f^3 g)}{pB} = S, \quad \frac{\varpi N \delta'}{pK} = T,$$

$$\frac{\varpi\,(Nh + 2\,i^3\,k')}{p\,K} = V.$$ Nos quatre équations deviennent

$$dd\theta - Id\tau + L\theta\,dt^2 + P\zeta\,dt^2 = 0,$$
$$dd\zeta - Q\,dt^2 + R\theta\,dt^2 + S\zeta\,dt^2 = 0,$$
$$G\,ddx + H\,ddy = 0,$$
$$ddy - T\,dt^2 + Vy\,dt^2 = 0.$$

Les deux premières combinées ensemble s'intègrent de la manière suivante , par l'ingénieuse méthode de M. d'Alembert. Ayant multiplié la première par un coéfficient indéterminé v, je l'ajoute à la seconde ; ce qui donne $v\,dd\theta - vId\tau$ $+ vL\theta\,dt^2 + vP\zeta\,dt^2 + dd\zeta - Q\,dt^2$ $+ R\theta\,dt^2 + S\zeta\,dt^2 = 0$. Ensuite je suppose que l'on ait l'équation $vL\theta + vP\zeta + R\theta$ $+ S\zeta = \iota\,(v\theta + \zeta)$, ι étant un coéfficient indéterminé ; ce qui donne, en comparant ensemble les termes de même espèce , ces deux équations $vL + R = \iota v$, $vP + S = \iota$. D'où l'on tire deux valeurs de v que je nomme v & v', & deux valeurs de ι que je nomme ι & ι'. Soient $v\theta + \zeta$ $= s, v'\theta + \zeta = s'$ l'équation $v\,dd\theta - vId\tau$ $+$ &c. donnera ces deux autres

$$dds + \iota s\,dt^2 - (vI + Q)\,dt^2 = 0,$$
$$dds' + \iota's'\,dt^2 - (v'I + Q)\,dt^2 = 0.$$

Multipliant la première par ds, la seconde par ds', ensuite intégrant deux fois, on trouvera facilement

$$s = \left(\frac{vI + Q}{\iota}\right) \times \left(1 - \cos.\ \iota \sqrt{\iota}\right),$$

$$s' = \left(\frac{\nu I + Q}{\epsilon'}\right) \times (1 - \cos. t \sqrt{\epsilon'});$$

& par conféquent

$$\theta = \frac{(\nu I + Q)}{\epsilon (\nu - \nu')} \cdot (1 - \cos. t \sqrt{\epsilon})$$

$$- \frac{(\nu' I + Q)}{\epsilon' (\nu - \nu')} \cdot (1 - \cos. t \sqrt{\epsilon'}),$$

$$\zeta = \frac{(\nu' I + Q)\nu}{\epsilon' (\nu - \nu')} (1 - \cos. t \sqrt{\epsilon'})$$

$$- \frac{(\nu I + Q)\nu'}{\epsilon (\nu - \nu')} (1 - \cos. t \sqrt{\epsilon}).$$

Ces valeurs de θ & de ζ font complètes, parce qu'on doit avoir $\theta = 0$ & $\zeta = 0$, lorfque $t = 0$, & que $t = 0$ donne $\cos. t \sqrt{\epsilon} = 1$, $\cos. t \sqrt{\epsilon'} = 1$.

Quant aux deux dernières équations fondamentales $G\,dd\,x + H\,dd\,y = 0$, $dd\,y - T\,dt^2 + V\,y\,dt^2 = 0$, elles s'intègrent tout de fuite, & donnent :

$$y = \frac{T}{V} \left(1 - \cos. t \sqrt{V}\right),$$

$$x = - \frac{H.T}{G.V} \left(1 - \cos. t \sqrt{V}\right).$$

(171.) COROLLAIRE II. Il eſt évident, par les expreſſions que nous venons de trouver pour θ & ζ, que ſi ϵ & ϵ' font des quantités réelles & poſitives, le mouvement θ du centre de gravité & celui de rotation ζ autour de l'axe GT font très-petits, comme on les a ſuppoſés, & que par conſéquent le corps fera des oſcillations qui ne l'expoſeront pas à verſer. Mais ſi ϵ & ϵ' étoient des quantités réelles négatives, on trouveroit que les valeurs de θ & de ζ dépendroient des logarithmes, & qu'ainſi t augmentant, elles augmenteroient. D'où il ſuit que les oſcillations ne ſeroient plus infiniment petites, comme on les a ſuppoſées, & que le corps n'auroit pas de ſtabilité, ou ſeroit expoſé à verſer. On trouve pareillement que les valeurs de θ & de ζ contiennent des logarithmes, lorſque v & v', & par conſéquent auſſi ϵ & ϵ' ſont imaginaires, ou lorſque v & v' étant des quantités réelles, ces deux quantités ſont égales entr'elles. Mais ces deux derniers cas ſont purement géométriques, & n'ont pas lieu dans notre problème.

Pareillement, les valeurs de y & de x feront infiniment petites, lorſque V ſera une quantité poſitive ; mais ſi V étoit une quantité négative, le corps n'auroit pas de ſtabilité par rapport aux deux axes GV, GY, & finiroit par verſer.

On voit que les conditions de ſtabilité dont je viens de parler, dépendent de la poſition du centre de gravité du corps entier, par rapport à celui de ſa partie ſubmergée. Toutes les fois que le premier point eſt placé plus bas que le ſecond, le corps flottant a de la ſtabilité en tout ſens ; mais ſi au contraire le premier point eſt placé plus haut que le ſecond, ce corps pourra manquer de ſtabilité ; nos formules font connoître la plus grande hauteur qu'on puiſſe mettre alors entre les deux centres de gravité. Cette manière de

déterminer

déterminer les *métacentres* est générale & fort simple.

(172.) COROLLAIRE III. Lorsque la verticale GY passe par le centre de gravité du plan de flottaison, & que les deux plans ABK, HPK partagent chacun le corps en deux parties égales & semblables, les deux onglets nqc, mqd sont égaux, de même que les deux onglets $eq'r$, $iq't$. De plus, on a $\int x\,\mu\,dM$ ou $A = 0$, $\int \downarrow \lambda\,dM$ ou $C = 0$, $\int \downarrow \mu\,dM$ ou $H = 0$. Par conséquent, si l'on suppose qu'au premier instant le poids du fluide déplacé soit égal au poids absolu du corps, ou qu'on ait $\varpi N = p M$, le corps ne pourra ni monter ni descendre, & on aura $\theta = 0$. On aura aussi $x = 0$, abstraction faite de tout mouvement de rotation horizontale, primitivement imprimé. Nos quatre équations fondamentales de l'article 170 se réduiront donc aux deux suivantes,

$$dd\zeta - Q\,dt^2 + S\zeta\,dt^2 = 0,$$
$$ddy - T\,dt^2 + Vy\,dt^2 = 0,$$

lesquelles donnent

$$\zeta = \frac{Q}{S}\left(1 - \cos.\, t\,\sqrt{S}\right),$$
$$y = \frac{T}{V}\left(1 - \cos.\, t\,\sqrt{V}\right).$$

Le corps proposé a donc alors simplement deux mouvemens de rotation qui se font autour des deux axes horizontaux GT, GV passant par son centre de gravité & perpendiculaires entr'eux. Ces ofcillations demeurent toujours fort petites, & par conféquent le corps a de la ftabilité, lorfque S & V font des quantités pofitives. Elles font abfolument de même efpèce que celles d'un pendule qui va & vient; & en nommant Z, Y leurs amplitudes totales, on a évidemment

$$Z = \frac{2 Q}{S}, \quad Y = \frac{2 T}{V}.$$

A l'égard des temps employés à parcourir les angles Z, Y, ils font faciles à trouver. Car pour que z devienne Z, & que y devienne Y, il faut que l'on ait $1 - \text{cof.} \, t \sqrt{S} = 2$, $1 - \text{cof.} \, t \sqrt{V} = 2$, ou bien cof. $t \sqrt{S} = -1$, cof. $t \sqrt{V} = -1$, & par conféquent $t = \frac{180°}{\sqrt{S}}$, $t = \frac{180°}{\sqrt{V}}$. Subftituant à la place de S & V leurs valeurs, on trouvera que le temps de chaque ofcillation Z, eft exprimé par $180° \times \sqrt{\left[\dfrac{\int p\,(\psi^2 + \mu^2)\, dM}{\varpi\,(Nh + 2\,c^3 e)}\right]}$, & que de même celui de chaque ofcillation Y, eft exprimé par $180° \times \sqrt{\left[\dfrac{\int p\,(\lambda^2 + \mu^2)\, dM}{\varpi\,(Nh + 2\,i^3 k')}\right]}$. Or, comme ces valeurs ne contienent point les diftances initiales δ, δ' du centre de gravité de la partie fubmergée aux plans HPK, ABK, il eft clair que les ofcillations feront ifochrones dans chaque efpèce, quelles que foient leurs amplitudes totales, pourvu néanmoins qu'elles foient toujours fort petites. Le corps ofcille donc à la manière des

pendules. Pour déterminer les longueurs des pendules fynchrones aux ofcillations de ce corps, on
remarquera que fi un pendule fimple, dont la
longueur eft L, eft diftant, au premier inftant, de
la verticale, de la quantité δ, fort petite, &
décrit dans le temps t l'angle u qui a L pour rayon:
l'équation de ce pendule eft $ddu = \dfrac{(\delta - u)\, dt^2}{L}$,

ou bien $u = \delta \left(1 - \cos. \dfrac{t}{\sqrt{L}} \right)$. D'où l'on
tire le temps d'une ofcillation entière $= 180°$
$\times \sqrt{L}$. Ainfi, la longueur du pendule fynchrone
aux ofcillations Z eft donnée par l'équation

$$L = \frac{\int p\, (\psi^2 + \mu^2)\, dM}{\varpi\, (Nh + 2\, c^3 e)},$$

& celle du pendule fynchrone aux ofcillations Y
eft donnée par l'équation

$$L' = \frac{\int p\, (\lambda^2 + \mu^2)\, dM}{\varpi\, (Nh + 2\, i^3 k')}.$$

(173.) SCHOLIE. Je terminerai ces recherches
par l'application des formules de l'article précédent
à un exemple particulier.

Soit le corps flottant *(Fig. 62)* un demi- Fig. 62.
fphéroïde elliptique $AKBPAH$ homogène,
produit par la demi-révolution de la demi-ellipfe
AHB autour de fon axe AB. Le plan $AHBP$
qui fert de bafe au demi-fphéroïde, & le plan de
flottaifon $MENI$, font parallèles & diftans l'un
de l'autre d'une quantité donnée ZO. Le point G
eft le centre de gravité du demi-fphéroïde, & les

trois axes GY, GV, GT, font les mêmes que ci-deſſus. ABK eſt la ſection longitudinale du corps, HPK la ſection latitudinale. Il s'agit de trouver ici les valeurs des quantités N, h, $c^3 e$, $i^3 k'$, $\int (\psi^2 + \mu^2) \, dM$, $\int (\lambda^2 + \mu^2) \, dM$. Cherchons-les par ordre.

1.° Pour éviter la multiplicité & la confuſion des lignes, conſidérons $MENI$ comme une ſection indéterminée du demi-ellipſoïde. Ayant mené à l'axe MN de la courbe $MENI$ l'ordonnée quelconque CD, qu'on faſſe paſſer par cette ordonnée le plan vertical $SCXC'L$ qui coupe le plan vertical ABK ſuivant XR. On voit que CD ſera auſſi l'ordonnée d'un cercle dont RX eſt le rayon. Ainſi $(CD)^2 = (XR)^2 - (DR)^2$. Mais par la propriété de l'ellipſe,

$$(XR)^2 = [(BZ)^2 - (RZ)^2] \times \frac{(ZP)^2}{(BZ)^2}$$

$$= [(BZ)^2 - (DO)^2] \times \frac{(ZP)^2}{(BZ)^2}, \ \& \ (DR)^2$$

$$= [(BZ)^2 - (NO)^2] \times \frac{(ZP)^2}{(BZ)^2}. \ \text{Donc}$$

$$(CD)^2 = [(NO)^2 - (DO)^2] \times \frac{(ZP)^2}{(BZ)^2}.$$

D'où l'on voit que la courbe $MENI$ eſt une ellipſe ſemblable à l'ellipſe $AHBP$. Soient $BZ = a$, ZP ou $ZK = b$, $ZO = x$, le rapport de la circonférence au diamètre $= n$. On aura

$$AHBP = nab, \ MENI = nab \times \frac{(NO)^2}{(BZ)^2}$$

$$= \frac{na(bb-xx)}{b}. \text{ Donc } dN = -\frac{nadx(bb-xx)}{b}$$

& $N = \frac{na}{b}\left(\frac{2}{3}b^3 - b^2x + \frac{x^3}{3}\right)$, en complétant l'intégrale de manière qu'elle s'évanouisse lorsque $x = b$. Faisons $x = ZO = f$, ligne connue; nous aurons la quantité que nous cherchons $N = \frac{na}{b}\left(\frac{2}{3}b^3 - b^2f + \frac{f^3}{3}\right)$. En supposant $f = 0$, N devient ce que nous avons appelé M; & on a par conséquent $M = \frac{2nab^2}{3}$.

2.° Le moment élémentaire du solide *MKNIME*, par rapport au point Z, est $-\frac{naxdx(bb-xx)}{b}$, dont l'intégrale complète est $\frac{na}{b}\left(\frac{b^4}{4} - \frac{b^2x^2}{2}\right.$ $\left.+ \frac{x^4}{4}\right)$. Faisons d'abord $x = 0$, & divisons par M ou $\frac{2nab^2}{3}$; nous aurons la distance du centre de gravité du solide $A K B P A H$ au point Z, $= \frac{3}{8}b$. Faisons ensuite $x = f$, & divisons par N ou $\frac{na}{b}\left(\frac{2}{3}b^3 - b^2f + \frac{f^3}{3}\right)$; nous aurons la distance du centre de gravité de la partie submergée, au point Z, $= \frac{3(b^4 - 2b^2f^2 + f^4)}{4(2b^3 - 3b^2f + f^3)}$.

Ainsi, $h = \frac{3}{8}b - \frac{3(b^4 - 2b^2f^2 + f^4)}{4(2b^3 - 3b^2f + f^3)}$.

3.° Imaginons que l'onglet formé par la rotation

de l'aire EIN autour de EI, eſt compoſé d'une infinité de triangles prs perpendiculaire à l'axe EI. En faiſant, pour un moment, $OI = l$, $ON = m$, $Op = u$; il eſt clair que $pr = \frac{m}{l}\sqrt{[ll - uu]}$, & que le moment élémentaire du demi‑onglet

$$= \frac{m^2}{l^2}(ll - uu) \times \frac{m\sqrt{[ll - uu]}}{3l} \times du \times \zeta$$

$$= \frac{m^3\,\zeta}{3\,l^3} \times du\,(ll - uu)^{\frac{3}{2}},\ \text{dont l'intégrale eſt}$$

$$\frac{m^3\,\zeta}{3\,l^3} \times \left(\frac{u\,(ll - uu)^{\frac{3}{2}}}{4} + \frac{3}{4}\,l^2\!\int du\sqrt{[ll - uu]}\right).$$

Faiſant $u = l$, conſidérant qu'alors $\int du\sqrt{[ll - uu]}$ repréſente l'aire d'un quart‑de‑cercle dont le rayon eſt l, & doublant l'intégrale, on trouvera que la quantité exprimée par $c^3 e$, $= \frac{n\,m^3\,l}{8}$. Mettons pour m ſa valeur $\frac{a}{b}\sqrt{[bb - ff]}$, pour l ſa valeur $\sqrt{[bb - ff]}$; nous aurons $c^3 e = \frac{n\,a^3\,(bb - ff)^2}{8\,b^3}$.

4.° On trouvera de la même manière que la quantité exprimée par $i^3 k'$, vaut $\frac{n\,a\,(bb - ff)^2}{8\,b}$.

5.° Pour déterminer $\int(\psi^2 + \mu^2)\,dM$ ou la ſomme des produits des particules du demi‑ellipſoïde par les carrés de leurs diſtances à l'axe latitudinal GT, je conſidère, ainſi que je l'ai déjà fait, $MENI$ comme une ſection indéterminée du demi‑ſphéroïde. Sur l'ordonnée CD à l'axe MN, je prends les deux points quelconques infiniment voiſins f, u. Ayant ſuppoſé $ZO = x$, OM ou

$ON=m$, $OD=q$, $Df=s$, & nous rappelant

que $ZG=\frac{3}{8}b$, on verra fans peine que le

produit de l'élément fu par le carré de fa diftance

à l'axe GT eft repréfenté par $ds\left[qq+(\frac{3}{8}b\right.$

$-x)^2]$, quantité dans laquelle il n'y a que s de

variable. Intégrant & faifant enfuite $s=DC=$

$\frac{b}{a}\sqrt{[m^2-q^2]}$, on a $[qq+(\frac{3}{8}b-x)^2]\times$

$\frac{b}{a}\sqrt{[m^2-q^2]}$ pour la fomme des produits de tous

les points de DC par les carrés de leurs diftances

à l'axe GT. Multipliant cette fomme par dq,

intégrant en ne faifant varier que q, on trouvera

$\frac{b}{a}([\frac{m^2}{4}+(\frac{3}{8}b-x)^2]\int dq\sqrt{[m^2-q^2]}$

$-\frac{q(mm-qq)^{\frac{3}{2}}}{4})$ pour la fomme des produits

de tous les points de l'aire elliptique $CDOE$ par

les carrés de leurs diftances à l'axe GT. Faifant

$q=m=\frac{a}{b}\sqrt{[bb-xx]}$; confidérant qu'alors

$\int dq\sqrt{[m^2-q^2]}=\frac{\pi\cdot m^2}{4}=\frac{\pi a^2(bb-xx)}{4b^2}$;

& quadruplant l'intégrale : il nous viendra $\frac{\pi b}{a}\times$

$[\frac{a^4(bb-xx)^2}{4b^4}+\frac{a^2(bb-xx)}{b^2}(\frac{3}{8}b-x)^2]$

pour la fomme des produits de tous les points de

l'ellipfe entière $MENI$, par les carrés de leurs

diftances à l'axe GT. Enfin, multipliant par dx,

O iv

intégrant en ne faifant varier que x, faifant enfuite $x = b$, on aura $\int (\psi^2 + \mu^2)\, dM = \dfrac{n(64 a^3 b^2 + 19 a b^4)}{480}$.

6.° On trouvera de la même manière la fomme des produits des particules du demi-ellipfoïde par les carrés de leurs diftances à l'axe longitudinal GV, ou $\int (\lambda^2 + \mu^2)\, dM = \dfrac{83\, n\, a\, b^4}{480}$.

Il fuit de tous ces détails qu'en faifant, pour abréger un peu, $2 b^3 - 3 b^2 f + f^3 = \alpha^3$, $aa - bb = \beta^2$, $bb - ff = \gamma^2$, on aura

$$Z = \frac{16\, b^2\, \alpha^3\, \delta}{3\,(b^3 \alpha^3 + 2 \beta^2 \gamma^4)}\, ; \quad Y = \frac{16\, \delta'}{3\, b}\, ;$$

$$L = \frac{(64\, a^2\, b^5 + 19\, b^7)\, p}{60\, \varpi\,(b^3 \alpha^3 + 2 \beta^2 \gamma^4)}\, ; \quad L' = \frac{83\, p\, b^4}{60\, \varpi\, \alpha^3}.$$

On peut tirer de ces formules plufieurs conféquences intéreffantes, comme, par exemple, les dimenfions du fphéroïde, les plus propres à lui procurer des ofcillations douces, par la combinaifon la plus avantageufe de leur amplitude avec leur durée; matière curieufe en elle-même, & qui peut avoir des applications fort utiles dans l'arrimage des vaiffeaux. Mais ces difcuffions nous mèneroient trop loin.

CHAPITRE XV.

De la Figure de la Terre, en tant qu'elle peut dépendre des loix de l'Hydroſtatique.

(174.) LA Terre paroît former, dans ſa plus grande partie, une maſſe ſolide. Mais lorſque l'on conſidère d'un côté la vaſte étendue des mers, leur profondeur, leur communication univerſelle & réciproque, la quantité de rivières qui ſillonnent la ſurface du globe; & lorſque d'un autre côté, en pénétrant dans ſon intérieur, on y trouve les corps ou les débris de productions maritimes de toute eſpèce : on eſt fortement porté à penſer que la Terre étoit originairement une maſſe fluide qui s'eſt conſolidée en partie par la ſucceſſion des temps, & qui, pour arriver à cet état, a dû prendre la forme que demandoient les loix de l'équilibre des fluides. En conſidérant donc la Terre ſous ce point de vue, ſa figure eſt déterminable par les principes de l'Hydroſtatique, comme nous allons le faire voir.

Nous appellerons *peſanteurs*, des forces qui ſont en effet de la même nature que la gravité dans l'hypothèſe de Galilée, mais qui peuvent être d'ailleurs conſtantes ou variables, ſoit en quantités, ſoit en directions.

(175.) Huguens & Newton font les premiers qui aient entrepris de réfoudre le problème dont il s'agit ; leurs folutions méritent d'être connues, quoiqu'elles ne foient plus aujourd'hui que de très-petites branches de cette théorie qui a fait des progrès confidérables. Huguens prend pour bafe, que *fi une maffe fluide pefante dans tous fes points eft en équilibre, fa furface doit couper perpendiculairement les directions des pefanteurs des particules qui y font placées :* Newton, que *fi une maffe fluide pefante eft en équilibre, deux colonnes quelconques menées à un même point fixe, confidéré comme centre, fe contrebalancent mutuellement & indépendamment du refte de la maffe.* Voici la manière d'appliquer l'un & l'autre principes à la recherche de la figure de la Terre.

(176.) PROBLÈME I. *La Terre fuppofée fluide, ayant la forme d'un folide de révolution, & chacun de fes points étant foumis à l'action d'une pefanteur donnée & de la force centrifuge : trouver fa figure !*

SOLUTION PAR LE PRINCIPE DE HUGUENS.

Fig. 63.   Soient *(Fig. 63)*, *C* le centre de la Terre ; *D A E B* l'un de fes méridiens, ou la fection de cette planète par un plan qui paffe par l'axe de révolution *D E*. Que la pefanteur au point *M* ait la direction quelconque *M O ;* repréfentons cette force par *M F*, & décompofons-là en deux autres *M H, M K*, perpendiculaires aux deux axes *D E, A B* du méridien. La force centrifuge

du point M qui circule autour de $D E$, eſt proportionnelle, comme on ſait, à l'ordonnée $M P$:
je repréſente par $H I$ cette force qui agit en
ſens contraire de la force $M H$. Alors, on voit
que le point M eſt animé par les deux ſorces
$M I$, $M K$; d'où réſulte la force compoſée $M V$,
laquelle doit être perpendiculaire à l'élément $M m$
du méridien. Suppoſons $C P = x$; $P M = y$;
Force $M F = \varphi$; l'angle $O M P$, pour le rayon 1,
$= z$; & nommons f la force centrifuge *donnée*
pour une diſtance *donnée* k. On aura, Force $M H$
$= \varphi$ coſ. z; Force $M K = \varphi$ ſin. z; Force $H I$
$= \dfrac{fy}{k}$; Force $M I = \varphi$ coſ. $z - \dfrac{fy}{k}$.

Maintenant, en mettant l'ordonnée $m p$, les
triangles rectangles ſemblables $M r m$, $V K M$,
donneront, $M r \, (- d x) : r m \, (d y) :: K V$
$\left(\varphi \text{ coſ. } z - \dfrac{fy}{k} \right) : M K \, (\varphi \text{ ſin. } z)$; d'où l'on
tire, pour l'équation du méridien,

$$\left(\varphi \text{ coſ. } z - \frac{fy}{k} \right) dy = - \varphi \text{ ſin. } z . dx.$$

SOLUTION PAR LE PRINCIPE DE NEWTON.

Soient *(Fig. 64)* $D A E B$ le méridien; $D E$ Fig. 64.
l'axe de révolution; C le centre de la Terre, où
tendent la colonne polaire $D C$ & la colonne
quelconque $M C$, leſquelles doivent ſe faire mutuellement équilibre. Prenons ſur $C M$ le point
quelconque R, dont la peſanteur eſt dirigée ſuivant
$R O$, & que je repréſente par $R t$; décompoſons

cette force en deux autres $R\,h$, $R\,i$, l'une dirigée suivant $M\,C$, l'autre perpendiculaire à $M\,C$. Repréfentons par $R\,\zeta$ la force centrifuge du point R, laquelle agit dans le fens $Q\,R$, perpendiculairement à l'axe de révolution $D\,E$; & décompofons-là en deux autres $R\,s$, $R\,u$, l'une dirigée fuivant $C\,M$, l'autre perpendiculaire à $C\,M$ Il eft évident que les forces $R\,i$, $R\,u$ ne contribuent en rien au poids du canal $R\,C$ dans le fens $M\,C$, & qu'il ne faut avoir égard qu'aux forces $R\,h$, $R\,s$. Suppofons l'abfciffe $C\,P = x$; l'ordonnée $P\,M = y$; l'angle $C\,R\,O = p$; $C\,R = r$; $R\,Q = u$; Force $R\,t = \varphi$; la force centrifuge pour la diftance k, $= f$. On aura, Force $R\,h = \varphi$ cof. p; Force $R\,\zeta = \dfrac{f\,u}{k}$; Force $R\,s = \dfrac{f\,u^{2}}{k\,r}$. Donc la preffion du canal $R\,C$ fur le point C, eft $\int d\,r\,(\varphi$ cof. $p - \dfrac{f\,u^{2}}{k\,r})$, ou $\int d\,r\,[\,\varphi$ cof. $p - \dfrac{f\,y^{2}\,r}{k\,(x\,x + y\,y)}\,]$, intégrale qu'il faut prendre, en regardant x & y comme conftantes; enfuite, pour avoir le poids du canal entier $M\,C$, il faudra faire $r = C\,M = \sqrt{(x\,x + y\,y)}$; ce qui donnera une expreffion qu'on égalera au poids connu de la colonne $D\,C$.

(177.) C‌OROLLAIRE. Suppofons, pour faire une application très-fimple de ce problème, que la pefanteur φ foit conftante & dirigée au centre C de la Terre *(Fig. 63 & 64)*. On aura

(*Fig. 63*), fin. $\zeta = \dfrac{x}{\sqrt{(xx+yy)}}$, cof. $\zeta = \dfrac{y}{\sqrt{(xx+yy)}}$;
& l'équation du méridien, trouvée par le principe de Huguens, deviendra $\dfrac{\varphi y\, dy}{\sqrt{(xx+yy)}} - \dfrac{fy\, dy}{k}$

$= - \dfrac{\varphi x\, dx}{\sqrt{(xx+yy)}}$, ou $\dfrac{\varphi(x\, dx + y\, dy)}{\sqrt{(xx+yy)}}$

$- \dfrac{fy\, dy}{k} = 0$, dont l'intégrale eft $\varphi\sqrt{(xx+yy)} - \dfrac{fy^2}{2k} = A$. La conftante A doit être telle qu'en faifant $y = 0$, on ait $x = CD$, quantité donnée.

Dans la *Figure 64*, on a $p = 0$, & la quantité $\int d r\left(\varphi \,\text{cof.}\, p - \dfrac{fy^2 r}{k(xx+yy)}\right)$ devient d'abord,

$\varphi r - \dfrac{fy^2 r^2}{2k(xx+yy)}$. Faifant $r = CM$

$= \sqrt{(xx+yy)}$, on a $\varphi\sqrt{(xx+yy)}$

$- \dfrac{fy^2}{2k}$, pour tout le poids de la colonne CM, lequel doit être égal au poids connu de la colonne DC; d'où l'on tire, comme tout-à-l'heure, $\varphi\sqrt{(xx+yy)}$

$- \dfrac{fy^2}{2k} = A$, pour l'équation du méridien.

(178.) *REMARQUE* I. Les principes de Huguens & de Newton, qui nous ont donné la même équation pour le méridien dans l'hypo-thèfe du corollaire précédent, donnent également les mêmes équations dans plufieurs autres hypo-thèfes de pefanteurs. Mais il y a des cas où les réfultats font différens. Le principe de Huguens établit l'équilibre à la furface du fluide ; celui de Newton l'établit dans l'intérieur par rapport au centre ; mais ces deux conditions ne font pas fuffifantes féparément, ni même en certains cas, conjointement, pour établir l'équilibre dans tous les points de la maffe. Voyez *les Mém. de l'Acad. pour l'année 1734,* & le *Traité de la figure de la Terre* de M. Clairaut, *page 31.*

(179.) *REMARQUE* II. L'équilibre a lieu dans tous les points de la maffe , lorfqu'en y prenant un point quelconque (& non pas feulement un point fixe & déterminé , comme a fait Newton), on trouve que ce point eft en équilibre, ou qu'il eft également preffé en toutes fortes de fens. De ce principe général que M. Maclaurin a développé clairement le premier, il fuit :

Fig. 65.   1.° Que dans toute maffe fluide OAN *(Fig. 65),* foumife à des forces quelconques & en équilibre, le canal angulaire $OMN,$ terminé de part & d'autre à la furface, eft féparément en équilibre. Car la maffe entière étant en équilibre, la particule M eft également preffée dans tous les fens ; & cette égalité de preffion demeurera la même, fi l'on conçoit que le canal OMN demeure feul fluide , le refte de la maffe étant fuppofé fe durcir.

2.° Que le canal triangulaire $OMR,$ dont un angle O eft à la furface du fluide, eft en équilibre. Car fi l'on prolonge MR jufques à la furface du fluide, les deux canaux angulaires OMN, ORN font chacun féparément en équilibre. Donc * $P.OM = P.NM$, & $P.OR = P.NR$. Or, $P.NM = P.NR + P.RM = P.OR + P.RM$; donc $P.OM = P.OR + P.RM$; c'eft-à-dire, que le point M fouffre une égale preffion de la part de la colonne OM, & de la part des deux colonnes OR, RM, qui agiffent fur ce point de la même manière que fi elles étoient placées en ligne droite. Donc il ne peut y avoir de mouvement dans le canal OMR, ni dans le fens OMR, ni dans le fens ORM; & par conféquent ce canal eft en équilibre.

3.° Que le canal triangulaire MRQ, pris dans l'intérieur de la maffe eft en équilibre. Car fi l'on prolonge MR, MQ, QR jufques à la furface du fluide, les trois canaux OMN, OQZ, NRZ, feront en équilibre, comme on l'a vu n.° 1. Donc $P.OM = P.NM$, ou $P.OQ + P.QM = P.NR + P.RM$; & $P.OQ = P.RQ + P.ZR$, ou $P.OQ = P.RQ + P.NR$. Subftituant cette valeur de $P.OQ$, dans l'équation précédente, il viendra $P.QM + P.RQ = P.RM$. Ainfi, la fomme des preffions des colonnes QM, RQ, fur le point M, eft égale à la preffion de la colonne RM fur ce

---

* Je défigne, pour abréger, la preffion d'une colonne par la lettre initiale P, écrite en avant.

même point ; & par conféquent le canal QMR eft en équilibre.

Fig. 66.   4.° Que le canal $OMRQN$ *(Fig. 66)*, de figure quelconque, rectiligne ou curviligne, terminé de part & d'autre à la furface du fluide, eft en équilibre. Car fi l'on mène les diagonales OR, OQ, tous les canaux OMR, ORQ, OQN feront en équilibre. Donc $P.OM = P.RM + P.OR$; $P.OR = P.QR + P.OQ$; $P.OQ = P.NQ$. Ainfi $P.OM = P.RM + P.QR + P.NQ$; c'eft-à-dire, que la preffion de la colonne OM fur le point M, eft égale à la fomme des preffions des colonnes RM, QR, NQ, fur ce même point ; d'où réfulte l'équilibre du canal $OMRQN$. Cette conclufion a toujours lieu, même dans le cas où tous les côtés du polygone ou de la courbe $OMRQN$, ne feroient pas fitués dans un même plan.

Fig. 67.   5.° Que le canal $MRQTV$ *(Fig. 67)*, de figure quelconque, rentrant en lui-même, pris dans l'intérieur du fluide, eft en équilibre. Car fi l'on mène les diagonales MQ, MT, on verra que tous les canaux triangulaires MRQ, MQT, MTV, étant en équilibre, la preffion de la colonne RM fur le point M, eft égale à la fomme des preffions des colonnes RQ, QT, TV, VM, fur ce même point ; d'où réfulte l'équilibre dans le canal $MRQTV$, quels que foient le nombre & la pofition de fes côtés.

(180.)

(180.) *REMARQUE III.* On voit que le principe de Newton, ou l'équilibre de deux colonnes centrales, n'eſt qu'un cas particulier du *n.° 1* de l'article précédent : & que celui de Huguens, ou la perpendicularité de la peſanteur à la ſurface du fluide, aura lieu lorſque le *n.° 4* du même article ſera vérifié, c'eſt-à-dire, quand un canal de figure quelconque, terminé de part & d'autre à la ſurface du fluide, ſera en équilibre : car on peut concevoir que ce canal eſt couché immédiatement à la ſurface du fluide, qu'il eſt, par exemple, *O K N (Fig. 66);* & alors l'état d'équilibre demande néceſſairement que la peſanteur ſoit perpendiculaire en chacun des points de ce canal, ſans quoi il y auroit un courant dans le ſens *O K N A,* ou dans le ſens contraire *N K O A.*

Les Géomètres qui ont écrit ſur cette matière, & en particulier M. Clairaut, ont fait un grand uſage de ces propriétés des canaux, pour reconnoître l'équilibre de la Terre & pour déterminer ſa figure dans différentes hypothèſes de peſanteurs. Mais on peut parvenir au même but d'une manière plus commode, en employant immédiatement le principe d'égalité de preſſion d'une particule quelconque. Appliquons cette méthode à un problème général.

(181.) P R O B L È M E I I. *La maſſe fluide* A D B E (Fig. 68), *tournant autour de l'axe* D E, Fig. 68. *& chacun de ſes points étant ſoumis à l'action de* *la force centrifuge, & d'une pesanteur dirigée vers le centre fixe* C, *& proportionnelle à une fonction donnée de la distance à ce point : trouver directement sa figure, par le principe d'égalité de pression ?*

Soit N un point quelconque de la planète ; & supposons que le lieu de tous les points où la pression est la même qu'en N, soit la couche ou la courbe $KTOH$. Menons du centre C la droite CNM, & des points N, M les perpendiculaires NQ, MP à l'axe de révolution DE. Supposons $CQ = s$; $QN = z$; $CN = u$; la force centrale du point $N = \varphi$, fonction de s & z ; la force centrifuge $= f$, pour la distance donnée k ; la pression en $N = p$, fonction de s & z, en sorte que $dp = Pds + Qdz$, P & Q étant des fonctions de s & z, telles que $Pds + Qdz$ soit une différentielle complète, autrement p seroit une quantité imaginaire, & il ne pourroit pas y avoir équilibre. Considérons la portion de fluide qui est en N comme un petit rectangle $Nnrq$, dont la hauteur $Nn = ds$, & la base $Nq = dz$: il est clair que Pds, différentielle de p en ne faisant varier que s, exprime l'élément de la pression sur chaque point de nr ; & que Qdz, différentielle de p en ne faisant varier que z, exprime l'élément de la pression sur chaque point de qr. Donc la pression élémentaire contre $nr = Pds \cdot dz$, & la pression élémentaire contre $qr = Qdz \cdot ds$. Je décompose la force centrale φ en deux autres, l'une dirigée fuivant Nn, l'autre fuivant Nq : la première

eft $- \frac{\varphi s}{u}$; la feconde, $- \frac{\varphi z}{u}$: à celle-ci il

faut ajouter la force centrifuge du point N, qui

eft $\frac{fz}{k}$. Alors, la force abfolue qui pouffe l'élé-

ment $Nnrq$ dans le fens Nn eft $- \frac{\varphi s}{u} . ds\, dz$,

& la force abfolue qui le pouffe dans le fens Nq

eft $\left(\frac{fz}{k} - \frac{\varphi z}{u} \right) . ds\, dz$. Or, pour qu'il y ait

équilibre, il faut que ces deux forces foient égales

chacune à chacune des preffions correfpondantes

& contraires. Donc $- \frac{\varphi s}{u} . ds\, dz = P\, ds\, dz$,

ou $- \frac{\varphi s}{u} = P$; $\left(\frac{fz}{k} - \frac{\varphi z}{u} \right) . ds\, dz$

$= Q\, dz\, ds$, ou $\frac{fz}{k} - \frac{\varphi z}{u} = Q$. Ainfi

$$dp = - \frac{\varphi s\, ds}{u} + \left(\frac{fz}{k} - \frac{\varphi z}{u} \right) dz$$

$$= - \frac{\varphi(s\, ds + z\, dz)}{u} + \frac{fz\, dz}{k} = - \varphi\, du$$

$$+ \frac{fz\, dz}{k}, \quad \& \ p = A - \int \varphi\, du + \frac{fz^2}{2k},$$

quantité qui doit être conftante pour tous les

points d'une même couche. Cette condition va

nous donner la nature de la courbe extrême

$ADBE$, & de la courbe intérieure $KTOH$.

Tout le refte demeurant le même, foient

$CP = x$; $PM = y$; $CM = r$; la force

centrale en $M = F$. La valeur générale de p

devient pour le point M, $p = A - \int F\,dr$

$+ \dfrac{fy^2}{2k}$. Or, il est évident que dans toute l'étendue de la couche supérieure & dernière $ADBE$, la pression doit être nulle. Donc l'équation de cette courbe est $A - \int F\,dr + \dfrac{fy^2}{2k} = 0$.

Cette équation doit convenir à tous les points de la courbe $ADBE$; & pour déterminer la constante A, il faut se donner un point fixe par où la courbe doive passer. Soit A ce point; supposons $CA = b$, & pour ce même point $y = b$, $\int F\,dr = B$, quantité connue : on aura $A - B + \dfrac{fb^2}{2k} = 0$, ou $A = B$

$- \dfrac{fb^2}{2k}$. L'équation de la courbe $ADBE$, entre r & y, est donc $B - \dfrac{fb^2}{2k} - \int F\,dr$

$+ \dfrac{fy^2}{2k} = 0$.

Pour trouver l'équation de la courbe $KTOH$, reprenons la formule $p = A - \int \varphi\,du + \dfrac{f z^2}{2k^2}$,

ou $p = B - \dfrac{fb^2}{2k} - \int \varphi\,du + \dfrac{f z^2}{2k}$. Donnons-nous le point K; supposons $CK = c$; & pour ce même point $z = c$, $\int \varphi\,du = C$, quantité connue; d'où $p = B - \dfrac{fb^2}{2k} - C$

$+ \dfrac{fc^2}{2k}$. Ainsi, l'équation de la courbe $KTOH$, entre u & z, eft $B - \dfrac{f b^2}{2 k} - C + \dfrac{f c^2}{2 k}$

$= B - \dfrac{f b^2}{2 k} - \int \varphi \, d u + \dfrac{f z^2}{2 k}$, ou

$C - \dfrac{f c^2}{2 k} - \int \varphi \, d u + \dfrac{f z^2}{2 k} = 0$.

Faifons une ou deux applications de ces formules.

(182.) COROLLAIRE I. Suppofons que la force centrale foit conftante dans tous les points de la Planète, & qu'elle ait pour valeur la gravité ordinaire g : on aura $F = g$; $\int F \, d r = g r$; $B = g b$; & l'équation de la courbe $ADBE$ fera $g \, b - \dfrac{f b^2}{2 k} - g \, r + \dfrac{f y^2}{2 k} = 0$. Celle de la courbe $KTOH$ fera femblablement

$g \, c - \dfrac{f c^2}{2 k} - g \, u + \dfrac{f z^2}{2 k} = 0$.

Pour déterminer le rapport du rayon CA de l'équateur au demi-axe CD, on obfervera que pour CA, on a $r = y = b$; & pour CD, $y = 0$, ce qui donne $CD = r = b - \dfrac{f b^2}{2 k g}$.

Donc $CA : CD : : b : b - \dfrac{f b^2}{2 k g} : : 1 : 1 - \dfrac{f b}{2 k g}$; ou bien (en fuppofant la quantité arbitraire & donnée $k = b$), $CA : CD : : 1 : 1 - \dfrac{f}{2 g}$.

Si maintenant nous voulons exprimer en nombres le rapport qui règne dans cette proportion, nous

nous rappellerons (ce qui eſt démontré dans pluſieurs livres de Mécanique) qu'en nommant t le
temps qu'un corps, animé de la gravité g, met
à tomber de la hauteur b; T, le temps qu'un
mobile emploie à parcourir la circonférence entière
C du cercle dont le rayon $= b$; f, ſa force
centrifuge : on a ces équations, $g = \dfrac{2\,b}{t^2}$;

$f = \dfrac{C^2}{b\,T^2} = \dfrac{4\,b\,\Pi^2}{T^2}$, Π exprimant le

rapport de la circonférence au diamètre ; $\dfrac{f}{g}$

$= \dfrac{2\,\Pi^2\,t^2}{T^2}$; nous nous rappellerons de plus

que les corps graves parcourent environ 15 pieds
pendant la première ſeconde de leur chute ; &
que chaque degré d'un grand cercle de la Terre
vaut environ 57000 toiſes ; enfin nous conſidé-
rerons qu'ici $T = 24$ heures, temps de la révolution de la Terre ſur ſon axe. En calculant

d'après ces données, la fraction $\dfrac{2\,\Pi^2\,t^2}{T^2}$, on

trouvera qu'elle vaut ſenſiblement $\dfrac{1}{289,49}$. Donc

$CA : CD :: 1 : 1 - \dfrac{1}{578,98} :: 578,98 : 579,98$

$:: 579 : 578$, à peu-près. Ce rapport diffère
beaucoup de celui que donnent les obſervations ,
comme on le verra bientôt ; & par conſéquent
l'hypothèſe d'où on l'a déduit, n'eſt pas conforme
à la Nature.

(183.) COROLLAIRE II. Soit la force

centrale proportionnelle à la distance au centre ; & supposons que pour la distance b, sa valeur soit la gravité ordinaire g ; on aura, $F = \dfrac{g\,r}{b}$;

$$\int F\,dr = \frac{g\,r^2}{2\,b}\,; \quad B = \frac{g\,b}{2}\,;$$

& l'équation de la courbe $A\,D\,B\,E$ sera

$$\frac{g\,b}{2} - \frac{f\,b^2}{2\,k} - \frac{g\,r^2}{2\,b} + \frac{f\,y^2}{2\,k} = o.$$

Celle de la courbe $K\,T\,O\,H$ sera de même,

$$\frac{g\,c}{2} - \frac{f\,c^2}{2\,k} - \frac{g\,u^2}{2\,b} + \frac{f\,z^2}{2\,k} = o.$$

En cherchant dans cette hypothèse le rapport numérique des axes de la Terre, on trouveroit $C\,A : C\,D : : 425 : 424$, à peu-près ; ce qui n'est pas non plus conforme au résultat des observations.

Voyez sur toute cette matière un excellent Mémoire de M. Euler, intitulé : *Principes généraux de l'état d'équilibre des fluides* (Académie de Berlin, 1755).

(184.) P ROBLÈME III. *Déterminer, par le moyen des observations, le rapport des axes de la Terre, en regardant cette Planète comme un sphéroïde elliptique peu différent d'une sphère !*

Soient $A\,D\,B\,E$ *(Fig. 69)*, un méridien de Fig. 69. la Terre ; $D\,E$ son axe ; $A\,B$ le diamètre de l'équateur ; $M\,N$, $m\,n$ deux arcs d'un même nombre de degrés, dont on a mesuré les longueurs

& qui font fuppofés affez petits pour pouvoir être regardés comme de petites lignes droites, ou de petits arcs de cercle; MO, NO, mo, no, les rayons de la développée correfpondans aux points M, N, m, n; MP, mp, des ordonnées perpendiculaires au diamètre de l'équateur. Suppofons $CD = a$; $CA = b$; $bb — aa = cc$; $CP = x$; $Cp = u$; $MO = R$; $mo = r$; le finus total $= 1$; l'angle connu MSB de la latitude du point $M = p$; l'angle auffi connu msB de la latitude du point $m = q$; la longueur de l'arc $MN = M$; celle de l'arc $mn = m$. On aura d'abord, à caufe des triangles ou fecteurs femblables MON, mon, $R : r : : M : m$; ou $Rm = rM$. La propriété de l'ellipfe donne,

$$PM = \frac{a}{b} \sqrt{(bb — xx)}; \quad SP = \frac{aax}{bb};$$

$$pm = \frac{a}{b} \sqrt{(bb — uu)}; \quad sp = \frac{aau}{bb};$$

$$R = \frac{(b^4 — c^2 x^2)^{\frac{3}{2}}}{a\,b^4}; \quad r = \frac{(b^4 — c^2 u^2)^{\frac{3}{2}}}{a\,b^4}.$$

D'un autre côté, on a, $SP : PM : : \mathrm{cof.}\, p : \mathrm{fin.}\, p$; ce qui donne

$$x^2 = \frac{b^4\,(\mathrm{cof.}\, p)^2}{b^2 — c^2\,(\mathrm{fin.}\, p)^2},$$

Semblablement,

$$u^2 = \frac{b^4\,\mathrm{cof.}\, q^2}{b^2 — c^2\,(\mathrm{fin.}\, q)^2}.$$

Subftituant dans l'équation $Rm = rM$, pour R & r leurs valeurs, pour x^2 & u^2 leurs valeurs; faifant le développement en féries, pour la fimplicité des calculs numériques; & obfervant qu'à caufe que l'ellipfoïde diffère peu d'une fphère, on peut négliger les termes qui contiendroient le carré de c^2 & les puiſſances plus hautes ; on trouvera, toutes réductions faites,

$$c^2 = \frac{2\, b^2\, (m - M)}{3\, m\, (\mathrm{coſ.}\ p)^2 - 3\, M\, (\mathrm{coſ.}\ q)^2} ;$$

$$a^2 = b^2 - \frac{2\, b^2\, (m - M)}{3\, m\, (\mathrm{coſ.}\ p)^2 - 3\, M\, (\mathrm{coſ.}\ q)^2} ; \quad \&$$

$$b : a :: 1 : \sqrt{\left[1 - \frac{2\, (m - M)}{3\, m\, (\mathrm{coſ.}\ p)^2 - 3\, M\, (\mathrm{coſ.}\ q)^2} \right.} .$$

Cela poſé, ſelon M. Bouguer (*Figure de la Terre, page 274*), le premier degré de latitude $= 56753$ toiſes ; & ſelon M. de Maupertuis (*Figure de la Terre, page 125*), le degré de latitude au cercle polaire $= 57437,9$ toiſes. Suppoſant donc $m = 56753$ toiſes ; $M = 57437,9$ toiſes ; $q = 0$; $p = 66\frac{1}{2}$ degrés ; & par conſéquent coſ. $q = 1$; coſ. $p = 0,39875$; & ſubſtituant ces valeurs dans la proportion précédente, elle deviendra, $b : a :: 179 : 178$, à peu-près. Tel eſt le rapport des axes de la Terre, réſultant de la comparaiſon des obſervations faites au Pérou & au Nord. On trouve à peu-près la même choſe, en comparant les obſervations faites en France avec celles du Pérou ou du Nord.

Il eſt évident que connoiſſant le nombre de degrés des arcs m & M, & leurs longueurs abſolues, on connoîtra auſſi les longueurs abſolues des rayons R, r. D'où il réſulte qu'ayant trouvé le rapport de b à c, on connoîtra auſſi les longueurs abſolues de b, de c, de a ; & par conſéquent toutes les dimenſions du ſphéroïde terreſtre.

La nature de cet Ouvrage ne me permet pas de plus grands détails fur la queſtion de la figure de la Terre. Je me contenterai d'ajouter que depuis plus de cent ans qu'on s'ocupe de cette queſtion, les Géomètres & les Aſtronomes trouvent encore les plus grandes difficultés, non-feulement à expliquer les obſervations par la théorie, mais encore à concilier enſemble les réſultats des meſures des Degrés du Méridien, qui ont été priſes en divers climats. La plupart de ces meſures, comparées entr'elles, permettent d'attribuer à la Terre la figure d'un ſphéroïde elliptique aplati, dont le rapport des axes eſt à peu-près tel que nous venons de le trouver : quelques-unes donnent l'excluſion à cette hypothèſe, & même emportent de la diſſimilitude dans les méridiens. C'eſt fur quoi on peut conſulter pluſieurs Ouvrages particuliers, dont l'énumération feroit trop longue, les Mémoires des Académies de Paris, de Berlin, de Péterſbourg, & principalement l'article *Figure de la Terre,* dans l'*Encyclopédie.*

FIN de l'Hydroſtatique.

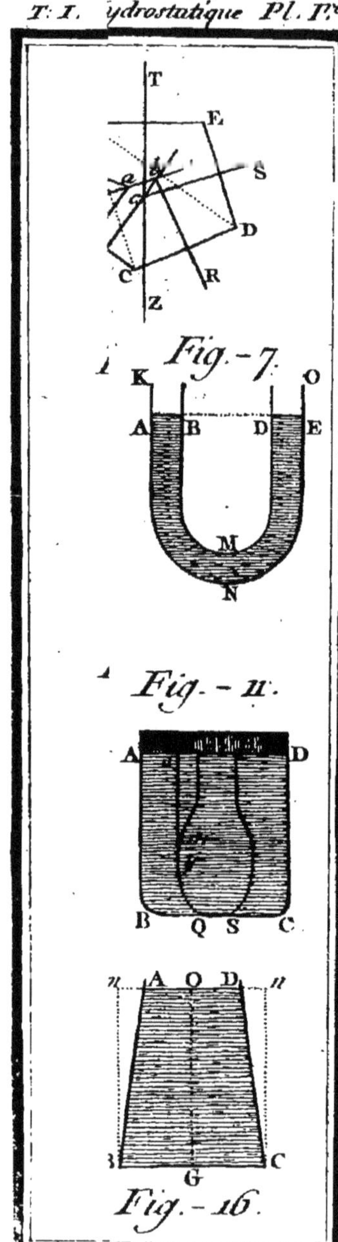
T
E
S
D
C
R
Z
Fig. - 7.
K
O
A B D E
M
N
Fig. - 11.
A D
B Q S C
n A Q D n
B G C
Fig. - 16.

La nature de cet Ouvrage ne me permet pas de plus grands détails fur la queſtion de la figure de la Terre. Je me contenterai d'ajouter que depuis plus de cent ans qu'on s'ocupe de cette queſtion, les Géomètres & les Aſtronomes trouvent encore les plus grandes difficultés, non-feulement à expliquer les obfervations par la théorie, mais encore à concilier enfemble les réfultats des mefures des Degrés du Méridien, qui ont été prifes en divers climats. La plupart de ces mefures, comparées entr'elles, permettent d'attribuer à la Terre la figure d'un fphéroïde elliptique aplati, dont le rapport des axes eſt à peu-près tel que nous venons de le trouver: quelques-unes donnent l'exclufion à cette hypothèfe, & même emportent de la diſſimilitude dans les méridiens. C'eſt fur quoi on peut confulter plufieurs Ouvrages particuliers, dont l'énumération feroit trop longue, les Mémoires des Académies de Paris, de Berlin, de Péterfbourg, & principalement l'article *Figure de la Terre*, dans l'*Encyclopédie*.

FIN de l'Hydroſtatique.

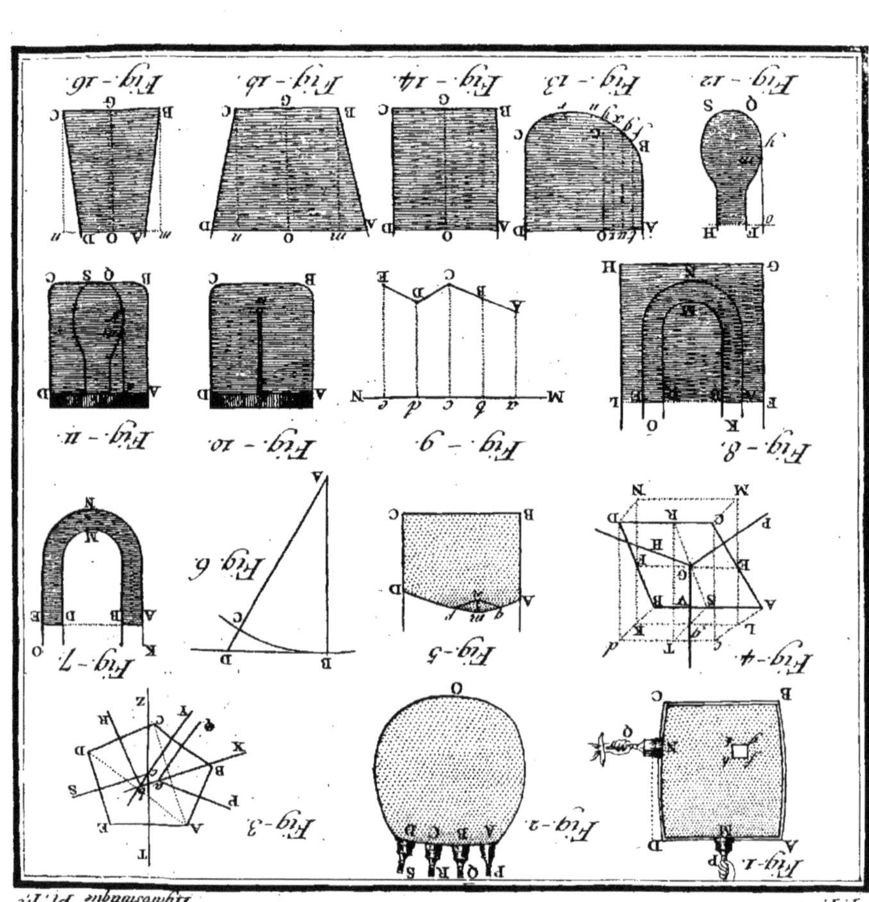

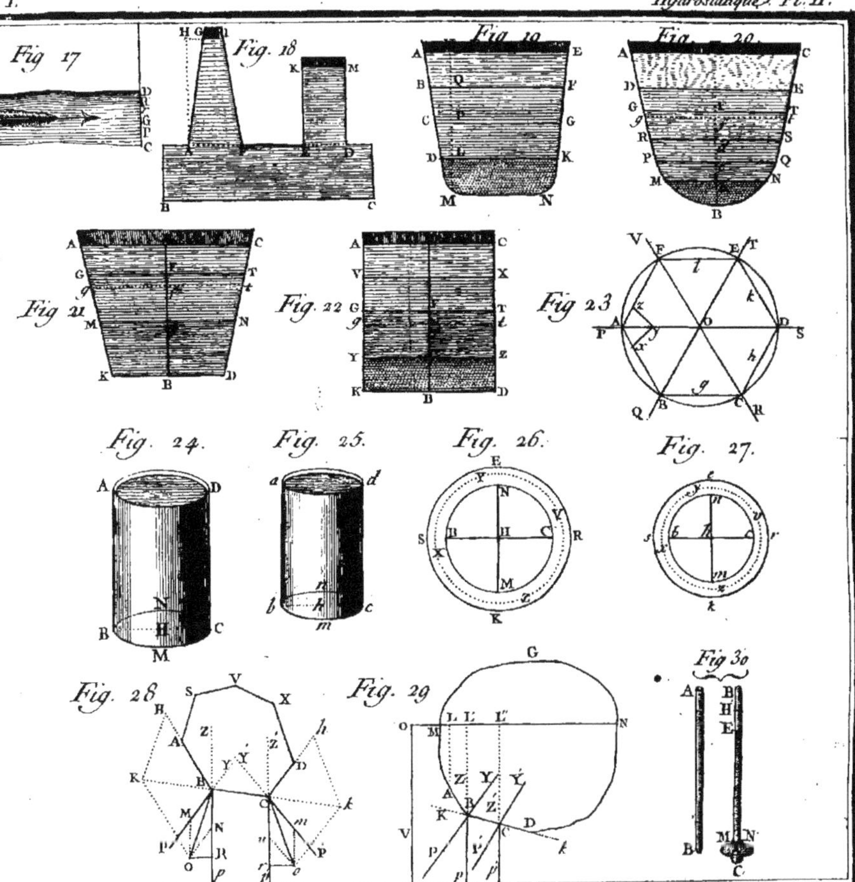

Fig. 17
Fig. 18
Fig. 19
Fig. 20
Fig. 21
Fig. 22
Fig. 23
Fig. 24
Fig. 25
Fig. 26
Fig. 27
Fig. 28
Fig. 29
Fig. 30

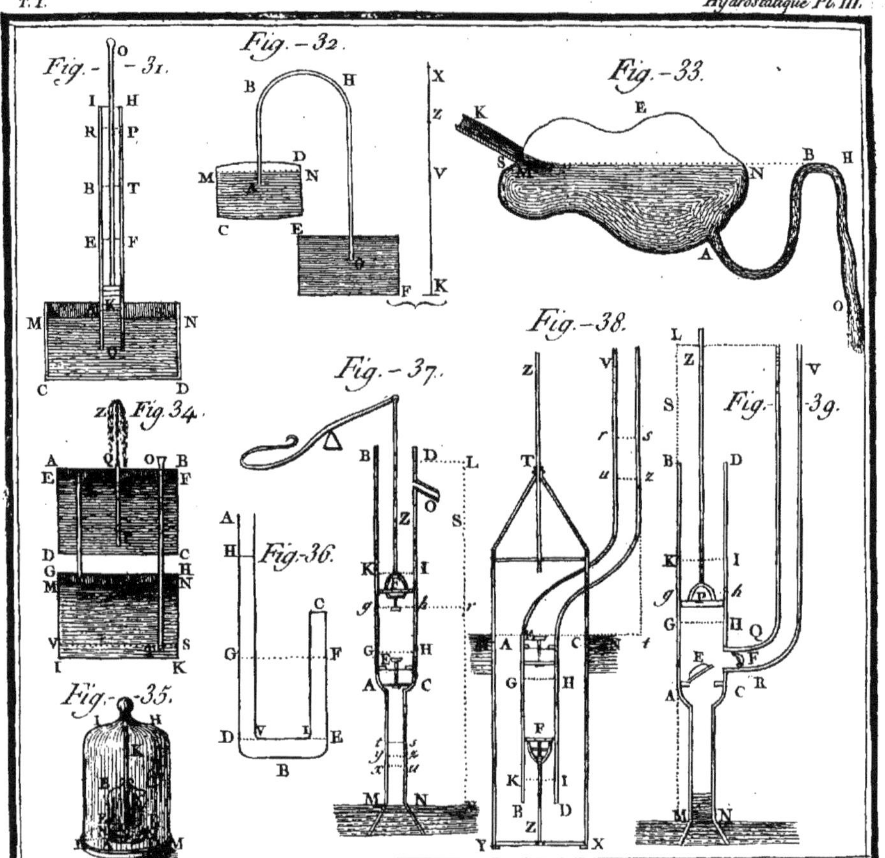
Fig. - 31.
Fig. - 32.
Fig. - 33.
Fig. 34.
Fig. - 35.
Fig. - 36.
Fig. - 37.
Fig. - 38.
Fig. - 39.

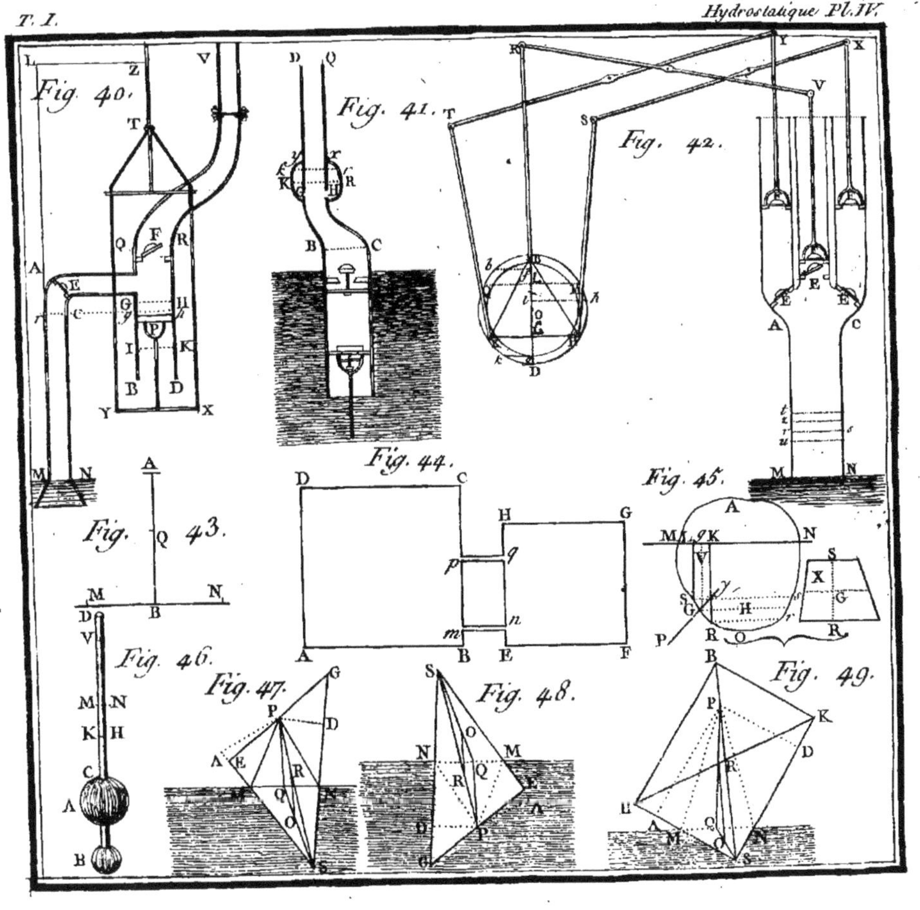

Fig. 40.
Fig. 41.
Fig. 42.
Fig. 43.
Fig. 44.
Fig. 45.
Fig. 46.
Fig. 47.
Fig. 48.
Fig. 49.

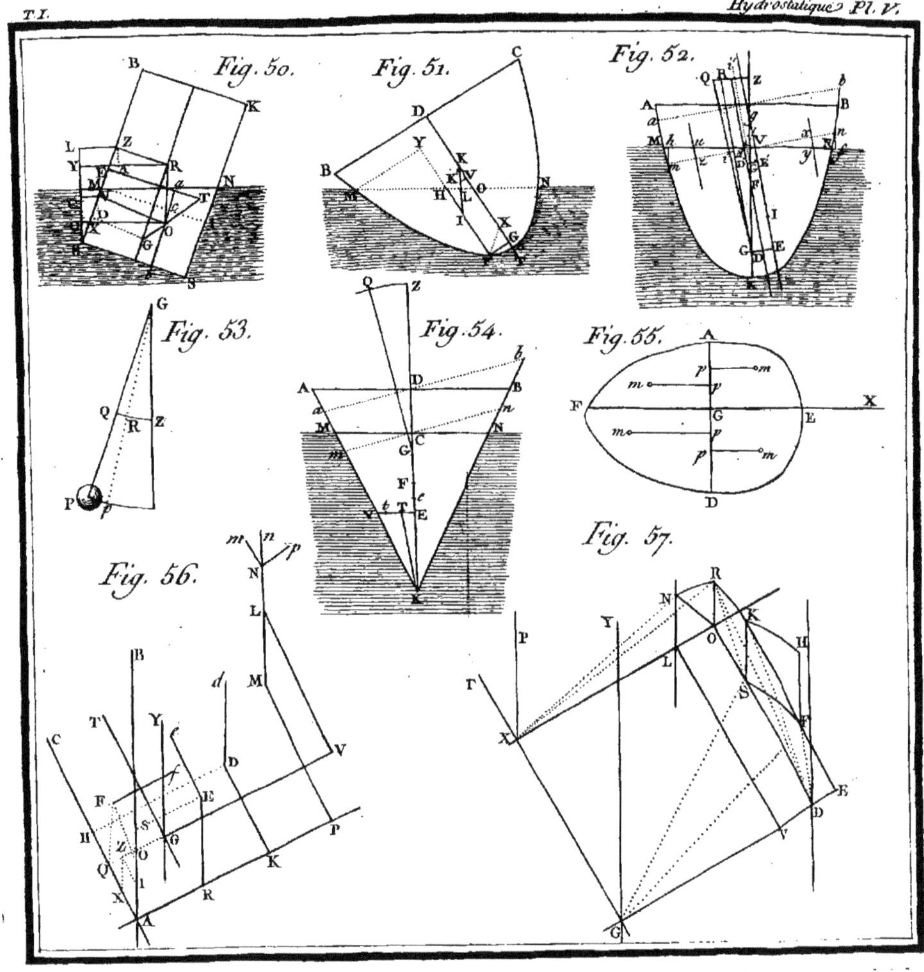

Fig. 50.
Fig. 51.
Fig. 52.
Fig. 53.
Fig. 54.
Fig. 55.
Fig. 56.
Fig. 57.

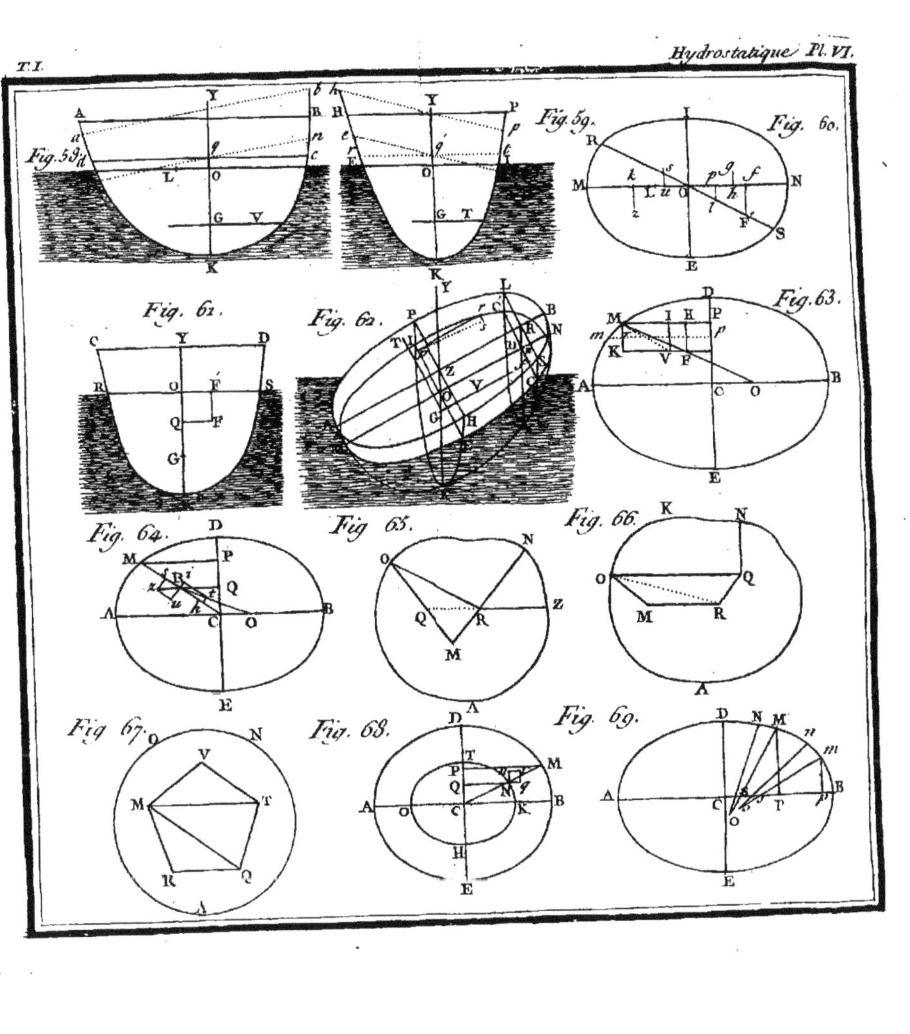
Fig. 59.
Fig. 60.
Fig. 61.
Fig. 62.
Fig. 63.
Fig. 64.
Fig. 65.
Fig. 66.
Fig. 67.
Fig. 68.
Fig. 69.

SECONDE PARTIE.

HYDRAULIQUE.

(185.) S OUS le nom d'*Hydraulique,* on ne comprend pour l'ordinaire que la science du mouvement des eaux ; mais je prends ici ce mot dans un sens plus étendu , & j'entends par-là cette partie de la Mécanique, qui détermine en général les loix du mouvement des fluides, tant incompreſſibles qu'élaſtiques.

Comme le mouvement des eaux eſt en ce genre l'objet le plus intéreſſant pour les besoins de la société , il en fera principalement ici queſtion. Mais ce que j'en dirai s'applique également à tous les fluides incompreſſibles , & je me servirai souvent du mot *eau* comme d'un mot générique , pour déſigner ces sortes de fluides. Le mouvement des fluides élaſtiques fera traité à part. A ces Théories générales , je mêlerai ou je ferai succéder des queſtions qui appartiennent à l'Hydraulique , & qui , par leur importance ou leur utilité-pratique , attireront peut-être l'attention de ces Lecteurs , dont le goût ne se borne pas à la ſimple recherche des vérités ſpéculatives , mais se porte de plus vers l'uſage de ces vérités.

CHAPITRE PREMIER.

Principes généraux du mouvement des Fluides.

(186.) L E principe d'égalité de preſſion, ſur lequel nous avons établi, dans la première partie de cet Ouvrage, les loix de l'équilibre des fluides, peut ſervir auſſi à repréſenter, par des formules analytiques, les loix du mouvement des fluides. On en verra la preuve ci-deſſous *(Chap. V)*. Mais comme les formules dont il s'agit, dans leur état de généralité ſont fort compliquées & preſque inapplicables à la pratique, même pour les cas les plus ſimples, je vais examiner d'abord ſi, en renonçant à la trop ſcrupuleuſe exactitude des hypothèſes, ſans s'expoſer néanmoins au riſque de commettre des erreurs ſenſibles dans la pratique, il n'eſt pas poſſible de ſoumettre le mouvement des fluides aux principes de la Mécanique & de la Géométrie. Cet ordre me paroît le plus naturel dans un Ouvrage deſtiné principalement à l'utilité publique : les objets de pure curioſité ne doivent trouver place ici qu'en ſeconde ligne.

(187.) On a obſervé que lorſqu'un fluide ſort d'un vaſe par une ouverture faite au fond ou aux parois, ſa ſurface demeure toujours horizontale, au moins ſenſiblement, & abſtraction faite de la cauſe qui produit au-deſſus de l'orifice une eſpèce d'entonnoir, quand la ſurface du fluide eſt très-proche de l'orifice. D'où l'on a conclu, 1.° qu'en divifant, par la penfée, le fluide en une infinité de tranches horizontales, ces tranches, à mefure qu'elles s'abaiffent, confervent fenfiblement leur parallélifme. 2.° Que chaque point d'une même tranche defcend verticalement, à l'exception toutefois des points qui avoifinent les parois fuppofées inclinées, mais dont le nombre eft infiniment petit par rapport à celui des autres points de la tranche. La plupart des Ouvrages où il eft queftion du mouvement des fluides : par exemple, l'*Hydrodynamique* de Daniel Bernoulli, celle de Jean Bernoulli, les Théorèmes que Maclaurin a donnés à ce fujet dans fon livre des *Fluxions*, le *Traité des Fluides* de M. d'Alembert, &c. font fondés fur ces deux hypothèfes, qui dans les cas les plus ufuels, mènent à des calculs affez fimples & affez exacts. Je les emploîrai donc également; mais voici auparavant quelques remarques effentielles.

(188.) Soit *ABCD (Fig. 1)* un vafe qui contient de l'eau, laquelle fort par l'ouverture *PQ*, pratiquée dans le fond *B C*. Il réfulte de l'extrême mobilité des particules fluides, qu'en vertu de la pefanteur, & des autres forces extérieures dont elles peuvent éprouver l'action, elles doivent fe contre-balancer & fe preffer mutuellement, de telle manière qu'elles tendent à fe diriger vers l'orifice, puifqu'en cet endroit le fond ou les parois du vafe n'offrent aucune réfiftance à la fortie du fluide. L'expérience apprend qu'elles defcendent avec des vîteffes fenfiblement verticales & égales, jufqu'à ce qu'elles foient arrivées à une certaine diftance de l'orifice, ou plutôt du plan horizontal qui rafe le bord fupérieur de cet orifice; diftance qu'il eft difficile de déterminer exactement, mais que j'ai évaluée plufieurs fois à trois ou quatre pouces. Paffé ce terme, les particules qui ne répondent pas verticalement à l'orifice, fe détournent de la direction verticale, & viennent de tous côtés gagner l'orifice fuivant des directtions plus ou moins obliques. Les fec-, tions AD, EF, GH, &c. planes ou courbes, font fuppofées perpendiculaires aux directions des mêmes particules, c'eft-à-dire, que les mêmes particules individuelles qui font en AD, defcendent fucceffivement en EF, GH, &c. Il eft vifible que lorfque le vafe eft entretenu conftamment plein à la même hauteur au-deffus de l'orifice, par de nouvelle eau qui remplace celle qui fort, & que l'écoulement a pris un cours régulier & permanent, les fections AD, EF, GH, &c. doivent toujours être les mêmes. Car aux mêmes endroits, les particules ont les mêmes vîteffes, tant en direction qu'en quantité. Mais fi la hauteur du fluide dans le réfervoir augmente ou diminue, les fections dont il s'agit doivent fubir quelque changement de nature, parce que les vîteffes ne font plus les mêmes aux mêmes endroits. Cependant, malgré la tendance univerfelle

des particules vers l'orifice , leur petiteſſe & la
facilité qu'elles ont à rouler les unes ſur les autres,
établiſſent entr'elles un tel équilibre d'efforts &
de poſition , que la ſurface ſupérieure du fluide
demeure toujours horizontale, du moins juſques
à une très-petite diſtance de l'orifice, comme on
le verra dans la ſuite , lorſque je rapporterai en
détail les expériences que j'ai faites ſur les écoulemens des fluides.

(189.) Il en eſt de même lorſque le fluide
ſort par une ouverture latérale *(Fig. 2)*. Toutes
les particules deſcendent d'abord verticalement ,
puis ſe dirigent vers l'ouverture ; & la ſurface ſupérieure demeure toujours horizontale. Seulement
on doit obſerver ici que ſi l'orifice latéral PQ a
une hauteur fenſible par rapport à celle de l'eau
dans le réſervoir, toutes les particules n'ont pas
la même vîteſſe , & qu'à raiſon d'une plus grande
profondeur, elles ſe meuvent plus vîte vers le
bas que vers le haut de l'orifice ; au lieu que dans
les écoulemens par des orifices horizontaux , il
ne peut pas y avoir dans la vîteſſe des particules,
d'inégalité qui ſoit produite par une inégalité de
profondeur dans les différens points de l'orifice.

(190.) Que l'orifice par lequel le fluide s'é-
chappe , ſoit horizontal ou latéral : comme les
particules qui ne répondent pas verticalement à
l'orifice , s'y dirigent néanmoins avec des mouvemens plus ou moins obliques, il eſt clair qu'elles

Fig. 2.

tendent à conferver ces mouvemens , & que par conféquent la veine fluide, au fortir de *PQ,* doit fe refferrer dans une certaine étendue *Pp,* & former ainfi une efpèce de pyramide tronquée *PQqp,* dont la plus petite bafe *pq* répond à l'endroit où la veine ceffe de fe refferrer pour commencer à prendre la forme prifmatique. Il eft effentiel d'avoir égard à cette *contraction de la veine fluide,* pour mefurer exactement les dépenfes des réfervoirs par des orifices propofés. Elle eft très-fenfible dans les écoulemens qui fe font par des orifices percés dans de minces parois. Car on voit la veine fe refferrer confidérablement au fortir de l'orifice ; & on trouve, comme l'expérience nous l'apprendra ci-deffous, que l'aire de l'orifice *PQ* eft à l'aire de la fection *pq,* dans un rapport qui diffère très-peu de celui de 8 à 5. La fection *pq* eft diftante de *PQ* d'une quantité à peu-près égale au rayon de l'orifice *PQ.* Dans les écoulemens par des bouts de tuyaux cylindriques, adaptés au réfervoir, dénués de tranfparence, & affez longs pour que l'eau en fuive les parois & forte à gueule-bée, la contraction de la veine fluide ne fe manifefte pas aux yeux ; mais elle n'en exifte pas moins à l'entrée de ces mêmes tuyaux. Elle y produit feulement un effet moins fenfible que dans le premier cas : car alors la dépenfe diminue feulement dans le rapport de 8 à $6\frac{1}{2}$, à peu-près; au lieu que dans le premier cas elle diminue dans le rapport de 8 à 5, à peu-près. Tout cela fera

pleinement

pleinement éclairci par la voie de l'expérience. Ici, où il n'eſt queſtion que de la théorie des écoulemens, je ſuppoſe qu'on ait diminué l'orifice dans le rapport que demande la contraction ; & je regarde l'orifice corrigé de cette manière, comme celui par lequel ſe fait l'écoulement. Ainſi, lorſque l'eau ſort par un orifice percé dans une mince paroi, & dont l'aire $= A$, l'orifice corrigé & employé dans le calcul $= \frac{5}{8} A$; & lorſque l'eau ſort à gueule-bée par un tuyau additionnel dont la baſe $= A$, l'orifice rectifié $= \frac{13}{16} A$. Quant à la hauteur de l'eau dans le réſervoir, elle doit être comptée, dans le premier cas, depuis la ſurface du fluide juſqu'au point où la veine ceſſe de ſe reſſerrer ; & dans le ſecond, depuis la ſurface du fluide juſqu'à l'ouverture extérieure du tuyau additionnel.

D'après ces remarques, nous allons établir deux propoſitions générales qui ſerviront de fondement à la théorie uſuelle de l'Hydraulique.

(191.) THÉORÈME I. *Le volume de liqueur qui ſort d'un vaſe par un orifice, eſt égal au produit de cet orifice par la ligne qui repréſente la vîteſſe de l'écoulement.*

Car il eſt évident qu'à chaque inſtant il ſort d'autant plus de points fluides, que l'orifice a plus d'étendue, & que ſur cette étendue chaque point fluide ſort avec plus de vîteſſe.

(192.) REMARQUE. On doit obſerver que j'ai dit le *volume* & non pas la *maſſe*. Ainſi, l'orifice

Tome I.   Q

& la vîteſſe étant les mêmes, il ſortiroit, pendant le même temps, le même volume d'eau ou de mercure; mais la maſſe de l'eau ſeroit à celle du mercure comme 1 eſt à 14, les maſſes étant proportionnelles aux poids, & les poids de l'eau & du mercure, ſous même volume, étant comme les nombres 1 & 14, à peu-près.

(193.) THÉORÈME II. *Si l'on partage un* Fig. 1 & 2. *fluide* A B C D (Fig. 1 & 2) *qui s'écoule par l'orifice* p q, *en une infinité de tranches* A D d a, E F f e, G H h g, *égales en volumes, par des plans horizontaux, ou en général par des ſurfaces perpendiculaires aux directions des vîteſſes des particules; les vîteſſes de ces particules ſeront entr'elles en raiſon inverſe des baſes ſupérieures ou inférieures des tranches.*

En effet, il eſt clair qu'on peut regarder les tranches *A D d a, E F f e, G H h g,* comme des priſmes dont les baſes ſont les ſections *A D, E F, G H,* & les hauteurs les perpendiculaires *R r, L l, M m.* Donc, puiſque toutes ces tranches ont des volumes égaux, on aura, par exemple, $EF \times Ll = GH \times Mm$; ce qui donne $Ll : Mm :: GH : EF$. Or, à meſure qu'une tranche s'abaiſſe de ſa hauteur, elle eſt remplacée par la ſuivante; ainſi de ſuite de proche en proche. Donc les hauteurs *L l, M m* expriment les eſpaces parcourus en temps égaux par les tranches *E F f e, G H h g,* ou, ce qui revient au même, les vîteſſes de ces deux tranches. Par conſéquent la proportion

L l : *M m* : : *G H* : *E F,* revient à l'énoncé du Théorème.

(194.) Corollaire. La même proportion a lieu pour une tranche quelconque, prise dans l'intérieur du vase, & pour la tranche qui fort actuellement de l'orifice. D'où l'on voit que fi l'orifice eft infiniment petit par rapport à la fection du vase qui forme l'une des bafés de la tranche intérieure, la vîteffe au fortir de l'orifice fera infinie par rapport à la vîteffe de la tranche intérieure ; ou, ce qui revient au même & ce qui a réellement lieu, la vîteffe, à l'orifice, fera finie, & la vîteffe de la tranche intérieure fera infiniment petite.

Dans l'application que nous allons faire de ces principes, nous regardons les vafes où les fluides font contenus, comme folides, & confervant toujours la même figure. La théorie du mouvement des fluides dans des vafes flexibles, préfente trop de difficultés du côté de l'analyfe, pour pouvoir efpérer d'en tirer quelques réfultats applicables à la pratique. L'expérience eft le meilleur guide que l'on puiffe confulter dans ces fortes de problèmes.

CHAPITRE II.

De l'écoulement de l'eau qui sort d'un vase par un petit orifice.

(195.) THÉORÈME. *La vîtesse de l'eau, à sa sortie d'un vase* A B C D *(Fig. 3), par un orifice infiniment petit* p q *, est égale à celle qu'acquerroit un corps grave en tombant de la hauteur verticale* R q, *de la surface du fluide au-dessus de l'orifice.*

Imaginons que la liqueur soit partagée en une infinité de tranches égales, par des surfaces perpendiculaires aux directions des vîtesses des particules : l'orifice étant supposé infiniment petit par rapport aux différentes sections du fluide dans l'intérieur du vase, la vîtesse au sortir de l'orifice sera finie, & les vîtesses des tranches supérieures seront infiniment petites (194). Or, par la théorie de la chute des graves, si toutes les molécules fluides étoient abandonnées à l'action libre de leur pesanteur propre, elles descendroient avec la même vîtesse. Ainsi, puisque les tranches supérieures à l'orifice perdent la vîtesse qu'elles auroient naturellement par la pesanteur, le petit prisme d'eau (que je nomme *M)*, qui sort à chaque instant, est pressé ou poussé par la liqueur supérieure, avec la même force que seroit poussé un piston que l'on mettroit en *p q,* pour empêcher l'écoulement ; c'est-à-dire (27), avec une force exprimée par $pq \times Rq$, en nommant 1 la pesanteur spécifique ou la densité du fluide.

Supposons que durant l'instant que la pression $pq \times Rq$ fait sortir le prisme ou la masse M, la pesanteur seule que je représente par la petite verticale Sq, fît sortir un prisme ou une masse m : on voit que les masses M & m sont poussées, en même temps, par les forces motrices $pq \times Rq$, $pq \times Sq$. Ainsi, en nommant V & u les vîtesses de ces masses, on aura, $MV : mu :: pq \times Rq : pq \times Sq :: Rq : Sq$. Or, les masses M & m sont comme leurs volumes, & ces volumes sont (191) comme les produits de l'orifice par les vîtesses ; ce qui donne, $M : m :: pq \times V : pq \times u :: V : u$, & $MV : mu :: V^2 : u^2$. Donc $V^2 : u^2 :: Rq : Sq$.

Maintenant, soit U la vîtesse qu'acquerroit un corps grave, en tombant de la hauteur Rq ; on aura, par la théorie de la chute des graves, $U^2 : u^2 :: Rq : Sq$. Donc $V^2 = U^2$, & $V = U$; ce qui est l'énoncé du Théorème.

Nous avertissons, en passant, que pour abréger le discours, on dit souvent que la vîtesse, au sortir de l'orifice, est dûe à la hauteur Rq *du fluide dans le réservoir : ou réciproquement, que la hauteur* Rq *est dûe à la vîtesse en* q. *Nous nous servirons de ces expressions.*

(196.) COROLLAIRE I. La même propofition a lieu pour un orifice latéral infiniment
petit ; car la preffion du fluide eft égale (fous
même profondeur) en toutes fortes de fens, &
doit par conféquent produire la même vîteffe à
la fortie de deux orifices très-petits, l'un horizontal, l'autre latéral, ces deux orifices étant
fuppofés placés à la même diftance de la furface
fupérieure de l'eau.

(197.) COROLLAIRE II. La liqueur, au
fortir de l'orifice, a une vîteffe capable de la faire
remonter à une hauteur égale à la diftance verticale
de l'orifice au plan horizontal qui rafe la furface
du fluide, de la même manière qu'un corps en
tombant par fa pefanteur d'une certaine hauteur,
acquiert une vîteffe capable de le faire remonter
à cette hauteur.

(198.) COROLLAIRE III. On voit de
même, par la théorie de la chute des graves,
que fi la vîteffe de la liqueur, au fortir de l'orifice, étoit continuée uniformément, la liqueur
parcourroit un efpace égal à $2 \, R q$, dans le même
temps qu'un corps pefant emploîroit à tomber
de la hauteur $R q$.

(199.) REMARQUE. Nous n'avons pas
befoin d'obferver que la vîteffe du fluide, au
fortir de l'orifice, fera toujours la même, fous la
même hauteur $R q$, quelle que foit l'efpèce du
fluide, puifqu'elle a conftamment pour valeur la

vîteſſe dûe à la hauteur $R\,q$. Ainſi M. Belidor
ſe trompe, lorſqu'il dit *(Architecture Hydraulique,*
tome I, page 187), que les vîteſſes de deux
liqueurs différentes, telles que du mercure & de
l'eau, ſont entr'elles comme les racines carrées
des produits des hauteurs par les peſanteurs ſpécifiques : ces vîteſſes ſont ſimplement entr'elles
comme les racines carrées des hauteurs ; de ſorte
que ſi les hauteurs deviennent égales, les vîteſſes
feront auſſi égales. Si M. Belidor avoit remarqué,
dans l'exemple qu'il donne *(n.° 490)*, qu'à la
vérité la colonne qui chaſſe le mercure hors de
l'un des vaſes, eſt quatorze fois auſſi peſante que
la colonne qui chaſſe l'eau hors de l'autre vaſe ;
mais qu'auſſi la maſſe chaſſée dans le premier
cas, eſt quatorze fois auſſi grande que la maſſe
chaſſée dans le ſecond ; il auroit vu ſans peine
que la vîteſſe doit être la même dans les deux
cas. En général, il eſt évident que lorſque les
forces motrices ſont proportionnelles aux maſſes
qu'elles mettent en mouvement, les vîteſſes ſont
égales.

Je ſuppoſe toujours que les deux vaſes ſont
placés dans un même endroit, ou du moins à la
même latitude ſenſiblement. Mais ſi, par exemple,
l'un étoit placé au pôle & l'autre à l'équateur, les
vîteſſes feroient entr'elles comme les racines carrées des produits des hauteurs par les peſanteurs
au pôle & à l'équateur. Ces peſanteurs peuvent
s'exprimer par les nombres 289 & 288 reſpec-

tivement. Je ne fais cette remarque qu'en paſſant : elle n'aura pas d'application dans la ſuite.

(200.) SCHOLIE. Le raiſonnement que nous avons fait (195) pour déterminer les vîteſſes des écoulemens, eſt fondé ſur ce principe, que la liqueur au ſortir de l'orifice eſt chaſſée par le poids *entier* de la colonne correſpondante, & ſuppoſe par conſéquent que l'orifice eſt infiniment petit. Cependant la plupart des Auteurs élémentaires, qui en cela ont preſque tous copié M. Varignon, avancent que la liqueur, au ſortir d'un orifice horizontal, eſt chaſſée par le poids de la colonne ſupérieure, ſans limiter la grandeur de l'orifice. Il eſt évident que la propoſition n'eſt pas vraie en général ; car ſi l'on a, par exemple, un vaſe cylindrique vertical rempli d'eau, & qu'on imagine que tout d'un coup le fond ſoit anéanti, la tranche du fond ne ſouffrira aucune action des tranches ſupérieures, & elles deſcendront toutes avec la même vîteſſe, ſuivant lès loix de la chute des graves. La tranche du fond ne porte le poids total de la colonne ſupérieure, que quand les tranches ſupérieures perdent leurs vîteſſes, & que conſéquemment l'orifice eſt infiniment petit par rapport à elles (194).

Il eſt néanmoins eſſentiel de remarquer que ſi un orifice horizontal, quoique fini, eſt petit en comparaiſon de la largeur du réſervoir, que, par exemple, le rapport de la première ſurface à la feconde, n'excède guère celui de 1 à 20; la vîteffe du fluide à la fortie de l'orifice, eft fenfi-blement la même que fi cet orifice étoit infiniment petit. Mais alors cette vîteffe n'eft pas produite toute entière par la preffion de la colonne fupé-rieure. Chaque particule obéit à-la-fois à fa pefanteur propre & à l'action des particules con-tiguës, action qui eft fans ceffe favorifée ou contre-dite par leur adhérence réciproque. Or, on conçoit, fans qu'il foit peut-être poffible de le démontrer en rigueur, que toutes ces forces peuvent tellement fe combiner entr'elles, que la vîteffe de la liqueur, au fortir de l'orifice, foit la même que fi elle étoit produite par le poids de la colonne fupérieure. La chofe eft du moins indubitable par l'expérience. Seulement on obferve que fi l'orifice eft un peu confidérable, la vîteffe n'acquiert fa plénitude uni-forme & permanente qu'au bout d'un certain temps; car on trouve alors que la quantité de liqueur qui fort pendant les trois ou quatre premières fecondes de l'écoulement, eft un peu moindre que celle qui fort pendant trois ou quatre autres fecondes de la fuite du temps. Plus l'orifice eft grand, plus cette inégalité fe fait apercevoir.

(201.) P R O B L È M E I. *Le vafe* A B C D *qui donne de l'eau par le petit orifice* p q, *horizontal ou latéral, étant fuppofé entretenu plein à la même hau-teur* R q *au-deffus de cet orifice, au moyen d'une eau affluente qui remplace continuellement celle qui fort; on demande une équation qui contienne la relation entre la quantité d'eau écoulée, l'aire de l'orifice, le temps de l'écoulement & la hauteur* R q.

Nommons K l'aire de l'orifice $p\,q$, t, le temps de l'écoulement; h, la hauteur conſtante $R\,q$ de l'eau dans le vaſe, au‑deſſus de l'orifice; Q, la quantité d'eau écoulée pendant le temps t; θ, le temps *donné* qu'un corps grave met à tomber de la hauteur a, donnée. Si l'on fait cette propor‑tion, $\sqrt{a} : \sqrt{h} :: \theta :$ un quatrième terme, ce quatrième terme $\frac{\theta\sqrt{h}}{\sqrt{a}}$ ſera le temps qu'un corps grave mettroit à tomber de la hauteur h. Or, durant ce même temps, il doit ſortir (198) une colonne fluide qui a l'aire K pour baſe & $2\,h$ pour hauteur, puiſque la hauteur h eſt conſtante, & que par conſéquent la vîteſſe, au ſortir de l'orifice, demeure toujours la même. Ainſi la colonne, ou quantité de fluide, qui ſort pendant le temps $\frac{\theta\sqrt{h}}{\sqrt{a}}$, eſt exprimée par $2\,K h$. Maintenant, il eſt clair que les quantités de fluide, qui ſortent pendant les temps $\frac{\theta\sqrt{h}}{\sqrt{a}}$ & t, ſont en‑tr'elles comme ces temps; ce qui donne la propor‑tion, $\frac{\theta\sqrt{h}}{\sqrt{a}} : t :: 2\,K h : Q$; d'où l'on tire $\theta\,Q = 2\,t\,K\sqrt{a}.\sqrt{h}$, qui eſt la formule demandée.

(202.) COROLLAIRE I. Des ſix quantités que cette formule renferme, deux, ſavoir θ & a, ſont toujours données; & nous ſuppoſerons, d'après l'expérience, que a étant $= 15,1$ pieds, $\theta = 1''$. Mais les quatre autres quantités, K, t, h, Q, peuvent varier ; & on voit que trois d'entr'elles étant données, on connoîtra la quatrième : de-là résulte la solution des questions suivantes.

I. *Connoissant* K, t, h, *trouver* Q !

Cette question se résout par l'éq. $Q = \dfrac{2\,t\,K\sqrt{ah}}{\theta}$.

Par exemple, suppofons que la hauteur h de l'eau dans le réfervoir foit de 12 pieds ; que l'orifice, fuppofé circulaire, ait 1 pouce de diamètre, & que l'écoulement dure une minute. En mettant ces données dans l'équation précédente, mettant auffi pour a, 15,1 pieds, & pour θ, 1 feconde : on trouvera $Q = 15216$ pouces cubes, à peu de chofe près. Si on veut connoître le poids de cette quantité d'eau, on fera la proportion, 1728 pouces cubes font à 15216 pouces cubes, comme 70 livres, poids du pied cube d'eau douce, ou de 1728 pouces cubes, font au poids cherché, qu'on trouvera de 616 livres environ.

II. *Connoissant* h, t, Q, *trouver* K !

Cette question se résout par l'éq. $K = \dfrac{\theta\,Q}{2\,t\,\sqrt{ah}}$.

Par exemple, foient $t = 1$ minute, $Q = 8$ pieds cubes, ou 13824 pouces cubes, $h = 9$ pieds : on trouvera que K vaut à peu-près la fraction décimale 0,824 d'un pouce carré.

Si l'orifice doit être un cercle, on aura (en nommant r fon rayon), $r = \sqrt{\dfrac{7}{22} K}$, la fraction $\dfrac{7}{22}$ exprimant le rapport du diamètre à la circonférence ;

ce qui donne dans le cas préfent, $r = 6 \frac{1}{10}$ lignes environ.

III. *Connoiffant* h, K, Q, *trouver* t!

Cette queftion fe réfout par l'éq. $t = \dfrac{\theta Q}{2 K \sqrt{a h}}$.

Par exemple, fuppofons $h = 9$ pieds, $K = 1$ pouce carré, $Q = 40000$ pouces cubes : on trouvera $t = 143,05$ fecondes $= 2$ minutes 23 fecondes à peu-près.

IV. *Connoiffant* Q, K, t, *trouver* h!

Cette queftion fe réfout par l'éq. $h = \dfrac{Q^2 \theta^2}{4 a t^2 K^2}$.

Par exemple, foient $Q = 40000$ pouces cubes, $K = 1$ pouce carré, $t = 4$ minutes $= 240$ fecondes : on trouvera $h = 3$ pieds 2 pouces 3 lignes $\frac{3}{5}$ à peu-près.

(203.) COROLLAIRE II. *Les quantités* Q *& * Q' *de liqueur, qui fortent dans le même temps par les orifices* K *&* K', *fous les hauteurs ou charges conftantes* h *&* h', *font entr'elles comme les produits des orifices par les racines carrées des hauteurs.*

Car on a les deux équations $Q = \dfrac{2 t K \sqrt{a h}}{\theta}$, $Q' = \dfrac{2 t K' \sqrt{a h'}}{\theta}$, lefquelles donnent, $Q : Q' :: K \sqrt{h} : K' \sqrt{h'}$. Ainfi connoiffant, par l'expérience, tout ce qui eft relatif à l'un des écoulemens, on pourra déterminer tout ce qui eft relatif à l'autre.

Par exemple, l'expérience m'a appris qu'un orifice circulaire de 1 pouce de diamètre, percé dans une mince paroi, fous 4 pieds de charge, donne 5436 pouces cubes d'eau : fi je veux favoir ce que donnera un orifice de 2 pouces de diamètre, fous 9 pieds de charge, je ferai la proportion,

$$1 \times \sqrt{4} : 4 \times \sqrt{9} :: 5436 \text{ pouces cubes} :$$
$$x = 32616 \text{ pouces cubes d'eau.}$$

On obfervera que la contraction de la veine fluide affecte femblablement les écoulemens par deux orifices de même nature, c'eft-à-dire, ou tous deux percés dans une mince paroi, ou tous deux appartenans à des tuyaux additionnels ; de forte qu'alors on peut faire abftraction de l'effet de la contraction dans la proportion, $Q : Q' :: K\sqrt{h} : K'\sqrt{h'}$. Mais fi l'un des écoulemens fe fait par un orifice percé dans une mince paroi, l'autre par un tuyau additionnel, il faut, pour avoir égard à la contraction dans la proportion précédente, diminuer le premier orifice dans le rapport de 8 à 5, ou de 16 à 10; & le fecond dans le rapport de 8 à $6\frac{1}{2}$, ou de 16 à 13.

(204.) **Problème II.** *Le vafe* A B C D *(Fig. 4) étant fuppofé fe vider par le petit orifice* p q, *fans recevoir de nouvelle eau : on demande le temps que la furface de l'eau mettra à defcendre de la hauteur donnée* R k, *pour prendre la pofition* K H ?

Fig. 4.

Suppofons qu'au bout d'un certain temps, la furface de la liqueur foit parvenue dans la pofition indéterminée *Mm.* Qu'on mène parallèlement à ce plan le plan infiniment voisin *Nn.* Il est évident 1.º que durant l'instant que *Mm* descend en *Nn,* il sort par l'orifice *p q* une quantité d'eau égale à la tranche *MmnN,* qu'on peut regarder comme un prisme dont *Mm* est la base & *Ll* la hauteur, & qui a par conséquent pour valeur $Mm \times Ll$. 2.º Que durant ce même instant, la hauteur verticale *Lq* de *Mm* au-dessus de l'orifice, peut être regardée comme constante, puisqu'elle diminue seulement de la quantité infiniment petite *Ll,* qu'on peut négliger par rapport à elle. D'où il suit *(202, Quest. III),* qu'en nommant *K* l'aire de l'orifice *p q,* θ le temps qu'un corps grave met à tomber de la hauteur *a;* l'expression de l'instant ou du temps élémentaire employé à parcourir *Ll* sera $\dfrac{\theta \times Mm \times Ll}{2\, K \sqrt{a} \cdot \sqrt{Lq}}$. Il ne s'agit plus que de trouver la somme de tous ces temps élémentaires, correspondans à la hauteur donnée *Rk.*

Sur la droite *I S,* égale & parallèle à *Rq,* comme axe, & avec un paramètre donnée *p,* construisez une parabole *SFT;* prolongez indéfiniment les sections *AD, Mm, Nn, KH,* du vase, pour avoir les ordonnées correspondantes *IT, Vu, Gg, EF,* de la parabole ; construisez une seconde courbe *XZY,* telle que chacune de ses ordonnées *Va* soit égale au quotient de la section *Mm* divisée par l'ordonnée *Vu* de la parabole : alors le temps employé à parcourir *Rk* sera égal au

produit de la quantité conftante $\dfrac{\theta \sqrt{p}}{2 K \sqrt{a}}$ par
l'aire $IEZX$. Car, puifqu'on a par conftruction,
$Va = \dfrac{Mm}{Vu}$, & par la propriété de la parabole,
$\sqrt{VS}$, ou $\sqrt{Lq} = \dfrac{Vu}{\sqrt{p}}$: le temps élémentaire
$\dfrac{\theta \times Mm \times Ll}{2 K \sqrt{a} . \sqrt{Lq}}$ deviendra (en mettant Va
$\times Vu$ pour Mm, $\dfrac{Vu}{\sqrt{p}}$ pour $\sqrt{Lq}$, VG
pour Ll), $\dfrac{\theta \sqrt{p}}{2 K \sqrt{a}} \times Va \times VG$; expreffion qui
eft le produit de la quantité conftante $\dfrac{\theta \sqrt{p}}{2 K \sqrt{a}}$
par l'élément $VabG$ de l'aire $IEZX$. Donc (en
défignant par $T.Rk$ le temps correfpondant à Rk),
on aura, $T. Rk = \dfrac{\theta \sqrt{p}}{2 K \sqrt{a}} \times IEZX$.

(205.) COROLLAIRE I. Les quantités a, θ,
p, K, étant conftantes, il eft clair que les temps
employés à parcourir les hauteurs RL, Lk, font
entr'eux comme les aires correfpondantes $IVaX$,
$VEZa$. Donc fi ces aires font égales, ou en
raifon donnée, les temps feront égaux, ou en
raifon donnée.

Suppofons, par exemple, que le vafe $ABCD$
foit un folide produit autour de l'axe Rq, par
la révolution d'une courbe parabolique DHq,
dont la propriété eft que les carrés de fes ordonnées
RD, Lm, kH font entr'eux comme les racines
carrées des abfciffes correfpondantes qR, qL, qk.

Alors les fections circulaires AD, Mm, KH du vafe, qui font entr'elles comme les carrés de leurs rayons RD, Lm, kH, feront entr'elles comme les racines carrées des abfciffes qR, qL, qk, ou comme les ordonnées IT, Vu, EF de la parabole SFT. Donc tous les quotiens $\dfrac{AD}{IT}$, $\dfrac{Mm}{Vu}$, $\dfrac{KH}{EF}$ font égaux; ce qui donne pour XZY une droite verticale: donc les parties de la hauteur Rk étant fuppofées égales, feront parcourues en temps égaux.

(206.) **COROLLAIRE II.** Connoiffant la hauteur Rk, on connoît l'efpace $AKHD$, puifque la figure du vafe eft donnée; & comme on vient de trouver le temps que le fluide met à s'abaiffer de AD en KH, il s'enfuit que l'on connoît la quantité de liqueur qui fort durant ce même temps.

(207.) *REMARQUE.* Dans la folution du Problème précédent, j'ai employé des conftructions géométriques, pour la rendre plus élémentaire & pour la mettre à la portée d'un plus grand nombre de Lecteurs. Mais, en y appliquant le calcul intégral, la folution eft beaucoup plus expéditive. En effet, fi l'on fuppofe la hauteur Rq primitive & donnée du fluide $= h$, $RL = x$, la fection $Mm = X$, fonction de x, donnée par la figure du vafe; il eft clair que Lq étant la hauteur dûe à la vîteffe du fluide, quand la furface eft parvenue en Mm, il eft clair,

dis-je,

dis-je (201), que la quantité élémentaire d'eau qui fort pendant l'inftant dt, eft exprimée par $\dfrac{2\,K\,dt\,\sqrt{[a\,(h-x)]}}{\theta}$. Or, cette même quantité $=$ la tranche $Mmn N = Xdx$. On aura donc,

$$dt = \theta \times \dfrac{Xdx}{2\,K\sqrt{a}\,.\,\sqrt{(h-x)}}\,;$$

équation qu'on intégrera, foit exactement, foit par les quadratures des courbes, après y avoir fubftitué pour X fa valeur donnée en conftantes & en x dans chaque cas particulier.

Par exemple, foit RqD une parabole ordinaire, qui en tournant autour de fon axe Rq produit le vafe $ABCD$. Nommons p le paramètre de cette parabole, π le rapport de la circonférence au diamètre : la tranche $Mmn N$ ou x fera $= \pi\,.\,p\,(h-x)$, & on aura $dt = -\dfrac{\theta\,\Pi\,p}{2\,K\sqrt{a}}$ $\times dx\,\sqrt{(h-x)}$, dont l'intégrale eft $t = C$ $-\dfrac{\theta\,\Pi\,p}{2\,K\sqrt{a}} \times \dfrac{2\,(h-x)^{\frac{3}{2}}}{3}$. La conftante C doit être telle qu'en faifant $x = 0$, on ait $t = 0$; ce qui donne $C = \dfrac{\theta\,\Pi\,p\,h\,\sqrt{h}}{3\,K\sqrt{a}}$.

Donc $t = \dfrac{\theta\,\Pi\,p\,[\,h\sqrt{h} - (h-x)\,\sqrt{(h-x)}\,]}{3\,K\sqrt{a}}$.

(208.) S c h o l i e. Dans l'état phyfique des chofes, quand la furface du fluide approche de l'orifice, il fe forme au-deffus de cet orifice une efpèce d'entonnoir dans lequel l'air s'introduit; ce qui empêche en partie le fluide de fortir, &

dénature l'écoulement. La formule précédente ne peut donc fervir à déterminer l'écoulement que jufqu'au moment où l'entonnoir commence à fe former; ce qui arrive pour l'ordinaire lorfque la furface du fluide eft à 3 ou 4 pouces de l'orifice.

(209.) PROBLÈME III. *Le vafe* ABCD (Fig. 5), *étant fuppofé prifmatique ou cylindrique : on demande le temps que la liqueur mettra à s'abaiffer de* AD *en* KH?

On voit que ce problème peut être réfolu très-fimplement, par le moyen de l'article 207. Mais en voici une folution élémentaire, fuivant les principes de l'article 204.

Imaginons qu'un corps non pefant foit pouffé de bas en haut, fuivant la verticale qR, par une force accélératrice conftante qui lui imprime les mêmes degrés de vîteffe que la pefanteur imprime à un corps qui tombe librement; de manière que le corps afcendant parcourt l'efpace qR, fuivant la même loi & dans le même temps que le corps defcendant par la pefanteur parcourroit l'efpace Rq. Il eft clair que les différentes vîteffes du corps afcendant étant proportionnelles aux racines carrées des efpaces parcourus correfpondans, de même que celles du corps defcendant, pourront être exprimées par les ordonnées de la parabole SFT. Suppofons que le corps afcendant étant arrivé en l, il parcoure le petit efpace lL ou GV durant un temps infiniment petit, avec la vîteffe repréfentée

par l'ordonnée correspondante Vu de la parabole.
Pour trouver l'expreſſion de ce temps élémentaire,
je conſidère que, ſuivant la théorie de la chute des
graves, le temps total employé à parcourir qR eſt
$\dfrac{\theta \sqrt{qR}}{\sqrt{a}}$; & que ſi la vîteſſe finale du corps
aſcendant étoit continuée uniformément, ce corps
parcourroit, durant ce même temps $\dfrac{\theta \sqrt{qR}}{\sqrt{a}}$, un
eſpace $= 2qR$. Or, dans les mouvemens uni-
formes, les eſpaces diviſés par les vîteſſes, ſont
entr'eux comme les temps ; donc (en déſignant le
temps par le caractériſtique T, placée au-devant
de l'eſpace parcouru), nous aurons la proportion :

$$\frac{2qR}{1T} : \frac{GV}{Vu} : : \frac{\theta \sqrt{qR}}{\sqrt{a}} : T.GV ; \text{ ce qui donne}$$

$$T.GV = \frac{\theta \times GV \times IT}{2 Vu \times \sqrt{a} \times \sqrt{qR}} , \text{ ou bien (en mettant}$$

pour $\sqrt{qR}$ ſa valeur $\dfrac{IT}{\sqrt{p}}$), $T.GV = \dfrac{\theta \sqrt{p}}{\sqrt{a}}$

$\times \dfrac{GV}{2Vu}$. Comparant ce petit temps avec le petit

temps $\dfrac{\theta \sqrt{p}}{2 K \sqrt{a}} \times Va \times VG$, que la ſurface de

l'eau emploie à parcourir le même eſpace Ll ou
VG (204) ; & conſidérant que $Va = \dfrac{Mm}{Vu}$,

par conſtruction : on verra que le premier eſt au
ſecond, dans le rapport conſtant de l'aire K de
l'orifice à l'aire de la ſection Mm du vaſe, laquelle
eſt par-tout de la même étendue, puiſque le vaſe
eſt ſuppoſé priſmatique. Le même rapport ayant

lieu entre les autres temps élémentaires que le corps afcendant & la furface de l'eau emploient à parcourir des petits efpaces égaux, on conclura que le temps total, employé par le corps afcendant à parcourir la hauteur qR, eft au temps total que le vafe mettroit à fe vider entièrement, comme l'aire K eft à l'aire de la bafe BC que je nomme A. Ainfi le temps que le vafe $ABCD$ met à fe vider entièrement eft $\dfrac{\theta \sqrt{Rq}}{\sqrt{a}} \times \dfrac{A}{K}$.

En regardant $KBCH$ comme le vafe propofé, on démontrera de la même manière que le temps employé par ce vafe à fe vider entièrement, eft $\dfrac{\theta \sqrt{kq}}{\sqrt{a}} \times \dfrac{A}{K}$. Or le temps que la furface de l'eau met à s'abaiffer de AD en KH, eft évidemment égal à la différence des deux temps dont on vient de parler. Donc, $T.Rk = \dfrac{\theta A(\sqrt{Rq} - \sqrt{kq})}{K\sqrt{a}}$.

(210.) **COROLLAIRE I.** Notre équation $T.Rk = \dfrac{\theta A(\sqrt{Rq} - \sqrt{kq})}{K\sqrt{a}}$, fournit la manière de conftruire une *horloge d'eau*, ou une *clepfydre*, de forme cylindrique. Par exemple, qu'il s'agiffe de partager la hauteur AB, en douze parties qui foient parcourues en temps égaux par la furface du fluide: on repréfentera AB par 144, carré de 12; de ces 144 parties égales qui compofent AB, on retranchera 121, carré de 11; le refte 23 fera connoître la première partie cherchée AM; de 121, on retranchera 100, carré de 10, le refte

21 fera connoître la seconde partie cherchée ; de 100, on retranchera 81, carré de 9, le reste 19 fera connoître la troisième partie, &c. D'où l'on voit que les parties successives de la hauteur qu'on demande, sont exprimées par la suite des nombres 23, 21, 19, 17, 15, &c.

Quant à la mesure précise du temps employé à parcourir chaque partie de la hauteur *A B*, on le déterminera par notre formule. Ainsi, si l'on veut que ce temps $= 1$ heure, on fera $t = 1$ heure ; & il faudra tellement proportionner la base *A* & la hauteur *h* du vase avec l'aire *K* de l'orifice, qu'on ait, 1 heure $= \dfrac{\theta\, A\,(\sqrt{h} - \sqrt{\frac{11}{12}\,h})}{K\sqrt{a}}$,

ou 1 heure $= \dfrac{\theta\, A \sqrt{h}}{12\, K\sqrt{a}}$. On voit par cette équation, que deux des trois quantités *A*, *h*, *K*, étant données, on trouvera la troisième.

Dans l'usage de ces sortes de clepsydres, on aura soin, conformément à la remarque de l'article 208, de ne pas attendre que la surface du fluide s'approche trop près du fond, ou de n'employer, par exemple, que les onze premières divisions.

(211.) COROLLAIRE II. Si l'on a un vase prismatique *A B C D*, plein jusqu'en *A D*, & qu'on lui permette de se vider entièrement ; qu'ensuite l'ayant rempli de nouveau jusqu'en *A D*, on l'entretienne constamment plein à cette hauteur, tandis qu'il sort de l'eau par l'orifice *p q :* il sortira dans ce second cas une quantité d'eau, double de celle qui eſt contenue dans l'eſpace $ABCD$, pendant le même intervalle de temps que le vaſe a mis d'abord à ſe vider entièrement, abſtraction faite de l'entonnoir. Car, dans le premier cas, le temps que le vaſe met à ſe vider entièrement, eſt exprimé par $\dfrac{\theta A \sqrt{h}}{K\sqrt{a}}$ (209). Or (201) la quantité de liqueur qui s'écoule dans le ſecond cas, pendant le temps $\dfrac{\theta A \sqrt{h}}{K\sqrt{a}}$, eſt exprimée par

$$\frac{\theta A \sqrt{h}}{K\sqrt{a}} \times \frac{2 K\sqrt{a}\, h}{\theta} = 2 A \times h,$$

quantité double du priſme $ABCD$ qui eſt égal à $A \times h$.

(212.) **COROLLAIRE III.** Lorſqu'on voudra comparer enſemble les temps des écoulemens de deux vaſes priſmatiques qui ſe vident, on obſervera qu'en déſignant pour le ſecond vaſe les quantités analogues à Rq, kq, Rk, A, K, par les mêmes lettres accentuées, on a les deux équations, $T.Rk = \dfrac{\theta A \sqrt{(Rq - \sqrt{kq})}}{K\sqrt{a}}$,

$T.R'k' = \dfrac{\theta A' (\sqrt{R'q'} - \sqrt{k'q'})}{k'\sqrt{a}}$; d'où l'on tire, $T.Rk : T.R'k' :: \dfrac{A (\sqrt{Rq} - \sqrt{kq})}{K}$

$: \dfrac{A' (\sqrt{R'q'} - \sqrt{k'q'})}{K'}$. Ainſi les temps employés par les ſurfaces des eaux à parcourir les hauteurs Rk, $R'k'$, ſont entr'eux comme les produits des baſes des priſmes par les différences des racines carrées des hauteurs premières & des hauteurs dernières des eaux dans les réservoirs, divisés par les aires des orifices.

On fera ici, par rapport aux effets de la contraction de la veine fluide, une remarque analogue à celle qui termine l'article 203.

(213.) COROLLAIRE IV. Si un vase prismatique contenoit des fluides de différentes espèces, on détermineroit l'écoulement de la même manière. Car soit, par exemple, le vase $ABCD$ (*Fig. 6*), qui contient trois fluides différens Fig. 6. $BFLC, FEGL, EADG$, lesquels sont supposés ne pouvoir se mêler ensemble, les plus légers étant posés sur les plus pesans. Que ce vase se vidant par l'orifice pq, la surface du fluide inférieur parvienne en un certain temps t dans la position OP. Soient p, p', p'' les pesanteurs spécifiques de ces trois fluides. On voit (34), que la pression, qui produit l'écoulement par l'orifice pq, est la même que si, à la place des deux fluides supérieurs, on substituoit des fluides de même espèce que $BFLC$, & dont les hauteurs fussent $\dfrac{p' \times FE}{p}$, $\dfrac{p'' \times EA}{p}$. La question est donc de déterminer le temps de l'écoulement d'un seul fluide, pareil à $BFLC$, & dont la hauteur au premier instant du temps t est $BF + \dfrac{p' \times FE}{p} + \dfrac{p'' \times EA}{p}$. Nommons H cette hauteur; & h la hauteur dernière, ou celle qui répond à la fin du temps t que le fluide a mis à parcourir l'efpace $H - h$. On aura (en confervant les autres dénominations de l'article 209), $t = \dfrac{\theta A (\sqrt{H} - \sqrt{h})}{K \sqrt{a}}$; & pour avoir le temps que notre fluide fictif met à parcourir la hauteur FB, ou ce qui revient au même, le temps que le fluide inférieur $BFLC$ met à fortir entièrement , il faudra faire dans l'expreffion précédente, $H - h = BF$, ou $h = H - BF = \dfrac{p' \times FE}{p} + \dfrac{p'' \times EA}{p}$.

Le fluide inférieur étant forti , nous pourrons concevoir que le fond du vafe eft FL, & que l'orifice $p\,q$ eft percé dans ce fond. Alors, en changeant le fluide fupérieur $EADG$ en une autre de même efpèce que $FEGL$, on trouvera que l'expreffion du temps t, que le fluide $FEGL$ met à fortir entièrement, eft $t = \dfrac{\theta A (\sqrt{H} - \sqrt{h})}{K \sqrt{a}}$, en faifant dans cette expreffion $H = FE + \dfrac{p'' \times EA}{p'}$; $h = \dfrac{p'' \times EA}{p'}$; ainfi de fuite, quel que foit le nombre des fluides.

CHAPITRE III.

De l'écoulement des eaux par un petit orifice de figure donnée, lorfque tous les points de cet orifice ne peuvent pas être fuppofés également diftans du plan de la furface du fluide.

(214.) Dans la pratique, les eaux fortent fouvent par des ouvertures latérales qui , quoique petites en comparaifon des amplitudes ou fections horizontales des réfervoirs , ne peuvent pas cependant être cenfées avoir tous leurs points à égales diftances de la furface du fluide. Tels font, par exemple, les pertuis des moulins. Alors la méthode ordinaire eft de déterminer l'écoulement d'après ce raifonnement. Concevons d'abord que l'orifice foit bouché par une plaque, & qu'enfuite on perce cette plaque d'une infinité de trous par lefquels l'eau s'échappe. En regardant chacun de ces trous comme un orifice particulier & ifolé, la vîteffe en cet endroit feroit dûe à la hauteur correfpondante du fluide ; donc, ajoute-t-on, fi l'on multiplie le nombre des trous à l'infini, ou, ce qui revient au même, fi l'on imagine que la plaque entière foit ôtée, la vîteffe en chacun des points de l'orifice propofé, fera dûe à la hauteur correfpondante du fluide; & dans la détermination de la quantité d'eau écoulée, il faudra avoir égard à cette inégalité des vîtesses. Mais on ne peut pas se dissimuler que ce raisonnement n'est rien moins que démonstratif. Tant que la somme des petits trous percés dans la plaque substituée à l'orifice, est fort petite en comparaison de l'amplitude du réservoir, les portions de liqueur qui sortent par chaque trou, font chassées par les poids absolus des colonnes supérieures, & l'écoulement se fait comme dans l'article 201. Mais du moment que le nombre des trous augmente à l'infini, & que les filets deviennent contigus les uns aux autres, on ne voit pas clairement qu'ils doivent sortir de la même manière qu'ils sortiroient par de petits trous isolés. Cependant comme cette hypothèse donne des résultats assez conformes à l'expérience, je la prendrai d'autant plus volontiers pour base dans les Problèmes suivans, qu'elle mène à des calculs fort simples, & que dans les questions usuelles, il faut rechercher cette simplicité autant qu'il est possible sans violer les droits sacrés de l'exactitude.

(215.) PROBLÈME I. *Expofer en général la manière de déterminer les écoulemens par des ouvertures latérales dont tous les points ne peuvent pas être suppofés également diflans de la furface du fluide !*

En supposant, d'après ce qui vient d'être dit, que dans les écoulemens de ce genre, la vîtesse de chaque point de l'orifice soit égale à celle qu'un corps grave acquerroit en tombant de la hauteur du fluide, correfpondante à ce point ; nous imaginerons que l'orifice propofé foit partagé en une infinité de rectangles ou de trapèzes par des plans horizontaux ; & regardant chacun de ces trapèzes élémentaires, comme un orifice particulier, dont tous les points peuvent être fuppofés également diftans de la furface du fluide, on déterminera (201) la quantité de liqueur qu'il doit fournir pendant un temps donné. Enfuite il ne s'agira plus que de trouver la fomme de toutes ces quantités élémentaires de fluide, pour avoir la quantité totale que l'orifice entier doit donner pendant le même temps.

Faifons quelques applications de ces principes généraux.

(216.) **P r o b l è m e I I.** *Déterminer* (Fig. 7.) *la quantité* Q *d'eau qui fort en un temps donné par un orifice rectangulaire vertical* L N O M, *d'un vafe* A B C D *entretenu plein d'eau à la hauteur conftante* R V ?

Fig. 7.

Menez parallèlement aux bafes oppofées & horizontales *L M, N O* de l'orifice, les droites infiniment voifines *X Z, x z,* qui déterminent le rectangle élémentaire *X Z z x* de la furface de l'orifice. Il eft évident que tous les points de ce rectangle peuvent être cenfés à la même diftance de la furface du fluide. Nous fuppofons qu'à chacun d'eux répond une vîteffe dûe à la hauteur *R I.* Ainfi (en nommant *t* le temps de l'écoulement ;

θ, le temps de la chute d'un corps grave par la hauteur a), la quantité d'eau qui fortira, pendant le temps t, par le rectangle $XZ\zeta x$, fera exprimée (201) par $\dfrac{2\, XZ \times Ii \times t\sqrt{a} \times \sqrt{RI}}{\theta}$, ou par $\dfrac{2\, XZ \times t\sqrt{a}}{\theta} \times Ii \times \sqrt{RI}$. La queftion eft de trouver la fomme de toutes ces quantités élémentaires d'eau, afin d'avoir la quantité totale qui s'écoule par l'orifice fini $LNOM$.

Pour cela, je conftruis fur l'axe RV, avec un paramètre quelconque p, la parabole RT; & je prolonge les droites $KM, IZ, i\zeta, VO$, jufqu'en Y, S, s, T. Le petit trapèze parabolique $ISsi$ (qu'on peut regarder comme un rectangle, dont IS eft la bafe & Ii la hauteur) a pour expreffion $Ii \times IS$. ou bien (à caufe de $IS = \sqrt{RI} \times \sqrt{p}$), $Ii \times \sqrt{RI} \times \sqrt{p}$. Donc (en nommant e ce trapèze; q la quantité élémentaire d'eau qui fort par le rectangle $XZ\zeta x$), on aura, $e : q :: Ii \times \sqrt{RI} \times \sqrt{p}$ $: \dfrac{2\, XZ \times t\sqrt{a}}{\theta} \times Ii \times \sqrt{RI}$; ce qui donne $q = e \times \dfrac{2\, XZ \times t\sqrt{a}}{\theta \sqrt{p}}$. D'où l'on voit que fi l'on parvient à trouver la fomme des e, c'eft-à-dire, la furface parabolique $KVTY$, on aura la fomme des q, c'eft-à-dire, la quantité totale Q d'eau écoulée par l'orifice $LNOM$, en multipliant l'aire parabolique $KVTY$, par la fraction conftante & donnée $\dfrac{2\, XZ \times t\sqrt{a}}{\theta \sqrt{p}}$.

Ayant achevé le rectangle $RVTH$, & ayant mené les droites SG, sg parallèles à VR, j'observe que le triligne parabolique extérieur RHT est composé d'élémens SG, sg, qui font proportionnels (par la propriété de la parabole) aux carrés des parties correspondantes RG, Rg, de la droite RH; donc ces élémens croissent comme les tranches d'une pyramide qui auroit son sommet en R, & RH pour hauteur : d'où il suit que la somme des GS, ou l'aire RHT, est égale au tiers du produit de la hauteur RH par la droite HT qui est la dernière des GS. Ainsi l'espace

$$RHT = \frac{RH \times HT}{3} = \frac{VR \times VT}{3};$$

& par conséquent l'espace parabolique intérieur $RVT = \frac{2}{3} RV \times VT$. Semblablement l'espace parabolique $RKY = \frac{2}{3} RK \times KY$. Par conséquent l'espace cherché $KVTY = \frac{2}{3} (RV \times VT - RK \times KY)$. Nous aurons donc $Q = \frac{2}{3}$

$$(RV \times VT - RK \times KY) \times \frac{2\,XZ \times t\sqrt{a}}{\theta \sqrt{p}};$$

ou bien (en mettant pour VT sa valeur $\sqrt{VR} \times \sqrt{p}$; pour KY, sa valeur $\sqrt{RK} \times \sqrt{p}$; & supposant $VR = H$; $RK = h$; $XZ = f$),

$$Q = \frac{4f \cdot t\sqrt{a} \cdot (H\sqrt{H} - h\sqrt{h})}{3\theta}, \text{ expression}$$

dans laquelle tout est connu.

On voit que parmi les sept quantités que cette

équation renferme, θ & a font toujours les mêmes, mais que les cinq autres Q, H, h, f, t, peuvent varier, & que quatre d'entr'elles étant données, on pourra trouver celle qui eft inconnue ; ce qui fournit des queftions analogues à celles qui font l'objet de l'article 202.

(217.) COROLLAIRE. Soit nommée x la hauteur *moyenne* de l'eau au-deffus de l'orifice, c'eft-à-dire, une hauteur telle que fi tous les filets d'eau fortoient avec une feule & même vîteffe égale à celle que peut acquérir un corps grave en tombant de la hauteur x, il s'écoulât pendant le temps t la même quantité d'eau qu'il s'en écoule avec les vîteffes naturelles dans l'hypothèfe du problème : on aura (201),

$$Q = \frac{2tf(H-h)\sqrt{ax}}{\theta}.$$

Égalant entr'elles les deux valeurs de Q, & dégageant x, on trouvera

$$x = \frac{4(H\sqrt{H} - h\sqrt{h})^2}{9(H-h)^2}.$$

Cette hauteur moyenne diffère de la verticale qu'on éleveroit du centre de gravité de l'orifice $LNOM$ à la furface de l'eau, & qui auroit par conféquent pour valeur, $\frac{H+h}{2}$. Mais plus la furface de l'eau eft élevée au-deffus de la bafe fupérieure LM de l'orifice (toutes chofes d'ailleurs égales), plus la différence dont il s'agit diminue. En effet, à mefure que KR augmente, tout le refte demeurant le même, l'arc YST approche de plus en plus d'une ligne droite, & le fegment parabolique

$KVTSY$ d'un trapèze rectiligne. Or si le segment parabolique devenoit réellement un trapèze rectiligne, l'ordonnée moyenne ou la vîtesse moyenne de l'eau répondroit au milieu de KV. Donc aussi la hauteur moyenne répondroit au même point.

(218.) *REMARQUE.* Si pour résoudre le problème précédent on employoit le calcul intégral, on auroit (en supposant $RI = \zeta$), q ou dQ

$$= \frac{2\,t\,f\,d\zeta\,\sqrt{\zeta}\,.\,\sqrt{a}}{\theta},$$ dont l'intégrale est

$$Q = \frac{4\,t\,f\,\zeta^{\frac{3}{2}}\,.\,\sqrt{a}}{3\,\theta} + C.$$ La constante C doit être telle que $\zeta = h$, donne $Q = 0$; ce qui

donne $C = - \dfrac{4\,t\,f\,h^{\frac{3}{2}}\,.\,\sqrt{a}}{3\,\theta}$. Donc en général

$$Q = \frac{4\,t\,f\,(\zeta^{\frac{3}{2}} - h^{\frac{3}{2}})\,.\,\sqrt{a}}{3\,\theta};$$ & faisant $\zeta = H$,

on aura $Q = \dfrac{4\,t\,f\,(H\sqrt{H} - h\sqrt{h})\,.\,\sqrt{a}}{3\,\theta}$ pour

l'expression de la quantité d'eau qui sort pendant le temps t par l'orifice entier $LNOM$.

(219.) PROBLÈME III. *Déterminer la quantité d'eau qui s'écoule en un temps donné par l'orifice triangulaire vertical* NKO (Fig. 8.) *d'un* Fig. 8. *vase* ABCD, *entretenu constamment plein, la base* NO *de cet orifice étant supposée horizontale ?*

Par le sommet K du triangle KNO, menez la verticale RKV, qui partage ce triangle en deux triangles rectangles KVO, KVN; menez ensuite les deux horizontales infiniment voisines $XZ, x\zeta$; ce qui nous donne le petit orifice élémentaire $XZ\zeta x$ pour le triangle KVO.

Soient la hauteur totale RKV de l'eau dans le réservoir $= H$; la hauteur $RK = h$; $RX = \zeta$; $VO = m$; la quantité élémentaire d'eau qui sort pendant le temps t par l'orifice $XZ\zeta x = dQ$; le temps par la chute donnée $a = \theta$. On aura $XZ = \dfrac{m(\zeta - h)}{H - h}$;

& $dQ = \dfrac{2\,t\,m(\zeta - h).d\zeta.\sqrt{\zeta}.\sqrt{a}}{(H - h)\theta}$, dont l'intégrale est

$$Q = \frac{4\,t\,m.\zeta^{\frac{5}{2}}\sqrt{a}}{5(H - h)\theta} - \frac{4\,t\,m\,h.\zeta^{\frac{3}{2}}\sqrt{a}}{3(H - h)\theta} + C.$$

La constante C doit être telle que $\zeta = h$, donne

$Q = 0$; donc $C = \dfrac{8\,t\,m.h^{\frac{5}{2}}.\sqrt{a}}{15(H - h)\theta}$; & en général,

$$Q = \frac{4\,t\,m(2\,h^{\frac{5}{2}} + 3\,\zeta^{\frac{5}{2}} - 5\,h.\zeta^{\frac{3}{2}}).\sqrt{a}}{15(H - h)\theta}.$$ Faisant $\zeta = H$,

on aura $Q = \dfrac{4\,t\,m(2\,h^{\frac{5}{2}} + 3\,H^{\frac{5}{2}} - 5\,h.H^{\frac{3}{2}}).\sqrt{a}}{15(H - h)\theta}$,

pour la quantité d'eau qui s'écoule pendant le temps t par l'orifice partiel KVO.

Il est clair que si l'on suppose $VN = n$, & qu'on substitue n pour m dans la formule précédente, elle exprimera la quantité d'eau Q' qui sort par l'orifice partiel KVN. Donc, en faisant NO ou $m + n = c$, on aura, $Q + Q'$

$= \dfrac{4\,t\,c(2\,h^{\frac{5}{2}} + 3\,H^{\frac{5}{2}} - 5\,h\,H^{\frac{3}{2}}).\sqrt{a}}{15(H - h)\theta}$, pour

l'expression

l'expreffion de la quantité d'eau qui fort, pendant le temps t, par l'orifice entier KNO.

(220.) COROLLAIRE. Soit x la hauteur moyenne de l'eau au-deffus de l'orifice : on aura (201), $Q = \dfrac{tc(H-h).\sqrt{x}.\sqrt{a}}{\theta}$. Égalant entr'elles les deux valeurs de Q, & dégageant x,

il viendra $x = \dfrac{16(2h^{\frac{5}{2}}+3H^{\frac{5}{2}}-5hH^{\frac{3}{2}})^2}{225(H-h)^4}$.

Cette expreffion diffère de celle de la diftance du centre de gravité du triangle à la furface du fluide, qui a pour valeur $h + \dfrac{2}{3}(H-h)$, ou $\dfrac{2H+h}{3}$.

Mais la différence eft peu fenfible, quand la furface de l'eau eft un peu élevée au-deffus de l'orifice, & on peut alors fuppofer $x = \dfrac{2H+h}{3}$, pour abréger le calcul.

(221.) SCHOLIE. Si la pointe du triangle étoit en bas & la bafe en haut *(Fig. 9.)* on trouveroit (en faifant $RK = H$, $RV = h$, $NO = c$, & procédant d'ailleurs de même), que la quantité d'eau qui fort, pendant le temps t, par l'orifice KNO, a pour valeur

$$\dfrac{4tc(2H^{\frac{5}{2}}+3h^{\frac{5}{2}}-5Hh^{\frac{3}{2}})\sqrt{a}}{15(H-h)\theta}.$$

Et en nommant x la hauteur moyenne de l'eau,

on auroit $x = \dfrac{16(2H^{\frac{5}{2}}+3h^{\frac{5}{2}}-5Hh^{\frac{3}{2}})^2}{225(H-h)^4}$.

Tome I.   S

Fig. 9.

(222.) **PROBLÈME IV**. *Déterminer la quantité d'eau qui ſort pendant un temps donné, par l'orifice circulaire vertical* K M V N (Fig. 10) *d'un vaſe entretenu conſtamment plein ?*

Soient RV, RK les hauteurs conſtantes de l'eau dans le réſervoir, au-deſſus des points le plus bas & le plus haut de l'orifice. Ayant mené au diamètre vertical KV, les ordonnées infiniment voiſines PM, pm, tirez le rayon OM.

Nommons t le temps donné; θ le temps par la chute donnée a; Q la quantité d'eau écoulée; r le rayon OK; ζ l'angle KOM pour le rayon 1; π le rapport de la circonférence au diamètre; n le rapport de la hauteur RO de l'eau au-deſſus du centre de l'orifice, au rayon OK, en ſorte que $RO = nr$. On aura, $PM = r\,\text{ſin.}\,\zeta$; $OP = r\,\text{coſ.}\,\zeta$; $RP = nr - r\,\text{coſ.}\,\zeta$; $Pp = d(KP) = rd\zeta\,\text{ſin.}\,\zeta$; le petit trapèze $PMmp = r^2\,d\zeta\,(\text{ſin.}\,\zeta)^2$. Donc (201), $dQ = \dfrac{t\sqrt{a}}{\theta}$

$$\times 2r^2\,d\zeta\,(\text{ſin.}\,\zeta)^2 \cdot \sqrt{(nr - r\,\text{coſ.}\,\zeta)}.$$

Pour parvenir à intégrer cette équation, on obſervera que $d\zeta\,(\text{ſin.}\,\zeta)^2\,\sqrt{[n - \text{coſ.}\,\zeta]}$

$$= d\zeta\,[1 - (\text{coſ.}\,\zeta)^2]\,\sqrt{[n - \text{coſ.}\,\zeta]} = d\zeta$$

$$[1 - (\text{coſ.}\,\zeta)^2] \times [n^{\frac{1}{2}} - \frac{n^{-\frac{1}{2}}\,\text{coſ.}\,\zeta}{2}$$

$$- \frac{n^{-\frac{3}{2}}\,(\text{coſ.}\,\zeta)^2}{8} - \frac{n^{-\frac{5}{2}}\,(\text{coſ.}\,\zeta)^3}{16}$$

$$- \frac{5 n^{-\frac{7}{2}} (\cos. \zeta)^4}{128} - \frac{7 n^{-\frac{9}{2}} (\cos. \zeta)^5}{256}$$

$$- \frac{63 n^{-\frac{11}{2}} (\cos. \zeta)^6}{3072} - \&c.]$$

Or, comme l'intégrale qu'on demande doit s'évanouir lorsque $\zeta = 0$, & recevoir fa valeur complète lorsque $\zeta = 360$ degrés, le calcul peut s'abréger confidérablement. Car on peut négliger dans l'équation différentielle tous les termes qui renfermeroient cof. ζ, cof. 2ζ, cof. 3ζ, cof. 4ζ, &c; parce que ces termes, en paffant dans l'intégrale, contiendroient fin. ζ, fin. 2ζ, fin. 3ζ, fin. 4ζ, &c, qui s'évanouiffent lorsque $\zeta = 0$, & lorsque $\zeta = 360$ degrés. Par conféquent, puisqu'on a en général, $(\cos. \zeta)^2$

$$= \frac{1 + \cos. 2\zeta}{2} ; (\cos. \zeta)^3 = \frac{\cos. \zeta + \cos. \zeta \cos. 2\zeta}{2}$$

$$= \frac{3 \cos. \zeta}{4} + \frac{\cos. 3\zeta}{4} ; (\cos. \zeta)^4$$

$$= \tfrac{1}{4} + \frac{\cos. 2\zeta}{2} + \frac{(\cos. 2\zeta)^2}{4} = \tfrac{3}{8}$$

$$+ \frac{\cos. 2\zeta}{2} + \frac{\cos. 4\zeta}{8} , \&c; $$

on fuppofera cof. $\zeta = 0$, $(\cos. \zeta)^2 = \tfrac{1}{2}$, $(\cos. \zeta)^3 = 0$, $(\cos. \zeta)^4 = \tfrac{3}{8}$, $(\cos. \zeta)^5 = 0$, $(\cos. \zeta)^6 = \tfrac{5}{16}$; &c. L'équation à intégrer fera donc,

$$dQ = \frac{t r^2 \sqrt{(a n r)}}{\theta} \times d\zeta \left(1 - \frac{1}{32 n^2} - \frac{5}{1024 n^4} - \&c \right) :$$

d'où l'on tire (en faifant après l'intégration, $\zeta = 360$ degrés $= \frac{2 \Pi}{1}$), $Q = \frac{2 \Pi t r^2 \sqrt{(a n r)}}{\theta}$

$$\left(1 - \frac{1}{32 n^2} - \frac{5}{1024 n^4} - \&c \right),$$

expreſſion de la quantité d'eau qui ſort pendant le temps t, par l'orifice entier $KMVN$. Cette série eſt ſi convergente, que pour peu que OR ſurpaſſe OK, il ſera plus que ſuffiſant d'employer ſes trois premiers termes dans la pratique.

(223.) COROLLAIRE. Soit x la hauteur moyenne de l'eau au-deſſus de l'orifice : on aura

$$(201),\ Q = \frac{2t\Pi r^2 \sqrt{ax}}{\theta}.$$

Égalant entr'elles les deux valeurs de Q & dégageant x, on trouvera

$$x = nr\left(1 - \frac{1}{16\,n^2} - \frac{9}{1024\,n^4} - \&c.\right).$$

Par où l'on voit que la hauteur moyenne x eſt moindre que RO. Lorſque n vaut au moins 1, ces deux lignes peuvent être regardées comme égales dans la pratique.

(224.) REMARQUE I. Lorſque la ſurface de l'eau affleure l'extrémité ſupérieure K du diamètre KV, on a $n = 1$, & la formule de l'article 222 peut donner encore Q. Mais alors, en cherchant directement Q, on trouvera que cette quantité peut s'exprimer par une équation finie & algébrique. En effet, on a, dans ce cas, dQ

$$= \frac{2t r^2 \sqrt{ar}\,.\,dz\,(\mathrm{ſin.}\,z)^2\,\sqrt{(1 - \mathrm{coſ.}\,z)}}{\theta}.$$

Faiſons $1 - \mathrm{coſ.}\,z = y$; nous aurons $dz\,(\mathrm{ſin.}\,z)^2 \sqrt{(1 - \mathrm{coſ.}\,z)} = y\,dy\,\sqrt{(2 - y)}$, dont l'intégrale eſt $y\int dy\,\sqrt{(2 - y)} - \int dy \int dy\,\sqrt{(2 - y)}$

$$= -\frac{2y(2 - y)^{\frac{3}{2}}}{3} - \frac{4(2 - y)^{\frac{5}{2}}}{15} + C$$

$$= - \frac{2 (\text{fin. } \zeta)^2 \sqrt{(1 + \text{cof. } \zeta)}}{3} - \frac{4 (1 + \text{cof. } \zeta)^{\frac{3}{2}}}{15}$$

$+ C$. En déterminant la conftante C par la condition que l'intégrale s'évanouiffe, lorfque $\zeta = 0$, & reçoive fa valeur complète, lorfque $\zeta = 180$ degrés, on trouvera $\dfrac{32 t r^2 \sqrt{(2 a r)}}{15 \theta}$ pour l'expreffion de la quantité d'eau qui fort par le demi - orifice $K M V$, & par conféquent $\dfrac{64 t r^2 \sqrt{(2 a r)}}{15 \theta}$ pour l'expreffion de celle qui fort par l'orifice entier $K M V N$.

La hauteur moyenne de l'eau eft exprimée par la fraction $\dfrac{1024 \times 2 r}{225 \, \Pi^2}$, qui eft à peu-près égale à $\frac{25}{27} r$. D'où l'on voit que cette hauteur eft toujours moindre que la diftance du centre de l'orifice à la furface de l'eau.

(225.) *REMARQUE II.* Il refteroit encore à donner une formule pour mefurer la dépenfe, lorfque la furface de l'eau eft au - deffous du point K, & que par conféquent l'orifice eft un fegment de cercle. Mais je ne la donne pas, parce que dans les problèmes de cette efpèce où la furface fupérieure de l'eau n'eft pas foutenue par la paroi à l'endroit de l'orifice, elle s'abaiffe fenfiblement vers le milieu; ce qui trouble le rapport naturel des viteffes, & empêche que la théorie ne puiffe déterminer les écoulemens que d'une manière affez imparfaite.

226. SCHOLIE GÉNÉRAL. Ces exemples fuffifent, ce me femble, pour faire connoître la manière de déterminer les écoulemens des fluides par une feule ouverture latérale, de vafes entretenus conftamment pleins. Quand un fluide fort par plufieurs ouvertures à la fois, & que ces ouvertures font toujours fuppofées petites, l'écoulement fe fait par chacune d'elles de la même manière que fi elle étoit feule. Il n'y a donc à cet égard aucune nouvelle difficulté. dans le problème. Seulement on doit obferver qu'une petite ouverture placée dans le voifinage d'une plus grande, donne un peu moins à proportion que celle-ci. J'expliquerai cela en détail à l'aide de l'expérience.

(227.) PROBLÈME V. *Expofer en général la méthode de trouver l'expreffion du temps* t *que l'eau met à s'abaiffer d'une certaine hauteur dans un vafe, par une ouverture latérale dont tous les points ne peuvent pas être fuppofés à la même diftance de la furface du fluide, le vafe fe vidant fans recevoir de nouvelle eau?*

Ayant fuppofé d'abord que l'eau fe foit abaiffée d'une hauteur indéterminée, je cherche par la méthode de l'article 201, la quantité de liqueur qui fortiroit, par l'orifice entier, pendant le temps élémentaire dt, fi la furface de l'eau demeuroit toujours dans cette même pofition. La quantité dont il s'agit eft toujours de cette forme $F \times dt$, F étant une fonction donnée de l'orifice & de la hauteur actuelle de la furface de l'eau au - deffus d'un point donné du même orifice. Enfuite je fuppofe que la furface de l'eau s'abaiffe, pendant l'élément du temps, d'une hauteur infiniment petite, en forte qu'il s'écoule une quantité d'eau, qui eft égale au produit de la furface du fluide par la petite hauteur dont elle s'eft abaiffée, & qui a par conféquent pour valeur $X\,dx$; X étant la furface du fluide, quantité donnée par la figure du vafe, $d\,x$ la hauteur élémentaire dont cette furface s'abaiffe. On aura donc l'équation $F\,dt = X\,dx$, ou $dt = \dfrac{X\,dx}{F}$. Il ne s'agira plus que de fubftituer pour F & X leurs valeurs données dans chaque cas particulier, & puis d'intégrer.

Montrons par un exemple l'ufage de cette formule.

(228.) PROBLÈME VI. *Trouver le temps que la furface de l'eau met à s'abaiffer d'une hauteur propofée, dans un vafe prifmatique vertical, par un orifice rectangulaire vertical pratiqué à l'une de fes parois ?*

En nommant A l'aire de la bafe du vafe; f le côté horizontal de l'orifice; b fon côté vertical; x la hauteur variable du fluide au-deffus de la bafe inférieure & horizontale de l'orifice; θ le temps de la chute par la hauteur a : on aura (216),

$$-A\,dx = \frac{4f\,dt\,.\,\sqrt{a}\,.\,\left[x^{\frac{3}{2}} - (x-b)^{\frac{3}{2}}\right]}{3\,\theta}:$$

j'écris $-d\,x$, parce que t augmentant, x diminue.

De-là on tire $dt = \dfrac{-3\theta A\,dx}{4f\sqrt{a} \cdot [x^{\frac{3}{2}} - (x-b)^{\frac{3}{2}}]}$;

& la queſtion eſt d'intégrer $\dfrac{dx}{x^{\frac{3}{2}} - (x-b)^{\frac{3}{2}}}$.

Or, pour cela, je multiplie haut & bas, par $x^{\frac{3}{2}} + (x-b)^{\frac{3}{2}}$; ce qui donne

$$\dfrac{x^{\frac{3}{2}}\,dx}{3bx^2 - 3b^2 x + b^3} + \dfrac{(x-b)^{\frac{3}{2}}\,dx}{3bx^2 - 3b^2 x + b^3}.$$ Alors la première partie devient rationnelle, en faiſant $x = y^2$; & la ſeconde devient auſſi rationnelle, en faiſant $x - b = z^2$: elles ſont donc intégrables l'une & l'autre par les méthodes d'intégration pour les fractions rationnelles. Nos Lecteurs acheveront le calcul.

On voit que dans cet exemple, quoique fort ſimple, l'expreſſion du temps eſt un peu compliquée. Quelquefois la valeur du temps eſt affectée de deux ſignes d'intégration, & aucune des intégrales ne peut ſe trouver algébriquement. Mais le problème eſt toujours ſoluble par la méthode des quadratures ou des ſéries.

CHAPITRE IV.

De l'écoulement d'un fluide par un orifice horizontal quelconque, en suppofant que les tranches confervent leur parallélifme, & que tous les points d'une même tranche s'abaiffent avec la même vîteffe.

(229.) Nous avons déjà indiqué (187) cette double hypothèfe : nous ajouterons ici que la première partie femble être une fuite néceffaire de l'expérience, qui apprend que la furface fupérieure du fluide demeure toujours horizontale. Car, puifque la première tranche conferve fon parallélifme, il femble que la continuité du fluide & la force d'adhérence réciproque de tous fes points, demandent que de proche en proche toutes les autres tranches s'abaiffent parallèlement à elles-mêmes. D'ailleurs les mêmes caufes qui tendent à entretenir le parallélifme de la première tranche paroiffent devoir agir fur les tranches intérieures, & y produire les mêmes effets, du moins à peu-près. Quant à la feconde partie de la même hypo-thèfe, elle ne peut pas être rigoureufement exacte, lorfque le vafe n'eft pas prifmatique & vertical. Car les particules contiguës aux parois doivent néceffairement en fuivre la direction. Or, fi ces

mouvemens ne font pas verticaux, ils doivent
produire quelques altérations dans le mouvement
vertical des particules voifines. Mais comme le
nombre des particules d'une tranche qui touchent
les parois , eſt infiniment petit par rapport au
nombre des autres particules de la même tranche ,
on peut fuppofer légitimement, ou fans craindre d'erreur fenfible , que les altérations dont nous venons
de parler font comme nulles , & que tous les points
d'une même tranche ont la même vîteſſe verticale.

Voilà à peu - près les raifons fur lefquelles on
établit la double hypothèfe propofée. Elles font
certainement très-admiſſibles pour la partie fupérieure du vafe. Il n'en eſt pas tout-à-fait de même
pour celle qui avoifine l'orifice. Car dans cette dernière partie les points fluides fe dirigent de tous côtés
vers l'orifice fuivant des mouvemens obliques; &
on ne peut pas fuppofer que les mêmes particules
individuelles forment une même tranche horizontale , dont tous les points s'abaiſſent verticalement.
Ainſi il eſt impoſſible que l'écoulement déterminé,
fuivant l'hypothèfe dont il eſt queſtion , puiſſe
être exactement conforme à l'expérience. Mais on
fent d'un autre côté que les erreurs de la théorie
doivent fuivre, du moins à peu-près , la même loi
dans tous les cas. Si l'on a donc foin de conſtater
ces erreurs par quelques expériences, & de dreſſer
en conféquence des petites Tables de correction ,
rien n'empêchera d'appliquer cette théorie à la
pratique, en faifant dans chaque cas particulier la

correction dont il a befoin. Avec une telle reftriction, j'adopte ici la même théorie, parce que tout
bien pefé, il me paroît très - difficile d'imaginer
d'autres moyens plus propres à repréfenter, au
moins fenfiblement, le mouvement des fluides, par
des formules qu'on puiffe appliquer à la pratique.

(230.) PROBLÈME I. *Trouver en général une
équation entre la hauteur d'un fluide foumis à l'action
de la pefanteur, dans un vafe, & la viteffe au fortir
d'un orifice horizontal de grandeur quelconque !*

Imaginons que le fluide propofé $ABCD$,
(Fig. 11.) foit partagé en une infinité de tran- Fig. 11.
ches horizontales & égales $ADda$, $TVut$, &c.
qui s'abaiffent parallèlement à elles - mêmes, &
dont chacune a la même vîteffe verticale dans
toute fa largeur. Toutes ces tranches agiffent
les unes fur les autres dans toute l'étendue de
la hauteur Rq, foit en fe pouffant, foit en s'en-
traînant; en forte que fi la vîteffe des unes eft
retardée d'un inftant à l'autre, la vîteffe des autres
eft accélérée. Il en eft à cet égard du mouvement
des particules fluides comme de celui de plufieurs
corps folides, formant un même fyftème, dont
aucun ne peut fe mouvoir fans agir fur les autres &
fans éprouver leur réaction. Ces efforts réciproques
fe combinent tellement entr'eux, que fi quelques
corps perdent du mouvement, les autres en gagnent
en conféquence, & que la fomme de toutes ces
variations, eft néceffairement zéro.

Soient
$\left\{\begin{array}{l}\text{la gravité} \dots\dots\dots\dots\dots\dots\dots = g, \\ \text{la hauteur donnée } Rq \dots\dots\dots\dots = h, \\ \text{l'aire de l'orifice } pq \dots\dots\dots\dots = K, \\ \text{l'aire exprimée par la ligne } AD, \text{ \& qui} \\ \quad \text{est une fonction de } Rq, \text{ donnée par} \\ \quad \text{la figure du vase} \dots\dots\dots\dots = M, \\ \text{la hauteur indéterminée } RH \dots\dots = x, \\ \text{l'aire exprimée par } TV, \text{ fonction don-} \\ \quad \text{née de } x \dots\dots\dots\dots\dots\dots = y, \\ \text{la vitesse de la tranche qui sort de l'ori-} \\ \quad \text{fice} \dots\dots\dots\dots\dots\dots\dots\dots = u, \\ \text{la vitesse de la tranche } TVut \dots = v, \\ \text{le temps} \dots\dots\dots\dots\dots\dots\dots = t.\end{array}\right.$

Supposons que dans l'instant dt la vitesse v devienne $v + dv$, (dv pouvant être positive ou négative). Il est clair que si les tranches n'agissoient point les unes sur les autres, la vitesse v, à la fin de l'instant dt, deviendroit $v + g\,dt$. Ainsi, puisqu'elle devient $v + dv$, \& que $v + g\,dt = v + g\,dt + dv - dv$, on voit que le fluide resteroit en équilibre si chaque tranche n'étoit animée que de la vitesse $g\,dt - dv$. Ces sortes de vitesses qui se détruisent mutuellement \& qui varient d'une tranche à l'autre, sont les unes positives, les autres négatives; \& on a par conséquent, sur toute l'étendue de la hauteur Rq, $\int dx\,(g\,dt - dv) = 0$; ou, en mettant pour dt sa valeur $\dfrac{dx}{v}$, $\int \dfrac{g\,dx^2}{v} - \int dx\,dv = 0$. Substituant pour v sa valeur $\dfrac{Ku}{y}$, pour dv sa valeur $\dfrac{K(y\,du - u\,dy)}{y^2}$; nous aurons $\int \dfrac{g\,y\,dx^2}{Ku}$

$$-\int \frac{K\,dx\,(y\,du - u\,dy)}{yy} = 0.$$

Cela posé, comme l'intégrale doit être prise relativement à la hauteur Rq; & que par conséquent u & du doivent, pour le moment, être regardées comme constantes; que de plus $y\,dx$ est une quantité constante: nous pouvons mettre notre équation sous cette forme,

$$\int dx - K\,du \int \frac{dx}{y} + K\,u\,y\,dx \int \frac{dy}{y^3} = 0.$$

Or, $\int dx$ devient h; $\int \frac{dx}{y}$ (en suppléant convenablement les homogènes) peut représenter l'aire, que je nomme N, d'une courbe construite sur l'axe Rq, & dont les ordonnées sont réciproquement proportionnelles aux différentes sections du réservoir qui répondent aux différens points de Rq; $\int \frac{dy}{y^3}$ représente l'aire d'une courbe qui doit s'évanouir quand $y = AD = M$ & recevoir sa valeur complète quand $y = K$, & partant cette aire $= \frac{1}{2\,M^2} - \frac{1}{2\,K^2}$. De plus $y\,dx = AD\,da = M \times Rr$. Donc l'équation deviendra $2\,g\,h.M^2 \times Rr - 2\,K^2.M.N.u\,du + uu \times Rr\,(K^2 - M^2) = 0$; ou (en nommant s la hauteur dûe à la vîtesse u, ce qui donne $uu = 2\,g\,s$).

(A). $h.M^2 \times Rr - K^2.M.N\,ds + s \times Rr \times (K^2 - M^2) = 0$:

Équation demandée, qui nous sera fort utile.

(231.) COROLLAIRE. On voit d'abord·
que fi l'orifice K peut être fuppofé infiniment petit
par rapport aux amplitudes du vafe, cette équation
devient (en négligeant les termes qui contiennent K),
$h\,M^2 \times Rr - M^2 s \times Rr = 0$, ou $s = h$. D'où
il fuit qu'à chaque inftant la vîteffe au fortir de
l'orifice eft dûe à la hauteur h du fluide au-deffus
de l'orifice, comme nous l'avons trouvé (195).

(232.) PROBLÊME II. *Déterminer les quan-*
tités relatives à l'écoulement, pour un vafe entretenu
conftamment plein ?

Suppofons que notre vafe $A\,B\,C\,D$, foit entretenu conftamment plein à la hauteur Rq; & imaginons qu'à mefure que la furface $A\,D$ s'abaiffe
dans un inftant en $a\,d$, & qu'il fort par conféquent
une petite quantité de liqueur, égale à $A\,D \times R\,r$,
imaginons, dis-je, que la tranche $A\,D\,d\,a$ eft
remplacée par une autre qui eft, pour ainfi dire,
créée en fa place, & qui a la même vîteffe qu'elle.
Que le produit $K \times \zeta$, de l'orifice K par la ligne ζ
repréfente la quantité de liqueur qui fort pendant
le temps t. Il eft clair qu'on aura $K\,d\zeta = M \times R\,r$.
Par conféquent l'équation (A) deviendra ici,

$$h\,M^2 d\zeta - K.M^2 N\,ds + (K^2 - M^2)\,s\,d\zeta = 0;$$

où il n'y a que ζ & s de variables.

Il eft facile d'intégrer cette équation; car fi l'on
fait, pour abréger le calcul, $\dfrac{h}{K.N} = b$,

$\dfrac{M^2 - K^2}{K \cdot M^2 \, N} = f$, on aura $ds + fs\,d\zeta = b\,d\zeta$;

ou, $d\zeta = \dfrac{ds}{b - fs}$, dont l'intégrale eſt $\zeta =$

$- \dfrac{1}{f} L \cdot (b - fs) + C$, c'eſt-à-dire (en

déterminant la conſtante C de manière que $s = 0$

donne $\zeta = 0$), $\zeta = \dfrac{1}{f} L \cdot (\dfrac{b}{b - fs})$. Cette

équation donne (en nommant c le nombre dont

le logarithme hyperbolique eſt 1, & repaſſant aux

nombres), $s = \dfrac{b}{f} (1 - c^{-f\zeta})$. On a donc

en termes finis la relation entre la hauteur s dûe à la

vîteſſe au ſortir de l'orifice & l'eſpace ζ parcouru

par le fluide à ſa ſortie. Par conſéquent on con-

noîtra la quantité $K\zeta$ de liqueur écoulée pour la

hauteur s.

Si on veut avoir de même la relation entre

le temps t & la hauteur s, on obſervera que

$dt = \dfrac{d\zeta}{u} = \dfrac{ds}{(b - fs)\sqrt{2gs}}$. Faiſons $s = y^2$,

$\dfrac{b}{f} = m^2$: nous aurons $dt = \dfrac{2}{f\sqrt{2g}}$

$\times \dfrac{dy}{m^2 - y^2} = \dfrac{1}{fm\sqrt{2g}} (\dfrac{dy}{m + y} + \dfrac{dy}{m - y})$,

dont l'intégrale eſt $t = A + \dfrac{1}{fm\sqrt{2g}} \times$

$L \cdot (\dfrac{m + y}{m - y}) = A + \dfrac{\sqrt{f}}{f\sqrt{b} \cdot \sqrt{2g}} \times$

$L \cdot (\dfrac{\sqrt{b} + \sqrt{fs}}{\sqrt{b} - \sqrt{fs}})$. Donc la conſtante A eſt zéro,

parce que t & s ſont zéro en même temps. Ainſi

$$t = \frac{\sqrt{f}}{f\sqrt{b}\sqrt{2g}} \times L.\left(\frac{\sqrt{b}+\sqrt{fs}}{\sqrt{b}-\sqrt{fs}}\right).$$ On pourra comparer ce temps à celui θ qu'un corps grave met à tomber de la hauteur a ; car on a $\theta = \frac{2\sqrt{a}}{\sqrt{2g}}$.

La relation entre t & ζ se trouvera en mettant dans l'équation $dt = \frac{d\zeta}{u}$ pour u sa valeur $\sqrt{2gs}$, enfuite pour s sa valeur en ζ, trouvée ci-deffus : par-là on aura, $dt = \dfrac{d\zeta}{\sqrt{\frac{2bg}{f}}\cdot\sqrt{[1-c^{-f\zeta}]}}.$

Soit $c^{-f\zeta} = y$, & par conféquent $d\zeta = -\dfrac{dy}{fy}$; on aura la tranformée, $dt = -\dfrac{1}{\sqrt{(2bgf)}}$

$\times \dfrac{dy}{y\sqrt{[1-y]}}$, ou (en faifant $1-y = xx$),

$$dt = \frac{2}{\sqrt{(2bgf)}} \times \frac{dx}{1-xx} = \frac{1}{\sqrt{(2bgf)}}$$

$\times \left(\dfrac{dx}{1+x}+\dfrac{dx}{1-x}\right)$, dont l'intégrale eft

$$t = \frac{1}{\sqrt{(2bgf)}} \times [\log.(1+x)-\log.(1-x)],$$

ou bien (en chaffant x), $t = \dfrac{1}{\sqrt{(2bgf)}}$

$\times [L.(1+\sqrt{[1-c^{-f\zeta}]}) - L.(1 -$

$\sqrt{[1-c^{-f\zeta}]})].$

Il ne faut point ajouter de conftante, parce que $\zeta = 0$ donne $t = 0$, comme cela doit être. Par le moyen de cette équation, on connoîtra la quantité d'eau qui s'écoule en un temps donné ;

car cette quantité $= K \times z$, qu'on peut exprimer maintenant en fonction du temps & de conſtantes.

(233.) *REMARQUE.* La manière dont nous avons imaginé *(art. précéd.)*, que le vaſe $ABCD$ eſt entretenu conſtamment plein, a rarement lieu dans la pratique. Ordinairement la nouvelle tranche $ADda$, ajoutée à chaque inſtant pour réparer la dépenſe qui ſe fait par l'orifice pendant le même inſtant, eſt fournie par une affuſion latérale, & elle reçoit ſa vîteſſe de celle qui la précède en deſcendant & qui l'entraîne en vertu de la ténacité réciproque des parties du fluide. Alors il faut faire quelque changement à la méthode de l'article précédent, pour l'appliquer au cas dont il s'agit.

Soient V la vîteſſe de la tranche $ADda$; v la vîteſſe de la tranche indéterminée $TVut$; g la gravité; t le temps; $rH = x$. Si la tranche $ADda$ étoit livrée à l'action libre de la peſanteur, elle acquerroit dans l'inſtant dt la vîteſſe $g\,dt$. On pourra regarder cette vîteſſe $g\,dt$ comme compoſée de la vîteſſe V & d'une autre $g\,dt - V$ qui doit être anéantie. Par conſéquent, ſi cette même vîteſſe $g\,dt - V$ exiſtoit ſeule dans la tranche $ADda$, & ſi les autres tranches qui répondent à la hauteur rq étoient animées chacune de la vîteſſe $g\,dt - dv$, tout le ſyſtème demeureroit en équilibre. On aura donc l'équation $Rr \times (g\,dt - V) + \int dx\,(g\,dt - dv) = 0$, qui devient (en négligeant $g\,dt$ par rapport à V, &

faifant comme ci-deſſus, $AB = M$, $pq = K$, Rq ou $rq = h$),

$$- 2\,Rr \times K.M.V.u + 2\,gh \times M^2 \times Rr - 2\,K^2$$
$$\times M.N.u\,du + Rr \times u^2 \times (K^2 - M^2) = 0;$$

ou bien encore (en nommant $K \times z$ la quantité d'eau qui s'écoule pendant le temps t, s la hauteur dûe à la viteſſe u, & conſidérant que $V = \dfrac{Ku}{M}$, $Rr = \dfrac{Kdz}{M}$, $uu = 2gs$),

$$h\,M^2\,dz - (K^2 + M^2)\,s\,dz - K.M^2$$
$$\times N\,ds = 0:$$

équation qui eſt de la même forme que celle de l'article précédent, & qui eſt par conſéquent fuſceptible des mêmes calculs.

Lorſque l'orifice K peut être regardé comme infiniment petit, on a ici, comme dans la première hypothèſe, $s = h$.

(234.) **PROBLÈME III.** *Trouver les quantités relatives à l'écoulement, pour un vaſe qui ſe vide ſans recevoir de nouvelle eau !*

Suppoſons qu'au premier inſtant la ſurface du fluide ſoit en SX, & qu'au bout du temps t elle prenne la poſition indéterminée AD, la hauteur Rq étant ici variable. Il eſt clair que ſi en conſervant d'ailleurs les autres dénominations de l'article 230, on fait $Rq = z$, & par conſéquent $Rr = - dz$, l'équation (A) s'appliquera ici, & deviendra,

$$M^2\,z\,dz + K^2 M.N\,ds + s\,dz\,(K^2 - M^2) = 0.$$

Cette équation eſt réductible à la forme $ds + sP d\zeta = Q d\zeta$, P & Q étant des fonctions de ζ & de conſtantes. Pour l'intégrer, je multiplie tous ſes termes par une fonction φ de ζ, telle que le premier membre devienne intégrable : le ſecond le ſera toujours, au moins par les quadratures, quelle que puiſſe être cette fonction. Nous aurons donc d'abord $\varphi ds + \varphi s P d\zeta = \varphi Q d\zeta$. Enſuite ſuppoſons qu'on ait $\varphi s = \int \varphi Q d\zeta$, & par conſéquent $\varphi ds + s d\varphi = \varphi Q d\zeta$. En comparant enſemble les deux équations différentielles, terme à terme, nous aurons $s d\varphi = \varphi s P d\zeta$, ou bien $\dfrac{d\varphi}{\varphi} = P d\zeta$; & $L.\varphi = \int P d\zeta$. Donc en nommant c le nombre dont le logarithme hyperbolique eſt 1, & repaſſant aux nombres, $\varphi = c^{\int P d\zeta}$. Subſtituant cette valeur de φ dans l'équation $\varphi s = \int \varphi Q d\zeta$, nous aurons $s = c^{-\int P d\zeta} . \int Q c^{\int P d\zeta} . d\zeta$. On a donc la relation entre s & ζ.

Les relations entre toutes les quantités qui appartiennent au problème, ſe trouvent ſans peine comme dans les cas précédens ; & la queſtion ſe réduit toujours en général aux quadratures des courbes. Bornons-nous à l'examen d'un cas particulier.

(235.) **PROBLÈME IV.** *Déterminer l'écoulement,*

lorsque le vase qui se vide sans recevoir de nouvelle eau, est un cylindre vertical !

Suivant nos dénominations, M représente la section constante & horizontale du cylindre; $N = \frac{\zeta}{M}$. Ainsi l'équation générale de l'article précédent, devient

$$M^2 \zeta\, d\zeta + K^2 \zeta\, ds - (M^2 - K^2)\, s\, d\zeta = 0.$$

Soient, pour abréger le calcul, $\frac{M^2}{K^2} = m$, $\frac{M^2 - K^2}{K^2} = n$: nous aurons $\zeta\, ds - n\, s\, d\zeta + m\, \zeta\, d\zeta = 0$. Je multiplie tout par φ fonction de ζ; & supposant que l'on ait $\varphi \zeta s + \int \varphi m \zeta\, d\zeta = A$, cette dernière équation donnera $\varphi \zeta\, ds + s (\varphi\, d\zeta + \zeta\, d\varphi) + \varphi m \zeta\, d\zeta = 0$. Comparant terme à terme cette équation avec l'équation $\varphi \zeta\, ds - \varphi n\, s\, d\zeta + \varphi m\, \zeta\, d\zeta = 0$, on aura $\varphi\, d\zeta + \zeta\, d\varphi = - \varphi n\, d\zeta$, ou $\frac{d\varphi}{\varphi} = -(n+1)\frac{d\zeta}{\zeta}$; donc $\times \varphi = B\zeta^{-(n+1)}$. L'équation $\varphi \zeta s + \int \varphi m \zeta\, d\zeta = A$, deviendra donc, $(1 - n) \times s\zeta^{-n} + m\, \zeta^{1-n} = m\, H^{1-n}$, en nommant H la hauteur primitive & donnée du fluide, & déterminant la constante $\frac{A}{B}$ par la condition que $\zeta = H$ donne $s = 0$, ou qu'au premier instant la vitesse du fluide soit nulle.

Si, au premier instant le fluide avoit dans le

cylindre, par quelque caufe extérieure, une vîteffe dûe à une hauteur donnée b, il faudroit déterminer la conftante A par la condition que $z = H$, donnât $s = b \times \dfrac{M^2}{K^2}$. On aura donc toujours facilement s en fonctions de z & de conftantes.

On trouvera auffi fans peine la relation entre le temps & la vîteffe, & la relation entre le temps & la hauteur z.

(236.) *REMARQUE I.* Lorfqu'on a $n = 1$, ou $M^2 = 2 K^2$, la formule de l'article précédent donne pour s une valeur indéterminée. Alors il faut remonter à l'équation différentielle $M^2 z \, dz + K^2 z \, ds - (M^2 - K^2) s \, dz = 0$, qui devient, $2 z \, dz + z \, ds - s \, dz = 0$; ou bien $\dfrac{z \, ds - s \, dz}{z^2} = - \dfrac{2 \, dz}{z}$ dont l'intégrale eft $\dfrac{s}{z} = L \cdot A - L \cdot z^2$. Donc en déterminant la conftante A par la condition que $z = H$ donne $s = 0$, on aura $s = z \cdot L \cdot \left(\dfrac{H^2}{z^2} \right)$.

(237.) *REMARQUE II.* Nous ferons fur ce même problème une autre remarque qui s'applique, avec les changemens convenables, à toutes fortes de vafes. Suppofons que la furface de l'eau immobile au premier inftant dans le cylindre, s'abaiffe de la très-petite hauteur q. On aura $z = H - q$, & (en négligeant le quarré & les plus hautes puiffances de q), $z^{-n} = (H - q)^{-n} = H^{-n}$

$$+ nH^{-n-1} q . z^{1-n} = (H-q)^{1-n}$$

$$= H^{1-n} - (1-n) H^{-n} q.$$ Subſtituant ces valeurs dans l'équation générale $(1-n) s z^{-n} + m z^{1-n} = m H^{1-n}$, elle deviendra

$Hs + nsq - mHq = 0$, ou bien $s = -\dfrac{mHq}{H+nq}$, ou encore, en négligeant le ſecond terme du dénominateur, $s = mq = q \times \dfrac{M^2}{K^2}$. D'où il ſuit que la hauteur dûe à la vîteſſe de la ſurface de l'eau dans le cylindre, eſt exprimée par q. Cette ſurface deſcend donc dans les premiers inſtans du mouvement à la manière des corps qui tombent librement par la peſanteur, ou comme s'il n'y avoit pas de fond dans le cylindre & que le fluide tombât tout d'une pièce.

De-là on a tiré une objection contre l'hypothèſe du paralléliſme des tranches. Il eſt impoſſible, dit-on, que le fluide ſortant par l'ouverture pq moindre que le fond BC puiſſe jamais deſcendre de la même manière que ſi ce fond ne lui faiſoit aucun obſtacle. A cela, on peut répondre que l'objection ſeroit ſans replique, ſi ſur la hauteur entière Oq du cylindre les vîteſſes des différentes tranches étoient égales entr'elles. Mais en ſuppoſant qu'à une petite diſtance du fond les particules ſe dirigent vers l'orifice ſuivant des mouvemens obliques Mp, Nq, & regardant les portions de fluide MpB, NqC

comme ſtagnantes, les particules qui répondent à l'eſpace $p\,M\,N\,q$ ſe mouvront plus vîte que celles de la partie ſupérieure $S\,M\,N\,X$ du cylindre ; & conſéquemment il pourra ſe faire que la ſurface de l'eau deſcende, pendant les premiers inſtans, à peu-près comme un corps peſant & libre. L'expérience doit ſeule décider entre ces deux opinions. Or, elle apprend qu'il n'y a pas de portion de fluide qui ſoit rigoureuſement ſtagnante, & que toutes les particules ont une tendance marquée vers l'orifice ; mais que celles qui ſont dans le voiſinage du trou ont des mouvemens plus rapides que les autres. Il paroît donc que dans cette partie inférieure du vaſe l'hypothèſe du parallélifme des tranches n'a pas lieu ; mais elle eſt ſenſiblement vraie dans toute la partie ſupérieure. D'ailleurs, quand même elle détermineroit l'écoulement d'une manière erronée pour un temps qui eſt comme infiniment petit, il ne s'enſuit point qu'elle ne ſoit pas propre à repréſenter d'une manière très-approchée les écoulemens qui répondent à des temps finis, ou que du moins on n'en puiſſe tirer, à peu de choſe près, les rapports de différens écoulemens. Car ſi les erreurs auxquelles elle eſt ſujette ſuivent toujours la même marche, il pourra ſe faire que les écoulemens naturels & phyſiques ſoient entr'eux comme les écoulemens déterminés par la méthode dont il s'agit.

(2з8.) PROBLÈME V. *Trouver le mouvement d'une quantité déterminée de fluide peſant ou non, qui*

*se meut dans un vase, soit en vertu de la seule pesanteur,
soit en vertu d'une impulsion primitive donnée au fluide,
soit par l'action de ces deux forces à la fois !*

L'équation générale de l'article 230, va nous donner la solution de ce problème. Conservant donc la même Figure & les mêmes dénominations, concevons d'abord que le fond BC soit anéanti, ou qu'on ait $K = BC$, pour permettre au fluide de couler le long du vase, suivant la loi de continuité. Supposons ensuite que la portion donnée de fluide occupe, au premier instant, l'espace $SZKX$, & qu'à la fin du temps t elle soit parvenue dans la position indéterminée $ABCD$. Il est clair qu'en nommant z l'espace OR parcouru verticalement par la surface du fluide, les quantités M, K, N, h feront des fonctions données de z & de constantes, puisque la figure du vase est donnée, & que les deux espaces $SZKX$, $ABCD$ sont égaux entr'eux. L'équation qui représente le mouvement du fluide sera donc toujours de cette forme, $Z\,dz$ $+ AZ'ds + BsZ''dz = 0$; Z, Z' Z'' étant des fonctions de z; A, B, des quantités constantes : & on intégrera cette équation par la méthode de l'article 234. Il faudra que l'intégrale soit telle que la vîtesse initiale d'une tranche donnée du fluide soit donnée.

Quand le fluide n'a pas de pesanteur, le premier terme de l'équation, qui est relatif à cette force, s'évanouit; & l'équation devient fort simple.

Connoiſſant la relation entre s & z, on trouvera facilement t en s ou en z.

On voit que ce problème peut ſervir à déterminer le mouvement de l'eau qui coule dans de longs tuyaux, abſtraction faite de tout frottement.

(239.) **PROBLÈME VI.** *Déterminer la preſſion qu'un fluide coulant dans un vaſe ou dans un tuyau, exerce contre ſes parois ?*

Nous tirons encore de l'article 230 la ſolution de ce problème. Reprenons donc l'hypothèſe, la conſtruction & les dénominations de cet article. La vîteſſe avec laquelle chaque tranche devroit tendre à ſe mouvoir pour demeurer en équilibre, étant $g\,dt - dv$, & par conſéquent la force correſpondante de la même tranche étant $g - \dfrac{dv}{dt}$,

on voit qu'en vertu de ces forces $g - \dfrac{dv}{dt}$, les tranches ſe preſſent les unes les autres, de la même manière que dans un fluide peſant & en repos dans un vaſe les tranches ſe preſſent les unes les autres en vertu de la peſanteur. Donc à la profondeur $R\,H\,(x)$, la preſſion de chaque point de la tranche $T\,V\,u\,t$ eſt exprimée par $\int dx\,(g - \dfrac{dv}{dt})$.

Cette force, qui ſe tranſmet en tout ſens, agit perpendiculairement contre les parois $T\,t$, $V\,u$.

$$\text{Or, } \int dx\,(g - \tfrac{dv}{dt}) = g \times R\,H - \int \frac{dx\,dv}{dt}.$$

Mettant pour dv ſa valeur $\dfrac{K(y\,du - u\,dy)}{yy}$, on aura $\int \frac{dx\, dv}{dt} = \frac{K\, du}{dt} \int \frac{dx}{y} - \frac{K u y\, dx}{dt} \int \frac{dy}{y^3}$.

Les intégrations indiquées, doivent être effectuées de manière que l'aire repréfentée par $\int \frac{dx}{y}$ & que je nomme Q, réponde à RH; & que $\int \frac{dy}{y^3}$ s'évanouiffe lorfque $y = AD$, & reçoive fa valeur complète lorfque $y = TV = H$. Ainfi en mettant pour $y\, dx$ fa valeur $M \times R\, r$, on trouvera que la preffion $\int dx \left(g - \frac{dv}{dt} \right)$, qui répond à la hauteur $RH = g \times RH - \frac{K.Q\, du}{dt}$

$+ \frac{K u \times R\, r \times (H^2 - M^2)}{2\, dt . H^2 M^2}$, expreffion dans laquelle on fubftituera dans chaque cas, pour u & dt leurs valeurs.

Si la valeur de la preffion, pour quelqu'endroit du vafe, étoit négative, cela fignifieroit qu'en cet endroit les tranches n'agiroient pas les unes fur les autres, & que par conféquent le fluide n'y formeroit pas une maffe continue, ou fe détacheroit par parties.

(240.) **PROBLÈME VII.** *Trouver, par les mêmes principes, la force qu'il faut employer pour foutenir un vafe qui donne de l'eau par l'ouverture* p q?

La force cherchée eft égale à la fomme des produits de chaque tranche multipliée par la force en vertu de laquelle la même tranche demeureroit

.en équilibre, par la même raifon que la force requife pour foutenir l'effort d'un fluide pefant & en repos dans un vafe eft égale à la fomme des produits de chaque tranche multipliée par la pefanteur. Ainfi elle a pour valeur, $\int y\,d\,x\,(g - \frac{d\,v}{d\,t})$ $= \int g\,y\,d\,x - \int \frac{y\,d\,x\,d\,v}{d\,t}$. La première partie eft le poids même du fluide; la feconde fe trouve fans peine par ce qui précède.

(241.) SCHOLIE GÉNÉRAL. On voit par la théorie générale que nous venons d'expofer, que dans l'hypothèfe du parallélifme des tranches, on détermine d'une manière affez fimple tout ce qui eft relatif à l'écoulement des fluides qui fortent, par des ouvertures horizontales, des vafes où ils font contenus. La même théorie s'applique également à la recherche du mouvement des fluides dans de longs tuyaux inclinés, quelques finuofités qu'ils puiffent avoir dans le fens de leur longueur, pourvu néanmoins que leur courbure ne varie pas trop brufquement d'un point à l'autre. Il eft indifférent, quant à la facilité du calcul, de fuppofer alors, ou que les tranches font horizontales, ou qu'elles font perpendiculaires aux parois du tuyau en chaque endroit. En comparant avec l'expérience les réfultats des calculs dans les deux fuppofitions, on verra laquelle mérite la préférence. Je n'ai pas befoin d'ajouter que dans la feconde, les tranches ne font parallèles entr'elles que de proche en

proche & fur chacun des élémens de la longueur
du tuyau.

A l'égard des vafes qui donnent de l'eau par de
grandes ouvertures latérales, leurs écoulemens ne
peuvent pas être déterminés par la méthode du
parallélifme des tranches. Car lorfque les particules contenues dans le vafe font arrivées aux
environs de l'orifice, elles fe détournent de la
verticale, & prennent des directions plus ou moins
courbes, tendantes au même orifice. De plus, à
leur fortie, elles n'ont pas la même vîteffe ; les
plus éloignées de la furface du fluide fe meuvent
néceffairement plus vîte que les autres. Il n'y a donc
pas alors d'autre méthode fimple & commode pour
déterminer l'écoulement, que celle du chapitre précédent ; mais il faut pour cela que l'orifice foit
petit en comparaifon des amplitudes du vafe,
comme nous l'avons déjà obfervé.

CHAPITRE V.

Méthodes plus exactes que les précédentes, pour déterminer le mouvement d'un fluide qui coule dans un vase.

(242.) L'HYPOTHÈSE du mouvement parallèle des particules fluides étant sujette à plusieurs difficultés que nous avons rapportées, avec les explications que l'on donne pour les résoudre, ou du moins pour les atténuer, les Géomètres ont cherché d'autres moyens analytiques plus exacts pour représenter le mouvement des fluides. M. d'Alembert a fait voir depuis long-temps qu'on pouvoit appliquer immédiatement à cette recherche le principe d'égalité de pression (*Résistance des fluides*, 1752; *Opuscules Math. tome I.ᵉʳ & V*). M. Euler a traité depuis la même matière avec une profondeur & une abondance qui, dans l'état où l'analyse se trouve aujourd'hui, ne permettent guères d'aller plus loin, sans envisager le problème sous un point de vue un peu différent. (*Acad. de Berlin*, 1755; *Acad. de Péterfbourg*, 1768, 1769, 1770, 1771) Malheureusement toutes ces formules n'offrent, pour ainsi dire, que des vérités spéculatives; & quand on veut en faire des applications physiques, il faut tellement les simplifier ou les dénaturer par différentes suppositions, qu'il auroit peut-être autant valu établir d'abord le calcul fur des principes moins rigoureux. C'eſt ce qui a déterminé M. d'Alembert à propoſer *(Op. Math. tome VI, 1773 ; & VIII, 1782)*, une nouvelle méthode plus ſimple, ſuſceptible d'une grande exactitude, & dont les élémens peuvent être vérifiés facilement par l'expérience. Il ſe contente de ſuppoſer que la ſurface d'un fluide qui coule dans un vaſe demeure toujours horizontale, ce qui eſt conforme à l'expérience; enſuite il imagine, comme il l'avoit déjà fait dans le Tome I.er de ſes *Opuſcules Math.* publié en 1761, que le fluide ſoit partagé en une infinité de tuyaux infiniment étroits qui, partant de la ſurface ſupérieure, viennent ſe terminer à la ſurface inférieure ou à l'orifice, par une direction plus ou moins oblique, ſelon qu'ils ſont plus ou moins éloignés du centre de l'orifice, de manière que la direction du filet central eſt évidemment une ſimple ligne droite verticale.

Dans les Mémoires de l'Académie de Berlin, pour l'année 1781, M. de la Grange qui avoit déjà appliqué *(Acad. de Turin, 1762)*, avec le plus grand ſuccès, au mouvement des fluides, un principe de Dynamique, fondé ſur la méthode *de maximis & minimis,* a fait de nouveaux efforts dignes de ſon génie, pour perfectionner la théorie générale du mouvement des fluides, & ſur-tout les moyens de l'appliquer à des queſtions particulières.

On trouvera dans les deux problèmes ſuivans la ſubſtance, ou une idée générale des travaux de

ces grands Géomètres, fur une matière fi important-
tante. Je commence par celui qui a le plus de
rapport avec ce qui précède.

(243.) PROBLÈME I. *Déterminer l'écoule-*
ment d'un fluide par l'orifice d'un vafe, dans l'hypo-
thèfe que la furface du fluide demeure toujours horizontale,
& que les particules fe meuvent dans des tuyaux fictifs
depuis la furface jufques à l'orifice ?

La furface *A D* du fluide *(Fig. 12)*, demeurant   Fig. 12.
toujours horizontale, il eft évident que fi l'on
parvient à connoître la vîteffe avec laquelle l'un
quelconque de fes points s'abaiffe à chaque inftant,
on connoîtra auffi la quantité élémentaire d'eau
qui fort pendant cet inftant par l'orifice, puifqu'elle
eft égale au produit de la furface par le petit efpace
que parcourt l'un des points de cette même furface.
Nous allons donc chercher le mouvement élémentaire du point *R* qui répond verticalement au centre
H de l'orifice *p q*. De-là on trouvera, par l'intégration, la quantité d'eau qui fort par l'orifice,
pendant un temps fini.

Confidérons la ligne verticale *R H* comme l'axe
d'un tuyau infiniment étroit *R S M N H*, dans
lequel toutes les particules voifines du filet central
R H, fe meuvent de la même manière que fi ce
tuyau formoit un vafe ifolé. Nous regarderons,
pour la plus grande généralité, la figure du tuyau
comme variable d'un inftant à l'autre ; de forte que
cette figure étant *R S M N H* au commencement

d'un inflant, elle devient $r\,s\,m\,n\,H$ à la fin de cet inflant. Imaginons que tout le fluide contenu dans ce canal foit partagé en une infinité de tranches horizontales, d'un même volume. Puifque tous les points du filet central $R\,H$ s'abaiffent verticalement, il eft clair que toutes les tranches dont il s'agit, peuvent être fuppofées s'abaiffer auffi verticalement, avec des vîteffes qui font réciproquement proportionnelles à leurs largeurs. La méthode de l'article 230 pourra donc être employée ici pour déterminer la vîteffe de l'une quelconque des tranches, & par conféquent auffi la vîteffe de la furface $R\,S$, ou du point R.

Soient
{
La gravité. . . . . $= g$,
La hauteur entière $R\,H$ du fluide. . . . . . $= h$,
La hauteur variable $R\,P$ . . . . $= x$,
La tranche première $R\,S$ du tuyau primitif. $= R$,
La tranche dernière $H\,N$. . . . . $= H$,
La tranche dernière $H\,n$ du tuyau varié $r\,s\,m\,n\,H$. . . . . $= m$,
La vîteffe de cette tranche $H\,n$. . . . . $= u$,
La tranche indéterminée $P\,m$. . . . . $= y$,
La vîteffe de cette tranche. . . . . $= v$,
L'élément du temps. . . . . $= dt$,
L'efpace élémentaire dont le point R s'abaiffe. . . . . $= dz$.
}

En appliquant ici le raifonnement de l'article 230 déjà cité, on aura, pour la hauteur entière $R\,H$, l'équation, $\int d\,x\,(g\,d\,t - d\,v) = 0$; ou bien, $g\,d\,t\int d\,x - \int d\,x\,d\,v = 0$. Or, $\int d\,x = h$; $v = \dfrac{u\,m}{y}$, $\&\,d\,v = d\left(\dfrac{u\,m}{y}\right)$; donc, en fuppofant

qu'à

qu'à caufe de la variabilité du tuyau, m devienne $m + \delta m$; que x étant conftante, y devienne $y + dy$; & que x devenant $x + dx$, y devienne $y + dy + \delta y$: on aura

$$d\left(\frac{um}{y}\right) = \left[\frac{(u+du)(m+\delta m)}{y+dy+\delta y}\right] - \left(\frac{um}{y}\right)$$

$$= \frac{mdu + u\delta m}{y} - \frac{mu(dy+\delta y)}{y^2}.$$

Subftituons cette valeur de dv dans l'équation $gdt\int dx - \int dx\,dv = 0$, ou $hgdt - \int dx\,dv = 0$; mettons auffi pour dt fa valeur qu'on voit être $\frac{R\,dz}{mu}$, puifque la tranche fupérieure R s'abaiffe avec une vîteffe $= \frac{mu}{R}$; enfin, confidérons que toutes les intégrales indiquées doivent être prifes de manière que les feules quantités dépendantes de x & de y font variables, & que les autres doivent être regardées, dans ce calcul, comme conftantes. Par-là nous obtiendrons (en obfervant encore que l'expreffion $y\,dx$ d'une tranche quelconque eft fuppofée conftante), $\frac{ghR\,dz}{mu} - (mdu + u\delta m)$

$$\int \frac{dx}{y} + muy\,dx\int\frac{dy}{y^3} + mu\int\frac{dx.\delta y}{y^2} = 0.$$

Nommons N l'intégrale $\int\frac{dx}{y}$ pour la hauteur entière h; effectuons l'intégration $\int\frac{dy}{y^3}$, de manière que l'intégrale s'évanouiffe lorfque $y = R$, & reçoive fa valeur complète lorfque $y = H$; fubftituons pour $y\,dx$ fa valeur $R\,dz$; & $2gs$

pour u^2, s étant la hauteur dûe à la vîtesse u : nous aurons, $h R d z - m^2 N d s - 2 m N s \delta m$

$+ m^2 s R d z \left(\dfrac{1}{R^2} - \dfrac{1}{H^2} \right) + 2 m^2 s$

$\int \dfrac{d x . \delta y}{y^2} = 0.$

Pour faire disparoître le terme qui contient δm, ce qui simplifiera le calcul, soit Δy une variation de y, telle que l'on ait $m . \Delta y = m \delta y - y \delta m$, ou $\delta y = \dfrac{y \delta m}{m} + \Delta y$: l'équation précédente se changera en celle-ci.

$(A). \; h R d z - m^2 N d s + m^2 s R d z$

$\left(\dfrac{1}{R^2} - \dfrac{1}{H^2} \right) + 2 m^2 s \int \dfrac{d x . \Delta y}{y^2} = 0.$

Dans cette équation, $\int \dfrac{d x . \Delta y}{y^2}$ représente l'aire d'une courbe dont l'abscisse est x, l'ordonnée $\dfrac{\Delta y}{y^2}$, laquelle répond à l'axe entier $R H$ & ne forme qu'une quantité infiniment petite du premier ordre. La nature de la courbe $S M N$ qui termine le tuyau fictif initial, & la variation Δy de l'ordonnée y, doivent être vérifiées par un nombre suffisant d'expériences. Alors on pourra faire de l'équation (A) des usages analogues à ceux qu'on a faits de l'équation pareille de l'article 230.

(244.) **COROLLAIRE I.** Supposons, pour éclaircir ce que nous venons de dire, par une application, que le vase se vide sans recevoir de nouvelle eau, & que la base inférieure H du tuyau fictif initial foit très - petite par rapport à la bafe fupéricure R; fuppofons de plus que la tranche m, qui eft regardée comme conftante dans l'équation (A) foit égale à H. Alors, en nommant q la hauteur variable RH, ce qui donne $dz = -dq$; & négligeant tous les termes qui contiennent H^2, excepté toutefois le dernier qu'on verra tout-à-l'heure pouvoir être confervé : l'équation (A) deviendra fimplement, $-q + s + \dfrac{2H^2 s}{R dq}$

$$\int \frac{dx.\Delta y}{y^2} = 0.$$

Cela pofé, fi on avoit $s = q$, c'eft-à-dire fi la vîteffe au fortir de l'orifice H, étoit dûe à la hauteur entière du fluide dans le vafe, le dernier terme de notre équation feroit zéro. Mais s'il y a quelque différence entre s & q, (l'expérience femble en effet prouver que s eft un peu moindre que q), le terme dont il s'agit, qui n'eft plus zéro, fert à expliquer cette différence. Or, on peut attribuer à ce terme différentes valeurs, telles que l'intégrale $\int \dfrac{dx.\Delta y}{y^2 dq}$ foit comparable à l'intégrale $\int \dfrac{dy}{y^3}$ qui, dans le cas préfent, eft $-\dfrac{1}{2H^2}$. Car foit, par exemple, $y = a + p$, & $dy = dp$; $\Delta y = \dfrac{p^r dq}{(a + p)^r}$; $dx = \dfrac{A dp}{p^r (a + p)^k}$: il eft clair que les deux différentielles $\dfrac{dy}{y^3}$ & $\dfrac{dx.\Delta y}{y^2 dq}$, c'eft-à-dire, $\dfrac{dp}{(a + p)^3}$ & $\dfrac{A p^{n-r} dp}{(a + p)^{k+r+2}}$, feront comparables

U ij

entr'elles , en prenant convenablement les expo-
fans n, k, r. Il pourra même fe faire que la feconde
foit beaucoup plus grande que la première. On
trouvera des réfultats analogues pour une infinité
d'autres fuppofitions fur les valeurs de y, Δy, dx.

(245.) COROLLAIRE II. Dans l'hypothéfe
du parallélifme des tranches fur toute la largeur
du vafe, la valeur de la preffion en chaque point
des parois eft (239), $\int dx \left(g - \frac{dv}{dt}\right)$: ici la preffion
pour chaque point du tuyau fictif $R\,S\,M\,N\,H$ a
femblablement pour valeur $\int dx \left(g - \frac{dv}{dt}\right)$; mais
comme le dv n'eft pas le même dans les deux cas,
les preffions ne font pas non plus les mêmes. La
quantité $\int \frac{dx.\Delta y}{y^2}$, qui affecte maintenant la vîteffe,
affecte auffi la preffion ; & cette altération fe communique de proche en proche jufques aux parois
du vafe. De-là, en examinant par la voie de l'expérience, la vîteffe avec laquelle le fluide fortiroit
par une petite ouverture faite aux parois, on pourroit tirer de nouvelles lumières fur la valeur de la
quantité $\int \frac{dx.\Delta y}{y^2}$.

(246.) *REMARQUE.* Lorfque le vafe $ABCD$
a une largeur finie, l'ordonnée y du tuyau fictif
$R\,S\,M\,N\,H$ peut être très-différente de l'ordonnée
correfpondante du vafe ; & le terme qui dans l'é-
quation (A) contient $\int \frac{dx.\Delta y}{y^2}$, peut être très-

comparable aux autres. Mais fi le vafe eſt infiniment étroit, la. vîteſſe de tous les points d'une
même tranche eſt à peu-près la même; l'ordonnée
du tuyau fictif eſt à très-peu de chofe près l'ordonnée même du vafe; le δy & le Δy ſont infiniment petits par rapport à dy. D'où il réſulte que
dans le cas préſent, la quantité $\dfrac{dx.\Delta y}{y^2}$ fera infi-
ment plus petite par rapport à $\dfrac{dy}{y^3}$, que lorſque
la largeur du vafe eſt ſuppoſée finie.

Toute cette théorie porte, comme on voit,
ſur des élémens qui doivent être donnés par des
expériences variées & répétées de pluſieurs manières:
expériences nullement difficiles à imaginer & à
exécuter.

(247.) **PROBLÈME II.** *Déterminer par le
principe d'égalité de preſſion, le mouvement d'un fluide
qui coule dans un vafe !*

La ſolution générale de ce problème dépend de
pluſieurs conſidérations que nous allons expoſer
ſucceſſivement.

I. Quelles que ſoient les forces dont une maſſe
fluide en équilibre puiſſe être animée, nous avons
vu (179, n.° 4), que ſi l'on conçoit dans cette
maſſe un canal de figure quelconque, rentrant en
lui-même, la liqueur contenue dans ce canal fera
en équilibre indépendamment du reſte de la maſſe:
c'eſt-à-dire, que ſi l'on imagine que le reſte du

fluide fe durciffe fans pouvoir changer de place, ni de volume, il-y aura équilibre dans le canal, comme auparavant. Rien n'eft, en effet, plus évident. Car le fluide contenu dans le canal demeure toujours dans le même état de compreffion, & chacune de fes particules eft toujours également preffée en tout fens; il n'y a par conféquent aucune raifon pour que l'équilibre fe rompe.

I I. En conféquence de cette loi, confidérons dans un fluide en équilibre *(Fig. 1 3)* quatre points, M, N, K, H, pris où l'on voudra, mais fitués dans un même plan, & formant entr'eux un canal rectangulaire $MNKH$. Ce canal fera en équilibre. Ayant choifi à volonté le point fixe E, & ayant mené, pour le point M, les coordonnées rectangles $EP = x$, $PM = y$, l'une parallèle à MH, l'autre à MN, fuppofons que toutes les forces auxquelles les particules du fluide font foumifes, agiffent dans le plan EPM, & que par conféquent chacune d'elles foit réductible à deux autres, l'une parallèle à EP, l'autre à PM. Nommons P & P' les forces qui pouffent les points M & N parallèlement à EP; Q & Q' les forces qui pouffent les points M & H parallèlement à PM; & que ces différentes forces foient des fonctions de x, de y, & d'un temps t écoulé depuis une certaine époque. De plus, faifons $MH = \delta x$, $MN = \delta y$. Ces différentielles δx, δy font relatives au changement qui arrive lorfqu'on paffe de la confidération du point M à celle d'un autre point H ou N qui en eſt infiniment proche, tandis que je conſerve les différentielles dx & dy pour indiquer le changement qui arrive lorſqu'une *même* particule paſſe du lieu qu'elle occupe au lieu contigu. Elles ſe trouvent les unes & les autres par les mêmes règles : & on doit obſerver que dans les différentielles d'une fonction relative aux mêmes coordonnées x & y, δx & dx ont toujours le même coéfficient, & que δy & dy ont auſſi le même coéfficient.

Maintenant, il eſt clair qu'en vertu de la force Q, la preſſion de la colonne MN ſur le point N eſt $Q\delta y$; & qu'en vertu de la force P', la preſſion de la colonne NK ſur le point K eſt $P'\delta x$. La première preſſion ſe tranſmet, comme la ſeconde, au point K; & en les ajoutant enſemble, on aura $Q\delta y + P'\delta x$ pour la preſſion totale que ce même point K ſouffre de la part du fluide MNK. De même, en vertu de la force P la preſſion de la colonne MH ſur le point H eſt $P\delta x$; & en vertu de la force Q' la preſſion de la colonne HK ſur le point K eſt $Q'\delta y$. Ajoutant enſemble ces deux preſſions, on aura $P\delta x + Q'\delta y$ pour la preſſion totale que le point K ſouffre de la part du fluide MHK. Or, pour qu'il y ait équilibre, il faut que le point K ſoit également preſſé par le fluide MNK, & par le fluide MHK. On aura donc $Q\delta y + P'\delta x = P\delta x + Q'\delta y$, & par conſéquent $(P' - P)\,\delta x = (Q' - Q)\,\delta y$. Mais il eſt évident que $P' - P$ eſt la différentielle de P; & qu'en prenant cette différentielle il faut ſimplement faire varier y, puiſque du point M au point infiniment voiſin N, x & t demeurent conſ-tans : de même, $Q' - Q$ eſt la différentielle de Q, qu'il faut prendre en ne faiſant ſimplement varier que x. Donc en ſuppoſant $P' - P = A \delta y$, $Q' - Q = A' \delta x$, on aura $A \delta y . \delta x = A' . \delta x . \delta y$, ou $A = A'$. Par conſéquent l'état d'équilibre demande que *la différentielle de* P, *priſe en ne faiſant varier que* y, *& diviſée par* δ y, *ſoit la même que la diffé-rentielle de* Q, *priſe en ne faiſant varier que* x, *& diviſée par* δ x.

On énonce ordinairement cette propoſition d'une manière commode & abrégée que voici, $\left(\dfrac{\delta P}{\delta y} \right)$ $= \left(\dfrac{\delta Q}{\delta x} \right)$, ou ce qui revient au même, $\left(\dfrac{d P}{d y} \right)$ $= \left(\dfrac{d Q}{d x} \right)$ *.

I I I. Il eſt également facile de trouver les condi-tions de l'équilibre, quand les forces qui agiſſent ſur le fluide, ne ſont pas dans un même plan. Car quelques directions que ces forces aient, elles peu-vent toujours être réduites à trois, dont deux ſoient ſituées dans le plan $E\ P\ M$, & la troiſième ſoit perpendiculaire au même plan. Suppoſons donc que le point M éprouve l'action de trois forces P, Q, R, de même nature que les forces P, Q, du n.º précé-

---

* J'emploie des parenthèſes, à la manière de M. Euler, pour diſtinguer une quantité de ce genre d'avec le quotient d'une différentielle diviſée par une autre différentielle.

dent, & parallèles chacune à chacune des trois coordonnées rectangles x, y, z. Concevons ensuite huit points fluides M, N, K, H, Q, O, S, R, formant un parallélipipède rectangle qu'on peut regarder comme composé de six canaux rectangulaires. Le fluide fera en équilibre dans chacun de ces canaux. Ainfi l'équibre dans le canal $MNKH$ donnera $(\frac{dP}{dy}) = (\frac{dQ}{dx})$; l'équilibre dans le canal $MOQH$ donnera $(\frac{dP}{dz}) = (\frac{dR}{dx})$; & l'équilibre dans le canal $MNSO$ donnera $(\frac{dQ}{dz}) = (\frac{dR}{dy})$. Les trois autres canaux donneroient les mêmes équations. On a donc en général les conditions de l'équilibre d'un fluide foumis à des forces quelconques.

IV. Tout cela pofé, que le fluide $ABCD$ *(Fig. 14.)* foumis à l'action de la pefanteur fe meuve dans le vafe qui le contient, fuivant telle loi qu'on voudra, de manière cependant que chaque point M n'ait que deux mouvemens, l'un vertical ou parallèle à EP, l'autre horizontal ou parallèle à PM. On appliquera fans peine, au moyen du n.° précédent, la même théorie à l'hypothèfe où les particules du fluide auroient, outre le mouvement vertical, deux mouvemens horizontaux perpendiculaires entr'eux ; ce qui eft le cas le plus compofé du problème, puifqu'on peut toujours réduire un mouvement quelconque aux trois dont

Fig. 14.

nous parlons. Ici je n'en confidère que deux, pour fimplifier le calcul.

Soient, comme dans le n.° II, quatre points fluides M, N, K, H formant un parallélogramme rectangle; qu'au bout d'un inftant ils parviennent refpectivement en m, n, k, h; & foient menées à l'axe EP, les perpendiculaires mp, nf, hg, kq.

$$\text{Suppofons} \begin{cases} \text{La gravité} \dots\dots\dots\dots\dots\dots = g, \\ EP \dots\dots\dots\dots\dots\dots\dots\dots = x, \\ PM \dots\dots\dots\dots\dots\dots\dots\dots = y, \\ PO \dots\dots\dots\dots\dots\dots\dots\dots = z, \\ \text{Le temps} \dots\dots\dots\dots\dots\dots = t, \\ \text{La vîteffe du point } M \text{ parallèlement} \\ \quad \text{à } EP \dots\dots\dots\dots\dots\dots = u, \\ \text{La vîteffe du même point parallèle-} \\ \quad \text{ment à } PM \dots\dots\dots\dots\dots = v. \end{cases}$$

Les vîteffes u & v varient, à mefure que les coordonnées x & y, & le temps t varient : elles font donc en général des fonctions de x, y & t. Pour déterminer la nature de ces fonctions, on obfervera que le fluide étant fuppofé couler dans un vafe, on a $\dfrac{u}{y} = \dfrac{dx}{dz}$, lorfque $y = z$. Or, $\dfrac{dx}{dz}$ eft une fonction de x & z, donnée par la figure du vafe, & indépendante du temps. Il faut donc que les quantités u & v foient telles qu'en faifant $y = z$, la fonction du temps qu'elles renferment, difparoiffe. Il y a plufieurs moyens analytiques de fatisfaire à cette condition : car foient, par exemple, $u = M\theta + M'\theta' + M''\theta'' + \&c.$; $v = N\theta + N'\theta' + N''\theta'' + \&c.$; ($\theta$, θ', θ'' étant des fonctions du temps ; M & N des fonctions quelconques de y & z ; M', N', M'', N'', d'autres fonctions de x & z, telles qu'elles s'évanouissent lorsque $y = z$). Il est clair qu'on aura $\frac{u}{v} = \frac{dx}{dz} = \frac{M}{N}$ fonction de x & z, lorsque $y = z$. Mais, sans examiner en détail toutes les espèces de fonctions qu'on peut employer analytiquement dans cette recherche, je m'en tiens à la supposition $u = M\theta$, $v = N\theta$, qui est très-générale & qui suffit pour rendre raison du mouvement d'un fluide qui coule dans un vase, tel que nous le considérons ici. Si le fluide avoit une étendue assez grande pour qu'on pût le regarder comme indéfini, les vîtesses u & v ne seroient pas assujetties à la condition que nous venons d'exposer ; mais alors il faudroit supposer d'autres conditions équivalentes , comme, par exemple, que le mouvement du fluide parvient, par une cause quelconque, à un état constant & tel que pour les mêmes coordonnées x & y, les quantités M & N ont les mêmes valeurs ; sans quoi le problème demeureroit indéterminé.

V. Soient $du = d(\theta M) = \theta A\,dx + \theta B\,dy + M.T\,dt$; $dv = d(\theta N) = \theta A'\,dx + \theta B'\,dy + N.T\,dt$; A, B, A', B' étant des fonctions de x & de y, T une fonction du temps, dx & dy les espaces parcourus verticalement & horizontalement par le point M, durant l'instant dt. En mettant pour dx sa valeur $u\,dt$ ou $\theta M\,dt$, &

pour dy sa valeur $v\,dt$ ou $\theta\,N\,dt$, on aura la force verticale $\dfrac{du}{dt} = \theta^2 A.M + \theta^2 B.N + M.T$;

& la force horizontale $\dfrac{dv}{dt} = \theta^2 A'.M + \theta^2 B'.N + N.T$. Or, 1.º si les particules n'agissoient point les unes sur les autres, la vîtesse verticale u deviendroit à la fin de l'instant dt, $u + g\,dt$. Donc, par le principe de Dynamique de M. d'Alembert, si l'on regarde la vîtesse $u + g\,dt$ comme composée des deux vîtesses $u + du$ & $g\,dt - du$; & si l'on considère que de ces deux vîtesses, la première est la seule qui subsiste, il est clair que la seconde $g\,dt - du$ doit être telle qu'elle ne change rien à la première, & qu'elle soit anéantie. 2.º On verra de même, à l'égard de la vîtesse horizontale v, qu'en vertu de la vîtesse $- dv$, le point M devroit être en équilibre. Par conséquent, si le point M étoit soumis à chaque instant à l'action des deux forces $g - \dfrac{du}{dt}$, $- \dfrac{dv}{dt}$, il demeureroit en équilibre ; ce qui donne (N.º II) l'équation fondamentale $\left(\dfrac{d\,[\,g - (\theta^2 A.M + \theta^2 B.N + M.T)\,]}{dy} \right)$

$= \left(\dfrac{d\,[\,-\theta^2 A'.M - \theta^2 B'.N - N.T.\,]}{dx} \right).$

VI. Comme le fluide est supposé incompressible, le rectangle $MNKH$, en passant dans la position $m\,n\,k\,h$, occupe toujours le même espace. Il faut donc trouver l'expression de l'aire $m\,n\,k\,h$ & l'égaler à celle du rectangle $MNKH$. Pour

cela, on obfervera que dans l'inftant dt le point
M parcourt parallèlement à EP un petit efpace
$= udt$, & parallèlement à ED un petit efpace
$= vdt$; de plus, puifque les différentielles dy, δy
ont le même coéfficient, on voit qu'au point N
auquel répond l'ordonnée $y + \delta y$, la vîteffe u
devient $u + \theta B \delta y$, & la vîteffe v devient
$v + \theta . B' \delta y$; ainfi le point N parcourt parallèlement à EP un petit efpace $= (u + \theta . B \delta y) dt$,
& parallèlement à ED un petit efpace $= (v +$
$\theta . B' \delta y) dt$. De même, les différentielles dx & δx
ayant le même coéfficient, on trouve que le point
H parcourt parallèlement à EP un petit efpace
$= (u + \theta . A \delta x) dt$, & parallèlement à ED un
petit efpace $= (v + \theta . A' \delta x) dt$; qu'enfin le
point K parcourt parallèlement à EP un petit
efpace $= (u + \theta . A \delta x + \theta . B \delta y) dt$,
& parallèlement à ED un petit efpace $= (v +$
$\theta . A' \delta x + \theta . B' \delta y) dt$. Ainfi, Ep & pm, Ef &
fn, Eg & gh, Eq & qk, étant fuppofées les
coordonnées des points m, n, h, k, on aura pour
les abfciffes, $Ep = x + udt$; $Ef = x + (u$
$+ \theta . B \delta y) dt$; $Eg = x + \delta x + (u +$
$\theta . A \delta x) dt$; $Eq = x + \delta x + (u + \theta . A \delta x$
$+ \theta . B \delta y) dt$; & pour les ordonnées, pm
$= y + vdt$; $fn = y + \delta y + (v + \theta . B' \delta y) dt$;
$gh = y + (v + \theta . A' \delta x) dt$; $qk = y + \delta y$
$+ (v + \theta . A' \delta x + \theta . B' \delta y) dt$. Or, puifqu'il
réfulte de ces expreffions que la différence des deux
lignes Ep & Ef, celle des deux lignes Eg & Eq,

celle des deux lignes pm & fn, celle des deux lignes gh & qk, font des infiniment petits du fecond ordre, il s'enfuit que les lignes mn, hk peuvent être regardées comme parallèles à ED, & les lignes mh, nk comme parallèles à EP. Donc le quadrilatère $mnkh$ peut être confideré comme un rectangle dont la furface $= mh \times mn = (Eg - Ep) \times (fn - pm)$, fenfiblement : & comme il doit être égal au rectangle MNK, on aura l'équation $\delta x . \delta y = (\delta x + \theta . A \delta x dt) \times (\delta y + \theta . B' \delta y dt)$; d'où l'on tire, en effaçant ce qui fe détruit & négligeant les infiniment petits du troifième ordre, $\theta A \delta x \delta y dt + \theta . B' \delta x \delta y dt = 0$; ou $A = - B'$; ou, ce qui revient au même, $\left(\frac{dM}{dx}\right) = -\left(\frac{dN}{dy}\right)$; première équation de condition entre M & N, par laquelle on voit que $Ndx - Mdy$ doit être une différentielle complète.

VII. L'équation fondamentale du numéro V, devant être identique (N.° II), il faut que la partie $\left(\frac{d(M.T)}{dy}\right)$ du premier nombre foit égale à la partie correfpondante $\left(\frac{d(N.T)}{dx}\right)$ du fecond. Ainfi, à caufe de T conftant dans ces expreffions, on aura $\left(\frac{dM}{dy}\right) = \left(\frac{dN}{dx}\right)$: feconde équation de condition entre M & N, par laquelle on voit que $Mdx + Ndy$ doit être une différentielle complète.

VIII. Il eſt facile de s'aſſurer *à poſteriori*, que les deux équations $\left(\dfrac{dM}{dx}\right) = -\left(\dfrac{dN}{dy}\right)$, $\left(\dfrac{dM}{dy}\right) = \left(\dfrac{dN}{dx}\right)$ rempliſſent les conditions de l'équilibre, ou ſatisfont entièrement à l'équation fondamentale propoſée. Car puiſqu'on a $\left(\dfrac{d(M.T)}{dy}\right) = \left(\dfrac{d(N.T)}{dx}\right)$ le reſte de cette équation donnera (θ étant ici conſtant), $A\left(\dfrac{dM}{dy}\right) + M\left(\dfrac{dA}{dy}\right) + B\left(\dfrac{dN}{dy}\right) + N\left(\dfrac{dB}{dy}\right) = A'\left(\dfrac{dM}{dy}\right) + M\left(\dfrac{dA'}{dx}\right) + B'\left(\dfrac{dN}{dx}\right) + N\left(\dfrac{dB'}{dx}\right).$

Or, puiſqu'on a $A = \left(\dfrac{dM}{dx}\right)$, $B = \left(\dfrac{dM}{dy}\right)$, $A' = \left(\dfrac{dN}{dx}\right)$, $B' = \left(\dfrac{dN}{dy}\right)$, on aura $A\left(\dfrac{dM}{dy}\right) = \left(\dfrac{dM}{dx}\right) \times \left(\dfrac{dM}{dy}\right)$; $B\left(\dfrac{dN}{dy}\right) = \left(\dfrac{dM}{dy}\right) \times \left(\dfrac{dN}{dy}\right) = -\left(\dfrac{dM}{dy}\right) \times \left(\dfrac{dM}{dx}\right)$; $A'\left(\dfrac{dM}{dx}\right) = \left(\dfrac{dN}{dx}\right) \times \left(\dfrac{dM}{dx}\right)$; $B'\left(\dfrac{dN}{dx}\right) = \left(\dfrac{dN}{dy}\right) \times \left(\dfrac{dN}{dx}\right) = -\left(\dfrac{dM}{dx}\right) \times \left(\dfrac{dN}{dx}\right)$; $M\left(\dfrac{dA}{dy}\right) = M\left(\dfrac{d\left(\dfrac{dM}{dx}\right)}{dy}\right)$; $M\left(\dfrac{dA'}{dx}\right) = M\left(\dfrac{d\left(\dfrac{dN}{dx}\right)}{dx}\right) = M\left(\dfrac{d\left(\dfrac{dM}{dy}\right)}{dx}\right)$, expreſſion qui par la nature du calcul différentiel, eſt la même choſe que

$$M\left(\frac{d\left(\frac{dM}{dx}\right)}{dy}\right); \quad N\left(\frac{dB}{dy}\right) = N\left(\frac{\left(\frac{dM}{dy}\right)}{dy}\right);$$

$$N\left(\frac{dB'}{dx}\right) = N\left(\frac{d\left(\frac{dN}{dy}\right)}{dx}\right) = N\left(\frac{d\left(\frac{dN}{du}\right)}{dy}\right)$$

$$= N\left(\frac{d\left(\frac{dM}{dy}\right)}{dy}\right).$$ Subſtituant toutes ces valeurs dans l'équation précédente, on trouvera que tous ſes termes ſe détruiſent ; & que par conſéquent elle eſt identique.

I X. *REMARQUE.* Il y a un cas où l'équation $\left(\frac{dM}{dy}\right) = \left(\frac{dN}{dx}\right)$, réſultante de l'hypothèſe $\left(\frac{d(M.T)}{dy}\right) = \left(\frac{d(N.T)}{dx}\right)$, n'a pas lieu néceſſairement. Cela arrive lorſque la fonction T du temps eſt un multiple de θ^2. En effet, ſuppoſons $T = b\,\theta^2$, b étant un coéfficient conſtant : l'équation fondamentale du N.° V devient (en diviſant tout par θ^2), $\left(\frac{d(g - A.M - B.N - M.b)}{dy}\right)$

$= \left(\frac{d(-A'.M - B'N - Nb)}{dx}\right)$; c'eſt-à-dire,

$$- M\left(\frac{dA}{dy}\right) - A\left(\frac{dM}{dy}\right) - N\left(\frac{dB}{dy}\right)$$

$$- B\left(\frac{dN}{dy}\right) - b\left(\frac{dM}{dy}\right) = - M\left(\frac{dA'}{dx}\right)$$

$$- A'\left(\frac{dM}{dx}\right) - N\left(\frac{dB'}{dx}\right) - B'\left(\frac{dN}{dx}\right)$$

$$- b\left(\frac{dN}{dx}\right);$$ ou bien (en mettant pour

A.

A, B, A', B', leurs valeurs $(\frac{dM}{dx})$, $(\frac{dM}{dy})$,

$(\frac{dN}{dx})$, $(\frac{dN}{dy})$, & effaçant les termes qui se

détruisent en vertu de l'équation $(\frac{dM}{dx})$

$= -(\frac{dN}{dy})$, qui a toujours lieu N.º VI).

$$M\left(\frac{dA}{dy}\right) + N\left(\frac{dB}{dy}\right) + b\left(\frac{dM}{dy}\right)$$
$$= M\left(\frac{dA'}{dx}\right) + N\left(\frac{dB'}{dx}\right) + b\left(\frac{dN}{dx}\right):$$

équation aux différences partielles du premier ordre,
à laquelle il faudra satisfaire, de même qu'à l'équation $(\frac{dM}{dx}) = -(\frac{dN}{dy})$, pour représenter le mouvement du fluide dans le cas dont
il s'agit.

La valeur de la fonction θ du temps est ici donnée immédiatement ; car puisqu'on a en général
$d\theta = T\,dt$ (N.º V), & qu'on suppose maintenant $T = b\theta^2$; nous aurons $d\theta = b\theta^2\,dt$;
d'où l'on tire $\theta = \frac{1}{a - bt}$. Or, si l'on suppose
que le fluide soit animé, seulement par la pesanteur,
& que les vîtesses u & v soient zéro, lorsque $t = 0$,
on voit qu'à cause des équations $u = M\theta$, $v = N\theta$,
la fonction θ du temps sera aussi $= 0$, lorsque $t = 0$.
Donc alors l'équation $\theta = \frac{1}{a - bt}$ ne peut pas
avoir lieu, puisque θ n'est pas zéro, lorsque $t = 0$.
Mais, si au premier instant, le fluide a reçu une

Tome I.   X

impulfion quelconque, par exemple, s'il a été mis
en mouvement par l'action d'un piflon, l'équation
$\theta = \dfrac{1}{a - bt}$ fera admiffible ; & les vîteffes initiales
du fluide feront $\dfrac{M}{a}$, $\dfrac{N}{a}$.

IX. SCHOLIE GÉNÉRAL. Dans la recherche
générale des fonctions M, N, θ, on obfervera
1.° que les valeurs de ces fonctions doivent être
compatibles avec l'équation qui exprime la figure
du vafe. 2.° Que les réfultantes des forces perdues
$g - \dfrac{du}{dt}$, $- dv$, doivent être perpendiculaires
aux furfaces fupérieure & inférieure du fluide,
puifque fi ces forces exiftoient feules, le fluide feroit
en équilibre, & que dans un fluide en équilibre les
forces qui agiffent à fa furface font néceffairement
perpendiculaires à cette furface. 3.° Que les réfultantes dont il s'agit agiffent de haut en bas pour
la furface fupérieure du fluide, & de bas en haut
pour la furface inférieure ; autrement les parties
du fluide fe détacheroient, & il ne formeroit
plus une maffe continue, comme on le fuppofe
dans la folution du problême. 4.° Que la théorie
dont il s'agit a principalement lieu pour les vafes
qui vont en fe rétréciffant de haut en bas, ou qui
du moins s'éloignent peu de la forme prifmatique,
foit dans un fens, foit dans l'autre ; car, dans un
vafe qui va en s'élargiffant confidérablement de
haut en bas, il doit arriver fouvent que le fluide

abandonne les parois; & alors les particules tombent comme des corps détachés.

Je me contente d'indiquer ces remarques générales. Si je voulois en développer les applications & les conféquences, il me faudroit un efpace beaucoup plus grand que je ne puis le donner ici à des objets de fimple curiofité. Les Lecteurs qui voudront faire une étude plus particulière de toutes ces théories, pourront confulter les Ouvrages que j'ai cités au commencement de ce chapitre.

CHAPITRE VI.

De l'écoulement des fluides qui ſortent de vaſes compoſés, ou de vaſes partagés en compartimens par des cloiſons.

(248.) L ES beſoins de la pratique, mon objet principal, exigeant néceſſairement toute la ſimplicité poſſible dans les calculs, même aux dépens d'une grande préciſion, me forcent ici, comme ailleurs, de revenir preſque toujours à l'hypothèſe où les écoulemens ſe font par de petits orifices ; hypothèſe qui entraîne ou admet celle d'une vîteſſe dûe à la hauteur réelle & libre du fluide au-deſſus de l'orifice. On verra que nonobſtant cette ſuppoſition, il ſe rencontre encore, dans les problèmes ſuivans, pluſieurs cas où les opérations analytiques font fort compliquées.

(249.) PROBLÈME I. *L'eau étant entretenue conſtamment* (Fig. 15) *au même niveau* A D *(par l'affluence d'une rivière, d'une ſource ou de toute autre manière), dans un vaſe compoſé de deux autres* A B C D, G H K I, *dont l'inférieur eſt percé à ſon fond ou à ſes parois d'une petite ouverture* p q, *par laquelle l'eau s'échappe continuellement : on demande la quantité d'eau qui ſortira en un temps propoſé ?*

L'orifice *p q* étant regardé comme infiniment

petit par rapport aux amplitudes ou sections horizontales des deux vases composans *A B C D*,
G H K I, il est clair que l'écoulement est le même
que si au vase composé on substitue le vase simple
A E F D; d'où il suit que ce problème se rapporte
à celui de l'article 201.

(250.) PROBLÈME II. *Suppofons maintenant*
que les deux vafes compofans A B C D, G H K I,
foient verticaux & prifmatiques : que la furface de l'eau
étant d'abord en A D, *le vafe compofé fe vide par*
l'orifice p q, *fans recevoir de nouvelle eau : on demande*
le temps que la furface de l'eau met à s'abaiffer d'une
hauteur quelconque ?

La vîteffe en *p q* étant dûe, à chaque inftant,
à la hauteur du fluide au-deffus de l'orifice, &
l'écoulement étant évidemment le même, tant que
le fluide eft dans le vafe fupérieur, que fi au vafe
compofé on fubftituoit le fimple vafe prifmatique
vertical *A E F D :* il s'enfuit (209) qu'en défignant le temps que la furface de l'eau met à
parcourir un certain efpace par la lettre *T* écrite
au-devant de cet efpace; & nommant *A* l'aire de
chaque fection horizontale du vafe *A B C D;*
K, celle de l'orifice *p q;* θ, le temps de la chute
par *a :* on aura, $T.AL = \dfrac{\theta A (\sqrt{AE} - \sqrt{LE})}{K\sqrt{a}}$;

& $T.AB = \dfrac{\theta A (\sqrt{AE} - \sqrt{BE})}{K\sqrt{a}}$.

Quand la furface du fluide eft parvenue dans le
vafe inférieur, par exemple en *N P*, l'écoulement

se fait dans un vase simple ; & on a (en nommant B chaque section horizontale de ce vase $GHKI$),

$$T.GN = \frac{\theta B\,(\sqrt{GH} - \sqrt{NH})}{K\sqrt{a}}.$$

Ajoutant ce temps avec celui qui a été employé à parcourir AB, on aura,

$$T.AQ = \frac{\theta A\,(\sqrt{AE} - \sqrt{BE}) + \theta B\,(\sqrt{BE} - \sqrt{BQ})}{K\sqrt{a}}.$$

Le problème ne seroit pas plus difficile à résoudre, quant aux élémens de la question (204), si les deux vases composans avoient toute autre figure.

(251.) *REMARQUE I.* Selon l'expérience, tant que le fluide conserve une certaine hauteur au-dessus de BC dans le vase supérieur, la vîtesse en pq est dûe, au moins sensiblement, à la hauteur entière du fluide au-dessus de pq, même lorsque pq augmente jusqu'à devenir égal au fond HK, pourvu néanmoins que le tuyau $GHKI$ soit fort mince par rapport au vase supérieur $ABCD$, & que de plus la hauteur GH soit fort petite. Le temps que la surface du fluide met à descendre dans le vase supérieur, de AD en BC, peut donc encore alors se déterminer comme dans l'article précédent. Mais quand le fluide est parvenu dans le tuyau $GHKI$, & que l'orifice $pq = HK$, la masse d'eau $GHKI$ tombe tout d'une pièce, à la manière des corps pesans. Si l'on veut connoître le temps qu'elle met à s'écouler entièrement, ou ce qui revient au même, le temps que la surface GI de l'eau emploie à parcourir GH, on observera

qu'au premier inftant de ce moûvement, la furface
GI a une vîteffe initiale, qui eft (193) à la
vîteffe en HK, comme B eft à A, au moins à
peu-près. Soit XG la hauteur dûe à cette vîteffe
initiale : on trouvera, par les formules ordinaires
des mouvemens variés, $u\,du = \varphi\,ds, dt = \dfrac{ds}{u}$,
que le temps dont il s'agit eft égal à l'excès du
temps de la chute d'un corps grave par XH, fur
le temps de la chute par XG.

(252.) *REMARQUE II.* Il feroit facile de
réfoudre le problème précédent, par le principe
du mouvement parallèle des tranches, fans s'af-
treindre à la fuppofition que l'orifice pq eft comme
infiniment petit. Car foit LM la furface de l'eau
dans le vafe fupérieur; & nommons z la hauteur
indéterminée HS de cette furface au-deffus de
l'orifice; b, la hauteur du tube GH. En appliquant ici l'équation générale de l'article 234, la
quantité N fera $\dfrac{z-b}{A} + \dfrac{b}{B}$; M fera A, du
moins fenfiblement, pour le vafe fupérieur, &
deviendra B pour le vafe inférieur; de forte que
fi nous la repréfentons conftamment par M, l'équation différentielle entre z & s, dans les deux cas,
eft de cette forme, $M^2 z\,dz + \dfrac{K^2(z-b)M\,ds}{A}$
$+ \dfrac{K^2 b M\,ds}{B} + s\,dz\,(K^2 - M^2) = 0.$ Cette
équation s'intègre par la méthode du même article
cité. Nous en tirerons d'abord, pour le vafe

supérieur, la relation entre z & s, & l'expreſſion du temps que la ſurface de l'eau met à deſcendre de *A D* en *B C*. Enſuite nous paſſerons à la conſidération de l'écoulement dans le vaſe inférieur, en obſervant qu'au moment où la ſurface de l'eau entre dans ce vaſe, elle a une vîteſſe connue, à laquelle il faut avoir égard dans l'intégration de l'équation diffé-rentielle entre z & s; ce qui influe auſſi ſur l'équa-tion entre z & t. Connoiſſant $T.AB$ & $T.BQ$, on connoîtra $T.AQ$.

(253.) PROBLÈME III. *Les vaſes* ABCD, FCEG, HEKL (Fig. 16), *étant ſuppoſés communiquer enſemble par les petites ouvertures* C, E, *& le fluide s'échappant dans l'air par la petite ouver-ture* L *du dernier: on demande les hauteurs dûes aux vîteſſes en* C, E, L, *& la quantité de l'écoulement, lorſque le mouvement eſt parvenu à l'uniformité, & que par conſéquent le premier vaſe recevant autant d'eau qu'il en ſort par l'ouverture* L, *les hauteurs* AB, CF, EH *demeurent conſtamment les mêmes ?*

Fig. 16.

Puiſque les ouvertures C, E, L ſont regardées comme infiniment petites par rapport aux ampli-tudes des vaſes, il eſt évident que la petite maſſe qui paſſe à chaque inſtant du premier vaſe dans le ſecond, & celle qui paſſe du ſecond dans le troi-ſième, ne peuvent occaſionner, en vertu de ces mouvemens, qu'un ébranlement inſenſible dans le fluide choqué, & que par conſéquent la loi de continuité eſt obſervée, du moins ſenſiblement, d'un fluide à l'autre. Or, ſi ayant prolongé les ſurfaces *G F, KH* des deux fluides *FCEG, HELK,* juſques en *O* & *Q,* on obſerve que les deux fluides *CFOB, CFGE,* qui communiquent enſemble par l'ouverture *C,* ſe font équilibre (21); que pareillement les deux fluides *EHQC, EHKL* ſe font équilibre : on verra que dans l'hypothèſe du problème, la vîteſſe en *C* eſt ſimplement dûe à la hauteur *DF;* la vîteſſe en *E,* à la hauteur *GH;* & la vîteſſe en *L,* à la hauteur *KL.*

$$\text{Soient}\begin{cases} A\,B\dots\dots\dots\dots\dots\dots\dots\dots\dots = h, \\ D\,F\dots\dots\dots\dots\dots\dots\dots\dots\dots = x, \\ G\,H\dots\dots\dots\dots\dots\dots\dots\dots\dots = y, \\ K\,L\dots\dots\dots\dots\dots\dots\dots\dots\dots = z, \\ \text{Chacune des quantités égales d'eau qui} \\ \text{paſſent pendant le temps } t \text{ de l'écoule-} \\ \text{ment, par chacune des trois ouvertures} \\ C,\,E,\,L\dots\dots\dots\dots\dots\dots\dots = Q. \end{cases}$$

Nommons de plus θ le temps de la chute d'un corps grave par *a.*

On aura (201), $Q = \dfrac{2\,t\,C\,\sqrt{a\,x}}{\theta}$, $Q = \dfrac{2\,t\,E\,\sqrt{a\,y}}{\theta}$, $Q = \dfrac{2\,t\,L\,\sqrt{a\,z}}{\theta}$. De plus $x + y + z = h$. Ces équations comparées enſemble donnent, pour les quatre inconnues x, y, z, Q, les valeurs ſuivantes,

$$x = h \times \frac{L^2\,E^2}{C^2\,L^2 + C^2\,E^2 + L^2\,E^2},$$

$$y = h \times \frac{C^2\,L^2}{C^2\,L^2 + C^2\,E^2 + L^2\,E^2},$$

$$z = h \times \frac{C^2 E^2}{C^2 L^2 + C^2 E^2 + L^2 E^2},$$

$$Q = \frac{2 t L . \sqrt{a h}}{\theta} \times \frac{C E}{\sqrt{[C^2 L^2 + C^2 E^2 + L^2 E^2]}}.$$

Ces formules contiennent tout ce qui eſt relatif à l'écoulement propoſé , & fourniſſent des queſtions analogues à celles qu'on a traitées dans l'article 202.

Le problème ſe réſoudroit de la même manière, s'il y avoit un plus grand nombre de vaſes.

(254.) *REMARQUE*. L'écoulement par les ouvertures C, E, L, ne devient uniforme, ou, ce qui en eſt la cauſe, les hauteurs du fluide qui produiſent l'écoulement , ne parviennent à demeurer conſtamment les mêmes, qu'au bout d'un certain temps. Reſte donc à examiner la loi ſuivant laquelle le fluide monte dans les vaſes FE, HL au commencement du mouvement , & avant que l'écoulement ſoit devenu régulier & permanent. Je commence par conſidérer ſimplement deux vaſes , & je les ſuppoſe priſmatiques , pour la plus grande facilité du calcul.

(255.) PROBLÈME IV. *Les deux vaſes priſmatiques* $ABCD$, $FCEG$ *(Fig. 17), communiquant enſemble par la petite ouverture* C , *& le ſecond laiſſant échapper l'eau par la petite ouverture* E, *tandis que le premier eſt entretenu conſtamment plein à la hauteur* CD : *on demande la poſition de la ſurface de l'eau dans le vaſe* $FCEG$, *au bout d'un certain temps?*

Fig. 17.

Suppoſons qu'au bout du temps propoſé t, la

furface de l'eau foit parvenue en NO dans le vafe $FCEG$, & qu'en un inftant elle prenne la pofition infiniment voifine no. Nommons θ le temps de la chute par a; h, la hauteur donnée CD; x, la hauteur DN; A, l'aire de la bafe ou de la fection horizontale du vafe CG. Il eft évident que dans l'inftant dt, x eft la hauteur dûe à la vîteffe du fluide en C, & $h - x$ la hauteur dûe à la vîteffe en E. Il n'eft pas moins clair (201) que dans ce même inftant il fort par l'ouverture C une quantité d'eau exprimée par $\dfrac{2\,C\,dt\,.\sqrt{ax}}{\theta}$, & par l'ouverture E, une quantité d'eau exprimée par $\dfrac{2\,E\,dt\,\sqrt{[a(h-x)]}}{\theta}$. Or, la différence de ces deux quantités eft évidemment égale à $NOon$. Ainfi, on aura

$$\frac{2\,C\,dt\,\sqrt{ax}}{\theta} - \frac{2\,E\,dt\,\sqrt{[a(h-x)]}}{\theta} = - A\,dx;$$

d'où l'on tire,

$$dt = \frac{\theta A}{2\sqrt{a}} \times \frac{dx}{E\sqrt{(h-x)} - C\sqrt{x}}.$$

Pour intégrer cette équation, on fera d'abord $x = \dfrac{yy}{h}$, puis $E\sqrt{(hh - yy)} - Cy = Ez$; & par-là on obtiendra une équation de cette forme,

$$dt = M\,dz + \frac{Nz\,dz}{\sqrt{(P^2 - z^2)}} + \frac{Q\,dz}{z\sqrt{(P^2 - z^2)}};$$

M, N, P, Q étant des quantités conftantes, faciles à déterminer. L'intégration eft maintenant fort aifée. Le dernier terme $\dfrac{Q\,dz}{z\sqrt{(P^2 - z^2)}}$,

le seul qui puisse faire quelque difficulté, s'intègre
en supposant $z = \dfrac{P^2}{u}$; ce qui donne $\dfrac{Q\,dz}{z\sqrt{(P^2 - z^2)}}$

$$= \frac{-Q\,du}{P\sqrt{(u^2 - P^2)}} = \frac{-Q}{P}\left(\frac{du + \dfrac{u\,du}{\sqrt{(u^2 - P^2)}}}{u + \sqrt{(u^2 - P^2)}}\right),$$

dont l'intégrale est $- \dfrac{Q}{P} L.[u + \sqrt{(u^2 - P^2)}]$.

On trouvera donc toujours la valeur de t en x.
Je n'écris pas ici tous ces calculs qui sont un peu
longs, mais qui n'ont d'ailleurs aucune difficulté.

Il faut observer qu'au commencement du mouvement, le fluide doit avoir une certaine hauteur
dans le vase $C\,G$, pour que l'eau qui passe du
vase $A\,B\,C\,D$ dans l'eau $C\,O$, n'y cause pas d'é-
branlement sensible. On satisfera à cette condition,
en déterminant la constante qui entre dans l'intégrale du temps, de manière que quand $t = 0$,
$D\,N$ ait une valeur *donnée* & un peu moindre
que h.

Fig. 18.   (256.) SCHOLIE. Qu'on ait maintenant *(Fig. 18)*,
tant de vases prismatiques qu'on voudra, $A\,B\,C\,D$,
$F\,C\,G\,E$, $H\,E\,L\,K$, $Q\,L\,M\,R$, qui commuiquent
ensemble, & dont le dernier laisse échapper l'eau
dans l'air. Que le premier soit entretenu constamment plein, & qu'au bout du temps t les surfaces
des eaux soient en $N\,O$, $P\,S$, $Q\,R$, dans les autres.
Soient $D\,C = h$; $D\,N = x$; $O\,P = y$; $S\,Q = z$;
$R\,M = q$; la base du vase $C\,G = A$; celle du
vase $E\,K = B$; celle du vase $L\,R = R$: il est

évident qu'on aura ces différentes équations,

$$\frac{2\,C\,dt\,\sqrt{ax}}{\theta} - \frac{2\,E\,dt\,\sqrt{ay}}{\theta} = -A\,dx;$$

$$\frac{2\,E\,dt\,\sqrt{ay}}{\theta} - \frac{2\,L\,dt\,\sqrt{az}}{\theta} = -B\,(dy + dx);$$

$$\frac{2\,L\,dt\,\sqrt{az}}{\theta} - \frac{2\,M\,dt\,\sqrt{aq}}{\theta} = +R\,dq.$$

De plus, on a toujours $x + y + z + q = h$. Toutes ces équations combinées ensemble serviront à trouver la valeur de t en x, ou en y, ou en z, ou en q, & à connoître par conséquent les hauteurs auxquelles le fluide parvient dans les vases CG, EK, LR, en un temps proposé. Mais on voit que ces calculs sont fort compliqués.

(257.) **PROBLÈME V.** *Un vase prismatique* FCEG *(Fig. 19), étant supposé recevoir, par l'affusion d'un ruisseau, d'une source, des quantités égales d'eau, en temps égaux, & laisser échapper en partie ces eaux, par le petit orifice* E : *on demande la hauteur à laquelle l'eau s'élèvera dans le vase* FCEG *en un temps donné!*

Ce problème élégant, dont M. de Montucla a donné le premier la solution, dépend des mêmes principes que celui de l'article 255. En effet, la quantité d'eau que le vase reçoit par l'affusion de la source, étant la même pour le même temps, ou étant en général proportionnelle au temps, il est clair que la quantité fournie pendant l'instant dt, peut être représentée par $\dfrac{2\,C\,dt\,\sqrt{ab}}{\theta}$, C étant un orifice donné, & b la hauteur constamment dûe à

Fig. 19.

la vîteſſe par C. Ainſi, en ſuppoſant $CN = x$, & conſervant les autres dénominations de l'article cité, on aura l'équation, $\dfrac{2\,C\,dt\,\sqrt{ab}}{\theta} - \dfrac{2\,E\,dt\,\sqrt{ax}}{\theta}$

$= A\,dx$; ou bien, $dt = -\dfrac{\theta\,A}{2\,\sqrt{a}} \times \dfrac{dx}{C\sqrt{b} - E\sqrt{x}}$.

On intégrera facilement cette équation, en faiſant $x = \dfrac{yy}{b}$; & on connoîtra par conſéquent la relation demandée entre x & t.

La quantité d'eau qui ſort par l'ouverture E, pendant le temps t, eſt $\displaystyle\int \dfrac{2\,E\,dt\,\sqrt{ax}}{\theta}$, ou $E \cdot A \displaystyle\int \dfrac{dx\,\sqrt{x}}{C\sqrt{b} - E\sqrt{x}}$, intégration qui s'effectue ſans peine, en faiſant comme tout-à-l'heure, $x = \dfrac{yy}{b}$.

(258.) **PROBLÈME VI.** *On ſuppoſe que le* Fig. 20. *vaſe quelconque* IST L *(Fig. 20) entretenu conſtamment plein à la hauteur* T L, *tranſmette l'eau au vaſe priſmatique* AMNC *par le moyen du petit tuyau horizontal* TM, *& on demande le temps que la ſurface de l'eau dans le vaſe* AMNC *mettra à parvenir dans une poſition quelconque* EG !

Il eſt clair (195), que lorſque l'on ouvre le robinet ou la vanne R pour faire entrer l'eau dans le vaſe *AMNC,* elle s'élance avec une vîteſſe dûe à la hauteur *T L* ou *MA.* Cette vîteſſe ſubſiſteroit toujours, ſi l'eau avoit la liberté de s'échapper, & ne reſtoit pas dans le vaſe *AMNC.*

Mais quand il y en eſt entré une certaine quantité
$MKVN$, la petite maſſe qui paſſe à chaque
inſtant par M, & qui va choquer la maſſe finie
$MKVN$, perd en partie, par ce choc, ſa vîteſſe
primitive, & il n'en peut réſulter aucun mouvement ſenſible dans le fluide $MKVN$. La ſurface
KV s'élève donc alors ſuivant la même loi que ſi la
vîteſſe en M étoit ſimplement dûe, à chaque inſtant,
à la hauteur LX, excès de là hauteur totale LT
ſur la hauteur KM; car les eaux $ZXTS$,
$KVNM$, qui ſont à même hauteur, & qui communiquent enſemble par l'orifice M doivent être
cenſées ſe faire mutuellement équilibre (21).

Cela poſé, le problème ſe réſout comme celui
de l'article 209. Car ſi l'on regarde la hauteur AK
comme donnée & comme celle du vaſe priſmatique
$AKVC$ qui reçoit l'eau par l'orifice M; qu'enſuite on nomme A la baſe du vaſe MC; M l'aire
de l'orifice M; θ le temps de la chute par a; t le
temps que la ſurface de l'eau emploie à parvenir de
KV en EG: on aura $t = \dfrac{\theta A\,(\sqrt{AK} - \sqrt{AE})}{M\sqrt{a}}$.

En effet, la vîteſſe avec laquelle l'eau monte
dans le vaſe $AKVC$, eſt exactement la même
que ſeroit, aux mêmes endroits, celle d'un fluide
$AKVC$ qui étant imaginé ſoumis à l'action d'une
force égale à la peſanteur, mais dirigée de bas en
haut, ſe videroit par un orifice pratiqué dans le
fond ſupérieur AC, & égal à M. Or, il eſt viſible
(209) que dans ce dernier cas le temps employé

par la furface du fluide à parvenir de *KV* en *EG*
eſt donné par l'équation précédente. Donc cette
même équation exprime le temps cherché dans
l'hypothèſe du problème.

(259.) COROLLAIRE. De-là ſuit une conſéquence analogue à l'article 211. Dans le temps
que le vaſe *A KV C* met à ſe remplir entièrement,
il ſortiroit, par l'orifice *M,* d'un vaſe entretenu
conſtamment plein à la hauteur *A K* au-deſſus de
cet orifice, une quantité double de *AKVC;* ce qui
revient encore à ceci : *le temps que le vaſe* A K V C
*met à ſe remplir dans l'hypothèſe du problème, eſt double
de celui qu'un vaſe entretenu conſtamment plein à la
hauteur* A K *au-deſſus de l'orifice* M *, emploîroit
à donner, par ce même orifice, la quantité d'eau*
A K V C.

(260.) *REMARQUE.* La hauteur *A K* que
nous avons regardée comme connue, ne peut pas
différer beaucoup de *A M.* Il ſera facile, dans
chaque cas particulier, de l'eſtimer à peu de choſe
près, en ayant égard à l'étendue du fond *M N.*
Lorſqu'on voudra déterminer le temps total que
l'eau met à parvenir de *M* en *E,* on pourra s'y
prendre ainſi, ſans craindre d'erreur ſenſible. Ayant
fixé *M K* à un petit nombre *connu* de pouces,
1.° on cherchera (202) le temps que la quantité
d'eau *K M N V* emploie à ſortir par l'orifice *M,*
en ſuppoſant que la hauteur du fluide au-deſſus de
l'orifice eſt conſtamment *L T;* 2.° on cherchera

par

par la formule précédente, le temps que l'eau met
à parvenir de *K* en *E*. Ajoutant enfemble ces deux
temps, la fomme fera le temps demandé, du moins
à très-peu de chofe près.

(261.) SCHOLIE. Le problème précédent
s'applique à la pratique, lorfqu'ayant une vafte pièce
d'eau & un petit réfervoir latéral, qui peuvent communiquer enfemble au moyen d'un pertuis bouché
par une vanne qu'on foulève alors, on veut connoître le temps que le réfervoir met à fe remplir.
Il peut fervir auffi à déterminer l'écoulement d'un
fas d'éclufe dans un autre, lorfque le premier fas
eft comme infini par rapport au fecond; mais pour
l'ordinaire les deux fas ont entr'eux un rapport
fini. Je fuppofe donc que le fas fupérieur, dont la
quantité d'eau eft déterminée, venant à communiquer par un tuyau ou par un acqueduc fouter-
rain, avec le fas inférieur, celui-ci perd une petite
partie de l'eau, foit par les fentes des portes d'é-
clufe, foit par quelque gerfure dans la maçonnerie;
& je réduis, en ce cas, la queftion au problème
fuivant.

(262.) PROBLÈME VII. *Le réfervoir* I S T L
(Fig. 21) *rempli d'abord jufqu'en* I L *fe vide par*   Fig. 21.
le petit tuyau T M *qui communique avec un fecond*
réfervoir A M N C *contenant, au premier inftant,*
de l'eau jufqu'en D E, & *qui en laiffe échapper par*
l'ouverture N. *On fuppofe qu'au bout d'un certain temps*
les deux furfaces de l'eau dans les deux réfervoirs foient

Tome I.   Y

parvenues respectivement en QP & KV; & *on demande la relation des hauteurs verticales* QH, KX, *ainsi que l'expression du temps de l'écoulement ?*

Soient $KX = x$; $KV = X$, fonction de x, donnée par la figure du vase $AMNC$; $QH = y$; $QP = Y$, fonction de y, donnée par la figure du vase $ISTL$; l'aire de l'orifice $M = M$; celle de l'orifice $N = N$; l'élément du temps $= dt$; θ le temps de la chute par a. La hauteur dûe à la vîtesse de l'eau en M étant QF ou $y - x$, il est clair (201) que dans l'instant dt le vase $ISTL$ dépense une quantité d'eau exprimée par $\dfrac{2Mdt\sqrt{[a(y-x)]}}{\theta}$ laquelle a, pour autre valeur, $-Ydy$. On a donc cette première équation, $dt = \dfrac{-\theta Ydy}{2M\sqrt{[a(y-x)]}}$.

De plus, si de la quantité d'eau $\dfrac{2Mdt\sqrt{[a(y-x)]}}{\theta}$ que le vase $ISTL$ fournit, à chaque instant, au vase $AMNC$, on retranche la dépense $\dfrac{2Ndt\sqrt{ax}}{\theta}$ que celui-ci fait par l'orifice N, le reste $\dfrac{2Mdt\sqrt{[a(y-x)]}}{\theta} - \dfrac{2Ndt\sqrt{ax}}{\theta}$ sera évidemment l'incrément de l'eau dans le vase $AMNC$, incrément qui a pour autre valeur Xdx. Ainsi, on aura cette seconde équation

$$dt = \frac{\theta Xdx}{2\sqrt{a}.(M\sqrt{[y-x]} - N\sqrt{x})}.$$

Comparant les deux valeurs de dt, on aura

$$\frac{Ydy}{M\sqrt{[y-x]}} + \frac{Xdx}{M\sqrt{[y-x]} - N\sqrt{x}} = 0,$$

équation fondamentale qu'il faudroit intégrer pour en tirer la relation de x à y, & pour parvênir enfuite à l'expreffion du temps. Cette intégration ne peut pas fe faire en général.

(263.) COROLLAIRE I. Lorfque les deux vafes font ou peuvent être cenfés prifmatiques, ce qui a lieu ordinairement dans les fas d'éclufe ; l'équation devient homogène, & par conféquent féparable, parce qu'alors Y & X font des quantités conftantes. Soient donc, en ce cas, $Y = A$, $X = B$.

On aura $\dfrac{A\,dy}{M\sqrt{[y-x]}} + \dfrac{B\,dx}{M\sqrt{[y-x]}-N\sqrt{x}} = 0$.

D'où l'on tire, en faifant d'abord $y = xz$, puis $z - 1 = uu$,

$$\frac{dx}{x} = \frac{2\,A\,(N u\,du - M x^2\,du)}{M.A.u^3 - N.A.u^2 + (M.A+B.M)u - N.A},$$

équation rationnelle, & par conféquent intégrable par des méthodes connues.

On voit par-là qu'en général les deux réfervoirs étant prifmatiques, x & y peuvent toujours être exprimées en fonctions d'une même variable, & que par conféquent on aura auffi t en fonctions de la même variable.

(264.) COROLLAIRE II. Il y a un cas très-fimple, & qui arrive fouvent dans la pratique. Suppofons que pendant que l'eau du fas fupérieur $ISTL$ paffe dans l'inférieur $AMNC$ (l'un & l'autre étant toujours prifmatiques), le dernier ne perde point d'eau, ou du moins n'en perde qu'une quantité très-petite & négligeable. Alors on pourra faire $N = 0$; & en complétant l'intégrale de manière qu'elle s'évanouisse lorsque $y = HO = h$, hauteur donnée, & $x = XZ = b$, hauteur aussi donnée : on trouvera $Ay + Bx = Ah + Bb$. Donc

$$dt = \frac{-\theta\, Y\, dy}{2\, M \sqrt{a} \cdot \sqrt{[y - x]}}$$

$$= \frac{-\theta\, A\, dy \sqrt{B}}{2\, M \sqrt{a} \cdot \sqrt{[(B + A)y - Ah - Bb]}}$$

dont l'intégrale complétée, de manière que $t = 0$ donne $y = h$, est

$$t = \frac{\theta\, A \sqrt{B}}{M(B + A)\sqrt{a}} \times [\sqrt{(Bh - Bb)} - \sqrt{[(B+A)y - Ah - Bb]}].$$

Pour déterminer le moment où l'eau se met de niveau dans les deux fas, il faut faire $x = y = \dfrac{Ah + Bb}{A + B}$, & alors on trouve :

$$t = \theta \times \frac{A \cdot B}{M(B + A)} \times \frac{\sqrt{[h - b]}}{\sqrt{a}},$$

expression simple & commode dans la pratique.

Lorsque $A = B$, cette expression devient :

$$t = \theta \times \frac{A}{2M} \times \frac{\sqrt{[h - b]}}{\sqrt{a}}.$$

CHAPITRE VII.

Continuation du même sujet : écoulemens par de petits orifices, lorsque les vases sont traversés de diaphragmes horizontaux.

(265.) PROBLÈME I. *LE vase* A B C D (Fig. 22) *, supposé vertical & prismatique, pour la plus grande simplicité, étant percé à son fond* B C, *d'une petite ouverture* G, *& étant traversé par une cloison ou diaphragme horizontal* E F, *qui est percé de la petite ouverture* H : *on suppose que ce vase soit entretenu constamment plein d'eau au niveau* A D, *tandis que l'eau passe par les orifices* H *&* G ; *& on demande les circonstances de ces deux écoulemens !*

Fig. 22.

Il est d'abord évident que les deux comparti·mens *A E F D, E B C F,* ne communiquant en·semble que par la petite ouverture *H,* si l'eau pouvoit sortir avec plus d'abondance par l'ouver·ture *G* qu'elle n'est fournie par l'ouverture *H,* le fluide se sépareroit à l'endroit *H,* & formeroit deux masses isolées. Mais , comme la pression de l'atmosphère agit de haut en bas sur la surface *A D,* & de bas en haut sur l'ouverture *G,* ces deux forces contraires que l'on peut représenter, quant à leurs quantités , par le poids de deux colonnes d'eau qui se feroient équilibre (21) si elles agissoient immédiatement l'une contre l'autre, forceront de plus ici l'eau interpofée à former un corps continu. L'adhérence réciproque des particules de l'eau tend au même but ; mais l'expérience apprend que cette adhérence eft très - foible ; & d'ailleurs elle agit ici fur une très - petite étendue. La preffion de l'atmofphère eft donc la feule caufe efficace qui empêche la féparation de l'eau dans le cas où elle devroit avoir lieu par la nature de l'écoulement dans le vide.

Suppofons d'abord que les orifices H, G, & les hauteurs EA, BE, foient tels que l'on ait l'équation $H\sqrt{EA} = G\sqrt{BE}$; on voit (203) que les quantités d'eau dépenfées par les orifices H & G, fous les preffions EA, BE, étant proportionnelles aux produits $H\sqrt{EA}$, $G\sqrt{BE}$, on voit, dis je, dans l'hypothèfe de l'équation précédente, que le compartiment fupérieur fournira autant d'eau qu'il s'en écoule du compartiment inférieur ; & que par conféquent les écoulemens fe feront exactement de la même manière que fi ces deux compartimens étoient des vafes ifolés, entretenus conftamment pleins aux hauteurs EA, BE. Les eaux de l'un n'ont par elles - mêmes aucune action en H fur les eaux de l'autre, abftraction faite de tout ébranlement produit par le choc que je mets toujours à l'écart, ici & dans la fuite, comme très-petit ou infenfible.

Lorfque l'équation propofée n'a pas lieu, c'eft-à-dire lorfqu'on a $H\sqrt{EA} < G\sqrt{BE}$, ou $H\sqrt{EA} > G\sqrt{BE}$: alors, dans le premier cas, fi la réfiftance de l'air ambiant n'y mettoit obftacle, les eaux fe fépareroient en H; la furface de l'eau, dans le compartiment inférieur, s'abaifferoit quelque part, en MN, & l'écoulement par G, fe feroit avec une vîteffe dûe à la hauteur BM, telle qu'on auroit $G\sqrt{BM} = H\sqrt{EA}$. Au contraire, dans le fecond cas, l'écoulement par G fe feroit avec une vîteffe dûe à une hauteur BI plus grande que BE, & telle qu'on auroit $G\sqrt{BI} = H\sqrt{IA}$. Mais, à caufe de la preffion de l'atmofphère, les eaux des deux compartimens demeureront contiguës en H, dans le premier cas comme dans le fecond ; & on pourra déterminer ainfi les écoulemens dans l'un & l'autre cas.

Nommons h, la hauteur connue AB; x, la hauteur dûe à la vîteffe en G; y, la hauteur dûe à la vîteffe en H; Q, chacune des quantités d'eau qui paffent dans le même temps t, par les orifices G, H, lefquelles doivent être égales entr'elles, puifque les eaux des deux compartimens demeurent toujours contiguës en H; θ, le temps de la chute par a. On aura (201) les équations, $Q = \dfrac{2tG\sqrt{ax}}{\theta}$; $Q = \dfrac{2tH\sqrt{ay}}{\theta}$; & par conféquent $G\sqrt{x} = H\sqrt{y}$.

Maintenant, je fuppofe ici, & dans le refte de ce Chapitre, que la fomme des hauteurs dûes aux vîteffes par les orifices, foit égale à la hauteur entière AB du vafe, en attendant que l'expérience faffe connoître la légitimité de cette hypothèfe, ou les reftrictions qu'il faut y apporter. Nous aurons donc, $x + y = h$. Ainfi, $x = h \times \dfrac{H^2}{G^2 + H^2}$;

$$y = h \times \dfrac{G^2}{G^2 + H^2}; \quad Q = \dfrac{2\,t\,G.H\sqrt{ah}}{\theta\,\sqrt{(G^2 + H^2)}}.$$

On déduira facilement de ces formules plufieurs Corollaires, felon les relations qu'on voudra fuppofer entre les quantités h, G, H, t, x, y, Q.

(266.) SCHOLIE. Le problème fe réfout femblablement, lorfqu'un vafe prifmatique $ABCD$ *(Fig. 23)*, entretenu conftamment plein d'eau au niveau AD, eft traverfé par un nombre quelconque de diaphragmes horizontaux EF, PQ; que le fond BC & ces diaphragmes font percés de petites ouvertures G, K, H. Et d'abord on voit que fi on a $H\sqrt{EA} = K\sqrt{PE} = G\sqrt{BP}$, les écoulemens par H, K, G fe feront comme fi les compartimens étoient des vafes ifolés, & entretenus conftamment pleins aux hauteurs EA, PE, BP. Mais fuppofons en général que cette condition n'ait pas lieu : la preffion de l'atmofphère empêchera dans tous les cas la féparation des eaux d'un compartiment à l'autre; & fi l'on nomme h, la hauteur entière BA; x, la hauteur dûe à la vîteffe en G; y, la hauteur dûe à la vîteffe en K; z, la hauteur dûe à la vîteffe en H; Q, chacune des quantités égales d'eau qui paffent dans le même temps t par les orifices G, K, H; θ, le temps de la chute par a :

on aura les équations, $Q = \dfrac{2tG\sqrt{ax}}{\theta}$;

$Q = \dfrac{2tK\sqrt{ay}}{\theta}$; $Q = \dfrac{2tH\sqrt{az}}{\theta}$.

De plus, nous fuppofons que l'on ait $x + y + z = h$. Ainfi voilà autant d'équations du premier degré que d'inconnues x, y, z, Q; & par conféquent on pourra déterminer facilement ces inconnues. Je laiffe au Lecteur le foin d'achever ces calculs, & d'en tirer des Corollaires.

(267.) PROBLÈME II. *Le vafe prifmatique* A C K B (Fig. 24) *qui communique avec le tuyau* K L, *fermé de tous côtés, excepté à l'endroit* D *où il y a un petit orifice, étant traverfé de plufieurs diaphragmes horizontaux* E F, O P, V H, *dans lefquels on a percé les petits trous* G, M, N : *on demande le temps que la furface du fluide met à s'abaiffer d'une certaine hauteur, le vafe fe vidant par l'orifice* D *fans recevoir de nouvelle eau !*

Fig. 24.

Les eaux des différens compartimens demeurent toujours contiguës les unes aux autres, en vertu de la preffion de l'atmofphère.

Cela pofé, 1.° foit TB la hauteur primitive du fluide dans le vafe $ACKB$; & qu'au bout d'un certain temps t, la furface de cette eau parvienne en ab. On trouvera, par l'art. précédent, que pour les deux fituations AB, ab, les hauteurs correfpondantes dûes aux vîteffes en D, font:

$$TB \times \dfrac{G^2 M^2 N^2}{G^2 M^2 N^2 + D^2 M^2 N^2 + D^2 G^2 N^2 + D^2 G^2 M^2};$$

$$T b \times \frac{G^2 M^2 N^2}{G^2 M^2 N^2 + D^2 M^2 N^2 + D^2 G^2 N^2 + D^2 G^2 M^2},$$

expreſſions dans leſquelles les hauteurs $T B$, $T b$, ſont affectées d'un même facteur que je nomme n, pour abréger. De plus, je nomme h, la hauteur indéterminée $T b$; A la ſection horizontale du vaſe.

Maintenant, ſuppoſons que dans un inſtant $d t$ la ſurface $a b$ s'abaiſſe en $a' b'$. La hauteur dûe à la vîteſſe en D étant $n.h$, on voit (201) que la quantité élémentaire d'eau qui ſortira pendant l'inſtant $d t$, aura pour valeur $\dfrac{2\, d t . D \sqrt{a} . \sqrt{(n.h)}}{\theta}$; ce qui donne, en égalant cette quantité à $A \times a a'$, $d t = \dfrac{\theta \times A \times a a'}{2 D . \sqrt{a} . \sqrt{(n.h)}}$. Or, ſi l'on imagine pour un moment que tous les diaphragmes ſoient anéantis, & que le fluide ſortant librement par l'orifice D, ſous la hauteur h, la quantité élémentaire d'eau, $A \times a a'$, ſorte pendant l'inſtant $d t'$: on aura, $d t' = \dfrac{\theta \times A \times a a'}{2 D . \sqrt{a} . \sqrt{h}}$. Donc, $d t : d t'$ $:: 1 : \sqrt{n}$; & le même rapport aura lieu entre les temps entiers t & t'. Ainſi, pour avoir le temps que la ſurface du fluide met à s'abaïſſer de $A B$ en $E F$, dans l'hypothèſe du problème, il faut chercher le temps que la ſurface du fluide mettroit à s'abaiſſer de la même hauteur, dans l'hypothèſe où tous les diaphragmes ſeroient anéantis; puis diviſer ce dernier temps par $\sqrt{n}$.

2.° Quand la ſurface du fluide eſt parvenue

en EF, le mouvement eſt le même que ſi le diaphragme EF n'exiſtoit pas ; ou , ce qui revient
au même , comme ſi l'orifice G étoit infini par
rapport aux autres M, N, D. Faiſant donc G
$= \infty$, on trouvera que la ſurface de l'eau étant
en EF, la hauteur dûe à la vîteſſe en D, eſt

$$TF \times \frac{M^2 N^2}{M^2 N^2 + D^2 N^2 + D^2 M^2} ;$$ & que la ſurface

étant dans la poſition indéterminée ef, la hauteur dûe
à la vîteſſe en D, eſt $Tf \times \dfrac{M^2 N^2}{M^2 N^2 + D^2 N^2 + D^2 M^2}$.

Le temps de l'écoulement qui répond au ſecond
compartiment ſe détermine donc de la même manière que pour le premier.

3.° Pareillement, lorſque la ſurface de l'eau eſt
en OP, il faut faire $M = \infty$; & le temps de
l'écoulement ſe détermine de même pour le troi-
ſième compartiment. Ainſi de ſuite pour tant de
diaphragmes qu'on voudra. Enſuite ajoutant enſemble tous ces temps partiels, on connoîtra le
temps total que la ſurface de l'eau met à s'abaiſſer
d'une hauteur propoſée.

(268.) C o r o l l a i r e I. On voit par les
expreſſions des hauteurs dûes aux différentes vîteſſes
du fluide en D, qu'à meſure que la ſurface de l'eau
s'abaiſſe de B en F, la vîteſſe en D diminue juſqu'à
ce que la ſurface ſoit parvenue en F ; qu'alors la
vîteſſe augmente, puis diminue juſqu'à ce que la
ſurface ſoit parvenue en P ; qu'alors elle augmente,
puis diminue juſqu'à ce que la ſurface ſoit parvenue

en H; qu'alors elle augmente, puis diminue à mesure que la surface continue de descendre; ainsi de suite, s'il y avoit un plus grand nombre de diaphragmes & d'orifices. En effet, un moment avant que la surface de l'eau arrive en EF, cette surface considérée comme étant encore dans le compartiment supérieur est élevée au-dessus du point D, d'une quantité très-peu différente de TF, & qu'on peut par conséquent prendre pour TF; la hauteur dûe à la vîtesse en D est donc alors

$$TF \times \frac{G^2 M^2 N^2}{G^2 M^2 N^2 + D^2 M^2 N^2 + D^2 G^2 N^2 + D^2 G^2 M^2}.$$

Mais quand la surface de l'eau arrive juste en EF, & que par conséquent le compartiment supérieur doit être considéré comme n'existant plus, la hauteur dûe à la vîtesse en D, est $TF \times \dfrac{M^2 N^2}{M^2 N^2 + D^2 N^2 + D^2 M^2}$.

Or, de ces deux expressions, la première est évidemment moindre que la seconde. Donc, la vîtesse en D, après avoir diminué successivement tant que la surface du fluide descend dans le compartiment AF, augmente à l'instant qu'elle passe dans le compartiment suivant EP. Il en est de même pour les compartimens EP, OH.

(269.) COROLLAIRE II. Les distances des diaphragmes peuvent être tellement réglées que le jet par l'orifice D, varie en raison donnée à mesure que le fluide passe d'un compartiment à l'autre. Car, supposons, par exemple, que toutes les ouvertures G, M, N, D soient égales : si nous

voulons que les vîteſſes en D ſoient égales, lorſque la ſurface du fluide eſt ſucceſſivement en B,
F, P, H, nous égalerons entr'elles les hauteurs
dûes à ces vîteſſes, & par-là nous aurons $T B \times \frac{1}{4}$
$= T F \times \frac{1}{3} = T P \times \frac{1}{2}$; donc $T H = H P$
$= P F = F B$. D'où l'on voit que les hauteurs
$T B, T F, T P, T H$ étant en progreſſion arithmétique décroiſſante dont la raiſon eſt $T H$, la
vîteſſe en D ſera conſtamment dûe à la hauteur
$T H$, quand la ſurface du fluide ſera en B, F,
P, H.

Cette théorie eſt conforme à une expérience
de M. Mariotte. Voyez la *Fig. 83* de ſon *Traité
du Mouvement des Eaux*, avec le Diſcours qui y eſt
relatif. L'explication que l'Auteur donne de cette
expérience, eſt erronée.

(270.) C O R O L L A I R E I I L La même
théorie eſt facilement applicable à l'hypothèſe où
le réſervoir contiendroit des fluides différens. Car
ſoit *(Fig. 25)*, un vaſe pareil à celui de la *Fig. 24;*   Fig. 25.
mais pour plus de ſimplicité, n'y mettons que deux
diaphragmes $E F$, $O P$, avec les petites ouvertures
M, N, D. Que les trois compartimens $A E F B$,
$E O P F$, $O C K L P$ contiennent trois fluides de
différentes eſpèces. Suppoſons qu'au premier inſtant
où la ſurface du fluide ſupérieur eſt en $A B$, la
vîteſſe de ce fluide en M, ſoit dûe à la hauteur
$B S$ analogue à $B F$; la vîteſſe du fluide $E O P F$
en N, ſoit dûe à la hauteur $S V$ analogue à $F P$;
la vîteſſe du fluide $O C K L P$, en D, ſoit dûe à

la hauteur TV analogue à TP. Ayant nommé x la hauteur BS; y, la hauteur SV; z, la hauteur VT; θ, le temps de la chute par a; Q, chacun des volumes égaux de liqueur qui paſſent par chacune des trois ouvertures M, N, D, dans un même temps t que je ſuppoſe infiniment petit, pour que la ſurface AB ne s'abaiſſe pas, du moins ſenſiblement : on aura d'abord (201),

pour la dépenſe de l'ouverture M, $Q = \dfrac{2\,t\,M\sqrt{a\,x}}{\theta}$;

pour la dépenſe de l'ouverture N, $Q = \dfrac{2\,t\,N\sqrt{a\,y}}{\theta}$;

pour la dépenſe de l'ouverture D, $Q = \dfrac{2\,t\,D\sqrt{a\,z}}{\theta}$:

ces équations donnent $\dfrac{M^2 x}{N^2} = y$, $\dfrac{M^2 x}{D^2} = z$.

Cela poſé, en faiſant de plus la peſanteur ſpécifique du fluide $A\,E\,F\,B = \varpi$; celle du fluide $E\,O\,P\,F = \varpi'$; celle du fluide $O\,C\,K\,L\,P = p$; $BF = b$; $FP = c$; $PT = f$; & obſervant que ſi l'on réduit toutes les hauteurs BS & BF, SV & FP, VT & PT qui répondent ſeulement deux à deux à un même fluide, à des hauteurs analogues à BS & BF: on aura (34) l'équation

$$x + \frac{\varpi' y}{\varpi} + \frac{p z}{\varpi} = b + \frac{\varpi' c}{\varpi} + \frac{p f}{\varpi} ;$$

ou bien, $\varpi x + \varpi' y + p z = \varpi b + \varpi' c + p f$. Comparant cette équation avec les précédentes, on trouvera

$$x = \frac{N^2 D^2 (\varpi b + \varpi' c + p f)}{\varpi N^2 D^2 + \varpi' M^2 D^2 + p M^2 N^2} ;$$

$$y = \frac{M^2 D^2 (\varpi b + \varpi' c + p f)}{\varpi N^2 D^2 + \varpi' M^2 D^2 + p M^2 N^2},$$

$$z = \frac{M^2 N^2 (\varpi b + \varpi' c + p f)}{\varpi N^2 D^2 + \varpi' M^2 D^2 + p M^2 N^2}.$$

Les hauteurs dûes, pour le premier inftant, aux vîtefses en M, N, D, étant ainfi déterminées, fuppofons qu'après un certain temps la furface du fluide fupérieur fe foit abaifsée en $a\,b$; & qu'en conféquence la furface du fecond foit defcendue en $e\,f$, celle du troifième en $o\,p$. Il eft clair qu'on aura toujours $b f = B F$, $f p = F P$, & que la feule hauteur $T p$ du dernier fluide eft variable. Ainfi en nommant k la hauteur Tp, on trouvera, par la même méthode, que pour cette pofition quelconque des trois fluides,

$$\text{la hauteur dûe à la vîtefse en } M = \frac{N^2 D^2 (\varpi b + \varpi' c + p k)}{\varpi N^2 D^2 + \varpi' M^2 D^2 + p M^2 N^2},$$

$$\text{la hauteur dûe à la vîtefse en } N = \frac{M^2 D^2 (\varpi b + \varpi' c + p k)}{\varpi N^2 D^2 + \varpi' M^2 D^2 + p M^2 N^2},$$

$$\text{la hauteur dûe à la vîtefse en } D = \frac{M^2 N^2 (\varpi b + \varpi' c + p k)}{\varpi N^2 D^2 + \varpi' M^2 D^2 + p M^2 N^2}.$$

(271.) COROLLAIRE IV. Pour faire une application très-fimple de l'article précédent, fuppofons qu'il n'y ait que deux fluides, ou que le fluide fupérieur $A E F B$ foit anéanti avec le diaphragme $E F$; que $O C K L P$ foit de l'eau, & $E O P F$ de l'air. On aura d'abord $b = 0$, $M = \infty$, $\dfrac{\varpi'}{p} = \dfrac{1}{850}$. De plus, les preffions de l'air extérieur fur N & fur D fe faifant équilibre, il faut fuppofer $c = 0$. Donc la hauteur dûe à la vîteffe de l'air à fon paffage en N eft exprimée par $k \times \dfrac{D^2 \times 850}{D^2 + 850\,N^2}$; & la hauteur dûe à la vîteffe de l'eau au fortir de l'orifice D eft exprimée par $k \times \dfrac{N^2 \times 850}{D^2 + 850\,N^2}$. Lorfque l'ouverture D eft infiniment petite par rapport à l'ouverture N, la première hauteur devient nulle, & la feconde devient k, comme cela doit être. Si les deux ouvertures N, D font égales, les vîteffes de l'air en N, & de l'eau en D font égales, & les hauteurs qui leur font dûes, font exprimées chacune par la même quantité $\frac{850}{851} k$.

On peut, à l'aide de cette théorie, prendre une idée claire & précife de la vîteffe avec laquelle le vin fort d'un tonneau par un trou fait à l'un de fes fonds, quand l'ouverture pratiquée à la paroi fupérieure, & deftinée à introduire de l'air dans le tonneau, eft fort petite.

(272.) **PROBLÈME III.** *La liqueur du vafe*

Fig. 26. $A\,B\,C\,D$ *(Fig. 26), entretenu conftamment plein à la hauteur* $A\,B$, *paffant par l'ouverture* M *dans le vafe latéral* $C\,E\,G\,F$ *fermé de tous côtés, excepté en* N, P, *où il y a deux petites ouvertures par lefquelles la liqueur a la liberté de fortir : on demande les hauteurs dûes aux vîteffes en* M, N, P, *& les quantités des écoulemens !*

Suppofons que la liqueur en paffant du vafe $A\,B\,C\,D$ dans le vafe $E\,C\,F\,G$, éprouve en

chaque

chaque point de l'orifice M une réaction exprimée par MH, de la part de l'eau contenue dans le réfervoir $ECFG$, & des parois de ce même réfervoir. Il eſt évident qu'ayant mené les horizon-tales NV, HK, les hauteurs dûes reſpectivement aux vîteſſes en M, N, P ſont exprimées par les verticales DH, HV, HC. Ainſi, en nommant t le temps de l'écoulement ; θ le temps de la chute par a; h, la hauteur DC; b, ſa partie DV; x, la hauteur DH; Q, la quantité d'eau qui paſſe par M; q, celle qui ſort par N; q', celle qui ſort par P : on aura (201), $Q = \dfrac{2\,t\,M\,\sqrt{a\,x}}{\theta}$;

$$q = \dfrac{2\,t\,N\sqrt{[a(b-x)]}}{\theta} ; \quad q' = \dfrac{2\,t\,P\sqrt{[a(h-x)]}}{\theta}.$$

De plus, $q + q' = Q$. Ces équations donnent

$$M\sqrt{x} = N\sqrt{[b-x]} + P\sqrt{[h-x]}$$

qui ſe réduit à une équation du ſecond degré, de laquelle on tirera x. Connoiſſant x, on connoîtra HV, HC, Q, q, q'.

(273.) COROLLAIRE. Les hauteurs HV, HC dûes aux vîteſſes en N & P ſont évidemment celles des colonnes qui preſſeroient perpendiculai-rement les parois du vaſe $ECFG$ aux mêmes endroits, ſi l'on imaginoit que tout d'un coup les orifices N & P fuſſent bouchés. Ainſi la preſſion que ſouffre une partie X priſe en un endroit donné des parois du réſervoir $ECFG$, quand la liqueur ſort par les ouvertures N & P, eſt exprimée par $X \times HC$.

Par exemple, ſuppoſons l'ouverture P infiniment petite, ou $P = 0$. L'équation générale $M \sqrt{x} = N \sqrt{[b - x]} + P \sqrt{[h - x]}$ deviendra $M \sqrt{x} = N \sqrt{[b - x]}$; d'où l'on tire $x = \dfrac{N^2 b}{M^2 + N^2}$, & par conféquent $C H = h - x = \dfrac{M^2 h + N^2 (h - b)}{M^2 + N^2}$. Donc la preſſion de $X = \dfrac{X [M^2 h + N^2 (h - b)]}{M^2 + N^2}$.

On détermineroit de la même manière la preſſion contre tout autre point des parois du réſervoir $E C F G$, & même du réſervoir $A B C D$. Mais on ne doit pas oublier que cette détermination ſuppoſe que les ouvertures M, N, P ſont fort petites, & que les eaux ſont comme ſtagnantes dans les deux réſervoirs. Elle ne pourroit par conſéquent pas être employée ſans erreur, ſi les eaux avoient une vîteſſe ſenſible dans l'un ou l'autre réſervoir. On a indiqué (239) la méthode pour déterminer en général la preſſion que l'eau mue dans un tuyau, exerce contre les parois de ce tuyau.

CHAPITRE VIII.

De l'écoulement de l'eau qui sort par un petit orifice, d'un vase en mouvement.

(274.) L ES Problèmes dont je vais donner ici la solution, peuvent avoir leur application dans la pratique. Si, par exemple, un seau, rempli d'abord d'eau, monte ou descend d'un mouvement qui ne soit pas uniforme, & qu'on veuille déterminer la hauteur dûe à la vîtesse de l'écoulement, par un petit orifice pratiqué en un endroit donné du fond ou des parois, afin de parvenir à connoître la quantité d'eau qui sortira en un temps donné par cet orifice : si de même on veut déterminer la position qu'une masse fluide doit prendre dans un vase qu'on fait mouvoir d'un mouvement accéléré ou retardé sur un plan, & la pression qui résulte contre un point quelconque du vase, &c : toutes ces questions demandent, pour être résolues, de nouveaux principes qu'il est à-propos d'exposer, non-seulement à raison de l'utilité du sujet, mais encore pour exercer nos Lecteurs à l'usage de la Dynamique & de l'Hydraulique. Je prends des cas simples pour plus de clarté.

(275.) P ROBLÈME I. *Le vase* A B C D (Fig. 27), *rempli d'abord jusques en* A D, *étant* Fig. 27. *soulevé verticalement par le poids* P, *au moyen de la petite corde inextensible & non-pesante* H M N P,

Z ij

qui paſſe ſur les deux poulies de renvoi M & N : *on demande la preſſion du fluide ſur la partie infiniment petite* p q *du fond ou des parois, ou la hauteur dûe à la vîteſſe de l'écoulement par cet endroit !*

Soit G le centre de gravité de la maſſe totale du vaſe & de l'eau qu'il contient pour un inſtant propoſé; & nommons M cette maſſe. Suppoſons que ſi les deux corps, ou les deux maſſes P & M, avoient été abandonnés à l'action libre de la peſanteur, ils euſſent parcourus, en un inſtant, les petits eſpaces égaux Pt, Gx; mais qu'à cauſe de l'action & de la réaction que ces deux corps exercent l'un ſur l'autre, P parcoure Pk, & M, Gy. La quantité de mouvement perdu par le premier étant égale à la quantité de mouvement que gagne le ſecond dans le même ſens : ſi l'on nomme g la gravité, f, la force accélératrice ſimple Pk ou Gy; on aura l'équation, $P(g - f) = M(g + f)$; d'où l'on tire $f = \dfrac{g(P - M)}{P + M}$; & par conſéquent

$$xy = xG + Gy = g + \frac{g(P - M)}{P + M}$$

$$= \frac{2gP}{P + M},$$ expreſſion de la force qui pouſſe de bas en haut chaque particule de la maſſe M; de ſorte que ſi l'on imprimoit un mouvement égal & contraire au ſyſtème de toutes ces particules, il demeureroit en équilibre. Or, dans ce dernier cas, en vertu de la force $\dfrac{2gP}{P + M}$, qui agit verticaement de haut en bas ſur chaque molécule du

fluide, il doit réfulter contre un point quelconque du fond ou des parois, une preffion qui eft à la preffion que le même point fupporteroit fi le fluide étoit foumis à la feule action de la pefanteur, comme $\dfrac{2\,g\,P}{P + M}$ eft à g, ou comme $2\,P$ eft à $P + M$. Ainfi, en nommant h la hauteur Rq de l'eau dans le vafe $ABCD$ regardé comme immobile : la hauteur dûe à la vîteffe en pq, dans l'hypothèfe du problème, fera $h \times \dfrac{2\,P}{P + M}$; & cette même quantité repréfente par conféquent la preffion de l'eau fur chaque point de pq.

(276.) COROLLAIRE I. Donc, pour avoir la quantité élémentaire d'eau dQ, qui fort pendant l'inftant dt, il ne faut que mettre dans l'article 201,

$h \times \dfrac{2\,P}{P + M}$ pour h, dt pour t, dQ pour Q, en confervant les autres dénominations. Par-là, on aura, $dQ = \dfrac{2\,dt.K}{\theta} \sqrt{\dfrac{2\,ahP}{P + M}}$.

(277.) COROLLAIRE II. Le vafe étant fuppofé fe vider par l'orifice pq, fans recevoir de nouvelle eau, nous aurons (en nommant maintenant x, la hauteur variable Rq; X, la fection horizontale AD du vafe à la furface de l'eau, laquelle fection eft une fonction de x, donnée par la figure du vafe), nous aurons, dis-je, $dQ = - Xdx$; $M = A + \int Xdx$, A étant une conftante. Donc $- Xdx = \dfrac{2\,dt.K}{\theta}$

$$\sqrt{\frac{2\,a\,P\,x}{P + A + \int X\,dx}}, \text{ ou } dt = \frac{-\theta\,X\,dx\,\sqrt{(P + A + \int X\,dx)}}{2\,K\,\sqrt{2\,a\,P}\cdot\sqrt{x}},$$

équation d'où l'on tirera la relation entre x & t.

(278.) **COROLLAIRE III.** Suppofons que le vafe foit un folide de révolution, dont Rq eft l'axe ; & qu'on demande la figure qu'il doit avoir, afin qu'en temps égaux la furface de l'eau s'abaiffe de quantités égales : il faura faire $dt = -n\,dx$, n étant un coéfficient donné ; enfuite on fuppofera l'ordonnée $RA = RD = y$, & par conféquent $X = m\,y^2$, m étant le rapport de la circonférence au diamètre ; on fera difparoître les radicaux, & on mettra l'expreffion $\int X\,dx$ ou $\int m\,y^2\,dx$ toute feule dans un membre ; on différentiera, ce qui produira une équation de cette forme, $y^7\,dx + B\,y\,dx + C\,x\,dy = 0$, qui s'intègre fans difficulté.

(279.) *REMARQUE.* On voit par l'équation $f = \frac{g\,(P - M)}{P + M}$, que fi $P = M$, on aura $f = 0$, $\frac{2\,P}{P + M} = 1$. Alors le vafe eft en repos, au moins pour un inftant ; & la quantité élémentaire d'eau, qui fort pendant cet inftant, eft $\frac{2\,dt\cdot K\sqrt{a\,h}}{\theta}$.

Si $P = 0$, on aura $\frac{2\,P}{P + M} = 0$. La preffion du fluide fur pq s'évanouit, & il ne fortira point d'eau par l'orifice pq. C'eft ce qui eft d'ailleurs évident, car tous les points de la maſſe M deſcendront par la peſanteur naturelle, avec la même vîteſſe.

Si le poids P eſt infini, il faut négliger M en comparaiſon de P; & alors $\dfrac{2P}{P+M} = 2$.

Ainſi, $dQ = 2\,dt\,K\sqrt{\dfrac{2ah}{\theta}}$.

Si les deux poids P & M étant des quantités finies, on avoit $M > P$, le poids M deſcendroit, le poids P monteroit; & pour déterminer l'écoulement, il ne faudroit que faire f négative. On trouve dans ce cas, comme dans le premier, que la hauteur dûe à la vîteſſe en pq, eſt $h \times \dfrac{2P}{P+M}$.

(280.) PROBLÈME II. *Le vaſe* A B C D (Fig. 28) *qui contient de l'eau, étant entraîné le long du plan horizontal* F Q, *au moyen du poids* P *attaché à la corde inextenſible & non peſante* H N P, *qui paſſe ſur la poulie* N *de renvoi : on demande la poſition que doit avoir la ſurface du fluide, lorſqu'elle eſt parvenue à un état uniforme & permanent, & la preſſion que ſouffrira un point quelconque du fond ou des parois du vaſe ?*

Fig. 28.

Soit M la ſomme des maſſes du vaſe & de l'eau qu'il contient. Suppoſons qu'en un inſtant le corps P eût parcouru, par ſa peſanteur naturelle, le petit eſpace Pt, mais qu'à cauſe du corps M qu'il entraîne, il ne parcoure que Pk, tandis que M parcourt horizontalement un eſpace qui eſt égal à Pk. En nommant g la gravité naturelle; f, la force accélératrice Pk; nous aurons l'équation $P(g - f) = Mf$, ou $f = \dfrac{gP}{P + M}$. D'où l'on voit que chaque particule du fluide eft pouffée dans le fens FQ, par une force $\dfrac{gP}{P + M}$, & que fi par conféquent on imprimoit une force égale & contraire au fyftème, il demeureroit en repos. Or, dans ce dernier cas, chaque particule fluide eft foumife à l'action de deux forces, l'une verticale qui eft la pefanteur g, l'autre horizontale qui eft $\dfrac{gP}{P + M}$; & ces deux forces produifent une réfultante exprimée par $g \times \dfrac{\sqrt{[P^2 + (P + M)^2]}}{P + M}$.

Ainfi, pour qu'il y ait équilibre dans le fluide, ou pour que le fluide prenne un état fixe & permanent, il faut que la furface de ce fluide coupe perpendiculairement la direction de la réfultante que nous venons de trouver; .& comme cette même force eft toujours conftante en quantité & en direction, on voit évidemment que la furface du fluide doit être un plan incliné OM, tel que menant l'horizontale OE, on ait $\dfrac{OE}{OM}$

$$= \frac{P + M}{\sqrt{[P^2 + (P + M)^2]}}.$$

Il eft clair que les lignes OE, OM font données de grandeur. La pofition du point O fe détermine par la confidération de la figure du vafe & de la quantité de fluide qui y eft contenu. Car, ſoit par exemple, $ABCD$ un vaſe rectangulaire : que ce vaſe étant en repos, & que par conféquent la ſurface du fluide, devenue horizontale, occupe la poſition IL, à laquelle répond la hauteur donnée CI : on aura, $CI \times CB = \dfrac{(OC + BM) \times CB}{2}$; ou $2CI = 2OC - ME$; ou $OC = CI + \dfrac{ME}{2}$, équation dont tout le ſecond membre eſt connu, puiſque $ME = \sqrt{[(OM)^2 - (OE)^2]}$, quantité connue.

Cela poſé, ſi d'un point quelconque T des parois du vaſe, on tire la droite TZ perpendiculaire à la ſurface OM du fluide, on vera que la preſſion ſoufferte par l'aire infiniment petite Tt, dans l'hypothèſe de notre problème, eſt à la preſſion qu'elle ſouffriroit ſous la profondeur TZ, ſi le fluide étoit ſoumis à la ſeule action de la peſanteur dans un vaſe en repos, comme $\dfrac{g\sqrt{[P^2 + (P + M)^2]}}{P + M}$ eſt à g, ou comme $\sqrt{[P^2 + (P + M)^2]}$ eſt à $P + M$. Par conféquent la première preſſion ſera repréſentée par

$$\dfrac{Tt \times TZ \times \sqrt{[P^2 + (P + M)^2]}}{P + M}.$$

(281.) COROLLAIRE. Connoiſſant la preſſion ſur Tt, on connoîtra la vîteſſe avec laquelle l'eau ſortira à l'inſtant que l'on fera une petite ouverture en Tt.

Si à meſure que le vaſe marche horizontalement

il perd de l'eau fans en recevoir de nouvelle, la force accélératrice qui anime à chaque inftant les particules du fluide, varie continuellement tant en quantité qu'en direction. Alors la détermination de l'écoulement appartient à la claffe des problèmes du Chapitre V, où il eft queftion du mouvement d'un fluide animé de forces quelconques.

(282.) *REMARQUE.* On doit obferver que le vafe ne perdant point d'eau, la furface du fluide demeure inclinée & conferve toujours la même inclinaifon, tant que le mouvement du corps P dure, & que ce mouvement eft uniformément accéléré. Mais fi le vafe, après s'être mu pendant un certain temps, d'un mouvement uniformément accéléré, parvient au repos ou à un mouvement uniforme, la furface de l'eau perd la pofition inclinée, & finit par fe mettre dans un plan horizontal. C'eft ce qui eft évident par notre folution ; car alors on peut fuppofer $P = 0$; la force f eft nulle, & la furface de l'eau, qui doit être perpendiculaire à la direction de la force qui preffe chaque particule fituée dans cette même furface, eft néceffairement horizontale, puifqu'il n'y a plus que la pefanteur naturelle qui agiffe fur les particules du fluide.

On réfoudroit le problème avec la même facilité, fi le vafe gliffoit fur un plan incliné. Mais en voilà affez fur cette matière.

CHAPITRE IX.

Du mouvement ofcillatoire de l'eau dans un fiphon.

(283.) J'AI démontré dans mon Traité de *Méca-nique* (*II.ᵉ part. liv. II, chap. III*), les principales propriétés du mouvement des pendules. On y a vu que fi un corps ou pendule P (*Fig. 29*), fufpendu par le moyen du fil OP, décrit de petits arcs de cercle Pp, Qq, en ofcillant autour du point fixe O, toutes fes ofcillations font *ifochrones* ou de même durée , quoique les arcs parcourus Pp, Qq, foient inégaux : on y a vu auffi que les durées des petites ofcillations de deux pendules de longueurs inégales , font entr'elles comme les racines carrées de ces longueurs. Le mouvement de l'eau qui fe balance dans un fiphon , eft du même genre.

Fig. 29.

(284.) PROBLÈME I. *Déterminer le mou-vement d'ofcillation d'un fluide dans un fiphon* $KLNM$ (Fig. 30), *de groffeur uniforme intérieure, & compofé de deux branches verticales & d'une branche horizontale !*

Fig 30.

Suppofons d'abord que le fluide, dans l'état de repos, occupe l'efpace $ALND$: alors les deux furfaces AB, CD font de niveau (21). Sup-pofons enfuite que par une caufe quelconque, telle, par exemple, que l'action d'un piston, la liqueur soit forcée de defcendre en GH dans la branche MN, & par conféquent de s'élever en EF dans la branche KL, que cela fait, on ôte fubitement le piston, de manière que le fluide foit abandonné uniquement à l'action libre de fa pefanteur. Il eft clair que l'eau defcendra & montera alternativement, formant des ofcillations femblables à celles d'un pendule qui va & vient.

Soit P *(Fig. 29)*, un pendule dont la longueur OP eft la moitié de la longueur xyz de la colonne fluide, & qui décrit jufqu'au point le plus bas I des arcs PI égaux aux efpaces EA. La force qui fait ofciller le fluide eft l'excès du poids de l'eau contenue dans l'une des branches du fiphon, fur le poids de l'eau contenue dans l'autre branche. Ainfi, quand l'eau monte en EF dans la branche KL, & que conféquemment elle defcend en GH dans la branche MN, cette force eft le poids de la colonne $ESTF$, ou le double du poids de la colonne $EABF$. Elle eft donc au poids de toute l'eau comme $2AE$ eft à xyz, ou comme AE eft à OP. D'où il fuit, $1.^o$ que la longueur xyz étant une quantité conftante, la force qui fait ofciller l'eau eft toujours proportionnelle à l'efpace qu'elle lui fait parcourir; & que par conféquent les ofcillations de l'eau font ifochrones entr'elles. $2.^o$ Ces ofcillations font de même durée que celles du pendule P; car la force qui fait décrire au pendule P le petit arc

P I, eft à la pefanreur du même pendule, comme *P I* eft à *O P*, ou comme *A E* eft à *O P*; l'eau &
le pendule font donc animés par la même force,
& doivent par conféquent faire leurs ofcillations
dans le même temps.

(285.) CorollaIre. Puifque les ofcillations de l'eau fuivent les mêmes loix que celles
des pendules, fi l'on augmente ou diminue la longueur de la colonne d'eau, le temps de fes ofcillations augmentera ou diminuera, & fuivra la raifon
fou-doublée de cette longueur.

(286.) Problème II. *Déterminer en général
les ofcillations de l'eau dans un fiphon de figure
quelconque !*

Soit *K L M N (Fig. 31)*, un fiphon de
figure quelconque, contenant un fluide qui, ayant
été élevé vers *K*, par une caufe extérieure quelconque, eft parvenu dans la pofition indéterminée
E F G H, où il eft foumis uniquement à l'action
de fa pefanteur. Ce fluide fera des ofcillations qu'il
s'agit de déterminer. Il faut, pour cela, connoître
la direction que les particules du fluide prennent
dans leurs mouvemens. Or, en employant ici le
principe du parallélifme des tranches, on peut
fuppofer, ou que ces tranches font horizontales, ou
qu'elles font perpendiculaires à la courbe *K g h M*,
regardée comme l'axe du fiphon. Le calcul, dans
la première hypothèfe, fe rapporte à l'article 230,
puifque l'on peut confidérer, pour un inftant,

Fig. 31.

EFGH comme un vafe ou un tuyau, dont *EF* eſt la furface fupérieure du fluide, *GH* l'inférieure. Je vais réſoudre la queſtion, dans la feconde hypothèſe qui a été adoptée par pluſieurs ſavans Géomètres.

I. Imaginons donc que le fluide *EFGH* eſt partagé en une infinité de tranches *LO o l,* égales entr'elles & perpendiculaires en chaque point de la courbe *gfh.* La peſanteur qui agit verticalement ſur chaque tranche, ſe décompoſera en deux forces, l'une perpendiculaire à la courbe, qu'il faut négliger, l'autre dirigée ſuivant la courbe, la ſeule à laquelle il faille avoir égard.

$$\text{Soient} \begin{cases} \text{la gravité} \dots\dots\dots\dots\dots\dots\dots = g, \\ \text{la furface } EF \dots\dots\dots\dots\dots\dots = P, \\ \text{la furface } GH \dots\dots\dots\dots\dots\dots = Q, \\ \text{la fection } LO \dots\dots\dots\dots\dots\dots = y, \\ \text{l'arc } gf \text{ de la courbe } gfh \dots\dots\dots = x, \\ \text{le finus total} \dots\dots\dots\dots\dots\dots = 1, \\ \text{l'angle } mfn \text{ que fait la courbe en } f \\ \qquad \text{avec la verticale} \dots\dots\dots\dots = p, \\ \text{la vîteſſe de la furface } EF \dots\dots\dots = u, \\ \text{la hauteur dûe à cette vîteſſe} \dots\dots = r, \\ \text{la vîteſſe de la fection } LO \dots\dots\dots = v. \end{cases}$$

Cela poſé, il eſt clair que la partie de la peſanteur qui agit ſuivant fn, étant exprimée par g coſ. p, ſi les tranches n'agiſſoient point les unes ſur les autres, la vîteſſe v, à la fin de l'inſtant dt, deviendroit $v + g$ coſ. $p . dt$; mais, comme à cauſe du mouvement forcé des tranches elle devient $v + dv$, on voit que les différentes tranches animées de la vîteſſe g coſ.$p . dt - dv$, fe feroient équilibre. On aura donc, $\int dx$ $(g \cos. p . dt - dv) = 0$; d'où l'on tire (en mettant pour dt fa valeur $\dfrac{dx}{v}$, pour v fa valeur $\dfrac{Pu}{y}$), $\dfrac{gy\,dx}{Pu} \int \cos. p . dx - Pdu \int \dfrac{dx}{y}$ $+ Puy\,dx \int \dfrac{dy}{y^3} = 0$.

Les intégrales indiquées doivent répondre à la courbe entière $g f h$. Soient donc alors $\int \cos. p . dx$ $= F; \int \dfrac{dx}{y} = N$; & confidérons que $\int \dfrac{dy}{y^3} = \dfrac{1}{2\,P^2} - \dfrac{1}{2\,Q^2}$: l'équation précédente deviendra,

(A) $F . Q^2 y\,dx - P^2 Q^2 N\,dr + ry\,dx (Q^2 - P^2) = 0$.

Telle eft la formule qui donne le mouvement du fluide pour un inftant quelconque.

II. Maintenant, fuppofons qu'au premier inftant du mouvement, le fluide occupe l'efpace $VZRN$; & nommons z l'efpace Kg parcouru par la fur-face EF pendant le temps t. Il eft clair que la nature de la courbe $Kg\,h\,M$ étant donnée, & les deux efpaces $VZRN$, $EFGH$, occupés fucceffivement par le fluide, étant égaux entre eux, les quantités F, N, P, Q, $y\,dx$, peuvent être exprimées en fonctions de z & de conftantes. Donc la vîteffe u de la furface EF, ou la hauteur r dûe à cette vîteffe, fera auffi une fonction de z; & pareillement t fera une fonction de z, à caufe de $$dt = \frac{dz}{u}.$$

Appliquons cette théorie générale à des exemples.

EXEMPLE I. *Le siphon est cylindrique, & la courbe* K g h M *est une demi-circonférence de cercle, dont le diamètre* K M *est horizontal.*

On aura, en ce cas, $P = Q = y$, & chacune de ces quantités sera constante. Soit menée au diamètre $K M$ l'ordonnée fq; & supposons le rayon $CK = 1$; la demi-circonférence $Kg h M = m$; l'arc donné gfh, auquel répond le fluide dans toutes les situations $= n$; $fq = s$; l'arc indéterminé $Kgf = \xi$. On aura, cos. $p = \dfrac{d s}{d \xi}$

$= \dfrac{d (\text{sin. } \xi)}{d \xi} = \cos. \xi$; $\int dx \cos. p = \int dx \cos. \xi$

$= \int d\xi \cos. \xi = \sin. \xi + A$, intégrale qui doit commencer lorsque $\xi = \zeta$, & finir lorsque $\xi = \zeta + n$. Ainsi, $F = \sin. (\zeta + n) - \sin. \zeta$. De plus $N = -\dfrac{n}{P}$; $ydx = Pd\zeta$. Donc l'équation *(A)* deviendra ici, $d\zeta [\sin. (\zeta + n) - \sin. \zeta]$ $- dr = 0$; d'où l'on tire (en supposant que le fluide parte du point K, & par conséquent $r = 0$, lorsque $\zeta = 0$), $n r = \cos. n - 1$ $+ \cos. \zeta - \cos. (\zeta + n)$. Ce qui donne r ou la hauteur dûe à la vîtesse de la surface $E F$.

Si on fait $\zeta = m - n$, ou si l'on suppose que la surface antérieure $G H$ parvienne en M, on trouvera encore $r = 0$. D'où il suit qu'alors le fluide aura perdu toute sa vîtesse, & qu'il redescendra. Il continuera ainsi à faire des oscillations réciproques,

réciproques, fuivant la demi-circonférence, depuis le point K jufqu'au point M.

On trouvera la durée de ces ofcillations par le moyen de l'équation

$$ dt = \frac{d\zeta}{z} = \frac{d\zeta}{\sqrt{z\, g\, z}} = \frac{\sqrt{n}}{\sqrt{2g}} \cdot \frac{d\zeta}{\sqrt{[\,\mathrm{cof}. n - 1 + \mathrm{cof}. \zeta - \mathrm{cof}. (\zeta + n)\,]}} , $$

équation qu'il faudra intégrer de manière que t s'évanouiffe lorfque $\zeta = 0$, & que t reçoive fa valeur complète, lorfque $\zeta = m - n$.

EXEMPLE II. *Le fiphon* (Fig. 32) *eft compofé* *de trois tuyaux rectilignes* K L O, O L N R, R N M, *qui ont des diamètres égaux, & dont l'intermédiaire eft horizoutal; les deux autres font inclinés.*

Soient élevées, par les points f & m, les verticales fi, ms; & nommons f, le cofinus de l'angle donné Kfi; m, le cofinus de l'angle donné Mms; P, la fection conftante & perpendiculaire de chaque tuyau; l, la longueur donnée $gfmh$ de l'efpace occupé par le fluide ; b, la longueur donnée Kf du premier tuyau incliné; c, la longueur donnée du tuyau horizontal ; x, l'efpace Kg, parcouru par la furface du fluide pendant le temps t.

Cela pofé, comme la loi de continuité n'eft pas obfervée d'un tuyau à l'autre, on appliquera à chacun d'eux les raifonnemens de la folution générale ; & on trouvera que pour le tuyau $EFOL$, la quantité $\int dx\, \mathrm{cof}.\, p$ eft $f(b - z)$; que pour le tuyau $GHNR$, elle eſt $mh \times m = m (z + l - b - c)$; qu'enfin pour le tuyau horizontal, elle eſt zéro. Retranchant la ſeconde expreſſion de la première (parce que le ſigne de m eſt contraire à celui de f), le reſte $f(b - z) - m(z + l - b - c)$, ſera ·la valeur de F pour le ſiphon entier. De plus, la quantité $\int \frac{dx}{y}$ ou N, ſera ici $\frac{l}{P}$. Par conſéquent l'équation générale (A) deviendra (en obſervant que $y = P$, $dx = dz$, $Q = P$), $dz [f(b - z) - m(z + l - b - c)] - ldr = 0$; d'où l'on tire $r = (\frac{f + m}{2l})$

$\times [\frac{2(fb + mb + mc - ml)z}{f + m} - zz]$. Donc,

à cauſe de $dt = \frac{dz}{u} = \frac{dz}{\sqrt{2gr}}$, on aura

$$t = \frac{\sqrt{l}}{\sqrt{[g(f+m)]}} \times \int \frac{dz}{\sqrt{(\frac{2(fb+mb+mc-ml)z}{f+m} - zz)}},$$

intégrale qui dépend en général de la quadrature du cercle. Repréſentons, pour abréger, le coéfficient de z par $2A$. De plus, nommons B le quart de circonférence pour le rayon A; T, le temps employé à parcourir l'eſpace A. On aura $t = \frac{\sqrt{l}}{A\sqrt{[g(f+m)]}}$

$\times \int \frac{Adz}{\sqrt{(2Az - zz)}}$; & $T = \frac{\sqrt{l}}{\sqrt{[g(f+m)]}} \times \frac{B}{A}$.

Or $\frac{B}{A}$ eſt une quantité conſtante, quel que ſoit le rayon A. Donc T eſt une quantité conſtante, donc les oſcillations entières du fluide ſont iſochrones entr'elles , quelles que ſoient leurs amplitudes.

Soient L la longueur d'un pendule qui décrit de petits arcs de cercle ; C, la diſtance initiale de ce pendule à la verticale ; D, le quart de circonférence pour le rayon L ; z, l'eſpace que le pendule parcourt circulairement, pendant le temps t, avec la vîteſſe v ; T', le temps qu'il emploie pour arriver à la verticale.

On aura $v\,dv = \dfrac{g(C - z)\,dz}{L}$, & par conſéquent

$$vv = \frac{g(2Cz - zz)}{L}. \text{ Donc } t = \int \frac{dz}{v}$$

$$= \frac{\sqrt{L}}{\sqrt{g}} \int \frac{dz}{\sqrt{(2Cz - zz)}}, \,\&\, T' = \frac{\sqrt{L}}{\sqrt{g}}$$

$\times \dfrac{D}{C}$. Égalant cette valeur de T' à celle de T,

& conſidérant que $\dfrac{B}{A} = \dfrac{D}{C}$, on aura

$L = \dfrac{l}{f + m}$, expreſſion de la longueur du pendule qui fait ſes oſcillations dans le même temps que le fluide. Ce réſultat s'accorde avec celui qui a été donné ſans démonſtration par M. Jean Bernoulli. (Voyez ſes *Œuvres, tome III, page 125*).

Lorſque les tuyaux $EFOL$, $HGRN$ ſont verticaux, on a $f = 1$, $m = 1$; & l'équation $L = \dfrac{l}{f + m}$ devient $L = \frac{1}{2} l$, c'eſt-à-dire, que la longueur du pendule qui fait ſes oſcillations dans le même temps que le fluide, eſt la moitié de la longueur de la colonne fluide ; ce qui s'accorde avec l'article 284.

(287.) SCHOLIE I. On voit que la même théorie eſt également applicable au mouvement de l'eau dans un long tuyau, en ſuppoſant que les tranches du fluide, regardées comme perpendiculaires à l'axe du tuyau, conſervent leur parallélifme. Nous avons donné (230) la ſolution de ce problème, dans la ſuppoſition du parallélifme de tranches horizontales; nous avons de plus déterminé (239) la preſſion qui doit réſulter alors contre un endroit quelconque des parois du tuyau. Mais dans l'hypothèſe préſente, où nous regardons les tranches comme perpendiculaires à l'axe du tuyau, on obtiendra d'autres réſultats. La vîteſſe du fluide ſe trouve par l'équation générale de l'article précédent. Quant à la meſure de la preſſion, on voit que la force accélératrice en vertu de laquelle toutes les tranches ſe feroient équilibre,

étant ici g coſ. $p - \dfrac{dv}{dt}$, la preſſion à l'endroit f *(Fig. 31)*, eſt $\int dx \left(g \text{ coſ. } p - \dfrac{dv}{dt} \right)$.

(288.) SCHOLIE II. Newton, dans ſes *Principes mathématiques (liv. II, prop. 46)*, compare, comme il ſuit, au mouvement oſcillatoire de l'eau dans un ſiphon, le mouvement d'ondulation d'une maſſe fluide indéfinie, qui a été dérangée de la ſituation d'équilibre par l'action du vent, ou de toute autre manière.

Fig. 33. Soit *A B C D E F (Fig. 33)* une eau agitée, dont la ſurface monte & deſcende par des ondes fucceffives. Que *A, C, E* foient les éminences de ces ondes ; *B, D, F* les cavités intermédiaires qui les féparent. Le mouvement fucceffif des ondes fe faifant de manière que les parties les plus hautes *A, C, E* deviennent enfuite les plus baffes, & la force qui fait defcendre les plus hautes & monter les plus baffes, étant toujours le poids de l'eau élevée, il s'enfuit que les ofcillations des ondes font de même efpèce que celles de l'eau dans un fiphon de groffeur uniforme. Si l'on prend donc un pendule dont la longueur foit la moitié des diftances entre les lieux les plus hauts *A, C, E,* & les lieux les plus bas *B, D, F,* les parties les plus hautes *A, C, E,* deviendront les plus baffes dans le temps d'une ofcillation de ce pendule ; & dans le temps d'une autre ofcillation, elles deviendront les plus hautes. Le pendule fera donc deux ofcillations pendant chacune des *ondulations,* c'eft-à-dire, pendant que chaque onde parcourra l'efpace compris entre deux fommités voifines ou deux cavités voifines ; efpace qui exprime la largeur d'une onde. Et comme un pendule dont la longueur feroit quadruple de celle du précédent, ne feroit qu'une ofcillation, pendant que celui-ci en fait deux, on doit conclure que les ondes font leurs ofcillations dans le même temps qu'un pendule qui auroit pour longueur la largeur des mêmes ondes. Les durées des ondulations étant comme les racines carrées de leurs longueurs, on déterminera les quantités de ces durées, par la confidération qu'un pendule qui a 3 pieds

8 $\frac{1}{2}$ lignes de longueur, fait une ofcillation en une feconde, à la latitude de Paris.

Il eſt inutile de remarquer que cette théorie des ondulations, n'eſt, comme Newton en avertit lui-même, qu'une approximation ; car on y fuppofe que les parties de l'eau fe meuvent en lignes droites, comme dans le fiphon de l'article 284 ; au lieu que réellement leur mouvement eſt circulaire en partie.

Le mouvement des ondes ne peut être déterminé d'une manière exacte & fatisfaifante, que par les loix générales du mouvement des fluides, telles que nous les avons indiquées (Chap. v). M. de la Place a traité le premier ce fujet, pour les ondulations rectilignes *(Acad. de Paris, année 1776, page 542)* ; & M. de la Grange a traité la queſtion en général *(Acad. de Berlin, année 1781, page 196)*.

CHAPITRE X.

Manière d'avoir égard au frottement de l'eau contre les bords d'un orifice, ou contre les parois d'un long tuyau.

(289.) Dans la théorie que j'ai donnée jusqu'ici de l'écoulement des fluides, je n'ai point fait entrer en confidération le déchet que le frottement contre les bords de l'orifice ou contre les parois du vafe, peut apporter au produit. Ici je me propofe d'indiquer les moyens d'eftimer ce déchet, au moins à peu-près. Je prends des cas fimples, pour ne pas m'engager dans de longs calculs, inutiles à mon but.

(290.) PROBLÈME I. *Un vafe étant entretenu conftamment plein à la même hauteur, au-deffus d'un petit orifice horizontal & circulaire* ABDE (Fig. 34) : *on demande la quantité d'eau écoulée, pendant un temps donné, en ayant égard au frottement du fluide contre les bords de l'orifice ?*

Fig. 34.

Du centre *C,* foient décrites une infinité de circonférences concentriques *a b d e, m n o p,* &c. Les particules qui frottent contre le bord *A B D E* de l'orifice perdent, par cette caufe, une partie de leur vîteffe. Et comme ces particules ont une adhérence avec les fuivantes, qui forment la

A a iv

circonférence *abde;* que pareillement celles-ci ont une adhérence avec les suivantes, qui forment la circonférence *mnop;* ainsi de suite : il est clair que de proche en proche le frottement contre le bord de l'orifice *ABDE*, doit se faire sentir à toutes les particules qui sortent en même temps, & diminuer conséquemment le produit ou la quantité d'eau écoulée. Construisant donc sur *AC*, comme axe, une courbe *NgqK*, dont les ordonnées *AN*, *ag*, *mq*, *CK* représentent les vîtesses correspondantes aux points *A*, *a*, *m*, *C;* l'aire de cette courbe sera proportionnelle à la somme des vîtesses ou à la quantité d'eau écoulée. De sorte que si l'on nomme *r* le rayon *CA;* *x*, l'abscisse *Cm;* *X*, la hauteur dûe à la vîtesse en *m;* *m*, le rapport de la circonférence au diamètre ; *t*, le temps de l'écoulement ; θ, le temps de la chute par *a;* *Q*, la quantité d'eau écoulée, on aura (201),

$$Q = \frac{4\,t\,\sqrt{a}}{\theta} \int m\,x\,d\,x\,\sqrt{X},$$ intégrale qui doit

s'évanouir, lorsque $x = 0$, & recevoir sa valeur complète, lorsque $x = r$.

On voit par-là que connoissant la loi suivant laquelle les particules tiennent les unes aux autres, on connoîtra la fonction *X*, & que par conséquent on pourra déterminer *Q*, soit algébriquement, soit par les quadratures des courbes.

(291.) COROLLAIRE. Supposons, par exemple, que *NgqK* soit une ligne droite ; ce qui ne doit pas s'éloigner beaucoup de la vérité, l'orifice étant regardé comme très-petit. Nommons H, la hauteur dûe à la vîteſſe centrale CK; h, la hauteur dûe à vîteſſe latérale AN; & menons NR parallèle à AC. Les triangles ſemblables NRK, Nfq donneront $fq = \dfrac{Nf \times RK}{NR}$

$$= \frac{(r-x)(\sqrt{H}-\sqrt{h})}{r} ; \quad \& \ mq \ \text{ou} \ \sqrt{X} = \sqrt{h}$$

$$+ \frac{(r-x)(\sqrt{H}-\sqrt{h})}{r} = \frac{x\sqrt{h} + (r-x)\sqrt{H}}{r}.$$

Donc $\int x\, dx \sqrt{X} = \int \left(\dfrac{x^2\, dx\, \sqrt{h} + (rx\, dx - x^2\, dx)\sqrt{H}}{r} \right)$

$$= \frac{x^3(\sqrt{h}-\sqrt{H})}{3r} + \frac{x^2\sqrt{H}}{2} \cdot$$ Ainſi, en faiſant

$x = r$, on aura, $Q = \dfrac{2 t m r^2 \sqrt{a} \cdot (\sqrt{H} + 2\sqrt{h})}{3\theta}.$

Reſte à déterminer H & h. Or, il y a, pour cela, deux moyens.

I. On ſait que dans les jets d'eau qui s'élèvent verticalement, le haut de la colonne eſt une eſpèce de pyramide, dont le ſommet eſt formé par les molécules centrales qui ſe ſuccèdent. Si l'on prend pour H la hauteur du ſommet de cette pyramide au-deſſus de l'orifice, & qu'on détermine H & Q, par une expérience immédiate, on connoîtra h. Car la formule précédente donne,

$$h = \frac{(3\theta Q - 2 t m r^2 \sqrt{a} H)^2}{16 m^2 t^2 r^4 a}.$$

II. Suppoſons que la hauteur de l'eau dans le réſervoir étant toujours la même, on ait un ſecond orifice circulaire & horizontal; & nommons les quantités analogues à H, r, Q par les mêmes lettres accentuées. Les quantités m, θ, a, t demeurent les mêmes. Il paroît que la hauteur h doit être aussi la même dans le second orifice que dans le premier; car sous même hauteur d'eau dans le réservoir, le frottement de chaque point fluide contre le bord de l'orifice doit être le même; & par conséquent il doit rester la même vîtesse à chaque particule, déduction faite de la perte occasionnée par le frottement. On aura donc, comme pour Q, cette seconde équation

$$Q' = \frac{2\,t\,m\,r'^2\,(\sqrt{a}\,H' + 2\sqrt{a}\,h)}{3\,\theta}.$$

De plus, en considérant que la loi du frottement doit être la même dans les deux cas, & que par conséquent on peut regarder, par exemple, HA comme le rayon du second orifice, tandis que CA est le rayon du premier, on aura, $\sqrt{H} - \sqrt{h} : \sqrt{H'} - \sqrt{h} :: r : r'$, ou

$$r(\sqrt{H'} - \sqrt{h}) = r'(\sqrt{H} - \sqrt{h}).$$

Maintenant, regardons H, H', h, comme les trois inconnues, & supposons que tout le reste soit donné, nous trouverons

$$H = \left[\frac{\theta\,[\,Q(3r - r')\,r'^2 - 2\,Q'\,r^3\,]}{2\,t\,m\sqrt{a}.(r - r')\,r^2\,r'^2}\right]^2,$$

$$H' = \left[\frac{\theta\,[\,Q'\,r^2(r - 3r') + 2\,Q\,r^3\,]}{2\,t\,m\sqrt{a}.(r - r')\,r^2\,r'^2}\right]^2,$$

$$h = \left[\frac{\theta\,(\,Q'\,r^3 - Q\,r'^3\,)}{2\,t\,m\sqrt{a}.(r - r')\,r^2\,r'^2}\right]^2.$$

(292.) PROBLÈME II. *Résoudre le même problème, en supposant que l'orifice, toujours fort petit & horizontal, au lieu d'être circulaire, soit un rectangle* ABCD (Fig. 35)?

Fig. 35.

Ayant mené du centre O les droites OA, OB, OC, OD, & ayant abaissé OK perpendiculaire à AB, soient tirées les droites OP, Op infiniment voisines. Du point O, avec le rayon OP, soit décrit le petit arc PV. Qu'on décrive encore du même point, avec les deux rayons infiniment peu différens Om, On les deux petits arcs mq, nr. Cela posé, soient $OK = b$; $KB = c$; $KP = x$; $Om = y$; la hauteur dûe à la vîtesse en $O = H$; la hauteur dûe à la vîtesse en $K = h$; & désignons par t, θ, a, les mêmes choses que ci-dessus. Les triangles semblables OKP, PVp donneront,

$$PV = \frac{b\,dx}{\sqrt{(bb + xx)}}, \quad \text{\& les arcs semblables}$$

PV, mq donneront, $mq = \dfrac{b\,y\,dx}{bb + xx}$. Donc

le petit espace $mqrn = \dfrac{b\,y\,dy\,dx}{bb + xx}$. En

admettant sur la loi du frottement la même hypothèse que dans l'article précédent, la quantité de liqueur qui sort par le petit orifice $mqrn$ sera

exprimée par $\dfrac{2\,t\,\sqrt{a}}{\theta} \times \dfrac{b\,y\,dy\,dx}{bb + xx}$

$\times \left(\dfrac{[\sqrt{(bb + xx)} - y]\,\sqrt{H} + y\,\sqrt{h}}{\sqrt{(bb + xx)}} \right)$, dont

l'intégrale est (en regardant y seule comme variable),

$$\frac{t\sqrt{a}.b\,dx}{\theta(bb+xx)^{\frac{3}{2}}} \times \frac{[3yy\,v(bb+xx)].\sqrt{H}-2y^3(\sqrt{H}-\sqrt{h})}{3}.$$

Faifant $y = \sqrt{(bb+xx)}$, la quantité de liquéur qui fort par l'orifice $POp =$

$$\frac{t\sqrt{a}.b\,dx\,(\sqrt{H}+2\sqrt{h})}{3},$$

dont l'intégrale eft $\dfrac{t\sqrt{a}.bx\,(\sqrt{H}+2\sqrt{h})}{3\theta}$. Faifant $x = c$, la quantité de liqueur qui fort par l'orifice triangulaire $OKB =$

$$\frac{t\sqrt{a}.bc\,(\sqrt{H}+2\sqrt{h})}{3\theta}.$$

Donc, en nommant Q la quantité de liqueur qui fort par l'orifice entier $ABCD$, on aura

$$Q = \frac{8\,t\sqrt{a}.bc\,(\sqrt{H}+2\sqrt{h})}{3\theta}.$$

Cette équation fournit les mêmes remarques que celle de l'aricle précédent.

(293.) SCHOLIE I. Les deux problèmes précédens fuffifent pour faire connoître la manière d'eftimer les effets du frottement dans les écoulemens, par toutes fortes d'orifices horizontaux. Mais, pour apprécier exactement cette théorie, il faut la foumettre à de nombreufes expériences, en faifant varier les hauteurs des réfervoirs, les figures & les dimenfions des orifices. Quand on aura ainfi déterminé les loix du frottement pour de petits orifices horizontaux, on pourra appliquer les mêmes principes à des orifices latéraux, petits, mais dont tous les points ne peuvent pas néanmoins être cenfés placés à la même diftance de la furface du fluide. Car, en regardant, comme nous

l'avons déjà fait Chapitre III, un orifice latéral,
comme partagé en une infinité de petits orifices par
des plans horizontaux, on cherchera d'abord les
écoulemens par ces orifices élémentaires ; enfuite
on trouvera, par la fommation, les écoulemens
pour les orifices entiers.

(294.) SCHOLIE II. Il eft facile d'appliquer
la même théorie au mouvement de l'eau dans un
long tuyau. Car, foit par exemple $A\,B\,C\,D$
(Fig. 36), un vafe entretenu conftamment plein
à la hauteur $A\,B$, & auquel eft implanté un tuyau
horizontal $E\,C\,m\,n$, dont le diamètre eft affez petit
pour qu'on puiffe regarder chaque fection verticale
du tuyau, comme ayant tous fes points à égales
diftances du plan horizontal qui rafe la furface du
fluide. Le filet central $o\,k$ a une plus grande vîteffe
que les autres; & en allant du centre à la circonférence, les vîteffes diminuent à caufe du frottement contre les parois du tuyau. Or il eft évident
que l'on peut confidérer le bout $m\,n$ du tuyau
comme un orifice fimple, & que par conféquent
on trouvera la quantité d'eau qui fort par cet
orifice, au moyen de l'article 290, lorfque l'on
connoîtra les hauteurs dûes aux vîteffes des points
fluides k, m, & la loi fuivant laquelle le frottement fe fait fentir de la circonférence au centre,
pour différentes hauteurs $A\,B$ de réfervoirs, &
différentes longueurs $o\,k$ de tuyaux.

En admettant pour le frottement l'hypothèfe de

Fig. 36.

l'article 291, nous avons, ici comme là, deux moyens pour déterminer les hauteurs H & h dûes aux vîteffes des points fluides k, m : l'un confifte à mefurer la hauteur H par l'amplitude du jet $k\,s$, & par la quantité Q d'eau écoulée par mn pendant un temps donné ; d'où l'on conclura enfuite h ; l'autre à déterminer H & h, pour deux tuyaux dont les diamètres font différens, mais qui ont des longueurs égales, & qui font placés fous les mêmes profondeurs $o\,D$. Bornons-nous à indiquer le premier moyen ; car il eft inutile de s'appefantir fur des détails qui n'ont aucune difficulté.

La nature de la courbe $k\,s$ eft telle, qu'un corps décriroit, par la feule pefanteur, la verticale $k\,r$ dans un temps égal à celui pendant lequel il décriroit uniformément la droite $k\,h$, égale & parallèle à $r\,s$, avec une vîteffe égale à celle du point fluide k. Si donc l'on cherche, par la théorie du mouvement, les expreffions de ces deux temps, & qu'on les égale entr'elles, on obtiendra l'équation $(r\,s)^2 = k\,r \times 4\,H$; H étant la hauteur dûe à la vîteffe du point k. Cette équation, qui eft celle d'une parabole, donne $H = \dfrac{(r\,s)^2}{4\,k\,r}$. Ainfi, connoiffant $r\,s$ & $k\,r$, on connoîtra H. Quand on aura donc auffi déterminé Q, on connoîtra h.

On trouvera dahs le fecond volume de cet Ouvrage, un très-grand nombre d'expériences fur le mouvement des eaux dans de longs tuyaux, rectilignes ou tortueux, horizontaux ou inclinés.

CHAPITRE XI.

Du mouvement des fluides élastiques, & en particulier du mouvement de l'air.

(295.) DE même qu'en traitant de l'équilibre des fluides élastiques, j'ai confidéré fpécialement celui de l'air; femblablement je vais ici confidérer le mouvement de l'air, la théorie étant la même pour tous les fluides élastiques.

Quand on parle du mouvement de l'air, on peut avoir en vue, ou de connoître le tranfport, foit réel, foit virtuel d'une certaine maffe d'air, d'un endroit en un autre; ou, le mouvement qu'ont les unes par rapport aux autres les particules d'une certaine maffe d'air, qui a été dérangée de la fituation d'é-quilibre. La première queftion va faire le fujet de ce Chapitre : la feconde fera traitée dans le Cha-pitre fuivant. Je négligerai par-tout l'effet du frottement.

(296.) Soit *A B C D (Fig. 37)* un cylindre Fig. 37. fermé de tous côtés, contenant un air homogène & également denfe dans toute fon étendue. Cet air eft dans un état de compreffion , & auffi-tôt qu'on lui donne quelqu'iffue, ou qu'on lui facilite le moyen de s'étendre ou de fe dilater, il fe dilate en effet, & fa force élastique diminue. Dans chaque état de compreffion, la force élaftique eft toujours égale à la force qui a produit cette compreffion. Ainfi, par exemple, fi l'air *ABCD* eft pareil à celui que nous refpirons, & que par conféquent il ait été comprimé, ou par la preffion même de l'atmofphère, ou par une force équivalente, il pourra faire équilibre par fon reffort, dans l'état moyen, ou au poids d'une colonne de.mercure de 28 pouces de hauteur, laquelle hauteur eft indiquée par le baromètre; ou au poids d'une colonne d'eau de 32 pieds de hauteur, l'eau étant environ quatorze fois moins denfe que le mercure; ou, au poids d'une colonne d'air de 850×32 pieds, ou 27200 pieds, l'air naturel étant environ huit cents cinquante fois moins denfe que l'eau. Si donc on nomme en général F, la force élaftique de l'air; aa, la furface de la bafe qui en fupporte l'action; H, la hauteur de la colonne de mercure ou d'eau, ou d'air, qui eft équivalente à la force F; on aura $F = aaH$. Pour l'air naturel, il faudra faire $H = 28$ pouces, ou $H = 32$ pieds, ou $H = 27200$ pieds, felon que l'on voudra évaluer la preffion ou le reffort de cet air, par le poids d'une colonne de mercure, ou d'eau, ou d'air.

(297.) L'expérience fait voir (66 & 67) que fi une même maffe d'air qui conferve toujours le même degré de température, eft réduite à occuper fucceffivement différens volumes, les forces qui la compriment, & par conféquent auffi fes différentes forces élaftiques, fuivent la raifon

inverfe

inverſe des volumes ou la raiſon directe des denſités. Or réduire une maſſe d'air à occuper différens
volumes, c'eſt la même choſe que faire entrer dans
un même volume différentes quantités d'air, dont
les denſités ſoient les mêmes reſpectivement que
celles de la maſſe propoſée dans ſes différens états.
Concluons donc de cette expérience que ſi différentes maſſes d'air occupent ſucceſſivement un même
volume, elles ont des forces élaſtiques qui leur
ſont proportionnelles; ou, ce qui revient au même,
qui ſont proportionnelles à leurs denſités, puiſque
la denſité n'eſt autre choſe que la quantité de
matière compriſe ſous un même volume donné.

(298.) PROBLÈME I. *Déterminer la vîteſſe
avec laquelle l'air ſort à chaque inſtant du vaſe* A B C D
(Fig. 37), *par le petit orifice* C, *en ſuppoſant qu'il
s'échappe dans le vide, ou qu'il n'éprouve aucune réſiſtance
à ſa ſortie !*

Fig. 37.

Soient, pour le premier inſtant du mouvement,
P le poids auquel la force élaſtique de l'air peut
faire équilibre; *Q*, la denſité de ce fluide; *V*, ſa
vîteſſe; & nommons *q*, la denſité qu'il a au bout
d'un certain temps *t*; *u*, ſa vîteſſe à la fin de ce
même temps. De plus, nommons *M* & *m* les
maſſes d'air qui ſortent en temps égaux dans les
deux cas. On voit, par l'article précédent, que
la force élaſtique de l'air après le temps *t*, ſera
$\dfrac{P\,q}{Q}$: & comme les forces motrices ſont proportionnelles aux quantités de mouvement qu'elles

produifent dans le même temps, on aura, $P : \dfrac{Pq}{Q}$ :: $MV : mu$. Mais les maffes M & m, font comme les produits de leurs volumes par leurs denfités, & leurs volumes font comme les produits de l'orifice par les vîteffes. Ainfi l'orifice étant le même dans les deux cas, on aura, $M : m :: QV : qu$. Donc, $P : \dfrac{Pq}{Q} :: QVV : quu$. D'on l'on tire $u = V$. Ainfi l'air fort continuellement avec la même vîteffe, qui eft la vîteffe initiale V.

(299.) COROLLAIRE. Suppofons qu'au premier inftant l'air contenu dans le vafe foit de l'air naturel. Alors le poids P eft égal au poids d'une colonne d'air naturel qui auroit l'orifice C pour bafe, & 27200 pieds de hauteur (296). La colonne qui preffe fur l'orifice, & la maffe qui en fort à chaque inftant, ayant ainfi la même denfité, la vîteffe en C eft dûe à la hauteur 27200 pieds. Or un corps grave, qui tombe de 15 pieds de hauteur, acquiert une vîteffe capable de lui faire parcourir uniformément 30 pieds en une feconde. Par conféquent, on aura la vîteffe V, pour une feconde, en faifant cette proportion, $\sqrt{15} : \sqrt{27200}$ :: 30 pieds : $V = 1277$ pieds. L'air doit donc parcourir, en vertu de fon reffort dans l'état ordinaire de l'atmofphère, environ 1277 pieds en une feconde, dans le vide.

(300.) PROBLÈME II. *Déterminer en général, dans l'hypothèfe du problème précédent, le temps* t *que l'air emploie à passer de la densité* Q *à la densité* q!

Soient *H* la hauteur dûe à la vîtesse constante *V* de l'air au passage *C;* θ, le temps de la chute par *a; C,* l'aire de l'orifice ; *A,* le volume du cylindre *A B C D.* Il sortira, pendant l'instant *d t,* un petit volume d'air exprimé par $\dfrac{2\,C\,dt\,\sqrt{a\,H}}{\theta}$ (201). Or la masse étant comme le produit du volume par la densité, la petite masse d'air, comprise sous ce volume, sera $\dfrac{2\,C\,q\,dt\,\sqrt{a\,H}}{\theta}$. Mais d'un autre côté, il est évident que durant le temps *t*, il est sorti du cylindre une masse exprimée par *A . Q — A . q.* On aura donc, $\dfrac{2\,C\,q\,dt\,\sqrt{a\,H}}{\theta} = d(A . Q — A . q) = — A\,dq;$ ce qui donne $d t = \dfrac{\theta A}{2\,C\,\sqrt{a\,H}}$ × $— \dfrac{d q}{q}$, dont l'intégrale est (en faisant *t* = o, lorsque *q* = *Q*), $t = \dfrac{\theta A}{2\,C\,\sqrt{a\,H}}$ × $L . (\dfrac{Q}{q})$.

On voit, par cette expression du temps, que le vase ne se videroit entièrement qu'au bout d'un temps infini; mais il ne faut pas oublier ici que suivant la remarque de l'article 70 , l'hypothèse sur laquelle cette formule est fondée, cesse d'être exacte , lorsque la densité *q* devient très-petite.

(301.) **PROBLÈME III.** *L'air ayant été condensé dans le vase* ABCD : *on demande la vîtesse avec laquelle il sortira par le petit orifice* C, *en supposant qu'il se répande dans un air environnant plus rare que lui, & d'une étendue infinie, telle qu'on peut toujours l'attribuer à l'atmosphère par rapport au vase* ABCD !

Nommons D, la densité de l'air extérieur; F, sa force élastique ; Q, la densité initiale de l'air intérieur, ou de l'air contenu dans le vase, & par conséquent $\dfrac{QF}{D}$ sa force élastique initiale; q, la densité de l'air intérieur, après un certain temps t, & par conséquent $\dfrac{qF}{D}$ sa force élastique correspondante ; M, la petite masse initiale d'air qui sort par l'orifice; V, sa vîtesse ; m, la petite masse d'air, qui sort, après le temps t ; u, sa vîtesse. L'air extérieur opposant constamment la résistance F à la sortie de l'air intérieur, il est évident que la force expulsive initiale de l'air intérieur est $\dfrac{QF}{D}$ — F, ou $\dfrac{(Q-D)F}{D}$, & que la force expulsive, après le temps t, est $\dfrac{(q-D)F}{D}$. Or, les forces expulsives font comme les quantités de mouvement qu'elles produisent dans le même temps ; ainsi on a, $\dfrac{(Q-D)F}{D} : \dfrac{(q-D)F}{D} : : MV : mu.$

Mais les masses M & m font comme les produits de leurs densités par leurs volumes, & ces volumes font comme les produits de l'orifice par les vîteffes ;

donc, $\dfrac{(Q-D)\,F}{D} : \dfrac{(q-D)\,F}{D} :: Q V' : q u'$;

ce qui donne $u = V \times \sqrt{\dfrac{Q\,(q-D)}{q\,(Q-D)}}$.

On voit qu'on aura $u = 0$, ou que l'air ceffera de couler, lorfqu'on aura $q = D$. Je n'ai pas befoin de faire obferver que fi on avoit $D = Q$, il n'y auroit point du tout de mouvement, puif-qu'alors la force expulfive initiale $\dfrac{(Q-D)\,F}{D}$ étant nulle, la vîteffe initiale V feroit auffi nulle.

(302.) C O R O L L A I R E. Suppofons, par exemple, $Q = 10\,D$, $q = 9\,D$; & que la preffion de l'atmofphère, ou la force élaftique F, foit équivalente au poids d'une colonne d'eau de 32 pieds de hauteur. La force expulfive initiale $\dfrac{(Q-D)\,F}{D}$ de l'air, équivaudra au poids d'une colonne d'eau de 9×32 pieds, ou de 288 pieds de hauteur : & comme l'air que cette force fait fortir par l'orifice eft 85 fois moins denfe que l'eau, il s'enfuit que l'écoulement initial eft le même que fi l'air étoit alors chaffé par la preffion d'une co-lonne d'air, par-tout de même denfité que lui, & de 85 fois 288 pieds, ou de 24480 pieds de hauteur ; & que par conféquent la vîteffe V eft dûe à cette hauteur. Donc la vîteffe V, pour une feconde, fera de 30 pieds $\times \dfrac{\sqrt{24480}}{\sqrt{15}}$; & la vîteffe u, auffi pour une feconde, fera de 30 pieds

$\times \dfrac{\sqrt{24480}}{\sqrt{15}} \times \dfrac{\sqrt{80}}{\sqrt{81}}$. Ainsi on aura à peu-près, $V = 1212$ pieds, $u = 1204$ pieds.

On peut se faire par-là une idée de la vîtesse avec laquelle l'air condensé frappe ou pousse une balle dans ces fusils qu'on appelle *arquebuses à vent*, & dont la description se trouve dans tous les Livres de Physique.

(303.) PROBLÈME IV. *Trouver le temps* t *que l'air emploie à passer de la densité* Q *à la densité* q, *dans l'hypothèse du problème précédent ?*

En représentant par H la hauteur dûe à la vîtesse initiale V, & en se rappelant que les hauteurs dûes aux vîtesses V & u, sont comme les carrés de ces vîtesses : on verra que la hauteur dûe à la vîtesse u, est $H \times \dfrac{Q(q-D)}{q(Q-D)}$. Ainsi, la petite masse d'air, qui sort pendant l'instant dt, est $\dfrac{2Cqdt}{\theta} \sqrt{\dfrac{aHQ(q-D)}{q(Q-D)}}$. Mais cette masse a pour autre expression $d(A.Q - A.q)$, ou $-Adq$. Par conséquent on a, $dt = \dfrac{\theta A \sqrt{(Q-D)}}{2C\sqrt{aHQ}} \times \dfrac{-dq}{\sqrt{(qq-Dq)}}$, dont l'intégrale est (en faisant toujours $t = 0$, lorsque $q = Q$), $t = \dfrac{\theta A \sqrt{(Q-D)}}{2C\sqrt{aHQ}} \times L . [\dfrac{Q - \frac{1}{2}D + \sqrt{(Q^2 - D.Q)}}{q - \frac{1}{2}D + \sqrt{(q^2 - D.q)}}]$.

Nous avons vu que l'air cesse de couler, lorsque $q = D$. Faisant donc $q = D$, dans l'expression précédente, on aura celle du temps que dure l'écoulement.

(304.) **Problème V.** *Le vaſe* A B C D *étant ſuppoſé contenir un air plus rare que celui de l'atmoſphère : on demande la vîteſſe avec laquelle ce dernier entrera dans le vaſe, par le petit orifice* C!

En nommant D, la denſité conſtante de l'air extérieur; F, ſa force élaſtique; Q, la denſité initiale de l'air contenu dans le cylindre, & par conſéquent $\dfrac{QF}{D}$ ſa force élaſtique initiale; q, la denſité de cet air, après le temps t, & par conſéquent $\dfrac{qF}{D}$ ſa force élaſtique après ce même temps; V, la vîteſſe initiale avec laquelle l'air extérieur entre dans le cylindre; u, ſa vîteſſe après le temps t : on voit que la force impulſive initiale de l'air dans le cylindre eſt $F - \dfrac{QF}{D}$, ou $\dfrac{(D-Q)F}{D}$, & qu'après le temps t la force impul-ſive eſt $\dfrac{(D-q)F}{D}$. On aura donc, $\dfrac{(D-Q)F}{D} : \dfrac{(D-q)F}{D} :: DV^2 : Du^2$; & par conſéquent

$$u = V \times \sqrt{\frac{D-q}{D-Q}}.$$

Si au premier inſtant, le cylindre étoit vide, on auroit $Q = 0$; & alors $u = V \times \sqrt{\dfrac{D-q}{D}}$.

On voit, dans l'un & l'autre cas, que l'air ceſſe d'entrer dans le cylindre, lorſque $q = D$, ou lorſque la denſité de l'air eſt la même en-dedans qu'en-dehors.

(305.) **PROBLÈME VI.** *Trouver l'équation entre le temps* t *& la denſité* q, *dans l'hypothèſe du problème précédent ?*

Soit H la hauteur dûe à la vîteſſe V; & gardons les autres dénominations. La petite maſſe d'air qui entre dans le cylindre $ABCD$, pendant l'inſtant dt, eſt exprimée par $\dfrac{2C.Ddt}{\theta} \sqrt{\dfrac{aH(D-q)}{D-Q}}$; & comme elle a pour ſeconde valeur, $d(A.q)$, ou Adq, on aura $dt = \dfrac{\theta A \sqrt{(D-Q)}}{2C.D\sqrt{aH}}$ $\times \dfrac{dq}{\sqrt{(D-q)}}$, dont l'intégrale eſt $t = \dfrac{\theta A \sqrt{(D-Q)}}{2C.D\sqrt{aH}}$ $\times [\sqrt{(D-Q)} - \sqrt{(D-q)}]$.

(306.) **PROBLÈME VII.** *Les deux cylindres* ABCD, FCHG (Fig. 38), *fermés de tous côtés, & contenant des airs différemment condenſés : on demande la vîteſſe avec laquelle l'air paſſera d'un cylindre dans l'autre, par le petit orifice* C ?

Fig. 38.

Il eſt d'abord évident que l'air le plus denſe coulera dans le plus rare. Suppoſons que cet écoulement ſe faſſe du vaſe $ABCD$ dans le vaſe $FCHG$. Nommons D, la denſité de l'air de l'atmoſphère; F, ſa force élaſtique; Q, la denſité initiale de l'air $ABCD$, & par conſéquent $\dfrac{QF}{D}$ ſa force élaſtique initiale; q, ſa denſité après le temps t, & par conséquent $\dfrac{q\,F}{D}$ sa force élastique après ce même temps; R, la densité initiale de l'air $FCHG$, & par conséquent $\dfrac{R\,F}{D}$ sa force élastique initiale; r, sa densité après le temps t, & par conséquent $\dfrac{r\,F}{D}$, sa force élastique après ce même temps; V, la vîtesse initiale de l'air $ABCD$; u, sa vîtesse après le temps t. Il est clair que la force expulsive de l'air $ABCD$ est $\dfrac{Q\,F}{D} - \dfrac{R\,F}{D}$, au premier instant; & $\dfrac{q\,F}{D} - \dfrac{r\,F}{D}$, après le temps t. Ainsi on aura, $\dfrac{QF - RF}{D} : \dfrac{qF - rF}{D} :: QVV : quu$; ce qui donne $u = V \times \sqrt{\dfrac{Q(q-r)}{q(Q-R)}}$.

L'écoulement cessera, quand on aura $r = q$.

Comme la masse totale d'air contenue dans les deux cylindres demeure constamment la même; si l'on nomme A, la capacité ou le volume du cylindre $ABCD$; B, celui du cylindre $FCHG$, on aura cette seconde équation, $A.Q + B.R = A.q + B.r$, parce que les masses sont comme les produits des volumes par les densités. Cette équation donne, $r = \dfrac{A(Q-q) + B.R}{B}$. Substituant cette valeur de r dans la valeur de u, on aura

$$u = V \times \sqrt{\dfrac{Q\,[\,B(q-R) - A(Q-q)\,]}{B\,q\,(Q-R)}};$$

équation qui donne la vîteſſe u, correſpondante à chaque denſité q.

(307.) **PROBLÈME VIII.** *Trouver l'équation entre le temps* t *& la denſité* q, *dans l'hypothèſe du problème précédent ?*

Suppoſons, pour abréger un peu le calcul,
$$A.Q + B.R = f;\quad A.Q + B.Q = K;\quad B.Q - B.R = m:$$
on trouvera, en raiſonnant toujours de même,
$$\frac{2\,C\,q\,dt}{\theta}\sqrt{\frac{a\,H\,(K\,q - f\,Q)}{m\,q}} = -\,A\,dq;$$
ou bien
$$dt = \frac{\theta\,A\,\sqrt{m}}{2\,C\,\sqrt{a\,H\,K}} \times \frac{-\,dq}{\sqrt{\left(q^2 - \frac{f\,Q}{K}\cdot q\right)}},$$
dont l'intégrale eſt
$$t = \frac{\theta\,A\,\sqrt{m}}{2\,C\,\sqrt{a\,H\,K}}\times L.\left[\frac{Q - \frac{f\,Q}{2\,K} + \sqrt{\left(Q^2 - \frac{f\,Q}{K}\right)}}{q - \frac{f\,Q}{2\,K} + \sqrt{\left(q^2 - \frac{f\,q}{K}\right)}}\right].$$

(308.) **SCHOLIE.** Dans les problèmes précédens, j'ai ſuppoſé que l'air conſervoit toujours la même température, ou que la force élaſtique de ce fluide ne dépendoit uniquement que de ſa denſité. Mais il faut conſidérer qu'une chaleur plus ou moins grande, a une influence conſidérable ſur la force élaſtique de l'air. Lorſqu'une maſſe déterminée de ce fluide vient à acquérir, d'une manière quelconque, une augmentation de chaleur : ou, elle s'étend en un plus grand volume & repouſſe l'air environnant & moins chaud, ſi elle en a la liberté : ou, ſi elle eſt contenue de tous côtés dans un certain espace sans pouvoir s'étendre, elle acquiert une plus grande force élastique, & exerce par conséquent un plus grand effort contre les parois du vase, ou contre les obstacles qui s'opposent à son expansion. Cette augmentation de force élastique, est d'ailleurs de la même nature que celle qui naîtroit d'une plus grande densité de l'air, sous même température. Les effets résultans dans les deux cas peuvent donc être assimilés. De même, on peut toujours comparer l'action d'un fluide élastique quelconque, quelle que soit la cause de son élasticité, à la force élastique d'un air condensé. Ainsi, par exemple, une balle chassée par la force élastique de l'air condensé dans une *arquebuse à vent*, & un boulet de canon chassé par l'action du fluide élastique qui provient de l'inflammation de la poudre, sont mis en mouvement par des causes semblables, car l'intensité de la seconde cause, qui est beaucoup plus grande que celle de la première, ne détruit pas cette parité. D'après cette remarque générale, nous ajoutons ici quelques problèmes, qui ont de fréquentes applications dans la Mécanique & dans la Physique.

(309.) P R O B L È M E I X. *Un boulet* K (Fig. 39),   Fig. 39.
contenu dans un canon ou cylindre horizontal A B C D, *dont il remplit exactement la cavité sans frottement, étant chassé de* A *vers* B *par l'action d'un air condensé, ou par celle du fluide élastique qui se déve-*

loppe lors de l'inflammation de la poudre : on demande la vîtesse du boulet en un endroit quelconque P M *du canon ?*

Soit, au premier instant, *A E F D* l'espace occupé par l'air condensé ; nommons *Q* la densité de cet air ; *D*, celle de l'air de l'atmosphère, & *F* sa force élastique. La force élastique de l'air *A E F D* sera $\frac{Q F}{D}$. Supposons l'aire du cercle représenté par *E F* ou *P M* $= aa$; *A E* $= b$; *A P* $= x$; la masse du boulet $= K$; sa vîtesse en *P* $= u$. Quand le boulet est parvenu de *E* en *P*, & que par conséquent l'air *A E F D* s'est répandu dans l'espace *A P M D*, la force élastique de cet air ainsi dilaté est $\frac{Q F}{D} \times \frac{a a b}{a a x}$, c'est-à-dire, $\frac{b Q F}{x D}$. Cette force peut être regardée comme la pression d'une colonne de mercure sur la surface ou section *P M*; elle est détruite en partie par la pression contraire *F* de l'atmosphère sur la même surface ; de sorte que la force absolue qui pousse le boulet de *A* vers *B*, est simplement $\frac{b Q F}{x D} - F$. Par conséquent nous aurons, par le principe ordinaire des forces accélératrices, $K u d u = (\frac{b Q F}{x D} - F) d x$; d'où l'on tire (en complétant l'intégrale de manière que l'on ait $u = 0$, lorsque $x = b$), $u u = 2 F$ $\cdot [\frac{b Q}{D . K} L . (\frac{x}{b}) + \frac{b - x}{K}]$. Faisant

$x = AB = E$, il viendra, $2 F . [\frac{bQ}{D.K} L(\frac{E}{b})$

$+ \frac{b-E}{K}]$ pour l'expreſſion du carré de la

vîteſſe V du boulet à la ſortie du canon.

(310.) COROLLAIRE I. On voit par cette formule, que ſi l'on connoiſſoit *à priori*, ou d'une manière quelconque, la quantité $\frac{Q}{D}$, c'eſt-à-dire, le rapport de la denſité de l'air primitivement con-denſé $AEFD$ à la denſité de l'air naturel, ou, ce qui revient au même, le rapport de la force élaſtique initiale du fluide qui pouſſe le boulet à la force élaſtique de l'air naturel, on connoîtroit V. Réciproquement, par la connoiſſance de V, on peut trouver $\frac{Q}{D}$. Or, pour déterminer V, par la voie de l'expérience, au lieu de poſer le canon horizontalement, on le poſera dans une ſituation un peu inclinée (ce qui ne peut produire qu'un léger changement dans la formule); & on meſu-rera ſur le terrein l'amplitude du jet; d'où, en tenant compte de la réſiſtance de l'air, on déduira la vîteſſe V, ou la hauteur dûe à cette vîteſſe.

(311.) COROLLAIRE II. Parmi toutes les longueurs E qu'on peut donner au canon, il y en a une qui rendra la vîteſſe V un *maximum*. On la trouvera en égalant à zéro la différentielle de V^2, priſe en ne faiſant varier que E. Par ce calcul, on obtient, $E = b \times \frac{Q}{D}$.

Cette longueur eſt beaucoup plus grande que l'expérience ne la donne. Mais il faut obſerver que nos calculs ſont fondés ſur l'hypothèſe, que la force élaſtique du fluide qui pouſſe le boulet le long du canon, ſuit exactement la raiſon inverſe du volume que le fluide occupe ſucceſſivement; ce qui n'eſt vrai à l'égard de l'air, que pour des condenſations moyennes; & ce qui peut s'écarter encore plus de la vérité, pour le fluide élaſtique réſultant de l'inflammation de la poudre ; car ce dernier fluide n'eſt pas homogène, il ne s'enflamme pas tout d'un coup, & il s'échappe, en partie ſenſible, par les vides compris entre le boulet & les parois du canon. D'ailleurs, à meſure que la longueur du canon eſt plus grande, le boulet y éprouve plus long-temps la réſiſtance du frottement. Toutes ces conſidérations reſtreignent la longueur des pièces d'artillerie. Mais ordinairement on pouſſe trop loin cette diminution. L'expérience apprend que les longues pièces, dont on fait uſage dans les ſiéges, lancent le boulet avec beaucoup plus de vîteſſe que les pièces courtes dont on eſt quelquefois forcé de ſe ſervir dans la guerre de campagne, pour la facilité du tranſport & de la manœuvre. *Voyez* ſur ce ſujet l'*Artillerie* de Robins, avec les notes de M. Euler.

Fig. 40.

(312.) PROBLÈME X. *Soit un cylindre vertical* LBCR (Fig. 40), *fermé de tous côtés, vide dans ſa partie ſupérieure* LADR, *& contenant dans ſa partie inférieure une certaine quantité d'air, maintenue* *en cet état par un poids* K, *posé sur le couvercle* A D, *qui est mobile, sans frottement & sans laisser de vide vers ses bords, lequel poids est par conséquent égal à la force élastique de cet air : on suppose que par un moyen quelconque, on applique encore sur le couvercle ou sur la tête du poids* K *un autre poids* G, *& on demande la vitesse descensionnelle de la masse* K — G !

Suppofons que le couvercle, au bout d'un temps t, foit parvenu dans la pofition parallèle quelconque PM: & foient $AB = a$; $AP = x$; la vîteffe de la maffe $K + G$ en $P = u$; la gravité $= g$. La force élaftique de l'air $ABCD$ étant $g \cdot K$, celle de l'air $PBCM$ fera $g K \times \dfrac{a}{a - x}$ (67). Par conféquent la force abfolue qui fait defcendre le couvercle ou la maffe $K + G$, eft $g(K + G)$

$$- g K \times \frac{a}{a - x}, \text{ & on a l'équation } (G + K)$$

$$u\, du = \left[g (K + G) - \frac{g K a}{a - x} \right] dx;$$

d'où l'on tire (en complétant l'intégrale de manière qu'on ait $u = 0$, lorfque $x = 0$),

$$u^2 = 2 g \left[x + \frac{K a}{K + G} \cdot L \cdot \left(\frac{a - x}{a} \right) \right].$$

Quant à la valeur du temps dont l'équation diffé-rentielle eft $dt = \dfrac{dx}{u}$, on la trouvera, en fubftituant dans cette équation pour u fa valeur, puis intégrant.

(313.) COROLLAIRE. On voit par l'ex-preffion de u^2, que x augmentant depuis zéro, le premier terme de cette expreſſion augmente, mais que le ſecond diminue. La valeur de u deviendra donc encore zéro, lorſqu'on aura x

$$+ \frac{K\,a}{K+G} \, L.\left(\frac{a-x}{a}\right) = 0, \text{ ou } x(K+G)$$

$$= K\,a.L.\left(\frac{a}{a-x}\right).$$ D'où il ſuit qu'alors le couvercle parvenu, par exemple en ON, remontera à ſa première poſition pour deſcendre de nouveau; ainſi de ſuite.

(314.) P R O B L È M E X I. *Suppoſons maintenant que le cylindre vertical* L B C R *(Fig. 41) ſoit ouvert par en haut & communique par conféquent avec l'atmoſphère; que la partie inférieure* A B C D *contienne de l'air naturel, dont la force élaſtique eſt égale à la preſſion de l'atmoſphère ſur le couvercle* A D; *qu'on applique ſur ce couvercle un poids* G *pour le faire deſcendre: on demande la vîteſſe de la maſſe* G, *quand le couvercle ſera parvenu dans la poſition quelconque* P M !

Fig. 41.

Soient $AB = a$; $AP = x$; la vîteſſe deſcenſionnelle de la maſſe $G = u$. Je repréſente par $g \cdot K$ la preſſion de l'atmoſphère ſur le couvercle AD, ou la force élaſtique de l'air $ABCD$, g étant la gravité, K une maſſe convenable. Il eſt évident que lorſque le couvercle eſt en PM, la force élaſtique de l'air $PBCM$ eſt $gK \times \dfrac{a}{a-x}$.

Ainſi la force abſolue qui pouſſe alors le couvercle eſt $g \cdot K + g \cdot G - gK \times \dfrac{a}{a-x}$. Cette

force

force communique le mouvement à la simple masse G; & on a par conséquent l'équation,

$$G\,u\,d\,u = [\,g\,(K + G) - \frac{Ka}{a-x}\,]\,d\,x;$$

$$\text{donc, } u^2 = 2g\,[\,(\frac{K+G}{G})x + \frac{Ka}{G} - L.(\frac{a-x}{a})\,].$$

(315.) COROLLAIRE I. De-là, en faisant un calcul pareil à celui de l'article précédent, on trouvera que le couvercle AD doit descendre, puis remonter, ainsi de suite alternativement.

(316.) COROLLAIRE II. Le ressort de l'air diminuant par le froid & augmentant par le chaud, on voit que si l'on peut, par un mécanisme quelconque, refroidir l'air $ABCD$, puis l'échauffer, ainsi de suite alternativement : on voit, dis-je, que sans le secours du poids G, le couvercle AD descendra & montera alternativement. Il est donc possible de construire une machine dont le mouvement soit produit & entretenu par l'action d'un air, ou d'un fluide élastique, que l'on refroidit & que l'on échauffe alternativement. Tel est en effet le principe du mécanisme de la pompe à feu.

(317.) PROBLÈME XII. *Le cylindre verti-cal* L B C R *(Fig. 42), toujours ouvert par en-haut,* Fig. 42. *& contenant de l'air naturel dans la partie inférieure* A B C D, *on suppose que le couvercle* A D *soit soulevé verticalement au moyen du poids* G *attaché à la corde non pesante* G V S F; *& on demande la vitesse de la masse* G, *quand le couvercle* A D *est parvenu dans la position quelconque* P M !

Tome I. Cc

Soient $AB = a$; $AP = x$; la vîteſſe deſcenſionnelle de la maſſe $G = u$; & repréſentons,
comme ci-deſſus, la preſſion de l'atmoſphère ſur
AD, ou la force élaſtique de l'air $ABCD$, par
$g . K$. Lorſque l'air occupe l'eſpace ΓBCM, ſa
force élaſtique ſera $g K \times \dfrac{a}{a + x}$. Ajoutant cette
dernière force avec le poids $g.G$, & retranchant
de la ſomme la preſſion $g.K$ de l'atmoſphère
ſur le couvercle AD, on aura $g . G + \dfrac{g . Ka}{a + x}$
$- g . K$ pour la force abſolue qui fait deſcendre
la maſſe G. Donc, $G\, u\, d\, u = g\, (G - K$
$+ \dfrac{Ka}{a + x}) \, dx$; ce qui donne

$$u^2 = 2g \left[\frac{Ka}{G} . L . \left(\frac{a + x}{a} \right) - (K - G) x \right].$$

(318.) CorollairE I. En ſuppoſant $K > G$,
on voit que x augmentant, le premier terme de
la valeur de u^2 augmente, mais que le ſecond
diminue. Le couvercle, après être monté quelque
part en ON, deſcendra en AD, pour remonter
de nouveau ; ainſi de ſuite.

(319.) CorollairE II. Si, au lieu d'employer le ſecours du poids G, pour faire d'abord
monter le couvercle AD, on ſuppoſe que l'air
$ABCD$ vienne à s'échauffer, puis à ſe refroidir ;
ainſi de ſuite alternativement : il eſt clair que le
couvercle AD aura un mouvement alternatif
d'aſcenſion & de deſcenſion. Ce cas eſt l'inverſe
de l'article 316.

CHAPITRE XII.

Du mouvement vibratoire des parties de l'air.

(320.) Lorsqu'on paſſe de la conſidération du mouvement d'une maſſe d'air dont les tranches ou les parties regardées elles - mêmes comme de petites maſſes, ſont ſuppoſées avoir la même vîteſſe pour un même inſtant, à l'examen du mouvement que prennent les unes par rapport aux autres, les particules élémentaires d'une maſſe d'air, qui a été ébranlée en quelque endroit par une cauſe quelconque : le problème change totalement de nature ; & on n'a pu parvenir encore à le réſoudre complètement que dans un petit nombre de cas particuliers, non par le défaut des principes de Mécanique & d'Hydrodynamique, mais à cauſe de l'imperfection de l'analyſe.

M. de la Grange eſt le premier qui ait entrepris avec ſuccès cette profonde recherche *(Acad. de Turin, Tomes I & II)*. M. Euler s'en eſt depuis fort occupé ; & il y a fait en divers temps pluſieurs découvertes importantes *(Acad. de Turin, Tome II ; Acad. de Berlin, 1759 & 1765 ; Acad. de Péterſbourg, 1771)*.

(321.) On ſait que le ſon, ou le bruit en général, eſt l'effet d'une agitation imprimée à l'air qui vient en conſéquence frapper le tympan de l'oreille. Une corde tendue que l'on pince ou que l'on met en vibration, ébranle l'air environnant, lui communique le mouvement dont elle eft affectée, & produit, quand on veut, les fons muficaux. Il en eft do même d'un tuyau de flûte ou d'orgue qu'on fait réfonner. Rien n'eft donc plus intéreffant que de connoître les loix du trémouffement de l'air, puifque ces loix font la bafe de l'Acouftique.

(322.) Le reffort de l'air eft la principale caufe qui entretient ou produit le mouvement vibratoire d'où réfulte le fon. Le poids de ce fluide n'y a d'influence qu'autant qu'il en augmente ou diminue le reffort d'une manière marquée. En effet, ou obferve qu'au bord de la mer & fur les montagnes, le fon excité par une même caufe, a la même intenfité & la même vîteffe, malgré la différence du poids de l'air. Mais le chaud ou le froid, en dilatant ou en contractant l'air, font varier les fons en proportion, de la même manière qu'en tendant plus ou moins une corde vibrante, on lui fait rendre des fons plus ou moins aigus.

(323.) Les fons excités en plein air, & ceux qu'on tire d'un tuyau réfonnant, étant de la même nature, le mouvement de vibration de l'air qui produit les uns & les autres, doit fuivre les mêmes loix, du moins quant aux effets principaux. Je vais donc confidérer fimplement le mouvement de l'air dans un tuyau; ce qui fimplifie le problème & facilite les moyens d'établir les élémens & les calculs qui

doivent en fournir la folution. De plus, je fuppoferai que la chaleur eft conftante pour un même
lieu, & que par conféquent la force élaftique de
l'air n'éprouve à cet égard aucune variation. Mais
il ne faut pas oublier que d'un lieu à l'autre la
différence de température de l'air peut produire
quelque différence dans les tons, comme les Orga-
niftes l'obfervent.

(324.) Si nous voulions nous contenter d'envi-
fager la queftion fous un point de vue un peu
limité & un peu hypothétique, nous adopterions
exclufivement les moyens très-ingénieux que M.
Daniel Bernoulli propofe *(Acad. de Paris, 1762)*
pour expliquer la formation des fons dans les tuyaux
d'orgue. On verra en effet par l'idée générale que
je vais donner de fa doctrine fur ce fujet, qu'elle
rend des raifons phyfiques très-plaufibles, du
mécanifme par lequel le mouvement vibratoire de
l'air eft produit & propagé.

(325.) M. Bernoulli diftingue trois fortes de
tuyaux réfonnans : les tuyaux fermés par un bout
& ouverts par l'autre ; les tuyaux ouverts par les
deux bouts, & les tuyaux fermés par les deux
bouts ; en fuppofant que dans ce dernier cas on
puiffe, d'une manière quelconque, imprimer du
mouvement à l'air, ce qui fert à expliquer la géné-
ration des tons harmoniques qu'on fait rendre à
un tuyau fimplement fermé par une extrémité,
comme on le verra bientôt. Examinons fucceffive-

ment le mouvement de l'air dans ces trois espèces de tuyaux.

(326.) Soit donc, en premier lieu, un tuyau cylindrique *A B* *(Fig. 43)* fermé par le bout *A*, ouvert par le bout *B*. Qu'on le fasse résonner d'une manière quelconque, le son est produit par le mouvement de vibration des couches d'air *a a* qui s'approchent & s'éloignent alternativement du bout *A*. Ces couches prennent successivement les positions *b b, cc*, faisant les excursions *b c*. Toutes ces excursions peuvent être regardées comme très-petites : elles se font suivant les mêmes loix que les oscillations très - petites d'un pendule simple. On voit que l'air est successivement condensé & raréfié. Sur quoi il faut observer que la condensation ou la raréfaction n'est pas la même sur toute la longueur du tuyau. Les plus grandes condensations sont vers *A ;* les plus grandes raréfactions, vers *B ;* & immédiatement au bout *B*, l'air du tuyau a la même densité que l'air extérieur. Mais ces inégalités dans les condensations ou dans les raréfactions, n'empêchent point que les excursions des couches ne soient isochrones entr'elles , de même que l'isochronisme des oscillations d'un pendule n'est point troublé par les inégalités des petits arcs qu'il peut décrire successivement.

(327.) En second lieu, soit un tuyau *A B* *(Fig. 44)*, ouvert par les deux bouts. Imaginons, au milieu de ce tuyau, une séparation *C C :* alors on aura deux tuyaux AC, BC, fermés chacun par un bout & ouverts par l'autre. Mais, pour qu'on puisse regarder réellement la séparation fictive CC comme une cloison fixe, il faut que les couches d'air $a\,a$ également éloignées de CC fassent de part & d'autre des vibrations $c\,a\,b$, parfaitement égales & opposées. Ces couches exerceront ainsi des actions égales & contraires contre la cloison CC qui demeurera immobile; & l'on pourra considérer les deux tuyaux fictifs AC, BC comme le tuyau simple de l'article précédent. Suivant cette explication, un tuyau cylindrique ouvert par les deux bouts, doit donner le même ton qu'un pareil tuyau fermé par un bout, & dont la longueur ne seroit que la moitié de celle du premier. Mais, comme dans les tuyaux ouverts le son est produit avec une entière facilité, & que les allées & venues des couches d'air font parfaitement harmoniques, le son qu'ils rendent est plus éclatant & plus agréable que celui du tuyau bouché par un bout.

(328.) Enfin, soit AB *(Fig. 45)* un tuyau Fig. 45. fermé par les deux bouts; & que l'air y ait été mis en vibration. On pourra regarder ce tuyau comme composé de deux parties AC, BC, lesquelles formeront chacune un tuyau fermé en A ou B, & ouvert en C. Les vibrations de l'air dans ces deux tuyaux partiels, pourront donc se faire comme celles du tuyau de la *Figure 43*, sans que les vibrations des deux côtés se nuisent réciproquement, pourvu que l'on suppose que toutes les couches d'air dans le tuyau entier $A\,B$ vont toujours du même côté. Par-là, l'état de condenfation dans la partie $A\,B$, répondra à l'état de raréfaction dans la partie $C\,B$; & réciproquement. La couche d'air en C confervera conftamment fa denfité naturelle ; & en prenant de part & d'autre des couches $a\,a$ également éloignées du point C, ces couches feront leurs vibrations $b\,a\,c$ toujours du même côté, avec une parfaite égalité dans leurs excurfions & avec une parfaite correfpondance. Si l'on fait une petite ouverture en C, on tirera facilement par cette ouverture un fon du tuyau, & le ton fera le même que celui qui répond à la *Figure 43*, en fuppofant la longueur $A\,B$ *(Fig. 45)* double de la longueur $A\,B$ *(Fig. 43.)*

(329.) De-là, M. Bernoulli explique comment on peut d'un feul & même tuyau bouché par un bout & ouvert par l'autre, tirer plufieurs tons. Il partage le tuyau en parties égales, mais en nombre impair; & en commençant par le bout fermé, il prend ces parties deux à deux, de manière qu'il en refte une vers le bout ouvert; il confidère chaque paire de parties, comme un tuyau fermé par les deux bouts. Tous ces tuyaux feront parfaitement confonnans, comme étant d'une longueur égale ; & quant à la dernière partie qui n'a que la moitié de la longueur de chacun de ces tuyaux fictifs, elle fera auffi confonnante, fuivant la remarque qui termine *l'article 326.*

(330.) Telles sont les hypothèses générales, d'après lesquelles M. Bernoulli déduit & soumet au calcul toute la théorie des sons musicaux dans les tuyaux d'orgue. Il considère d'abord des tuyaux cylindriques ; ensuite il applique les mêmes principes aux tuyaux *à cheminée*. Par - tout une Géométrie délicate, & une suite d'expériences très-ingénieuses qui en confirment les résultats. La matière de ces recherches étant analogue à celle du problème *des cordes vibrantes*, l'Auteur emploie dans les deux cas des méthodes semblables. Mais en admirant les ressources de son génie, on est obligé de reconnoître qu'ici, comme dans le problème *des cordes vibrantes*, sa solution n'a pas toute la généralité que comporte la nature de la question. Le mouvement de l'air peut en effet être soumis aux loix ordinaires de l'Hydrodynamique, comme je vais le montrer. J'emploîrai, pour cela, la méthode de M. Euler, qui me paroît d'une extrème simplicité.

(331.) PROBLÈME I. *L'équilibre de l'air dans le tuyau cylindrique* A B (Fig. 46) *horizontal &* **Fig. 46.** *rectiligne, ayant été dérangé d'une manière quelconque : trouver en général une équation qui exprime le mouvement que ce fluide prendra en conséquence !*

Il y a deux manières d'envisager ce problème : l'on peut demander le mouvement absolu de l'air pour un endroit quelconque, après un certain temps, sans relation au mouvement initial ; ou bien, l'on peut demander la relation du mouvement en un endroit quelconque, au bout d'un certain temps, au mouvement en un autre endroit regardé également comme variable de poſition, mais avec la condition que pour un temps déterminé on connoiſſe les circonſtances du mouvement pour ce dernier endroit. Nous allons traiter la queſtion ſous le ſecond point de vue, qui préſente le plus de facilité & de ſimplicité pour le calcul.

Soient A un point fixe; S, un point quelconque où l'air a été agité au premier inſtant. Concevons qu'au bout d'un temps t, la portion ou couche d'air infiniment petite $S R R' S'$ ait été tranſportée en $s r r' s'$; de manière que le point S ſoit parvenu en s, & le point S' en s'. Il s'agit de comparer l'état de l'air en $s r r' s'$ à ſon état initial $S R R' S'$.

Suppoſons $A S = S$; $A s = s$; la denſité de l'air en $S = Q$; la preſſion qu'il éprouve en ce point $= P$; la denſité de l'air en $s = q$; ſa preſſion $= p$; la vîteſſe en $S = V$; la vîteſſe en $s = v$. En admettant ici l'hypothèſe de l'article 68, c'eſt-à-dire que pour un degré conſtant de chaleur, comme nous le ſuppoſons, la force élaſtique de l'air, ou ſa preſſion eſt proportionnelle à la denſité: il s'enſuit que ſi l'on nomme D la denſité de l'air naturel, Π ſa force élaſtique ou ſa preſſion, on aura $P = \dfrac{Q.\Pi}{D}$; $p = \dfrac{q.\Pi}{D}$, ou (en faiſant $\dfrac{\Pi}{D} = k$), $P = k Q$, $p = k q$.

L'état initial de l'air $SRR'S'$ étant donné, les quantités Q & V peuvent toujours être exprimées par le moyen de la feule variable S, & de quantités conftantes. Quant aux grandeurs s, q, v; comme elles dépendent non-feulement de S & V, mais encore du temps t, elles font des fonctions de S & t; fonctions qui doivent être telles qu'en faifant $t = 0$, on ait $q = Q$, $p = P$, $v = V$.

Les points s & s' répondant au même temps t, on voit que la petite ligne ss' eft la différentielle de s en ne faifant fimplement varier que S. Ainfi, fuivant l'ufage ordinaire de noter les différences partielles, on aura $ss' = dS\left(\frac{ds}{dS}\right)$. Soit aa la largeur conftante ou fection perpendiculaire du tuyau. Les petites maffes d'air $SRR'S'$, $srr's'$, ont pour valeurs, $aaQds$; $aaq \cdot dS\left(\frac{ds}{dS}\right)$: la maffe étant en général comme le produit du volume par la denfité. Or, ces deux petites maffes doivent être égales entr'elles; ainfi on aura, $Q = q\left(\frac{ds}{dS}\right)$, première équation entre Q, q, S, s.

L'efpace élémentaire, parcouru par le point s, pendant l'inftant dt, a pour expreffion vdt. Or, ce petit efpace étant la variation de s, produite feulement par celle de t, eft $dt\left(\frac{ds}{dt}\right)$. On aura donc $vdt = dt\left(\frac{ds}{dt}\right)$, ou $v = \left(\frac{ds}{dt}\right)$.

De même pendant l'inftant dt, la vîteffe v acquiert

l'incrément $d t \left(\frac{dv}{dt}\right)$, ou $d t \left(\frac{dds}{dt^2}\right)$. Donc, le point s reçoit, dans le sens $A s$, une force accélératrice $= \left(\frac{dds}{dt^2}\right)$: force qui est produite par l'excès de la pression en s, dans le sens $A s$, sur la pression en s', dans le sens opposé. Ces deux pressions répondant au même temps t, & la première étant p, ou $k q$; la seconde sera $k q$ plus la différentielle de cette quantité, prise en ne faisant varier que S, c'est-à-dire, $k q + k d S \left(\frac{dq}{dS}\right)$. Donc l'excès de la première sur la seconde sera $- k d S \left(\frac{dq}{dS}\right)$: pression élémentaire qui, étant appliquée à tous les points de la largeur $s r$, forme la force accélératrice absolue $- a^2 k d S \left(\frac{dq}{dS}\right)$ qui pousse la petite masse d'air $s r r' s'$, dans le sens $A s$. Divisant donc cette force par la masse mue, c'est-à-dire par $a^2 q d S \left(\frac{ds}{dS}\right)$, ou par $a^2 Q d S$, on aura, $- \frac{k}{Q} \left(\frac{dq}{dS}\right)$ pour la force accélératrice simple qui pousse le point s dans le sens $A s$, & qui doit être égale à $\left(\frac{dds}{dt^2}\right)$. On aura donc cette seconde équation, $- \frac{k}{Q}\left(\frac{dq}{dS}\right) = \left(\frac{dds}{dt^2}\right)$, ou $k \left(\frac{dq}{dS}\right) + Q \left(\frac{dds}{dt^2}\right) = 0$, entre S, s, Q, q, t.

En combinant ensemble les deux équations

fondamentales , $Q = q \left(\frac{ds}{dS}\right)$; $k \left(\frac{dq}{dS}\right)$

$+ Q \left(\frac{dds}{dt^2}\right) = 0$: on pourra éliminer q &

$\left(\frac{dq}{dS}\right)$. Car, d'abord, on aura $q = \frac{Q}{\left(\frac{ds}{dS}\right)}$; &

d'un autre côté, puisque Q eſt une fonction de S & de conſtantes, ſi l'on différencie l'équation $Q = q \left(\frac{ds}{dS}\right)$ en ne faiſant varier que s, on aura

$$dQ = dS \left(\frac{dq}{dS}\right) \left(\frac{ds}{dS}\right) + q dS \left(\frac{dds}{dS^2}\right); \text{ ce}$$

qui donne $\left(\frac{dq}{dS}\right) = \frac{dQ}{dS \left(\frac{ds}{dS}\right)} - \frac{q}{\left(\frac{ds}{dS}\right)} \left(\frac{dds}{dS^2}\right)$.

Subſtituant dans cette équation pour q ſa valeur trouvée ci - deſſus ; ſubſtituant enſuite la valeur qui réſultera de - là pour $\left(\frac{dq}{dS}\right)$, dans l'équation $k \left(\frac{dq}{dS}\right) + Q \left(\frac{dds}{dt^2}\right) = 0$; on trouvera, toutes réductions faites :

$$(A). \frac{k\, dQ}{Q\, dS} \left(\frac{ds}{dS}\right) - k \left(\frac{dds}{dS^2}\right) + \left(\frac{ds}{dS}\right)^2 \left(\frac{dds}{dt^2}\right) = 0.$$

Équation qu'il faudroit intégrer, pour déterminer en général le mouvement de l'air dans notre tuyau ; mais c'eſt à quoi on n'a pas encore pu parvenir. Bornons-nous donc au problème ſuivant qui ſuffit pour expliquer la formation & la propagation du ſon ; ce qui eſt le principal objet de cette recherche.

(332.) **Problème II.** *Déterminer le mouvement de l'air dans le tuyau proposé, dans l'hypothèse
où le mouvement est très - petit ?*

Dans cette hypothèse, les lignes S, s diffèrent
peu l'une de l'autre ; de forte que si l'on suppose
$s = S + \zeta$, la quantité ζ sera très-petite. Or,
cette suppofition donne, $\left(\frac{ds}{dS}\right) = 1 + \left(\frac{d\zeta}{dS}\right)$;
$\left(\frac{dds}{dS^2}\right) = \left(\frac{dd\zeta}{dS^2}\right)$. Par conféquent, l'équation

(A) deviendra $\frac{k\,dQ}{Q\,dS}\left(1 + \frac{d\zeta}{dS}\right) - k\left(\frac{dd\zeta}{dS^2}\right)$
$+ \left[1 + \left(\frac{d\zeta}{dS}\right)\right]^2 \times \left(\frac{dd\zeta}{dS^2}\right) = 0$; ou bien (à caufe

que $\left(\frac{d\zeta}{dS}\right)$ eft négligeable en comparaifon de 1),

(B). $\frac{k\,dQ}{Q\,dS} - k\left(\frac{dd\zeta}{dS^2}\right) + \left(\frac{dd\zeta}{dt^2}\right) = 0$.

Pour parvenir à intégrer cette équation, je fais
$\zeta = x + r$, x étant une quantité variable indéterminée, r une fonction de S feulement ; donc,
$\left(\frac{d\zeta}{dS}\right) = \left(\frac{dx}{dS}\right) + \left(\frac{dr}{dS}\right)$; $\left(\frac{dd\zeta}{dS^2}\right) = \left(\frac{ddx}{dS^2}\right)$
$+ \left(\frac{ddr}{dS^2}\right)$; $\left(\frac{d\zeta}{dt}\right) = \left(\frac{dx}{dt}\right)$; $\left(\frac{dd\zeta}{dt^2}\right) = \left(\frac{ddx}{dt^2}\right)$.

Ainfi l'équation (B) fe changera en celle-ci, $\frac{k\,dQ}{Q\,dS}$
$- k\left(\frac{ddr}{dS^2}\right) - k\left(\frac{ddx}{dS^2}\right) + \left(\frac{ddx}{dt^2}\right) = 0$;
d'où l'on peut tirer ces deux équations particulières,
$\frac{dQ}{Q\,dS} - \left(\frac{ddr}{dS^2}\right) = 0$; $-k\left(\frac{ddx}{dS^2}\right) + \left(\frac{ddx}{dt^2}\right) = 0$.

La première de ces équations donne, $\dfrac{dQ}{Q} =$

$d S (\dfrac{d d r}{d S^2})$, dont l'intégrale eſt $r = \int d S . L . (\dfrac{Q}{C})$,

C étant une conſtante ; & en effet, ſi l'on différencie cette dernière équation , on aura $d r$

$= d S . L . (\dfrac{Q}{C}) ; \dfrac{d r}{d S} = L . (\dfrac{Q}{C}) ; d S (\dfrac{d d r}{d S^2})$

$= \dfrac{d Q}{Q}$. Reſte donc à intégrer la ſeconde équa-

tion , $- k (\dfrac{d d x}{d S^2}) + (\dfrac{d d x}{d t^2}) = 0$, qui eſt

de la même eſpèce que celle du problème *des cordes
vibrantes ,* & qui s'intègre conſéquemment par les
mêmes moyens. Entre ees moyens , en voici un
fort analytique & fort direct , que l'on doit encore
à M. Euler *(Calcul intégral, Tome III, page 234).*

Soient u & y deux nouvelles variables , telles que
l'on ait $u = a S + \beta t , y = \gamma S + \delta t ; a , \beta ,$
γ , δ étant des coéfficiens conſtans indéterminés.
On aura, $d u = a d S + \beta d t ; (\dfrac{d u}{d S}) = a ;$

$(\dfrac{d u}{d t}) = \beta ; d y = \gamma d S + \delta d t ; (\dfrac{d y}{d S}) = \gamma ;$

$(\dfrac{d y}{d t}) = \delta$. Suppoſons qu'on ait les équations
$d x = m d S + n d t , (m$ & n fonct. de S & $t)$.
$d x = m' d u + n' d y , (m'$ & n' fonct. de u & $y) ;$
qui donnent $m = (\dfrac{d x}{d S}) , n = (\dfrac{d x}{d t}) ,$

$m' = (\dfrac{d x}{d u}) , n' = (\dfrac{d x}{d y})$. Mettons dans la
ſeconde, pour $d u$ & $d y$ leurs valeurs : nous
aurons $d x = m' a d S + m' \beta d t + n' \gamma d S$

$+ n' \delta \, d t$; donc, $(\frac{dx}{dS})$ ou $m = m' \alpha$

$+ n' \gamma$; $(\frac{dx}{dt})$ ou $n = m' \beta + n' \delta$. Ainſi,

$d m = \alpha \, d \, m' + \gamma \, d \, n'$; $d \, n = \beta \, d \, m'$

$+ \delta \, d n'$. Or, puiſque m' & n' ſont des fonctions de u & y, on a, $d m' = \varphi \, d u + \varphi' \, d y$, $d n'$

$= \xi \, d \, u + \xi' \, d y$; équations dans leſquelles,

$\varphi = (\frac{d m'}{d u}) = (\frac{d d x}{d u^2})$, $\varphi' = (\frac{d m'}{d y}) = (\frac{d d x}{d u d y})$,

$\xi = (\frac{d n'}{d u}) = (\frac{d d x}{d y d u})$, $\xi' = (\frac{d n'}{d y}) = (\frac{d d x}{d y^2})$.

Mettons dans ces mêmes équations, pour du & dy leurs valeurs ; nous aurons, $d m' = \varphi \alpha \, d S + \varphi \beta d t$

$+ \varphi' \gamma \, d S + \varphi' \delta \, d t$; $d n' = \xi \alpha \, d S + \xi \beta d t$

$+ \xi' \gamma \, d S + \xi' \delta \, d t$. Donc $d m = \varphi \alpha^2 \, d S$

$+ \varphi \alpha \beta \, d t + \varphi' \alpha \gamma \, d S + \varphi' \alpha \delta \, d t + \xi \alpha \gamma \, d S$

$+ \xi \gamma \beta \, d t + \xi' \gamma^2 \, d S + \xi' \gamma \delta \, d t$; $d n$

$= \varphi \alpha \beta \, d S + \varphi \beta^2 \, d t + \varphi' \gamma \beta \, d S + \varphi' \beta \delta \, d t$

$+ \xi \alpha \delta \, d S + \xi \beta \delta \, d t + \xi' \gamma \delta \, d S + \xi' \delta^2 \, d t$.

Donc $(\frac{d m}{d S}) = \varphi \alpha^2 + \varphi' \alpha \gamma + \xi \alpha \gamma + \xi' \gamma^2$;

$(\frac{d n}{d t}) = \varphi \beta^2 + \varphi' \beta \delta + \xi \beta \delta + \xi' \delta^2$. Ces

deux dernières équations ſont les mêmes que les ſuivantes :

$$(\frac{d d x}{d S^2}) = \alpha^2 (\frac{d d x}{d u^2}) + 2 \alpha \gamma (\frac{d d x}{d u d y}) + \gamma^2 (\frac{d d x}{d y^2}),$$

$$(\frac{d d x}{d t^2}) = \beta^2 (\frac{d d x}{d u^2}) + 2 \beta \delta (\frac{d d x}{d u d y}) + \delta^2 (\frac{d d x}{d y^2}).$$

Par conféquent, au lieu de l'équation propoſée

$— k$

$$- k\left(\frac{d\,d\,x}{d\,S^2}\right) + \left(\frac{d\,d\,x}{d\,t^2}\right) = 0,$$ nous aurons celle-ci :

$$\left.\begin{array}{l} - k\,\alpha^2\left(\dfrac{d\,d\,x}{d\,u^2}\right) - 2\,k\,\alpha\,\gamma\left(\dfrac{d\,d\,x}{d\,u\,dy}\right) - k\,\gamma^2\left(\dfrac{d\,d\,x}{d\,y^2}\right) \\[2ex] + \beta^2\left(\dfrac{d\,d\,x}{d\,u^2}\right) + 2\,\beta\,\delta\left(\dfrac{d\,d\,x}{d\,u\,dy}\right) + \delta^2\left(\dfrac{d\,d\,x}{d\,y^2}\right) \end{array}\right\} = 0.$$

Maintenant, fuppofons (à caufe des quantités indéterminées, α, β, γ, δ), $\beta^2 - k\,\alpha^2 = 0$, $\delta^2 - k\,\gamma^2 = 0$; & $\alpha = 1$, $\gamma = 1$, $\beta = \sqrt{k}$, $\delta = -\sqrt{k}$: les deux termes extrêmes de l'équation précédente difparoîtront, & nous aurons fimplement, $- (2\,k + 2\,k)\left(\frac{d\,d\,x}{d\,u\,dy}\right) = 0$, ou $\left(\frac{d\,d\,x}{d\,u\,dy}\right) = 0$.

Pour intégrer cette équation, fuppofons $d\,x = M\,d\,u + N\,dy$, en forte que $M = \left(\frac{d\,x}{d\,u}\right)$, $N = \left(\frac{d\,x}{d\,y}\right)$. On aura $\left(\frac{d\,M}{d\,y}\right) = \left(\frac{d\,d\,x}{d\,u\,dy}\right)$, $\left(\frac{d\,N}{d\,u}\right) = \left(\frac{d\,d\,x}{d\,y\,d\,u}\right)$. Or, chacune des quantités $\left(\frac{d\,d\,x}{d\,u\,dy}\right)$, $\left(\frac{d\,d\,x}{d\,y\,d\,u}\right)$, qui font égales entr'elles, eft zéro par hypothèfe ; donc la quantité M ne contient point de y, puifqu'en la différenciant fuivant y, le coéfficient de $d\,y$, feroit zéro ; & femblablement la quantité N ne renferme point de u. Ainfi, M eft une fonction de u, & N une fonction de y. Donc (en défignant les fonctions par les lettres F & f, fuivies de deux points), on aura $x = F : u + f : y$; ou bien (à caufe de $u = \alpha\,S + \beta\,t$

$$= S + t\sqrt{k}, \; y = \gamma S + \delta t = S - t\sqrt{k}),$$

$$x = F : (S + t\sqrt{k}) + f : (S - t\sqrt{k}).$$

Subſtituons cette valeur de x dans l'équation $\zeta = r + x$, mettons auſſi pour r ſa valeur $\int d S . L . (\frac{Q}{C})$: nous aurons,

$$\zeta = \int d S . L . (\frac{Q}{C}) + F : (S + t\sqrt{k}) + f : (S - t\sqrt{k}).$$

Donc, à cauſe de $s = S + \zeta$, on aura,

$$s = S + \int d S . L . (\frac{Q}{C}) + F : (S + t\sqrt{k}) + f : (S - t\sqrt{k}).$$

De plus, puiſqu'on a, $(\frac{ds}{dS}) = 1 + (\frac{d\zeta}{dS})$, $(\frac{ds}{dt}) = (\frac{d\zeta}{dt})$, on aura,

$$(\frac{ds}{dS}) = 1 + L . (\frac{Q}{C}) + F' : (S + t\sqrt{k}) + f' : (S - t\sqrt{k}),$$

$$(\frac{ds}{dt}) = \sqrt{k} . F' : (S + t\sqrt{k}) - \sqrt{k} . f' : (S - t\sqrt{k}).$$

La conſtante C peut être ſuppoſée égale à la denſité D de l'air naturel. D'un autre côté, puiſque l'agitation initiale de l'air a été très-petite, la denſité Q diffère peu de la denſité D ; de ſorte que ſi l'on fait $Q = D + \theta$, θ ſera une quantité très-petite ; & l'équation logarithmique $\frac{dQ}{Q}$

$$= \frac{d\theta}{D + \theta} = \frac{d\theta}{D} - \frac{\theta d\theta}{D^2} + \frac{\theta^2 d\theta}{D^3} - \&c.$$

pourra se réduire à $\dfrac{dQ}{Q} = \dfrac{d\theta}{D}$, en rejetant le quarré & les puissances plus hautes de θ. Donc $L.\left(\dfrac{Q}{D}\right) = \dfrac{Q-D}{D}$, en complétant l'intégrale, de manière que $Q = D$ donne $\theta = 0$. Ainsi, $\int dS . L.\left(\dfrac{Q}{C}\right) = \int \dfrac{Q\,dS}{D} - S$. On pourra donc changer les expressions de s & de $\left(\dfrac{ds}{dS}\right)$ en celles - ci :

$$s = \int \dfrac{Q\,dS}{D} + F : (S + t\sqrt{k}) + f : (S - t\sqrt{k}),$$

$$\left(\dfrac{ds}{dS}\right) = \dfrac{Q}{D} + F' : (S + t\sqrt{k}) + f' : (S - t\sqrt{k}).$$

Les valeurs de s, $\left(\dfrac{ds}{dS}\right)$, $\left(\dfrac{ds}{dt}\right)$, s'appliqueront à l'état initial de l'air, en faisant dans ces valeurs, $t = 0$; $s = S$; $q = Q$, & par conséquent $\left(\dfrac{ds}{dS}\right) = 1$, à cause de l'équation $Q = q\left(\dfrac{ds}{dS}\right)$; $\left(\dfrac{ds}{dt}\right) = V$. Par-là, on aura,

$$S = \int \dfrac{Q\,dS}{D} + F : S + f : S ;$$

$$1 = \dfrac{Q}{D} + F' : S + f' : S ;$$

$$V = \sqrt{k} . F' : S - \sqrt{k} . f' : S.$$

Ces trois équations n'en forment réellement que deux, puisque la première, étant différenciée, donne la seconde. Des deux dernières combinées enfemble, on tire les deux fonctions différentielles,

$$F' : S = \frac{D - Q}{2D} + \frac{V}{2\sqrt{k}} \; ; \; f' : S = \frac{D - Q}{2D}$$

$$- \frac{V}{2\sqrt{k}} \; ;$$ & par conféquent auffi les deux fonctions intégrales, $F : S = \int dS\left(\frac{D - Q}{2D}\right) + \int \frac{V dS}{2\sqrt{k}} \; ;$

$$f' : S = \int dS\left(\frac{D - Q}{2D}\right) - \int \frac{V dS}{2\sqrt{k}} .$$ Connoiffant ainfi les fonctions $F : S$, $f : S$, qui répondent à l'état initial de l'air, on connoîtra auffi les fonctions $F : (S + t\sqrt{k})$, $f : (S - t\sqrt{k})$, qui répondent à l'état de l'air à la fin du temps t; puifque les unes & les autres fe forment fuivant la même loi. On pourra donc comparer enfemble les agitations de l'air dans ces deux états. De-là, nos Lecteurs, verfés dans l'analyfe, déduiront fans peine toute la théorie de la propagation du fon dans des tuyaux cylindriques, foit que ces tuyaux aient une longueur finie & déterminée, foit qu'on les regarde comme indéfinis. Voyez de plus grands détails dans les Ouvrages que j'ai cités.

CHAPITRE XIII.

De la percuſſion ou réſiſtance des Fluides.

(333.) LORSQU'UN fluide en mouvement rencontre un corps ou un obſtacle placé ſur ſa route, il pouſſe néceſſairement ce corps , cet obſtacle , avec une certaine force , puiſque les particules fluides ſont elles - mêmes des petits corps, qui, multipliés par leur vîteſſe, compoſent une quantité déterminée de mouvement. Si au lieu de ſuppoſer le fluide en mouvement, on le ſuppoſe en repos , mais qu'un corps vienne le choquer avec une certaine vîteſſe , la *réſiſtance* que le fluide oppoſera au corps propoſé , ſera égale à la *percuſſion* que le fluide mu avec la vîteſſe du corps exerceroit contre ce même corps ſuppoſé en repos. En effet, pour changer la *réſiſtance* en *percuſſion*, on n'a qu'à ſuppoſer le corps en repos , & attribuer ſa vîteſſe en ſens contraire, au fluide. La *percuſſion* & la *réſiſtance* des fluides ſuivent donc les mêmes loix, & ſe meſurent de la même manière.

(334.) ON diſtingue en général deux ſortes de forces , les forces *mortes* & les forces *vives*. Les premières ſont de ſimples *preſſions* qui ne produiſent pas de vîteſſe actuelle & finie , & qui n'en produiroient qu'après avoir agi pendant un temps fini : les autres , qu'on appelle ordinairement *forces de percuſſion*, produiſent une vîteſſe finie & actuelle.

& peuvent être regardées comme des fommes de preffions accumulées. Il eft évident que toute force de preffion peut être contre-balancée ou mefurée par un poids ; car un poids n'eft autre chofe qu'une maffe foumife à l'action de la pefanteur qui eft elle-même une force de preffion. Quant aux forces de percuffion, fi l'on fuppofe qu'elles produifent leur effet dans un inftant indivifible, elles feront infinies par rapport aux forces de preffion, & ne pourront par conféquent être mefurées par aucun poids. Mais on ne conçoit pas comment la force d'un corps en mouvement, qui eft une quantité finie, peut, dans un inftant indivifible, produire un effet fini, c'eft-à-dire, imprimer une quantité déterminée de mouvement à un autre corps. Toute communication de mouvement fe fait dans un temps fini, quoiqu'il puiffe être d'une brièveté qui nous échappe. Nous pouvons donc regarder en général les forces de percuffion comme agiffant par degrés, à la manière des forces de preffion, & comme produifant leur effet dans un temps fini extrêmement court, ou comme infiniment petit. Alors elles feront mefurables par des poids ; car la pefanteur appliquée, pendant un temps fini, à un-corps, produit une force vive, capable par conféquent de faire équilibre à une autre force vive. On voit par-là que lorfqu'un fluide frappe un corps, le choc qu'il exerce ainfi eft toujours réduétible à un certain poids.

(335.) Il eft très-difficile de déterminer les

loix de la percuffion des fluides , d'une manière
exacte & applicable à la pratique. On n'a pas
encore pu trouver à ce fujet une Théorie parfaitement fatisfaifante. Dans celle qu'on fuit ordinairement, & qui a l'avantage d'être fort fimple, on
fuppofe que le fluide eft compofé à chaque inftant,
dans la direction de fon mouvement, d'une infinité
de filets parallèles qui donnent chacun leur coup,
fans fe gêner les uns les autres; ce qui ne peut
pas avoir lieu en rigueur, & ce qui mène en
certains cas à des réfultats trop éloignés de la
vérité pour être admiffibles. Cependant deux motifs
m'engagent à expofer ici cette théorie, malgré fes
imperfections; l'un eft de faciliter à mes Lecteurs
l'intelligence de plufieurs Ouvrages fur l'Architecture navale, auxquels elle fert de fondement ;
l'autre eft qu'elle peut être employée, fans craindre
beaucoup d'erreur, comme je m'en fuis affuré par
l'expérience, dans le calcul des machines mues à
l'aide de roues, par des courans d'eau ; & en général dans tous les cas où l'angle d'obliquité du choc
n'eft pas trop petit, je veux dire lorfqu'il ne defcend guère au-deffous de 60 degrés.

(336.) THÉORÈME I. *Si un même fluide*
M X Z N (Fig. 47) *dont toutes les particules fe* Fig. 47.
meuvent avec la même vîteffe, frappe perpendiculairement
les deux plans A B, A R *en repos : les forces des chocs*
font entr'elles comme ces plans.

Car toutes les molécules fluides étant fuppofées

fe mouvoir fuivant les directions IK, OQ, &c, perpendiculaires aux deux plans propofés, l'impulfion contre le plan AB, eft à l'impulfion contre le plan AR, comme le produit du nombre des molécules qui frappent AB, par leur vîteffe, eft au produit du nombre des molécules qui frappent $A·R$, par leur vîteffe. Or les maffes qui frappent dans des temps égaux, les plans AB, AR, font des prifmes qui ont pour bafes ces plans, & pour hauteur commune la vîteffe du fluide. Donc le rapport de l'impulfion contre le plan AB, à l'impulfion contre le plan AR, eft évidemment le même que le rapport du plan AB au plan AR.

(337.) THÉORÈME II. *Si deux fluides de même efpèce* $MXZN$, $EGHF$ *(Fig. 47 & 48), mus avec différentes vîteffes, frappent perpendiculairement les deux plans* AB, CD, *en repos : les forces des chocs feront entr'elles comme les produits des plans par les quarrés des vîteffes des fluides.*

Fig. 47 & 48.

$$\text{Nommons} \begin{cases} \text{l'impulfion contre } AB\ldots\ldots\ldots\ldots\ldots & F, \\ \text{l'impulfion contre } CD\ldots\ldots\ldots\ldots\ldots & f, \\ \text{la maffe fluide qui choque } AB\ldots\ldots\ldots & M, \\ \text{la vîteffe de ce fluide}\ldots\ldots\ldots\ldots\ldots & V, \\ \text{la maffe fluide qui choque } CD\ldots\ldots\ldots & m, \\ \text{la vîteffe de ce fluide}\ldots\ldots\ldots\ldots\ldots & u. \end{cases}$$

On aura, $F : f :: MV : m u$. Or, puifque les fluides font de même efpèce, les maffes M & m font entr'elles comme leurs volumes, & leurs volumes font entr'eux comme les produits des plans AB, CD, qui leur fervent de bafe, multipliés par les vîteffes des fluides, qui en repréfentent les hauteurs. Ainfi on aura, $M : m :: AB \times V : CD \times u$; & $MV : mu :: AB \times V^2 : CD \times u^2$. Donc auffi, $F : f :: AB \times V^2 : CD \times u^2$.

(338.) *REMARQUE.* Si les fluides n'étoient pas de la même efpèce, la raifon des denfités devroit entrer dans la raifon des maffes qui frappent en même temps les plans AB, CD. Alors *les chocs feroient en raifon compofée des plans, des denfités des fluides, & des quarrés des vîteffes des mêmes fluides.* Il ne faut pas perdre cette remarque de vue, lorfqu'il s'agit de comparer le choc d'un fluide à celui d'un autre fluide de denfité différente. Par exemple, fous la même étendue de la furface choquée, & fous la même vîteffe des deux fluides, la percuffion de l'eau eft à celle de l'air, comme 850 eft à 1, c'eft-à-dire, dans le rapport des denfités de ces deux fluides.

Dans la fuite, je fuppofe toujours, pour abréger, que les fluides font de la même efpèce, ou qu'ils ont la même denfité.

(339.) **THÉORÈME III.** *Si les deux fluides* MXZN, EGHF, *allant toujours choquer perpendiculairement les deux plans* AB, CD, *avec les vîteffes* V *&* u, *ces plans ont, parallèlement à eux-mêmes, au moment du choc, les vîteffes* v *&* u' : *les forces des chocs feront entr'elles comme les produits des plans, par les quarrés des différences ou des fommes des vîteffes des fluides & des plans.*

Car foient IT la vîteffe du premier fluide, & KT la vîteffe du plan AB; LQ la vîteffe du fecond fluide, & PQ la vîteffe du plan CD : il eft évident que les chocs font les mêmes que fi les plans étoient en repos, & que les fluides, au lieu de fe mouvoir avec les vîteffes IT, LP, fe mouvoient fimplement avec les vîteffes IK, LP, puifque les plans fe fouftraient au choc avec les vîteffes KT, PQ. Donc (en nommant F & f les impulfions des deux fluides), on aura, $F : f$ $:: AB \times (V - v)^2 : CD \times (u - u')^2$.

On voit de même que fi les plans, au lieu de fuir directement les fluides, venoient à leur rencontre, avec les vîteffes v & u', on auroit $F : f$ $:: AB \times (V + v)^2 : CD \times (u + u')^2$. Ainfi, en réuniffant les deux cas, on aura, $F : f :: AB$ $\times (V \mp v)^2 : CD \times (u \mp u')^2$.

(340.) **COROLLAIRE.** Si l'un des plans, par exemple, AB, eft en repos : alors $v = 0$, & on a, $F : f :: AB \times V^2 : CD \times (u \mp u')^2$, proportion qui fert à comparer la percuffion perpendiculaire d'un fluide contre un plan en repos, à la percuffion perpendiculaire contre un plan mobile.

(341.) **THÉORÈME IV.** *Si le fluide* $MXZN$ *(* Fig. 47 *) frappe perpendiculairement le plan* AB *en repos, & que le fluide* $EGHF$ *(* Fig. 49 *) frappe obliquement le plan* CD *auffi en repos : l'impulfion contre le plan* AB, *fera à l'impulfion qui réfulte perpendiculairement contre le plan* CD, *comme le produit*

Fig. 47 & 49.

au plan A B, *par le quarré de la vîteſſe du fluide*
M X Z N, *& par le quarré du ſinus total , eſt au
produit du plan* C D *par le quarré de la vîteſſe du
fluide* E G H F , *& par le quarré du ſinus de l'angle*
R C D *d'incidence du fluide* E G H F *ſur le plan*
C D.

Nommons
{
l'impulſion contre *A B*. . . . . *F,*
l'impulſion qui réſulte perpendiculairement
   contre *C D*. . . . . *f,*
la vîteſſe du fluide *M X Z N* . . . . *V,*
la vîteſſe du fluide *E G H F*. . . . . . . *u,*
la maſſe qui choque *A B*. . . . . *M,*
la maſſe qui choque *C D*. . . . . *m,*
ſa vîteſſe perpendiculaire à *C D*. . . . . . *u',*
le ſinus total . . . . *R,*
le ſinus de l'angle d'incidence *R C D*. . *p.*
}

On aura d'abord, $F : f : : MV : m\,u'$. Or, en
menant la droite $D\,R$ perpendiculaire à la direction du fluide, & terminée par $C\,R$ qui eſt dans
cette direction, il eſt évident que le nombre de
filets qui frappent $D\,C$ eſt le même que le nombre
de filets qui frappent $D\,R$. Ainſi les priſmes fluides
qui frappent en temps égaux les plans $A\,B$, $C\,D$,
ſont entr'eux comme leurs baſes $A\,B$, $D\,R$, multipliées par les vîteſſes des fluides, qui en ſont les
hauteurs. On a donc, $M : m : : A\,B \times V : D\,R \times u$;
ou bien (en obſervant que $D\,R = C\,D \times \frac{p}{R}$),

$$M : m : : A\,B \times V : C\,D \times \frac{p}{R} \times u : : A\,B \times V \times R$$

$: C\,D \times u \times p$. De plus, ſi ſur la direction d'un filet
quelconque $x\,n$ du fluide $E\,G\,H\,F$, on prend la

partie ny pour repréfenter la vîteffe de ce fluide, & qu'on faffe le parallélogramme rectangle $ntyr$ dont le côté nt eft perpendiculaire, & le côté nr parallèle à DC : on voit que des deux vîteffes nt, nr dans lefquelles la vîteffe ny fe décompofe, il n'y a que la première qui contribue au choc perpendiculaire contre DC, & qu'il ne faut pas avoir égard à la feconde. Comparant la vîteffe nt ou u' à la vîteffe u du fluide $EGHF$, on aura, $u' : u$ $: : ry : ny : : p : R$, & par conféquent $u' = u \times \dfrac{p}{R}$.

On aura donc, $MV : mu' : : AB \times V^2 \times R : \dfrac{CD \times u^2 \times p^2}{R} : : AB \times V^2 \times R^2 : CD \times u^2 \times p^2$.

Donc enfin, $F : f : : AB \times V^2 \times R^2 : CD \times u^2 \times p^2$.

Cette proportion fervira à comparer la percuffion oblique à la percuffion perpendiculaire, les deux plans choqués étant en repos à l'inftant des chocs.

(342.) C O R O L L A I R E I. Lorfque les vîteffes V & u font égales, on a fimplement, $F : f : : AB \times R^2 : CD \times p^2$, proportion qui fervira à comparer l'impulfion perpendiculaire d'un fluide contre un plan, à l'impulfion du même fluide ou d'un fluide pareil, mu avec la même vîteffe, contre un autre plan frappé obliquement.

(343.) C O R O L L A I R E II. De-là fuit auffi la manière de comparer entr'elles les percuffions perpendiculaires qui proviennent des percuffions obliques, les plans choqués étant toujours en repos ; car fi, en gardant les autres dénominations de l'article 341, on appelle A la furface du plan AB, B celle du plan CD ; qu'enfuite on fuppofe un troifième plan C qui foit choqué obliquement par un troifième fluide mu avec la vîteffe v, & qu'on appelle φ la force qui réfulte perpendiculairement contre ce même plan, q le finus de l'angle fous lequel il eft frappé : on aura ces deux proportions,

$$F : f : : A \times V^2 \times R^2 : B \times u^2 \times p^2 ;$$
$$\varphi : F : : C \times v^2 \times q^2 : A \times V^2 \times R^2,$$

lefquelles étant multipliées par ordre, donnent $\varphi : f : : C \times v^2 \times q^2 : B \times u^2 \times p^2$. D'où l'on voit que *les forces* φ *& f, qui réfultent perpendiculairement contre les deux plans* C *&* B, *font entr'elles en raifon compofée des plans, des quarrés des vîteffes des fluides, & des quarrés des finus des angles d'incidence.*

(344.) COROLLAIRE III. Soient *(Fig. 50 & 51)* deux fluides $MXZN$, $EGHF$, qui vont choquer obliquement les deux plans AB, CD, qui fe meuvent parallèlement à eux-mêmes, avec les vîteffes IO, LS. Repréfentons les vîteffes des deux fluides par les droites IT, LQ ; enfuite décompofons la vîteffe IT en deux autres IO, IP, dont l'une IO eft la même que celle du plan AB ; & la vîteffe LQ en deux autres LS, LK, dont l'une LS eft la même que celle du plan CD. Les deux vîteffes IP, LK, & les angles PIA, KLC, qu'elles forment avec les plans AB, CD, font des quantités qu'on peut déterminer par les règles de la Trigonométrie, puiſque, dans les deux parallélogrammes $IPTO$, $LKQS$, on connoît les diagonales IT, LQ, les côtés IO, LS, les angles OIT, SLQ, & de plus les angles TIA, QLC. Or, il eſt clair que les fluides n'agiſſent ſur les plans qu'en vertu des vîteſſes IP, LK, puiſque ces plans, par leurs vîteſſes propres, ſe ſouſtraient entièrement à l'effet des vîteſſes IO, LS. Ainſi les deux chocs feront abſolument les mêmes que ſi, les plans étant ſuppoſés en repos, les fluides venoient les choquer avec les vîteſſes IP, LK. Donc, ſi l'on nomme f & f' les forces qui réſultent perpendiculairement aux plans AB, CD, en vertu de ces chocs; p le ſinus de l'angle PIA; q le ſinus de l'angle KLC: on aura, par l'article précédent, $f : f' :: AB \times (IP)^2 \times p^2 : CD \times (LK)^2 \times q^2$.

Cette proportion ſert à comparer les chocs que deux fluides exercent perpendiculairement contre deux plans qui ont, par d'autres cauſes, des mouvemens donnés, parallèlement à eux-mêmes.

(345.) SCHOLIE GÉNÉRAL. Ayant ainſi appris à comparer enſemble les différentes eſpèces de percuſſions des fluides, il ne s'agit plus que de connoître la meſure abſolue de l'une d'entr'elles, pour en conclure celle de toutes les autres. Or, ſuivant l'expérience, *la percuſſion perpendiculaire & directe d'un fluide indéfini contre un plan en repos, eſt égale ſenſiblement au poids d'une colonne de ce fluide,* laquelle auroit pour bafe la furface choquée, & pour hauteur la hauteur dûe à la vîteffe avec laquelle fe fait la percuffion ; de forte que fi l'on nomme P cette percuffion, s^2 la furface du plan choqué, h la hauteur dûe à la vîteffe du fluide, p la pefanteur fpécifique de ce même fluide, on a à peu de chofe près, $P = p\, s^2\, h$. On fait déterminer h, par les loix de la chute des graves.

Par exemple, fuppofons que la furface s^2 foit un pied quarré, & que le fluide foit de l'eau douce, dont le pied cube pèfe 70 livres, à peu de chofe près ; que dans le cas préfent, cette eau aille choquer le plan, avec une vîteffe uniforme de 1 pied par feconde : on trouvera que la percuffion P eft équivalente à un poids d'environ 19 onces.

La percuffion des fluides qui fe meuvent dans des canaux étroits, ou dans des courfiers, contre des plans qui occupent prefqu'entièrement la largeur de ces courfiers, eft plus confidérable, comme on le verra dans la fuite, par la voie de l'expérience.

Faifons quelques applications générales de la Théorie précédente.

(346.) PROBLÈME I. *Le triangle ifofcèle* A C B (Fig. 52) *en repos, étant expofé au choc d'un* Fig. 52. *fluide dont la direction eft perpendiculaire à fa bafe* A B : *on demande le rapport de l'impulfion que recevra ce triangle parallèlement à fa hauteur* C D, *à l'impulfion directe & perpendiculaire que recevroit fa bafe* A B !

En nommant F l'impulſion directe contre AD ou DB; f l'impulſion qui réſulte perpendiculairement contre AC ou CB; R le ſinus total : on aura (342), $F : f :: AD \times R^2 : AC \times$ (ſin. $ACD)^2 :: AD \times (AC)^2 : AC \times (AD)^2 :: AC : AD$. Donc, $f = \dfrac{F \times AD}{AC}$. Conſidérons maintenant que les impulſions ſur AC & ſur CB ſe détruiſent en partie ; car ſi l'on prend deux filets correſpondans OR, or, & que repréſentant les impulſions perpendiculaires aux points R & r par les droites RF, rf égales & perpendiculaires aux côtés AC, CB du triangle, on faſſe les parallélogrammes rectangles $ERHF$, $erhf$, dont les côtés RH, rh ſoient parallèles à AB, & les côtés RE, re parallèles à CD; il eſt clair que des quatre forces $RH, RE, rh, rc,$ dans leſquelles les forces RF, rf ſe décompoſent, les deux RH, rh ſe détruiront mutuellement, & qu'il ne reſtera que les deux forces RE, re, pour pouſſer le triangle parallèlement à CD. De plus, ſi l'on nomme φ la force RE ou re, on aura, $f : \varphi :: RF : RE :: AC : AD$; & par conſéquent $\varphi = \dfrac{f \times AD}{AC}$.

Mettant pour f la valeur $\dfrac{F \times AD}{AC}$, on aura, $\varphi = \dfrac{F \times (AD)^2}{(AC)^2}$. Donc, $\varphi : F :: (AD)^2 : (AC)^2$; & $2\varphi : 2F :: (AD)^2 : (AC)^2$, proportion qui nous apprend que *l'impulſion reçue par le triangle parallèlement à ſa hauteur, eſt à l'impulſion directe que recevroit ſa baſe, comme le quarré de la demi-baſe, eſt au*

quarré

quarré de l'un des côtés. Connoiſſant donc la ſeconde de ces forces, on connoîtra auſſi la première.

(347.) C O R O L L A I R E I. Donc, lorſque le triangle iſocèle *A C B* eſt rectangle, l'impulſion qu'il reçoit parallèlement à ſa hauteur n'eſt que la moitié de l'impulſion directe que recevroit ſa baſe. Car alors le triangle rectangle *A D C* eſt iſocèle, & on a, $(AD)^2 : (AC)' :: 1 : 2$.

(348.) C O R O L L A I R E II. Il ſuit encore de-là que ſi l'on a un quarré *A C B M (Fig. 53)* Fig. 53. qui ſoit frappé d'abord dans la direction de ſa diagonale *C M,* enſuite perpendiculairement à 'lun de ſes côtés *A C* : la première impulſion ſera à la ſeconde, comme 1 eſt à $\sqrt{2}$, ou comme 7 eſt 10 environ. Car, dans le premier cas, il n'y a que le triangle *A C B* qui reçoive le choc, l'autre moitié *A M B* du quarré n'en eſt point affectée ; & dans le ſecond, il n'y a que le côté *A C* de choqué. Donc, en nommant *M* la première impulſion, *A* la ſeconde, & de plus *B* l'impulſion perpendiculaire que recevroit *A B ,* on aura ces deux proportions, $M : B :: 1 : 2$; $B : A :: AB : AC$ $:: \sqrt{2} : 1$; d'où l'on tirera deux valeurs de *B,* leſquelles étant égalées entr'elles, donneront la proportion, $M : A :: \sqrt{2} : 2 :: 1 : \sqrt{2}$.

(349.) P R O B L È M E II. *La demi-circonfé-* *rence* A Q B *(Fig. 54) étant choquée par un fluide* Fig. 54. *dont la direction* O C *eſt perpendiculaire au diamètre* A B : *on demande le rapport de l'impulſion que recevra cette demi - circonférence parallèlement à* O C, *à l'impulsion directe & perpendiculaire que recevroit le diamètre* A B !

Ayant divisé la demi-circonférence $A Q B$ en une infinité d'élémens $F f, L l$, &c, par les droites $F·L, f l$ parallèles au diamètre $A B$; & ayant mené les ordonnées $F S, f s, L T, l t$, &c : si l'on nomme F le choc direct que recevroit $F R$, ou $S s$, φ le choc que reçoit $F f$ parallèlement à $Q C$, on aura, (346), $\varphi = \frac{F \times (F R)^2}{(F f)^2}$. Soit mené le rayon $C F$: les triangles semblables $F R f, F S C$ donneront, $F R : F f :: F S : C F$, & par conséquent $\frac{(F R)^2}{(F f)^2} = \frac{(F S)^2}{(C F)^2}$. Donc, $\varphi = \frac{F \times (F S)^2}{(C F)^2}$. Ainsi, pour avoir l'impulsion totale que reçoit la demi-circonférence parallèlement à $O C$, il ne s'agit plus que de trouver la somme de toutes les quantités $\frac{F \times (F S)^2}{(C F)^2}$ ou $\frac{S s \times (F S)^2}{(C F)^2}$, en représentant l'impulsion directe contre $F R$ ou $S s$ par cette ligne elle-même. Or, si l'on fait tourner le demi-cercle $A B Q$ autour du diamètre $A B$, il produira une sphère qui aura pour élément $\frac{m}{1} \times (F S)^2 \times S s$, $\frac{m}{1}$ étant le rapport de la circonférence au diamètre. Par conséquent l'impulsion totale demandée est au solide de la sphère, dans le rapport constant de $\frac{1}{(C F)^2}$ à $\frac{m}{1}$. Mais le solide de la sphère $= m \times (C F)^2 \times \frac{2}{3} A B$. Donc l'impulsion cherchée

$= \frac{2}{3} AB$; c'eſt-à-dire que l'impulſion directe contre AB étant repréſentée par cette même ligne AB, l'impulſion que reçoit la demi-circonférence, parallèlement à OC, eſt repréſentée par les deux tiers de AB. Ces deux impulſions ſont donc entr'elles dans le rapport de 3 à 2 ; & l'une étant connue, l'autre le ſera auſſi.

Suivant cette théorie, l'impulſion reçue par un cylindre vertical placé au milieu d'une rivière, eſt les deux tiers de celle que recevroit le parallélépipède rectangle, circonſcrit au même cylindre, & expoſé par l'une de ſes faces au choc perpendiculaire du fluide. Car le demi-cylindre antérieur & la face correſpondante du parallélépipède circonſcrit, ſont les ſeules parties qui reçoivent le choc du fluide ; elles en garantiſſent les autres parties.

(350.) P R O B L È M E I I I. *Déterminer en général l'impulſion d'un fluide contre une courbe quelconque, ou contre un ſolide quelconque ?*

La poſition de la courbe étant donnée, on trouvera (341) l'impulſion qui réſulte perpendiculairement contre l'un de ſes élémens. Cette impulſion pourra toujours être exprimée en fonctions d'une ſeule variable, au moyen de l'équation de la courbe donnée. On la décompoſera en deux forces, parallèles chacune à chacune de deux lignes données de poſition, que je nomme A, B, & que je ſuppoſe perpendiculaires entr'elles, pour plus de ſimplicité. Par-là, on aura deux ſortes de forces,

E e ij

dont on déterminera les fommes, ou les réfultantes, par l'intégration : de plus, on trouvera les pofitions de ces réfultantes, par la théorie des momens. On connoîtra donc les quantités & les directions des forces actuelles qui pouffent la courbe parallèlement aux deux lignes A, B; & par conféquent auffi la réfultante de ces deux forces.

La même méthode s'applique à un folide quelconque, en décompofant l'impulfion qui réfulte perpendiculairement contre l'un des élémens de ce folide, en trois forces parallèles chacune à chacune de trois lignes données de pofition A, B, C, qui fe croifent en un point, & que l'on peut fuppofer perpendiculaires entr'elles.

Comme les calculs que ces méthodes générales demandent, font un peu longs, fans être difficiles, & que d'ailleurs ils ne peuvent pas être d'un grand ufage, je me borne à donner ici les formules pour les cas les plus fimples.

Fig. 55.   1.ʳ Soit FQQ' (*Fig. 55*) une courbe, divifée en deux parties égales & femblables QF, QF' par fon axe QC; & frappée par un fluide dont la direction eft parallèle à cet axe. Ayant mené à l'axe QC, les ordonnées infiniment voifines, PF, pf, & la droite Fr parallèle à QC, foient $PM = y$; $fr = dy$; $Ff = ds$; la vîteffe du fluide $= V$. Nommons de plus F l'impulfion perpendiculaire d'un fluide mu avec la vîteffe U contre une furface plane A donnée & en repos; on voit (337) que l'impulfion perpendiculaire contre $f r$ a pour expreſſion $\dfrac{F \cdot v^{2} \cdot dy}{A \cdot U^{2}}$, ou

$n \cdot V^{2} \, dy$, en nommant , pour abréger , n le

coéfficient $\dfrac{F}{A \cdot U^{2}}$, qui eſt conſtant & donné , &

que j'appellerai en général le *coéfficient de la percuſſion* *. L'impulſion qui réſulte perpendiculairement

contre $F f$, étant décompoſée en deux forces ,
l'une dirigée ſuivant $F P$, l'autre ſuivant $F r$, &
la première de ces forces étant détruite par une
force égale & contraire qui provient du point F';
il s'enſuit (346) que l'impulſion contre $F f$, dans le

ſens $F r$, eſt $n V^{2} \, dy \times \dfrac{dy^{2}}{ds^{2}}$, ou $\dfrac{n V^{2} \cdot dy^{2}}{ds^{2}}$. Il ne

s'agit plus que d'éliminer ds de cette formule , au
moyen de l'équation de la courbe ; puis d'intégrer.

Suppoſons , par exemple , que $F Q F'$ ſoit un
cercle dont le rayon $C Q = a$. On aura ds^{2}

$= \dfrac{a^{2} \, dy^{2}}{aa - yy}$; & la formule générale $\dfrac{n V^{2} \cdot dy^{3}}{ds^{2}}$

deviendra $\dfrac{n V^{2} dy \cdot (aa - yy)}{a^{2}}$, dont l'intégrale

eſt $n V^{2} y - \dfrac{n V^{2} \cdot y^{3}}{3 a^{2}}$; valeur de l'impulſion

contre l'arc indéterminé $Q F$, dans le ſens $Q C$.

Faiſant $y = a$, on aura $\dfrac{2 n V^{2} a}{3}$ pour l'impulſion

contre le quart de circonférence. Et comme l'impulſion perpendiculaire contre le rayon a ſeroit
(337), $n V^{2} \cdot a$: on voit que l'impulſion contre

---

* Il faudra ſe ſouvenir de cette expreſſion & du ſens que
j'y attache , parce que j'en ferai un fréquent uſage.

le quart de circonférence , est les deux tiers de l'impulsion perpendiculaire contre le rayon ; & l'impulsion contre la demi - circonférence , les deux tiers de l'impulsion perpendiculaire contre le diamètre ; ce qui est conforme à l'article précédent.

Soit , pour second exemple , QF une parabole dont le paramètre $= p$. On trouvera ds
$$= \frac{dy^2 (pp + 4yy)}{p^2} \; ; \; \text{& la formule} \; \frac{n V^2 . dy^3}{ds^2}$$
deviendra , $\dfrac{n V^2 . p^2 dy}{pp + 4yy}$, dont l'intégrale est
$$n V^2 \int \frac{\frac{p^2}{4} \, dy}{\frac{pp}{4} + yy} \; , \; \text{c'est-à-dire, le produit de}$$
la quantité constante $n V^2$, par un arc de cercle dont la tangente est y pour le rayon $\dfrac{p}{2}$.

2.° Que la courbe QPF, en faisant une révolution entière autour de l'axe QC, produise un solide. L'élément Ff engendre une zone qui reçoit, dans le sens QC, une impulsion (la seule à laquelle il faille avoir égard), qui est évidemment à l'impulsion perpendiculaire contre la couronne circulaire correspondante engendrée par fr, comme la simple impulsion contre Ff, dans le sens QC, est à l'impulsion perpendiculaire contre fr, c'est-à-dire, comme $\dfrac{n V^2 . dy^3}{ds^2}$ est à $n V^2 . dy$. ou comme dy^2 est à ds^2. Or, en nommant m le rapport de la circonférence au diamètre, l'impulsion perpendiculaire contre la couronne décrite par fr, eft $nV^2 \times 2\,m\,y\,dy$. Ainfi l'impulfion élémentaire contre la zone décrite par Ff, dans le fens QC, fera $\dfrac{2\,n\,m\,V^2\,.\,y\,dy^3}{ds^2}$. On fubftituera dans cette expreffion, pour ds^2 fa valeur donnée par la nature de la courbe; puis on intégrera.

Soit, par exemple, FQF' un cercle dont le rayon $CQ = a$. En mettant pour ds^2 fa valeur $\dfrac{a^2\,dy^2}{aa - yy}$, la formule précédente deviendra $\dfrac{2\,n\,m\,V^2\,y\,dy\,(aa - yy)}{a^2}$, dont l'intégrale eft $n\,m\,y^2\,V^2 - \dfrac{n\,m\,V^2\,y^4}{2\,a^2}$. Faifant $y = a$, on aura $\dfrac{n\,m\,V^2\,u^2}{2}$ pour l'impulfion contre la demi-fphère, ou contre la fphère entière (car cela eft indifférent). L'impulfion perpendiculaire contre le plan d'un grand cercle de la fphère, feroit $n\,V^2 \times m\,a^2$. Ainfi l'impulfion contre la fphère n'eft que la moitié de l'impulfion perpendiculaire contre l'un de fes grands cercles.

Si QF eft une parabole dont le paramètre $= p$, la formule $\dfrac{2\,n\,m\,V^2\,.\,y\,dy^3}{ds^2}$ deviendra $\dfrac{2\,n\,m\,V^2\,p^2\,y\,dy}{pp + 4yy}$, dont l'intégrale eft $\dfrac{n\,m\,V^2\,p^2}{4}\,L.\left(\dfrac{pp + 4yy}{pp}\right)$.

REMARQUE fur les trois problèmes précédens.

(351.) La folution du premier de ces problèmes s'accordera affez avec l'expérience, pourvu que l'angle ORC ou ACD *(Fig. 52)* d'inci-dence du fluide fur chacune des faces du triangle,

Fig. 52.

ſoit un peu grand , c'eſt-à-dire , compris dans l'intervalle de 60 à 90 degrés. Mais, pour les angles d'incidence qui feroient ſenſiblement moindres que 60 degrés, la théorie ne s'accorde plus avec l'expérience. Alors la percuſſion ne diminue pas autant, ſuivant l'expérience , qu'elle devroit diminuer ſuivant la théorie.

Les deux autres problèmes ne ſont deſtinés qu'à montrer la manière d'appliquer la théorie propoſée aux ſurfaces courbes. Car l'expérience contredit encore ici cette théorie , mais dans un autre ſens. En effet, l'expérience fait voir, par exemple , que l'impulſion contre la demi-circonférence $A Q B$ *(Fig. 54)*, n'eſt qu'un peu plus de la moitié de l'impulſion perpendiculaire contre le diamètre $A B$, tandis que ſuivant la théorie, elle en devroit être les deux tiers. On voit par-là que tous les uſages qu'on a faits de cette théorie pour déterminer *le ſolide de la moindre réſiſtance,* ou pour réſoudre en général les problèmes qui ſe rapportent à la méthode inverſe des tangentes, ne donnent que des réſultats hypothéthiques, qu'on ne doit appliquer à l'art Nautique, qu'avec beaucoup de circonſpection.

J'ajoute encore ici un problème , dépendant de la même théorie, pour éclaircir l'explication que Léibnitz a donnée des variations du Baromètre , & que nous avons rapportée (116).

(352.) **PROBLÈME IV.** *Un corps ſphérique, deſcendant verticalement dans un fluide où il eſt plongé,*

*en demande l'effort qui réfulte de ce mouvement contre
le fond du vafe ?*

Il eft évident que le corps, en defcendant,
frappe à chaque inftant le fluide par fa vîteffe
acquife; & que ce choc, qui fe tranfmet en tous
fens à travers le fluide, agit auffi contre le fond
du vafe. Cherchons donc fa valeur.

$$\text{Soient} \begin{cases} \text{le rayon du corps} \dots\dots\dots\dots\dots\dots = a, \\ \text{fa maffe ou fon poids} \dots\dots\dots\dots\dots = P, \\ \text{le poids du fluide déplacé par le corps} \dots = P', \\ \text{l'efpace parcouru verticalement} \dots\dots\dots = s, \\ \text{la vîteffe au bout de cet efpace} \dots\dots\dots = u, \\ \text{le coéfficient de la percuffion} \dots\dots\dots\dots = n, \\ \text{le rapport de la circonférence au dia-} \\ \text{mètre} \dots\dots\dots\dots\dots\dots\dots\dots\dots\dots\dots = m. \end{cases}$$

Le corps eft pouffé à chaque inftant de haut en
bas par l'excès de fon poids fur le poids du fluide
déplacé, & fur la réfiftance qu'il éprouve en
frappant le fluide, laquelle a pour valeur $\dfrac{n\,m\,a^2\,u^2}{2}$
(350). Ainfi, la force accélératrice abfolue du
corps eft, $P - P' - \dfrac{n\,m\,a^2\,u^2}{2}$; & on a, par
les formules ordinaires de ces fortes de mouvemens,

$$P\,u\,d\,u = \left(P - P' - \frac{n\,m\,a^2\,u^2}{2}\right) d\,s; \quad \text{ou}$$

$$d\,s = -\ \frac{P}{n\,m\,a^2}\ \times\ -\ \frac{2\,n\,m\,a^2\,u\,d\,u}{2\,P - 2\,P' - n\,m\,a^2\,u^2},$$

dont l'intégrale eft, $s = A - \dfrac{P}{n\,m\,a^2} \times L.(2\,P$
$- 2\,P' - n\,m\,a^2\,u^2).$ La conftante A doit être
telle que $s = 0$, donne $u = 0$; & par conféquent

on a, $s = \dfrac{P}{nma^2} \times L. \left(\dfrac{2P - 2P'}{2P - 2P' - nma^2u^2} \right)$.

Donc fi l'on nomme c le nombre dont le logarithme hyperbolique eft 1 ; qu'on multiplie s par $L.c$; & qu'enfuite on repaffe des logarithmes aux nombres, on trouvera, $u^2 = 2 \left(\dfrac{P - P'}{nma^2} \right) \times \left(1 - c^{-\frac{nma^2.s}{P}} \right)$. L'expreffion du choc du fluide, c'eft-à-dire $\dfrac{nma^2u^2}{2}$, devient donc,

$$(P - P') \times \left(1 - c^{-\frac{nma^2.s}{P}} \right).$$

Comme le nombre c eft plus grand que l'unité, étant compris entre 2 & 3, on voit que la valeur du choc augmente à mefure que s augmente, & que ce choc $= P - P'$, lorfque $s = \infty$.

Il fuit de-là que la hauteur dont une goutte de pluie tombe, n'étant jamais fort confidérable, la réfiftance qu'elle éprouve en defcendant, ou la preffion qu'elle exerce en conféquence fur la furface de la Terre, eft toujours fenfiblement moindre que le poids de cette même goutte. La preffion de l'air fur la cuvette du Baromètre eft donc moindre lorfque les gouttes pluviales tombent, que lorfquelles font foutenues en parcelles dans l'atmofphère ; & par conféquent le Baromètre doit alors baiffer, comme Leibnitz le conclut de fon hypothèfe.

CHAPITRE XIV.

Confidérations générales fur les machines Hydrauliques : Théorie particulière de celles qui font mues par le choc de l'eau.

(353.) ON appelle indiftinctement *machine hydraulique*, une machine qui eft deftinée à élever de l'eau à une certaine hauteur, ou qui eft mue par l'action d'un courant. Les agens qui produifent ou entretiennent le mouvement dans le premier cas, peuvent être de telle efpèce qu'on voudra. Souvent une machine deftinée à élever de l'eau, eft en même temps mue par l'action d'un courant. Elle eft alors doublement hydraulique. Les effets de toutes ces machines fe déterminent, comme ceux des autres, par les loix connues de la Mécanique.

(354.) Sans rappeler ces loix en détail, confidérons que la force mouvante a toujours un rapport déterminable par la forme & le jeu de la machine, à l'effet réel & utile que cette même machine produit, relativement à l'objet qu'on s'eft propofé en la conftruifant. Cette force & cet effet peuvent s'exprimer par des poids connus, animés de vîteffes connues. Soient donc P le premier poids ; V, fa vîteffe ; π, le fecond poids ; v, fa vîteffe. Il eft d'abord évident que l'effet $\pi \cdot v$ ne peut jamais furpaffer la caufe $P.V.$ C'eft donc en vain que certains Machiniftes penfent augmenter le produit de la force motrice, avec des leviers, des roues, ou d'autres moyens équivalens. Les leviers n'ont en eux-mêmes aucune vertu active : ils ne peuvent fervir qu'à modifier différemment les deux facteurs P & V qui, par leur multiplication, compofent la force mouvante. S'ils font augmenter le poids moteur P, ils font diminuer fa vîteffe V en même raifon ; & réciproquement, s'ils font augmenter V, ils font diminuer P, dans le même rapport. L'effet $\pi.v$ feroit égal à la caufe entière $P.V$, fi cette caufe n'étoit pas employée en partie à vaincre le frottement, ou à produire dans la machine des mouvemens étrangers & inutiles à celui dont on a befoin. On a donc dans la pratique, $P.V > \pi.v$. La meilleure machine fera celle qui, par fa conftruction & par le jeu de fes pièces, rendra la quantité $\pi.v$ la plus approchante qu'il eft poffible de $P.V$. Si l'on regarde $\pi.v$ comme l'effet total de la machine, ou que l'on comprenne dans cette quantité non-feulement l'effet utile, mais encore ceux qui proviennent des réfiftances, on aura dans tous les cas, $\pi.v = P.V$.

(355.) Le choix d'une machine, la recherche & la combinaifon des parties dont elle doit être compofée, relativement à l'effet qu'on veut qu'elle produife, appartiennent proprement à la Mécanique. Ici je me propofe d'examiner en général l'action d'un fluide, comme principe moteur d'une

machine à laquelle cette action eſt tranſmiſe par
une roue que le fluide fait tourner , ſoit en la
frappant par ſa vîteſſe acquiſe , ſoit en la preſſant
par ſon poids , ſoit enfin en la pouſſant par une
réaction contraire à la direction de ſon mouvement.
M. Jean Albert Euler , digne fils & émule du
grand Géomètre Léonard Euler, a traité ce ſujet
dans une excellente Diſſertation qui remporta le
Prix de l'Académie de Gottingue, en 1754. Il
a ſur-tout examiné avec le plus grand ſoin l'effet
des machines mues par la réaction de l'eau : &
telle eſt la fécondité de cette matière , qu'elle
nous a encore procuré trois beaux Mémoires de
M. Euler le père *(Académie de Berlin , 1750,
1751 , 1754)*.

(356.) M. Parent eſt le premier qui ait appliqué avec ſuccès la théorie ordinaire de la percuſſion des fluides au mouvement des roues qu'un
courant fait tourner par le choc *(Académie de
Paris , 1704)*. Sa méthode porte ſur quelques
ſuppoſitions un peu libres , qui facilitent & ſim-
plifient le calcul : mais, quand en ſuivant d'ailleurs
les mêmes principes , on veut traiter la queſtion
avec plus de rigueur & plus de généralité, on rencontre des problèmes difficiles , dont la plupart
étoient entièrement nouveaux, lorſque j'en fis le
ſujet d'un Mémoire imprimé parmi ceux de l'Académie *(année 1769)*. Voici cette même théorie,
avec plus de détail & plus d'étendue.

(357.) Une roue qui tourne en vertu du choc

de l'eau, eſt garnie à ſa circonférence de palettes, vulgairement appelées *ailes* ou *aubes*, que le fluide vient frapper ſucceſſivement. Cet effort de l'eau fait, à chaque inſtant, la fonction d'un poids appliqué à l'une des extrémités d'un levier mobile autour de ſon autre extrémité, qui repréſente ici le centre de la roue. Je rapporte toutes les roues ainſi mues, à deux eſpèces : aux roues verticales, mues par un courant horizontal, & aux roues horizontales, dont les aubes inclinées à l'horizon, ſont frappées par un courant auſſi incliné. De plus, je ſuppoſe toujours que les aubes ſont dirigées au centre de la roue ; me réſervant à examiner dans la ſuite, par la voie de l'expérience combinée avec la théorie, en quels cas il convient d'incliner les aubes au rayon. Commençons par les roues verticales.

(358.) Soit donc la roue verticale *A H L K* (*Fig. 56*), dont les aubes ſont frappés ſucceſſivement par le courant horizontal *XYTZ*, qui la fait ainſi tourner dans le ſens *A H L K*. Toutes ces aubes, égales entr'elles & également eſpacées, ſont des rectangles, dont les côtés *S K, E D, B A*, &c, dirigés au centre, expriment les *hauteurs* des aubes ; & les autres côtés horizontaux, & repréſentés par les points *S, E, B*, &c, ſont les *largeurs* des aubes. Dans les premiers inſtans du choc de l'eau, le mouvement de la roue s'accélère par degrés, à peu-près comme le mouvement des corps qui tombent par la peſanteur. Mais cette

accélération eft très-prompte ; & bientôt le mouvement de la roue parvient à l'uniformité. Alors,
pour que ce mouvement fe perpétue , il faut que
le choc de l'eau foit contre - balancé à chaque
inftant par la réfiftance que la machine lui oppofe :
réfiftance qui exprime l'effet total de la machine ,
en y comprenant le frottement & les autres caufes
étrangères qui tendent à diminuer le produit véritable , le produit utile que l'on cherche à obtenir
de la machine. Cet effet total peut toujours être
repréfenté par un poids π , attaché à l'extrémité
d'une corde qui, par le moyen d'une poulie de
renvoi , va s'envelopper autour de l'arbre de la
roue , & fait monter ce poids à mefure que la roue
tourne. Nous fuppofons que le mouvement foit
parvenu à l'uniformité , du moins fenfiblement ;
ce qui arrive en très-peu de temps. La manière
dont il s'accélère dans les premiers inftans , eft
abfolument inutile à confidérer.

(359.) Le courant d'eau dans lequel les aubes
de la roue viennent fe plonger tour-à-tour, peut
être regardé, ou comme indéfini en largeur; telle
eft , par exemple , la largeur d'une rivière par
rapport aux roues d'un moulin qu'elle fait tourner;
ou bien, la largeur du courant peut être limitée,
& fuffifante feulement pour que les ailes n'éprouvent
pas de frottement contre le fond & les bords : tels
font les canaux ou les *courfiers* , qui amènent les
eaux d'un réfervoir contre les ailes d'une roue. La
percuffion n'a pas la même mefure dans les deux

cas, comme nous le verrons dans la suite ; mais elle suit d'ailleurs les mêmes loix. C'eſt pourquoi nous emploîrons, pour tous les cas, l'expreſſion indéterminée *courant d'eau :* ſauf à fixer dans l'occaſion la véritable meſure du choc, ou la quantité que nous avons appelée le *coéfficient* de la percuſſion (350).

(360). Tout l'effet d'une roue mue par le choc de l'eau, dépend de la poſition & du nombre de ſes aubes ; de la vîteſſe de la roue relativement à celle du courant ; de la meilleure proportion entre la hauteur & la longueur des aubes ; & enfin des moyens d'économiſer, lorſque la choſe eſt néceſſaire & poſſible, la quantité de fluide choquant. Examinons par ordre ces différentes queſtions.

(361.) PROBLÈME I. *De deux aubes, l'une verticale, l'autre inclinée au courant, on demande celle qui reçoit de la part du fluide le plus grand moment d'impulſion ?*

On juge peut-être au premier coup-d'œil que l'aube verticale, c'eſt-à-dire celle qui eſt frappée perpendiculairement, doit procurer le plus grand moment d'impulſion ; & tel eſt en effet le réſultat du calcul, quand la roue a de la vîteſſe au moment du choc. Mais les Auteurs d'Hydraulique ont agité ce problème, parce que ſi la percuſſion perpendiculaire eſt plus grande que la percuſſion oblique, la ſurface choquée obliquement eſt plus

grande

grande que la furface choquée perpendiculairement; ce qui fait une efpèce de compenfation;
& que d'ailleurs, quand la roue eft en repos, les
momens des deux percuffions font égaux. Il n'y
a donc qu'un calcul exact qui puiffe décider
clairement la queftion.

Le courant $XYTZ$ *(Fig. 56)* ayant une Fig. 56.
direction horizontale, fuppofons que l'aile AB
foit placée dans la verticale, & l'aile fuivante
DE, dans une pofition oblique du courant, menons l'horizontale EO. On voit que la partie
AO de l'aile AB, feroit frappée perpendiculairement & librement par le fluide, fi l'aile DE
qui la couvre & empêche le choc, étoit anéantie;
tandis que VE eft la partie de l'aile DE qui eft
réellement frappée obliquement par le fluide. La
queftion eft donc de comparer le moment de la
percuffion perpendiculaire & libre contre AO, au
moment de la percuffion qui réfultera perpendiculairement contre VE; car, fi l'on trouve que
le premier moment eft plus grand que le fecond,
il ne s'agira plus que de faire en forte que l'aile
verticale, au moment du choc, ne foit couverte
en aucune manière par l'aile placée en arrière.

Soient menées les horizontales infiniment voifines QM, qm, qui déterminent deux élémens
correfpondans Qq, Mm, de l'aube verticale &
de l'aube inclinée. Que Mx repréfente la viteffe
du fluide; & les petits arcs Qt, My, les viteffes

dès points Q, M, pour un même inftant. Je décompofe la vîteffe Mx du fluide en deux autres My, $M\zeta$, dont la première eft la même que celle du point M de l'aube, & ne produit par conféquent aucun effet fur l'élément Mm, la feconde eft la feule à laquelle il faille avoir égard. La percuffion perpendiculaire contre l'élément Qq, eft la même que fi cet élément étant fuppofé en repos, l'eau venoit le frapper avec la vîteffe $Mx - Qt$; & la percuffion qui réfulte perpendiculairement contre l'élément Mm, eft la même que fi cet élément, étant fuppofé en repos, l'eau venoit le frapper avec la vîteffe $M\zeta$. Donc, fi l'on nomme n le *coéfficient* de la percuffion; V la vîteffe Mx du fluide; u la vîteffe Qt du point Q; V' la vîteffe $M\zeta$; R le rayon ou finus total: il s'enfuit (341) que la première percuffion fera repréfentée par $n \times Qq \times (V - u)^2 \times R^2$, & la feconde, par $n \times Mm \times V'^2 \times (\text{fin. } DM\zeta)^2$. Par conféquent, en défignant les momens de ces deux percuffions par la lettre M écrite au-devant des furfaces choquées; on aura, $M.Qq : M.Mm ::$ $n \times Qq \times (V - u)^2 \times R^2 \times CQ : n \times Mm$ $\times V'^2 \times (\text{fin. } DM\zeta)^2 \times CM$. Or, à caufe des arcs femblables Qt, My, qui donnent My ou

$$\zeta x = u \times \frac{CM}{CQ},$$

& à caufe des deux triangles rectangles femblables Mnx, MQC, qui donnent

$$nx = V \times \frac{CQ}{CM} : \text{on trouve } n\zeta = V \times \frac{CQ}{CM}$$

$$- u \times \frac{CM}{CQ} = \left(V - u \times \frac{(CM)^2}{(CQ)^2}\right) \times \frac{CQ}{CM}.$$

D'un autre côté, on a, fin. $DM\zeta = R \times \frac{n\zeta}{M\zeta}$, & $(M\zeta)^2 \times (\text{fin. } DM\zeta)^2 = R^2 \times (n\zeta)^2$; ou $V'^2 \times (\text{fin. } DM\zeta)^2 = R^2 \times \left(V - u \times \frac{(CM)^2}{(CQ)^2}\right)^2 \times \frac{(CQ)^2}{(CM)^2}$. Par conféquent la proportion des momens deviendra, $M.Qq : M.Mm :: Qq \times (V-u)^2 \times CM : Mm \times \left(V - u \times \frac{(CM)^2}{(CQ)^2}\right)^2 \times CQ$; ou (à caufe des parallèles MQ, mq, qui donnent $Qq : Mm :: CQ : CM$, & par conféquent $Qq \times CM = Mm \times CQ$), $M.Qq : M.Mm :: (V-u)^2 : \left(V - u \times \frac{(CM)^2}{(CQ)^2}\right)^2$; proportion dont le troifième terme étant évidemment plus grand que le quatrième, fait voir que le premier eft auffi plus grand que le fecond. Ainfi, le moment de la percuffion contre l'élément Qq choqué directement, eft plus grand que le moment de la percuffion contre l'élément Mm choqué obliquement. La même conclufion a lieu pour les furfaces finies AO, VE, qui font compofées d'un même nombre d'élémens Qq, Mm, correfpondans chacun à chacun.

(362.) COROLLAIRE I. Lorfque les aubes font en repos au moment où elles font choquées par le fluide, on a $u = 0$, & $M.Qq = M.Mm$. Il eſt donc alors indifférent que le fluide frappe la partie AO de l'aile verticale, ou la partie correſpondante VE de l'aile inclinée. Mais, comme la partie OB de l'aile verticale eſt encore frappée par le fluide, il s'enſuit que même en ce cas il eſt plus avantageux que l'aile choquée ſoit poſée verticalement, que d'être inclinée au courant.

(363.) **COROLLAIRE II.** Dans cette même hypothèſe de $u = 0$, le moment de l'impulſion contre la partie VE de l'aile inclinée, étant égal au moment de l'impulſion contre la partie AO de l'aile verticale, on voit que plus on multipliera le nombre des aubes, plus le fluide imprimera de force à la roue; car, en augmentant le nombre des aubes, on fait diminuer l'angle ECB, compris entre deux aubes voiſines, & on augmente par conſéquent le moment de l'impulſion que reçoit la roue, lorſque les ailes ſe trouvent, relativement au choc, dans la poſition la plus défavorable ; poſition qui arrive quand l'angle compris entre deux aubes contiguës eſt diviſé en deux parties égales par la verticale.

Comme la loi de continuité s'obſerve conſtamment dans les différens états d'accroiſſement ou de décroiſſement que peuvent ſubir les quantités de même eſpèce, concluons encore de-là, que ſi une roue tourne avec une vîteſſe fort lente par rapport à celle du fluide, on augmentera fa force en lui donnant un grand nombre d'ailes.

(364.) *REMARQUE I.* Il fe préfente à ce fujet une difficulté qui pourroit embarraffer quelques Lecteurs, & qu'il eft à propos d'éclaircir. En fuppofant la roue immobile à l'inftant du choc, il eft clair que dans la rigueur géométrique, le nombre le plus avantageux d'ailes doit être *infini.* Or, dira-t-on, fi le nombre des ailes devient infini, leurs extrémités formeront une circonférence de cercle *F B G O (Fig. 57) ;* & l'impulfion qui réfultera perpendiculairement contre chaque élément *K N* de l'arc *F B G* étant dirigée au centre *C,* ne tendra à produire aucun mouvement de rotation ; d'où il paroît s'enfuivre que bien loin que la roue reçoive alors le plus grand moment poffible d'impulfion, elle n'en recevra point du tout. Mais il faut remarquer que dans notre calcul les ailes font regardées comme une fuite de plans différemment inclinés, tous dirigés au centre, & frappés par le fluide fous différentes obliquités ; que fi par conféquent on détruit cette hypothèfe, on détruit néceffairement les conféquences qui en réfultent. Or, la fuppofition que *F B G* eft un arc-de-cercle, continu & compofé d'élémens *K N,* qui loin d'être dirigés au centre *C,* font perpendiculaires aux rayons *C K,* eft entièrement contraire à la précédente. Il n'eft donc pas furprenant qu'on arrive à des réfultats très-différens dans les deux cas.

Fig. 57.

F f iij

Concluons cependant de-là, que comme les filets d'eau font compofés de molécules phyfiques, ou qui ont des groffeurs finies, & que de plus ces filets fe gênent les uns les autres dans leurs mouvemens, les extrémités des ailes doivent toujours laiffer entr'elles un certain intervalle qui permette au fluide d'exercer fon action autant qu'il eft poffible. Le nombre d'ailes qu'il convient de donner à une roue en repos, & à plus forte raifon à une roue en mouvement, pour fe procurer la plus grande force qu'il eft poffible de la part du fluide, eft donc toujours fini & limité. A quoi on peut ajouter qu'en multipliant le nombre des ailes, on rend la roue plus pefante, & par-là fujette à un plus grand frottement.

(365.) *REMARQUE II.* Plufieurs Auteurs (*Mém. de l'Acad. 1729, pag. 253; Architec. Hyd. Tome I, pag. 309*) ont établi en général l'avantage de l'aile verticale fur l'aile inclinée, d'une manière erronée. Voici leur raifonnement. Il eft certain, difent-ils, que fi l'aile DE *(Fig. 56)* trempe dans l'eau, tandis que l'aile $A\,B$ eft encore dans la verticale, la partie $V\,E$ de la première couvrira la feconde fur toute la hauteur $A\,O$ qui ne fera point frappée; & qu'ainfi l'aile $A\,B$ fera feulement frappée dans la partie $O\,B$. Il eft vrai, pourfuivent-ils, que cette diminution de choc femble réparée par l'impulfion que reçoit la partie $V\,E$, qui eft plus grande que la partie $A\,O$; mais la compenfation n'eft pas complète; car la percuffion directe contre AO ou VI, eſt à la percuſſion qui réſulte perpendiculairement contre VE, comme $VI \times R'$, eſt à $VE \times$ *(*ſin. $VEI)^2$, ou comme $VI \times (VE)^2$, eſt à $VE \times (VI)^2$, ou enfin comme VE eſt à VI. De-là, concluent-ils, il faut que l'extrémité E de l'aile DE *(Fig. 58)* ne faſſe que rencontrer la ſurface XY du fluide, au moment que l'aile AB ceſſe d'être verticale. Alors, il eſt facile de déterminer le nombre des ailes dont une roue doit être garnie ; car, dans le triangle rectangle EAC, on connoît le côté CA qui eſt le rayon de la roue $AHLK$, & l'hypothénuſe CE, puiſque la hauteur DE de l'aile eſt donnée. Ainſi on connoîtra l'arc DA. Diviſant la circonférence entière par la valeur de l'arc DA, le quotient exprimera le nombre des ailes de la roue. Les Auteurs dont il s'agit, ont ainſi calculé laborieuſement des Tables du nombre des ailes d'une roue, relativement au rayon de cette roue, & à la hauteur des ailes.

Tout cet édifice de calcul tombe, 1.° parce qu'on n'y tient pas compte des différens bras de levier de l'aile verticale & de l'aile inclinée ; 2.° parce que ſi, dans le cas de la *Figure 58*, le moment de l'impulſion de l'eau contre l'aile verticale AB eſt le plus grand qu'il eſt poſſible ; d'un autre côté, lorſque l'aile DE a pris une poſition telle que l'angle ECB eſt diviſé en deux parties égales par la verticale, le moment de l'impulſion eſt moindre alors qu'il ne ſeroit ſi la roue avoit

Fig. 58.

F f iv

un plus grand nombre d'ailes , & qu'on étoit
incertain si le moment *moyen* ne sera pas plus
grand dans le second cas que dans le premier.

Ce même paralogisme a déjà été relevé dans
un Mémoire sur les machines hydrauliques *(Savans
Étrangers , Tome I , page 261)*. Mais l'Auteur
de ce Mémoire a lui - même employé un faux principe , d'après lequel il conclut que le moment de
l'impulsion contre la partie VE de l'aile inclinée DE *(Fig. 56)* est toujours égal au moment
de l'impulsion contre la partie correspondante AO
de l'aile verticale , soit qu'au moment où la roue
est choquée , elle soit en repos , soit qu'elle tourne
déjà. La chose n'est vraie que pour le premier cas.
Quand , à l'instant du choc , la roue a déjà une vîtesse
acquise , le premier moment est moindre que le
second. La manière dont l'Auteur en question
mesure la percussion d'un fluide contre un plan
mobile , est fautive. Il décompose la vîtesse du
plan en deux autres , l'une parallèle , l'autre perpendiculaire à la direction du fluide ; & il affirme que
le fluide n'agit sur le plan qu'en vertu de l'excès
de sa propre vîtesse sur la première des deux vîtesses
dont on vient de parler. Or , il est évident qu'en
vertu de la vîtesse que le plan a perpendiculairement à la direction du fluide , ce plan est repoussé
par l'eau , de la même manière que s'il étoit en
repos , & que l'eau vînt le frapper avec cette
même vîtesse ; d'où resulte une nouvelle impulsion
qui se combine avec la première , & que l'Auteur

Fig. 56.

a négligée mal-à-propos. Son Mémoire contient d'ailleurs plufieurs chofes vraies & utiles.

(366.) PROBLÈME II. *Déterminer la vîteſſe que la roue doit prendre par rapport à celle du courant, pour que l'effet de la machine ſoit un* maximum!

Imaginons ici avec M. Parent (nous donnerons fucceſſivement plus de généralité au problème) qu'à la place des ailes AB, DE (*Figure 56*), **Fig. 56.** réellement choquées par le fluide, on fubſtitue une feule aube qui foit frappée perpendiculairement, & qui, avant le choc, ait déjà une vîteſſe uniforme & permanente; que la hauteur de cette aube fictive foit aſſez petite pour que les vîteſſes de rotation de tous fes points puiſſent être cenſées égales, & que fon centre de gravité puiſſe être regardé comme le centre de percuſſion du fluide. Nommons B la furface de cette aube; u la vîteſſe de fon centre de gravité; b la diſtance de ce point au centre de la roue; V la vîteſſe du fluide; Π le fardeau élevé, dont la quantité de mouvement repréfente l'effet de la machine, v fa vîteſſe, c fon bras de levier par rapport au centre de la roue; n le coéfficient de la percuſſion : le choc perpendiculaire reçu par la furface B fera $n.B \times (V - u)^2$; & fon moment par rapport au centre, $n.B(v - u)^2 \times b$. Égalant ce moment à celui du poids Π, on aura, $n.B(V - u)^2 \times b = \Pi c$. Et comme on a, $b : c :: u : v$, & par conféquent $c = \dfrac{bv}{u}$; fi l'on met pour c cette valeur, on aura, $n.B\,(V - u)^2.u = \pi\,v$. Or, le produit $\pi\,v$, qui exprime l'effet de la machine, doit être un *maximum ;* donc $n.B\,(V - u)^2.u$, ou fimplement $(V - u)^2.u$, en fera auffi un. Prenant donc la différentielle de cette quantité & l'égalant à zéro, on trouvera $u = \dfrac{V}{3}$; d'où l'on voit que l'aube qui reçoit le choc perpendiculaire du fluide, doit prendre le tiers de la vîteffe du courant , afin que la machine produife le plus grand effet poffible.

Quant à l'expreffion de cet effet , on la trouvera, en mettant pour u fa valeur $\dfrac{V}{3}$ dans l'équation $\pi\,v = n.B\,(V - u)^2.u$: par-là, on aura $\pi\,v = \dfrac{4\,n.B.V^3}{27}$.

(367.) COROLLAIRE. Pour pouvoir faire ufage de cette formule, fixons le coéfficient n ou $\dfrac{F}{A.U^2}$ de la percuffion (350). La vîteffe U & la furface A étant données , nous pouvons fuppofer ici, $A = B$, $U = V$. Cela pofé :

1.° Si la roue tourne dans un fluide indéfini en largeur, & qu'on nomme H la hauteur dûe à la vîteffe de ce courant, on a fenfiblement , fuivant l'expérience, $F = B.H$. Ainfi l'expreffion $\pi\,v = \dfrac{4\,n\,B.V^3}{27}$ du plus grand effet de la machine , deviendra $\pi\,v = B.H \times \tfrac{4}{27}\,V$. La mefure de cet effet eft donc un poids d'eau, exprimé par $B.H$, mu avec les $\frac{4}{27}$ de la vîteſſe du fluide ; ou les $\frac{4}{27}$ de ce poids mu avec la vîteſſe entière du fluide.

2.° Lorſque la roue tourne dans un courſier étroit où les aubes ont ſimplement la liberté de ſe mouvoir ſans frottement, ſoit au fond, ſoit vers les parois; la percuſſion eſt plus grande, & l'expérience donne pour lors, $F = 2\,B.H$, à peu-près (H étant toujours la hauteur dûe à la vîteſſe du courant). Le plus grand effet de la machine eſt donc en ce cas, $B \times H \times \frac{8}{27}\,V$, ſenſiblement.

(368.) *R E M A R Q U E.* Nous pouvons évaluer l'effet de la machine dans les deux cas, d'une autre manière qui nous ſera utile dans la ſuite. Pour cela, conſidérons qu'il eſt permis de regarder la ſurface donnée B de l'aile choquée comme un orifice par lequel il paſſe dans un temps donné une quantité donnée d'eau, puiſque la vîteſſe V du fluide eſt conſtante. Suppoſons que dans *une ſeconde,* il paſſe par B une quantité d'eau $= Q$; prenons pour baſe, d'après l'expérience, que les corps graves parcourent quinze pieds à peu-près, pendant la première ſeconde de leur chute; exprimons toutes les meſures linéaires en pieds ; & ſouvenons-nous que dans les applications de nos formules, la loi des homogènes doit être remplie conſéquemment à ces ſuppoſitions. En nommant g la gravité; H la hauteur dûe à la vîteſſe V du fluide; k la hauteur dûe à la vîteſſe v du fardeau π : on aura $V^{\cdot} = 2\,g.H; v^{\cdot} = 2\,g.k;$ & (201),

$Q = 2 B \sqrt{15 H}$, ou $B = \dfrac{Q}{2 \sqrt{15 H}}$. Par conséquent les expressions du plus grand effet de la machine deviendront :

$$I.^{er} \text{ Cas, } \Pi \sqrt{k} = \frac{2\, Q.H}{27 \sqrt{15}},$$

$$II.^{e} \text{ Cas, } \Pi \sqrt{k} = \frac{4\, Q.H}{27 \sqrt{15}}.$$

(369.) **PROBLÈME III.** *La roue étant toujours supposée conduite par l'impulsion perpendiculaire du fluide contre une seule aube rectangulaire donnée en surface, mais dont la hauteur n'est plus regardée comme infiniment petite : on demande le rapport que la largeur & la hauteur de l'aube doivent avoir entr'elles, & la vîtesse qu'un point donné de l'aube doit prendre, afin que l'effet de la machine soit un maximum ?*

Fig. 56. Soient *(Fig. 56)* CB le rayon extérieur donné de la roue ; AB la hauteur de l'aube qui est frappée librement & en entier, & dont la largeur est une ligne droite horizontale ; $a\,b$ sa position après un instant ; $Q\,q$ l'un quelconque de ses élemens ; Π le fardeau élevé, lequel exprime par sa quantité de mouvement, l'effet de la machine.

$$\text{Suppofons}\begin{cases} CB\dots\dots\dots\dots\dots\dots\dots = a, \\ CA\dots\dots\dots\dots\dots\dots\dots = x, \\ CQ\dots\dots\dots\dots\dots\dots\dots = z, \\ \text{la furface donnée de l'aube}\dots = B, \\ \text{fa largeur}\dots\dots\dots\dots\dots = r, \\ \text{la vîteffe uniforme du courant}\dots = V, \end{cases}$$

$$\text{Suppofons}\begin{cases}\text{la vîteffe uniforme } B\,b \text{ du point}\\ \quad\text{donné } B \text{ à l'inftant du choc}\dots = u,\\ \text{la vîteffe du fardeau } \Pi\dots\dots = v,\\ \text{fon bras de levier}\dots\dots\dots = c,\\ \text{le coéfficient de la percuffion}\dots = n.\end{cases}$$

La vîteffe du point Q eft $\dfrac{\zeta\,u}{a}$; & le moment de la percuffion perpendiculaire contre $Q\,q$, eft $n.r.\zeta\,d\,\zeta\,(V - \dfrac{\zeta\,u}{a})^{2}$, expreffion qu'il faut intégrer en regardant ζ feule comme variable, de manière que l'intégrale s'évanouiffe lorfque $\zeta = x$, & reçoive fa valeur complète lorfque $\zeta = a$. Par-là on trouvera, que le moment de l'impulfion contre l'aube entière, eft

$$n\,r\left[\frac{V^{2}\,(a^{2}-x^{2})}{2} - \frac{2\,V\,u\,(a^{3}-x^{3})}{3\,a} + \frac{u^{2}\,(a^{4}-x^{4})}{4\,a^{2}}\right].$$

Ce moment doit être égal à celui $\Pi\,c$ du poids Π; & par conféquent on a

$$\Pi\,c = n\,r\left[\frac{V^{2}\,(a^{2}-x^{2})}{2} - \frac{2\,V\,u\,(a^{3}-x^{3})}{3\,a} + \frac{u^{2}\,(a^{4}-x^{4})}{4\,a^{2}}\right].$$

Or, comme on a, $r\,(a - x) = B$; & que $a^{2} - x^{2} = (a - x)\times(a + x)$; $a^{3} - x^{3} = (a - x)\times(a^{2} + a\,x + x^{2})$; que $a^{4} - x^{4} = (a - x)\times(a^{3} + a^{2}\,x + a\,x^{2} + x^{3})$; que de plus on a, $u : v :: a : c$, ou $c = \dfrac{a\,v}{u}$:

il s'enfuit que l'équation précédente pourra fe changer en celle-ci,

$$(A) \quad \Pi v = n B \left[\frac{V^2 u (a + x)}{2 a} - \frac{2 V u^2 (a^2 + a x + x^2)}{3 a^2} + \frac{u^3 (a^3 + a^2 x + a x^2 + x^3)}{4 a^3} \right].$$

Maintenant, pour que l'effet Πv de la machine devienne un *maximum*, par les valeurs convenables de x & u, il faut différencier le fecond membre, en faifant varier fucceffivement x & u, & égaler à zéro chacune des deux différentielles, ce qui donnera ces deux équations :

$$6 a^2 V^2 u - 8 V u^2 a (a + 2 x) + 3 u^3 x (a^2 + 2 a x + 3 x^2) = 0;$$

$$6 V^2 a^2 (a + x) - 16 V u a (a^2 + a x + x^2) + 9 u^2 (a^3 + a^2 x + a x^2 + x^3) = 0;$$

lefquelles, combinées enfemble, donneront les valeurs de x & u, qu'on fubftituera dans l'équation (A), pour avoir l'expreffion du plus grand effet de la machine. Je n'écris pas ces valeurs : dans chaque cas particulier on abrégera le calcul, en commençant par fubftituer, à la place des grandeurs connues, leurs valeurs numériques.

(370.) *REMARQUE I.* Si dans l'équation (A) on fuppofe que la hauteur de l'aube foit infiniment petite, ou fenfiblement telle par rapport au rayon a ; alors, en fubftituant a pour x, & déterminant u, par la condition que Πv foit un *maximum*, on trouvera $u = \dfrac{V}{3}$, comme dans l'*article* *366*.

Et en effet, les bafes des calculs font les mêmes dans les deux cas. Mais, fi fans regarder la hauteur de l'aube comme infiniment petite, on la regarde feulement comme fort petite par rapport au rayon a, de forte que fuppofant $a - x = h$, ou $x = a - h$, h foit une quantité donnée dont on puiffe négliger le quarré & les puiffances plus hautes : l'équation (A), en éliminant x, deviendra

$$\Pi\, v = n\,B\left[\frac{V^2\,u\,(2\,a - h)}{2\,a} - \frac{2\,V\,u^2\,(a - h)}{a} + \frac{u^3\,(2\,a - 3\,h)}{2\,a} \right].$$

D'où l'on tire, en différenciant fuivant u, & égalant la différentielle à zéro,

$$u = \frac{V(4\,a - 4\,h) - V\sqrt{(4\,a^2 - 8\,a\,h)}}{3\,(2\,a - 3\,h)},$$

pour l'expreffion de la vîteffe u la plus avantageufe. Cette formule s'applique principalement aux roues qui tournent dans des courfiers, parce qu'en effet la hauteur des aubes de ces roues eft ordinairement fort petite par rapport au rayon extérieur.

Suppofons, par exemple, $a = 8$ pieds, $h = 8$ pouces : on trouvera $u = \frac{22}{63}\,V$, à peu de chofe près.

(371.) *R E M A R Q U E II.* Les roues qui tournent dans des courfiers demandent une autre confidération, qui peut être importante en certains cas. Dans les calculs précédens, nous avons regardé la vîtesse V du fluide comme conftante & donnée, quelques changemens qui arrivent aux dimenfions & à la vîteffe de l'aube: mais pour les courfiers, ces changemens peuvent influer d'une manière fenfible fur l'action du fluide contre la roue. Je m'explique.

Fig. 59. Soit $SDKR$ *(Fig. 59)* la face verticale d'un réfervoir, dans laquelle eft pratiqué le pertuis rectangulaire $MNOP$. Que SR repréfente le niveau de l'eau. Supofons qu'au pertuis $MNOP$ foit adapté un canal ou courfier rectangulaire qui conduit l'eau contre les ailes d'une roue. Comme il faut toujours que les aubes aient un certain jeu dans le courfier pour éviter le frottement contre fon fond & fes parois, nous pouvons imaginer que l'aube qui reçoit le choc perpendiculaire de l'eau, eft repréfentée par le rectangle $mnop$, dont les côtés font parallèles à ceux du rectangle $MNOP$, & en font diftans d'une petite quantité donnée. Ainfi, il n'y a que l'eau qui fort par le pertuis $mnop$ qui foit employée à mouvoir l'aube; celle qui fort par les vides rectangulaires Mp, No, Oz, coule en pure perte. Concevons maintenant que l'aile $mnop$ eft tra sformée en une autre auffi rectangulaire $efgh$ d'égale furface, & qu'en conféquence le pertuis $MNOP$ foit tranfformé en un autre $EFGH$, tel que les jeux Ee, Ff, Hi, de la nouvelle aîle font les mêmes que ceux Mm, Nn, Pz, de la première. La quantité

d'eau

d'eau que le réfervoir peut fournir, étant fuppofée,
limitée & *dounée*, il eft clair que le niveau primitif s'abaiffera quelque part en *S r*. Or, refte à
favoir fi, en vertu de cette dépreffion, le moment
de l'impulfion de l'eau contre l'aube ne diminue pas.
Ce qui donne lieu à ce doute, c'eft qu'il s'écoule
d'autant plus d'eau en pure perte, que le vide
rectangulaire *G i* a une plus grande bafe *G H ;* car
la charge d'eau qui lui répond, eft plus grande
que celle qui répond aux vides latéraux *F g*,
E h, *N p*, *N o*. De-là naît le problème fuivant.

(372.) **P R O B L È M E IV.** *Déterminer les
dimenfions & la vîteffe les plus avantageufes d'une
aube frappée perpendiculairement par un fluide, en
fuppofant que les vîteffes du fluide, aux différens points
de l'aube, foient dûes aux hauteurs correfpondantes
du réfervoir !*

Soient *A B P M* la moitié du pertuis ; *A b p m*
la moitié de l'aube cherchée ; *C* le centre de la
roue ; *S R* le niveau de l'eau dans le réfervoir ;
Q un point indéterminé de l'aube, auquel répond
une vîteffe dûe à la hauteur *Q T*.

$$\text{Suppofons}\begin{cases}\text{la gravité}\dots\dots\dots\dots\dots\dots\dots\dots = g, \\ \text{le rayon extérieur } Cb \text{ de la roue}\dots = a, \\ 2\,A\,m\dots\dots\dots\dots\dots\dots\dots\dots = r, \\ C\,T\dots\dots\dots\dots\dots\dots\dots\dots\dots = p, \\ C\,A\dots\dots\dots\dots\dots\dots\dots\dots\dots = x, \\ C\,Q\dots\dots\dots\dots\dots\dots\dots\dots\dots = z,\end{cases}$$

$$\text{Suppofons}\begin{cases}\text{la vîteffe de rotation du point } b \text{ de} \\ \quad \text{l'aube} \dots\dots\dots\dots\dots = u, \\ \text{la vîteffe du fardeau élevé } \Pi \dots = v, \\ \text{fon bras de levier} \dots\dots\dots = c, \\ \text{le coéfficient de la percuffion} \dots = n.\end{cases}$$

La vîteffe de l'eau qui fort par le petit orifice rectangulaire $Qqdc$, & qui choque en cet endroit la partie élémentaire de l'aube, a $\sqrt{[2g \cdot (\zeta - p)]}$, pour expreffion; la vîteffe de rotation du point Q de l'aube ou de fa partie élémentaire $Qpdc$, eft $\dfrac{\zeta u}{a}$. Ainfi le moment élémentaire de l'impulfion perpendiculaire de l'eau fera $nr \cdot \zeta\, d\zeta \left(\sqrt{[2g \cdot (\zeta - p)]} - \dfrac{\zeta u}{a} \right)^2$. Donc, en intégrant de manière que l'intégrale s'évanouiffe lorfque $\zeta = x$, & reçoive fa valeur complette lorfque $\zeta = a$, on aura

$$nr\left[\frac{2g\,(a^3 - x^3)}{3} - gp\,(a^2 - x^2) - \frac{2n\sqrt{2g}}{a} \right.$$
$$\times \left(\frac{2p^2\left[(a-p)^{\frac{3}{2}} - (x-p)^{\frac{3}{2}}\right]}{3} \right.$$
$$+ \frac{4p\left[(a-p)^{\frac{5}{2}} - (x-p)^{\frac{5}{2}}\right]}{5}$$
$$\left. + \frac{2\left[(a-p)^{\frac{7}{2}} - (x-p)^{\frac{7}{2}}\right]}{7} \right)$$
$$\left. + \frac{u^2\,(a^4 - x^4)}{4\,a^2} \right];$$

pour le moment de l'impulfion de l'eau contre l'aire entière $mnop$. Ce moment doit être égal à celui Πc du fardeau élevé. Mais, pour abréger & pour mettre tout de fuite fous fa dernière forme, l'équation qui doit réſulter de-là, obſervons que la ſurface de l'aube étant donnée, on a, (en nommant B cette ſurface), $r (a - x) = B$, ou $r = \dfrac{B}{a-x}$; obſervons de plus qu'on a, $u : v :: a : c$, ou $c = \dfrac{a v}{u}$. En ſubſtituant ces valeurs de r & c, on aura pour l'équation de l'effet de la machine,

$$\Pi v = \frac{n B u}{a (a - x)} \left[\frac{2g (a^3 - x^3)}{3} - g p (a^2 - x^2) \right. \qquad (B)$$

$$- \frac{2 u \sqrt{2g}}{a} \left(\frac{2 p^2 [(a - p)^{\frac{3}{2}} - (x - p)^{\frac{3}{2}}]}{3} \right.$$

$$+ \frac{4 p [(a - p)^{\frac{5}{2}} - (x - p)^{\frac{5}{2}}]}{5}$$

$$\left. + \frac{2 [(a - p)^{\frac{7}{2}} - (x - p)^{\frac{7}{2}}]}{7} \right)$$

$$\left. + \frac{u^2}{a^2} \cdot \frac{(a^4 - x^4)}{4} \right].$$

Maintenant, ſoient Q, la quantité d'eau qui ſort pendant une ſeconde, par l'orifice $MNOP$; ϖ chacune des petites lignes $m M, n N, b B$, qui expriment les jeux de l'aube dans le courſier : on aura $MN = r + 2 \varpi$; $TB = a - p + \varpi$; $TA = x - p$; & en prenant pour principe d'expérience, que les corps graves parcourent quinze pieds pendant la première ſeconde de leur chute, l'article 216 donne,

$$Q = \frac{4 t (r + 2 \varpi) . \sqrt{15} . [(a - p + \varpi)^{\frac{3}{2}} - (x - p)^{\frac{3}{2}}]}{3} .$$

Subſtituant dans cette dernière équation, pour r ſa valeur $\dfrac{B}{a-x}$; dégageant p, au moins par approximation; puis ſubſtituant cette valeur dans l'équation (B), on aura une équation, dans laquelle il n'entrera plus d'indéterminées que x & u, la quantité Q étant ſuppoſée donnée. On rendra donc l'effet de la machine, un *maximum*, en différentiant le ſecond membre de cette équation, ſuivant x & u, & égalant à zero, les deux différentielles; ce qui donnera deux équations analogues à celles que l'on a tirées de l'équation (A) dans l'article 369, & tendantes au même but.

Si Q n'étoit pas donné, mais que p le fût, ou que le niveau SR de l'eau dans le réſervoir occupât une poſition fixe, on différencieroit tout de ſuite l'équation (B), ſuivant x & u; &c.

Si dans l'équation (B), p & x étoient données, on différencieroit ſuivant u ſeulement; & on auroit un réſultat analogue à celui de l'article 370.

Je me contente d'indiquer tous ces calculs, qui ſont, pour la plupart, fort longs, ſans être difficiles, & qu'on abrégera (ſi on eſt tenté de les entreprendre), en ſubſtituant dans chaque cas particulier, à la place des grandeurs connues, leurs valeurs numériques.

Ajoutons que dans la pratique, au lieu de chercher par ces méthodes générales, les dimenſions & la vîteſſe les plus avantageuſes de l'aube,

Il vaudra mieux comparer enfemble les effets de
deux aubes, telles que *m n o p*, *e f g h*, correfpondantes aux deux pertuis *M N O P*, *E F G H*;
& choifir celle qui, pour une quantité donnée
d'eau, ou pour une hauteur donnée d'eau dans le
réfervoir, procure le plus grand effet. Ce tâton-
nement ne fera jamais fort long; & on en tirera
des réfultats fuffifamment exacts dans la pratique :
car on fait qu'une quantité, qui doit être un
maximum ou un *minimum*, jouit phyfiquement de
la même prérogative, fur une certaine étendue,
en deçà & au de-là de fa limite mathématique.

CHAPITRE XV.

Continuation du même sujet : des roues verticales mues par le choc de l'eau, en ayant égard aux différentes impulfions de l'eau contre les aubes réellement choquées.

(373). **N**ous avons réduit dans le chapitre précédent, les effets des impulfions de l'eau contre les aubes d'une roue, au feul effet d'une aube, qui feroit choquée perpendiculairement par le fluide. Cette transformation, qui fimplifie le calcul, eft permife quand la roue eft en repos à l'inftant du choc. Mais elle ne l'eft pas, du moins en rigueur, quand la roue tourne déjà par une vîteffe acquife, au moment qu'elle reçoit le coup du fluide. Il faut alors, pour obtenir cette généralité fi précieufe aux Géomètres, déterminer toutes les impulfions, à raifon des différentes obliquités des chocs. Ce problème qui eft réfolu dans mon Mémoire de 1769, trouve ici fa véritable place. Commençons par établir les élémens qui doivent fervir de bafe à mes calculs.

Fig. 60.   (374) Soit $S B D K$ (*Fig. 60*) la circonfé-rence extérieure d'une roue, plongée dans un courant horizontal $X Y T Z$, dont tous les points

fe meuvent fuivant des directions parallèles entr'elles, & avec une même vîteffe uniforme. Que
cette roue porte un nombre quelconque d'aubes
$E e$, $F f$, $G g$, $H h$, &c, dirigées au centre C.
Ayant abaiffé la droite $C I$, verticale, ou perpendiculaire à la furface $X Y$ du fluide ; foient
menées parallèlement à la même furface les droites
$E 1$, $F 2$, $G 3$, $H 4$, &c. Il eft clair qu'en
allant de S vers B, les dernières aubes font cou-
vertes & garanties en partie du choc de l'eau,
par les précédentes. J'aurai fimplement égard à
l'impulfion du fluide, contre les parties $E V$, $F V'$,
$G V''$, &c, des aubes ; & je fuppoferai que les
parties $V' f'$, $V'' g'$, &c, n'éprouvent aucun
choc, ou du moins, je négligerai un tel choc,
en cas qu'il exifte réellement. Cette manière d'en-
vifager l'action du fluide me paroît exacte, ou du
moins, très-admiffible dans un problème phyfico-
mathématique, tel que celui-ci, qui participe
néceffairement à la difette où l'on eft encore d'une
méthode rigoureufe, pour réfoudre en général
le problème de la percuffion des fluides. En effet :

1.° Dans les roues placées fur des rivières,
il eft évident que le fluide, après avoir frappé
les parties $E V$, $F V'$, $G V''$, &c, fe réfléchit,
gliffe par les côtés & fe mêle avec le fluide environnant. Il ne leur refte donc, dans le fens du
courant, qu'une vîteffe fort petite, laquelle ne
peut par conféquent produire qu'un choc infenfible. Je conviens que, fi les intervalles des aubes

étoient très-confidérables, le fluide pourroit .acquérir de nouveau, dans l'intervalle de deux ailes, une vîteſſe capable de donner une impulſion ſenſible à l'aube antécédente, mais ce cas n'a pas lieu dans la pratique, ſur-tout quand on a beſoin de donner (comme il convient de le faire) au moins huit à dix aubes à la roue.

2.° Quant aux roues plongées dans des courſiers, le fluide, après avoir choqué les parties EV, FV', GV'', &c, n'a pas tout-à-fait la même liberté de ſe dégager des aubes, que dans le premier cas; mais il trouve néanmoins à s'échapper ; il gliſſe en partie ſur les ailes; l'autre partie ſort par les vides qui ſe trouvent entre l'aube & le courſier, & par le vide que deux aubes contiguës laiſſent au fond, lorſque la droite qui diviſe en deux parties égales, l'angle formé par les deux aubes, eſt placée dans la verticale. L'impulſion contre les parties EV, FV', GV'', &c, eſt donc toujours incomparablement plus ſenſible que le choc (ſuppoſé qu'il exiſte en effet), contre les parties $V'f'$, $V''g'$, &c, ou que la preſſion ſoufferte par ces mêmes parties, en vertu de la hauteur.

(375.) PROBLÈME I. *Déterminer la ſomme des momens d'impulſions du fluide, contre toutes les parties des aubes, qui reçoivent à la fois ces impulſions, la roue étant ſuppoſée tourner par une vîteſſe acquiſe, à l'inſtant du choc !*

I. Soit Mm un élément quelconque de la

partie EV de la première aube choquée. **Du**
point S où la circonférence $SBDK$ rencontre
la furface du fluide, foit mené le rayon SC. **Que**
les droites infiniment petites Mx, My repréfentent refpectivement les efpaces parcourus en
un inftant, par le fluide & par le point M de
l'aube. Je décompofe la vîteffe Mx en deux
autres My, Mz : il eft évident que le fluide
n'agit fur l'élément Mm qu'en vertu de la feconde
vîteffe Mz. Soit prolongée jufques en n la droite
xz qui fera évidemment perpendiculaire à EV.
Dans les calculs des momens cherchés, nous ferons
abftraction de la largeur de chaque aube, parce
que cette largeur eft un facteur conftant, dont
on pourra enfuite affecter tous les termes des
formules.

Soient :

- le rayon extérieur CB de la roue.,.. $= a$,
- le finus total.................... $= 1$,
- l'angle conftant SCI............. $= m$,
- l'angle variable ECI............. $= p$,
- l'angle conftant compris entre deux aubes voifines................... $= q$,
- la vîteffe du fluide.............. $= V$,
- la vîteffe uniforme de la circonférence $SBDK$................... $= u$,
- EM.......................... $= x$,
- le coéfficient de la percuffion......... $= n$.

On aura évidemment My ou $zx = \dfrac{ux(a-x)}{a}$;

$nx = V$ cof. p ; $nz = nx - zx = V$ cof. p

$$-\frac{u\,(a-x)}{a}\;;\quad \text{fin. }\zeta\,M\,n = \frac{n\,\zeta}{M\,\zeta} = \frac{a\,V\,\text{cof. }p - u\,(a-x)}{a \times M\,\zeta}.$$

Donc, l'impulsion perpendiculaire du fluide contre l'élément $M\,m$, qui est $n \times M\,m \times (M\,\zeta)^2 \times (\text{fin. }\zeta\,M\,n)^2$, deviendra $\dfrac{n\,d\,x\,[\,a\,V\,\text{cof. }p - u\,(a-x)\,]^2}{a^2}$; & si l'on nomme $d\,M$ le moment de cette impulsion élémentaire, on aura

$$(A)\qquad d\,M = n\,d\,x\left(V - \frac{u\,(a-x)}{a\,\text{cof. }p}\right)^2 \times (\text{cof. }p)^2.(a-x).$$

II. On voit que cette équation s'intègre fans aucune difficulté. Mais avant que de faire cette opération, j'obferve que fi la quantité $V - \dfrac{u\,(a-x)}{a\,\text{cof. }p}$ au lieu d'être positive étoit négative, ce feroit l'aile qui poufferoit le fluide au lieu d'en être pouffée. Cependant comme le quarré de l'une & l'autre expreffion, eft toujours le même, on ne pourroit pas difcerner lequel des deux cas a lieu, fi l'on intégroit à l'ordinaire. Voici donc ce qu'il faut faire en général. On examinera ce que devient la quantité $V - \dfrac{u\,(a-x)}{a\,\text{cof. }p}$, lorfque

$$x = EV = CE - CV = a - \frac{C\,k}{\text{cof. }p}$$

$$= a - \frac{a\,\text{cof. }m}{\text{cof. }p},\;\&\text{ lorfque } x = 0.\text{ Cela}$$

pofé, 1.° fi la quantité en queftion eft pofitive

dans les deux cas, le fluide pouſſe l'aile dans toute l'étendue VE, & le calcul ſe fait comme nous le verrons tout-à-l'heure; 2.° ſi cette quantité eſt négative dans les deux cas, l'aile pouſſe le fluide dans toute l'étendue VE, & le calcul ſe fait encore de la même manière; 3.° ſi la même quantité eſt poſitive dans le premier cas, & négative dans le ſecond, une partie VR de l'aile eſt pouſſée par le fluide, tandis qu'au contraire l'autre partie RE de l'aile pouſſe le fluide. Alors on déterminera le moment M de manière que l'intégrale s'évanouiſſe lorſque $V - \dfrac{u(a - x)}{a \cos. p} = 0$, ou lorſque $x = \dfrac{au - Va \cos. p}{u}$, & qu'elle reçoive ſa valeur complète, lorſque $x = EV = a - \dfrac{a \cos. m}{\cos. p}$. Soit nommée G cette intégrale qui exprime le moment de l'impulſion de l'eau contre VR. On déterminera encore M de manière que l'intégrale s'évanouiſſe, lorſque $x = 0$, & reçoive ſa valeur complète, lorſque $x = ER = \dfrac{au - Va \cos. p}{u}$. Soit nommée H cette intégrale qui exprime le moment de l'impulſion de la partie RE de l'aile contre le fluide. Il eſt clair que $G - H$, ou $H - G$ repréſentera le moment de la force réſultante qui pouſſe l'aile ou le fluide.

Je n'ai pas beſoin d'ajouter que ſi la quantité

$V - \dfrac{u\,(a-x)}{a \cos. p}$ est positive en E, elle le sera, à plus forte raison, en V, & dans toute l'étendue $E\,V$.

Il est évident que le procédé du calcul est le même dans les trois suppositions, & qu'il s'agit toujours de prendre une somme ou une différence de momens d'impulsion. Je n'examinerai ici que la première, parce que dans la pratique, il convient que le fluide pousse l'aube sur toute l'étendue de la partie qu'elle trempe dans l'eau. Or cela arrivera, si l'on a seulement $V \cos. p = u$, ou $\cos. p = \dfrac{u}{V}$. Soit, par exemple, $u = \dfrac{V}{3}$: on aura $\cos. p = \frac{1}{3}$, & par conséquent l'angle $p = 70 \frac{1}{2}$ degrés. Il faut donc alors que la quantité, dont l'aube trempe dans l'eau, suivant la verticale, soit moindre que les deux tiers du rayon. L'enfoncement des roues qui trempent dans des courfiers, est toujours très-petit par rapport au rayon. Dans les roues placées sur des rivières, l'enfoncement n'atteint pas, à beaucoup près, la limite qu'on vient d'indiquer. Ainsi, mon calcul aura toute la généralité dont nous avons besoin. Il est clair que la quantité $V - \dfrac{u\,(a-x)}{a \cos. p}$ étant ainsi supposée positive, les quantités $V - \dfrac{u\,(a-x)}{a \cos. (p-q)}$, $V - \dfrac{u\,(a-x)}{a \cos. (p-2q)}$, $V - \dfrac{u\,(a-x)}{a \cos. (p-3q)}$, &c , seront positives, à plus forte raison.

III. En intégrant l'équation (A) de manière que l'intégrale s'évanouiſſe, lorſque $x = 0$, & qu'elle reçoive ſa valeur complète, lorſque $x =$

$$EV = a - \frac{a\,\cos m}{\cos p}, \text{ on trouvera}$$

$$M = \frac{n a^2 V^2 (\cos p^2 - \cos m^2)}{2} - \frac{2 n a^2 V u}{3} \times$$

$$\left(\cos p - \frac{\cos m^3}{\cos p^2} \right) + \frac{n a^2 u^2}{4} \left(1 - \frac{\cos m^4}{\cos p^4} \right)^{*}.$$

Nous ferons, pour abréger, $n a^2 V = N$, $u = kV$, k étant un coëfficient donné; en ſorte que

$$M = N \left[\frac{\cos p^2 - \cos m^2}{2} - \frac{2 k}{3} \times \right.$$

$$\left. \left(\cos p - \frac{\cos m^3}{\cos p^2} \right) + \frac{k^2}{4} \left(1 - \frac{\cos m^4}{\cos p^4} \right) \right].$$

VI. En nommant M' le moment de l'impulſion de l'eau contre la partie FV' de l'aile ſuivante, on trouvera toujours par la même méthode,

$$M' = N \left[\frac{\cos (p - q)^2 - \cos p^2}{2} - \frac{2 k}{3} \right.$$

$$\times \left(\cos (p - q) - \frac{\cos p^3}{\cos (p - q)^2} \right) + \frac{k^2}{4}$$

$$\left. \times \left(1 - \frac{\cos p^4}{\cos (p - q)^4} \right) \right].$$

De même, en nommant M'', M''', &c, M^{λ}

---

* On voit qu'au lieu d'écrire (cos. p)², (cos. m)², &c, j'écris ſimplement cos. p^2, cos. m^2, &c, pour abréger & pour éviter la multiplicité des parenthèſes.

respectivement, les momens des impulsions contre les parties $G\,V''$, $H\,V'''$, &c, & contre une partie indéterminée, on aura les équations,

$$M'' = N\left[\frac{\cos(p-2q)^2 - \cos(p-q)^2}{2}\right.$$
$$-\frac{2k}{3}\left(\cos(p-2q) - \frac{\cos(p-q)^3}{\cos(p-2q)^2}\right)$$
$$\left.+\frac{k^2}{4}\left(1 - \frac{\cos(p-q)^4}{\cos(p-2q)^4}\right)\right],$$

$$M''' = N\left[\frac{\cos(p-3q)^2 - \cos(p-2q)^2}{2}\right.$$
$$-\frac{2k}{3}\left(\cos(p-3q) - \frac{\cos(p-2q)^3}{\cos(p-3q)^2}\right)$$
$$\left.+\frac{k^2}{4}\left(1 - \frac{\cos(p-2q)^4}{\cos(p-3q)^4}\right)\right].$$

$$\cdots\cdots\cdots\cdots\cdots\cdots\cdots\cdots\cdots$$

$$M^{\lambda} = N\left[\frac{\cos(p-\theta q)^2 - \cos[p-(\theta-1)q]^2}{2}\right.$$
$$-\frac{2k}{3}\left(\cos(p-\theta q) - \frac{\cos[p-(\theta-1)q]^3}{\cos(p-\theta q)^2}\right)$$
$$\left.+\frac{k^2}{4}\left(1 - \frac{\cos[p-(\theta-1)q]^4}{\cos(p-\theta q)^4}\right)\right];$$

le nombre entier $\theta + 1$ exprimant le nombre des ailes choquées.

V. Donc, si pour abréger l'expression, on prend,

$$S = \frac{M + M' + M''' + \cdots\cdots + M^{\lambda}}{N}$$

& qu'on efface les termes qui se détruisent, on aura

$$S = \frac{\text{cof. } (p - \theta q)^2 - \text{cof. } m^2}{2}$$

$$- \frac{2k}{3} \times \left\{ \begin{array}{l} \text{cof. } p - \dfrac{\text{cof. } m^3}{\text{cof. } p^2} \\[2ex] + \text{cof. } (p - q) - \dfrac{\text{cof. } p^3}{\text{cof. } (p - q)^2} \\[2ex] + \text{cof. } (p - 2q) - \dfrac{\text{cof. } (p - q)^3}{\text{cof. } (p - 2q)^2} \\[2ex] + \text{cof. } (p - 3q) - \dfrac{\text{cof. } (p - 2q)^3}{\text{cof. } (p - 3q)^2} \\[2ex] \cdots\cdots\cdots\cdots\cdots\cdots \\[1ex] + \text{cof. } (p - \theta q) - \dfrac{\text{cof. } [p - (\theta - 1)q]^3}{\text{cof. } (p - \theta q)^2} \end{array} \right.$$

$$+ \frac{k^2}{4} \times \left\{ \begin{array}{l} 1 - \dfrac{\text{cof. } m^4}{\text{cof. } p^4} \\[2ex] + 1 - \dfrac{\text{cof. } p^4}{\text{cof. } (p - q)^4} \\[2ex] + 1 - \dfrac{\text{cof. } (p - q)^4}{\text{cof. } (p - 2q)^4} \\[2ex] + 1 - \dfrac{\text{cof. } (p - 2q)^4}{\text{cof. } (p - 3q)^4} \\[2ex] \cdots\cdots\cdots\cdots\cdots\cdots \\[1ex] + 1 - \dfrac{\text{cof. } [p - (\theta - 1)q]^4}{\text{cof. } (p - \theta q)^4} \end{array} \right.$$

formule qui donne pour un inſtant le moment total de l'impulſion de l'eau , quel que ſoit le nombre des ailes. Il eſt clair que S varie , à

mesure que (tout restant d'ailleurs le même)
l'angle p varie , ou que la roue en tournant,
prend différentes positions.

VI. Qu'outre les dénominations précédentes,
on appelle encore Π le poids variable auquel le
choc de l'eau peut faire équilibre à chaque instant ; c son bras de lévier ; dt l'élément du
temps ; dy le petit arc décrit , pendant l'instant
dt, par un point de la circonférence $SBDK$:
on aura, $\Pi \times c = N.S$, & $\Pi \times c \times dt = N.Sdt$.
Mais $dt = \dfrac{dy}{u} = - \dfrac{a\,dp}{u}$: (j'écris
$- dp$, parce que t augmentant , p diminue). On
aura donc, $\Pi \times c \times dt = - \dfrac{a\,N.S\,dp}{u}$, &

$$c \int \Pi\, dt = \frac{a\,N}{u} \int - S\, dp.$$

VII. Ayant substitué à la place de S sa
valeur trouvée (N.º V) , on aura dans le second membre de l'équation différentes sortes de
termes. Je mets à part dans les calculs suivans,
les coéfficiens constans. D'abord le terme dp
(cos. $(p - \theta q)^2$ — cos. m^2) s'intègre facilement ; car il devient

$$\frac{dp}{2} + \frac{dp \cos. (2p - 2\theta q)}{2} - dp \cos. m^2,$$

dont l'intégrale est

$$\frac{p}{2} + \frac{\sin. (2p - 2\theta q)}{4} - p \cos. m^2.$$

L'intégrale de dp cos. p est sin. p ; celle de
$$dp$$

$d p$ coſ. $(p - q)$ eſt ſin. $(p - q)$; celle de $d p$ coſ. $(p - 2 q)$ eſt ſin. $(p - 2 q)$. Ainſi de ſuite pour les termes de cette eſpèce.

La ſeule difficulté eſt d'intégrer les termes

$$\frac{d p \text{ coſ. } m^3}{\text{coſ. } p^2}, \quad \frac{d p \text{ coſ. } p^3}{\text{coſ. } (p - q)^2}, \quad \frac{d p \text{ coſ. } (p - q)^3}{\text{coſ. } (p - 2 q)^2}, \text{ \&c.}$$

ainſi que les termes $\dfrac{d p \text{ coſ. } m^4}{\text{coſ. } p^4}$, $\dfrac{d p \text{ coſ. } p^4}{\text{coſ. } (p - q)^4}$,

$\dfrac{d p \text{ coſ. } (p - q)^4}{\text{coſ. } (p - 2 q)^4}$, \&c. Voici la manière de faire

ces intégrations.

1.° Il eſt aiſé d'intégrer $\dfrac{d p}{\text{coſ. } p^2}$; car en faiſant

coſ. $p = \dfrac{1}{z}$, on a $\dfrac{d p}{\text{coſ. } p^2} = \dfrac{z \, d z}{\sqrt{(z z - 1)}}$,

dont l'intégrale eſt $\sqrt{(z z - 1)} = \dfrac{\text{ſin. } p}{\text{coſ. } p}$.

2.° Pour intégrer $\dfrac{d p \text{ coſ. } p^3}{\text{coſ. } (p - q)^2}$, on obſervera

que coſ. $p = $ coſ. $[(p - q) + q] = $ coſ. $(p - q) .$ coſ. $q - $ ſin. $(p - q) .$ ſin. q, \& par conſéquent $\dfrac{d p \text{ coſ. } p^3}{\text{coſ. } (p - q)^2} = d p$ coſ. $(p - q)$ coſ. $q^3 - 3 d p$ ſin. $(p - q) .$ ſin. $q .$ coſ. $q^2 +$

$$\frac{3 \, d p \text{ ſin. } (p - q)^2 \text{ ſin. } q^2 \text{ coſ. } q}{\text{coſ. } (p - q)} - \frac{d p \text{ ſin. } (p - q)^3 \text{ ſin. } q^3}{\text{coſ. } (p - q)^2}$$

$= $ coſ. $q^3 . d p$ coſ. $(p - q) - 3$ ſin. $q .$ coſ. $q^2 .$

$d p$ ſin. $(p - q) + 3$ ſin. q^2 coſ. $q . \dfrac{d p}{\text{coſ. } (p - q)}$

$- 3$ ſin. q^2 coſ. $q . d p$ coſ. $(p - q) - $ ſin. q^3

$\dfrac{d p \text{ ſin. } (p - q)}{\text{coſ. } (p - q)^2} + $ ſin. $q^3 . d p$ ſin. $(p - q)$.

Or, $\int d p \cos. (p - q) = \sin. (p - q)$;
$\int d p \sin. (p - q) = - \cos. (p - q)$.

Le terme $\dfrac{d p}{\cos. (p - q)}$ s'intègre en faisant

$\cos. (p - q) = \dfrac{1}{s}$; ce qui donne

$$d p = \frac{- d \left(\dfrac{1}{s} \right)}{\sqrt{\left[1 - \left(\dfrac{1}{s} \right)^2 \right]}} = \frac{d s}{s \sqrt{(s s - 1)}},$$

$\dfrac{d p}{\cos. (p - q)} = \dfrac{d s}{\sqrt{(s s - 1)}}$, dont

l'intégrale est $L. [s + \sqrt{(s s - 1)}]$

$= L. \left(\dfrac{1 + \sin. (p - q)}{\cos. (p - q)} \right)$.

Le terme $\dfrac{d p \sin. (p - q)}{\cos. (p - q)^2}$ est la même chose

que $\dfrac{- d. \cos. (p - q)}{\cos. (p - q)^2}$; & il a par conséquent

pour intégrale $\dfrac{1}{\cos. (p - q)}$. Ainsi l'intégrale

entière de $\dfrac{d p \cos. p^3}{\cos. (p - q)^2}$ est $\cos. q^3 \sin. (p - q)$

$+ 3 \sin. q \cos. q^2 \cos. (p - q) + 3 \sin. q^.$

$\cos. q \times L. \left(\dfrac{1 + \sin. (p - q)}{\cos. (p - q)} \right) - 3 \sin. q^2$

$\cos. q \sin. (p - q) - \dfrac{\sin. q^3}{\cos. (p - q)} - \sin. q^3$

$\cos. (p - q)$.

De même, en observant que $\cos. (p - q) =$
$\cos. [(p - 2 q) + q] = \cos. (p - 2 q)$
$\cos. q - \sin. (p - 2 q). \sin. q$, on trouvera

que l'intégrale de $\dfrac{d\,p\ \text{cof.}\ (p-q)^3}{\text{cof.}\ (p-2\,q)^2}$ eft cof. q^3 fin. $(p-2\,q) + 3$ fin. q cof. q^2 cof. $(p-2\,q)$ $+ 3$ fin. q^2 cof. q. L. $\left(\dfrac{1+\text{fin.}\ (p-2\,q)}{\text{cof.}\ (p-2\,q)}\right) -$ 3 fin. q^2 cof. q fin. $(p-2\,q) - \dfrac{\text{fin.}\ q^3}{\text{cof.}\ (p-2\,q)}$ $-$ fin. q^3.cof. $(p-2\,q)$.

On intégrera par la même méthode les quantités analogues $\dfrac{d\,p\ \text{cof.}\ (p-2\,q)^3}{\text{cof.}\ (p-3\,q)^2}$, $\dfrac{d\,p\ \text{cof.}\ (p-3\,q)^3}{\text{cof.}\ (p-4\,q)^2}$, &c.

$3.°$ Pour intégrer $\dfrac{d\,p}{\text{cof.}\ p^4}$, on fera cof. $p = \dfrac{1}{\sqrt{(1+\zeta\zeta)}}$; & on aura $\dfrac{d\,p}{\text{cof.}\ p^4} = d\zeta + \zeta^2\,d\zeta$, dont l'intégrale eft $\zeta + \dfrac{\zeta^3}{3} = \dfrac{\text{fin.}\ p}{\text{cof.}\ p} + \dfrac{\text{fin.}\ p^3}{3\ \text{cof.}\ p^3}$.

$4.°$ Pour intégrer $\dfrac{d\,p\ \text{cof.}\ p^4}{\text{cof.}\ (p-q)^4}$, on obfervera, comme tout-à-l'heure, que cof. $p =$ cof. $[(p-q)+q] =$ cof. $(p-q)$ cof. $q -$ fin. $(p-q)$. fin. q; & que par conféquent $\dfrac{d\,p\ \text{cof.}\ p^4}{\text{cof.}\ (p-q)^4} = d\,p$ cof. $q^4 -$ 4 cof. q^3 fin. $q \times \dfrac{d\,p\ \text{fin.}\ (p-q)}{\text{cof.}\ (p-q)} + 6$ cof q^2 fin. $q^2 \times \dfrac{d\,p\ \text{fin.}\ (p-q)^2}{\text{cof.}\ (p-q)^2} - 4$ cof. q fin. q^3 $\times \dfrac{d\,p\ \text{fin.}\ (p-q)^3}{\text{cof.}\ (p-q)^3} +$ fin. $q^4 \times \dfrac{d\,p\ \text{fin.}\ (p-q)^4}{\text{cof.}\ (p-q)^4}$ $= d\,p\ (\text{cof.}\ q^4 - 6\ \text{cof.}\ q^2\ \text{fin.}\ q^2 +\ \text{fin.}\ q^4)$

$$— (4 \text{ cof. } q^3 \text{ fin. } q — 4 \text{ cof. } q \text{ fin. } q^3)$$
$$\times \frac{dp \text{ fin. } (p — q)}{\text{cof. } (p — q)} + (6 \text{ cof. } q^2 \text{ fin. } q^2 —$$
$$2 \text{ fin. } q^4) \times \frac{dp}{\text{cof. } (p — q)^2} — 4 \text{ cof. } q \text{ fin. } q^3$$
$$\times \frac{dp \text{ fin. } (p — q)}{\text{cof. } (p — q)^3} + \text{ fin. } q^4 \times \frac{dp}{\text{cof. } (p — q)^4}.$$

Les différens termes de cette quantité s'intègrent par des méthodes & des transformations analogues aux précédentes ; & on trouve que l'intégrale entière de $\dfrac{dp \text{ cof. } p^4}{\text{cof. } (p — q)^4}$ eſt p (cof. q^4 — 6 cof. q^2 fin. q^2 + fin. q^4) + (4 cof. q^3 fin. q — 4 cof. q fin. q^3) . L. cof. $(p — q)$ + (6 cof. q^2 fin. q^2 — fin. q^4) $\dfrac{\text{fin. } (p — q)}{\text{cof. } (p — q)}$ — $\dfrac{2 \text{ cof. } q \text{ fin. } q^3}{\text{cof. } (p — q)^2}$ + $\dfrac{\text{fin. } q^4 \text{ fin. } (p — q)^3}{3 \text{ cof. } (p — q)^3}$.

Enfin les quantités $\dfrac{dp \text{ cof. } (p — q)^4}{\text{cof. } (p — 2q)^4}$, $\dfrac{dp \text{ cof. } (p — 2q)^4}{\text{cof. } (p — 3q)^4}$, &c. s'intégreront de la même manière.

VIII. Tous ces calculs étant achevés, & prenant l'intégrale $\int — S \, dp$ de manière qu'elle s'évanouiſſe lorſque $p = m$, & reçoive ſa valeur complète lorſque $p = m — q$, on trouvera différentes ſuites de termes, telles que d'une ſuite à l'autre les termes ſe détruiſent en partie. Après avoir donc effacé tous ces termes, l'équation

$$c \int \Pi \, dt = \frac{a N}{u} \int — S \, dp \text{ devient },$$

$$(B)\ \ c\int \Pi\, dt = \frac{aN}{u}\left[\left(\frac{1}{4}-\frac{\cos m^2}{3}\right)q\right.$$

$$+\tfrac{1}{8}[\sin(2m-2\theta q)-\sin(2m-2(\theta+1)q)]+\frac{2k\cos m^3}{3}\left(\frac{\sin m}{\cos m}-\frac{\sin(m-q)}{\cos(m-q)}\right)$$

$$-\frac{2k}{3}[\sin m-\sin(m-(\theta+1)q)]$$

$$+\frac{2k}{3}(\cos q^3-3\sin q^2\cos q)[\sin(m-q)-\sin(m-(\theta+1)q)]+\frac{2k}{3}(3\sin q\cos q^2-\sin q^3)[\cos(m-q)-\cos(m-(\theta+1)q)]-\frac{2k\sin q^3}{3}\left(\frac{1}{\cos(m-q)}\right.$$

$$\left.-\frac{1}{\cos[m-(\theta+1)q]}\right)+2k\sin q^2\cos q$$

$$\times L.\left(\frac{[1+\sin(m-q)]\cos(m-(\theta+1)q)}{\cos(m-q)[1+\sin(m-(\theta+1)q)]}\right)$$

$$+\frac{k^2 q}{4}\left[\theta+1-\theta(\sin q^4+\cos q^4-6\cos q^2\sin q^2)\right]-\frac{k^2\cos m^4}{4}\left(\frac{\sin m}{\cos m}+\frac{\sin m^3}{3\cos m^2}\right.$$

$$\left.-\frac{\sin(m-q)}{\cos(m-q)}-\frac{\sin(m-q)^3}{3\cos(m-q)^3}\right)-k^2(\cos q^3\sin q-\cos q\sin q^3).L.\frac{\cos(m-q)}{\cos(m-(\theta+1)q)}$$

$$-\frac{k^2}{4}(6\cos q^2\sin q^2-\sin q^4)\left(\frac{\sin(m-q)}{\cos(m-q)}\right.$$

$$\left.-\frac{\sin(m-(\theta+1)q)}{\cos(m-(\theta+1)q)}\right)+\frac{k^2\cos q\sin q^3}{2}$$

$$\times \left(\frac{1}{\cos.(m-q)^2} - \frac{1}{\cos.(m-(\theta+1)q)^2} \right) - \frac{k^2}{12}$$

$$\sin. q^4 \left(\frac{\sin.(m-q)^3}{\cos.(m-q)^3} - \frac{\sin.(m-(\theta+1)q)^3}{\cos.(m-(\theta+1)q)^3} \right) \Big].$$

IX. Dans cette formule, $\int \pi\, dt$ repréſente le poids auquel le choc de l'eau peut faire équilibre pendant le temps t que la roue emploie à parcourir l'angle q. Suppoſons $\dfrac{\int \pi\, dt}{t} = \pi'$, π' étant ſimplement un poids, & conſidérons que $t = \dfrac{aq}{u}$. De plus, imaginons qu'au moment où la première aile $E\,e$ entre dans l'eau, l'aile $A B$ ſoit placée dans la verticale ; ce qui donne $m = (\theta + 1) q$. En diviſant le premier membre de l'équation (B) par t, le ſecond par $\dfrac{aq}{u}$, & faiſant $m = (\theta + 1) q$; on trouvera l'équation,

$$(C)\ \pi' \times c = \frac{N}{q} \Big[\left(\frac{1}{4} - \frac{\cos. m^2}{2} \right) q + \frac{\sin. 2q}{8}$$

$$+ \frac{2 k \cos. m^3}{3} \left(\frac{\sin. m}{\cos. m} - \frac{\sin.(m-q)}{\cos.(m-q)} \right)$$

$$- \frac{2 k \sin. m}{3} + \frac{2 k}{3} \left(\cos. q^3 - 3 \sin. q^2 \cos. q \right)$$

$$\sin.(m-q) + \frac{2 k}{3} \left(3 \sin. q \cos. q^2 - \sin. q^3 \right)$$

$$\left(\cos.(m-q) - 1 \right) - \frac{2 k \sin. q^3 \left[1 - \cos.(m-q) \right]}{3 \cos.(m-q)}$$

$$+ 2 k \sin. q^2 \cos. q . L. \frac{1 + \sin.(m-q)}{\cos.(m-q)} + \frac{k^2 q}{4} \times$$

$$[\theta + 1 - \theta(\sin q^4 + \cos q^4 - 6\cos q^2 \sin q^2)] - \frac{k^2 \cos m^4}{4}\left(\frac{\sin m}{\cos m} + \frac{\sin m^3}{3\cos m^3} - \frac{\sin(m-q)}{\cos(m-q)} - \frac{\sin(m-q)^3}{3\cos(m-q)^3}\right) - k \times$$

$$(\cos q^3 \sin q - \cos q \sin q^3).L.\cos(m-q)$$

$$- \frac{k^3}{4}(6\cos q^2 \sin q^2 - \sin q^4)$$

$$\frac{\sin(m-q)}{\cos(m-q)} + \frac{k^2 \cos q \sin q^3 \sin(m-q)^2}{2\cos(m-q)^2}$$

$$- \frac{k^2 \sin q^4 \sin(m-q)^3}{12\cos(m-q)^3}].$$

(376.) C o r o l l a i r e. Pour faire une application fort simple de cette formule, supposons que la roue tourne avec une vîtesse qu'on puisse regarder comme infiniment petite par rapport à celle du fluide. On aura en conséquence $k = 0$, & l'équation (C) deviendra

$$\Pi' \times c = N\left(\frac{1}{4} - \frac{\cos m^2}{2}\right) + \frac{N\sin 2q}{8q}.$$

Donc si l'on veut que le moment de l'impulsion de l'eau soit un *maximum*, on aura, en faisant varier q seulement, $2q\,dq\cos 2q - dq\sin 2q = 0$, ou bien, $2q\sqrt{[1 - (\sin 2q)^2]} - \sin 2q = 0$; équation à laquelle on satisfait en supposant $q = 0$. D'où il suit que le nombre des aubes doit être infini, comme on l'a trouvé dans l'article 364.

Nous avons déjà remarqué que cette conclusion

ne doit pas être admife en rigueur. L'expérience fait voir qu'après avoir augmenté le nombre des aubes jufqu'à un certain point, on ne gagne plus guère à l'augmenter davantage; fans compter les autres inconvéniens qu'un trop grand nombre d'aubes peut occafionner.

(377.) *REMARQUE. I.* Il n'eft pas facile de trouver directement, par notre formule générale, le nombre le plus avantageux d'aubes pour une roue qui tourne avec une vîteffe finie & comparable à celle du fluide, parce que l'équation du *maximum* eft extrêmement compofée & prefque intraitable; mais on peut parvenir au même but d'une manière indirecte, qui confifte à chercher, par la même formule, les momens d'impulfion pour différens nombres d'aubes, & à choifir parmi tous ces nombres celui qui donne le plus grand moment. On fent par l'analogie des chofes & par la loi de continuité, qu'à mefure que la roue tourne plus lentement, il lui faut un plus grand nombre d'aubes.

(378.) *REMARQUE II.* Avant que de fixer dans la pratique le nombre des aubes d'une roue, il faut faire encore une obfervation effentielle. Les aubes *A B, Oo, Pp, Qq*, &c, qui font placées en-delà de la verticale *C I*, tendent à pouffer le fluide, qui a perdu par le choc une partie confidérable de la vîteffe qu'il avoit au-devant de la roue. Par conféquent, s'il ne lui refte. plus affez de vîteffe pour fe fouftraire au choc des aubes dont on vient dé parler, il en réfultera une perte de mouvement dans la machine. Le moment d'impulfion des mêmes aubes contre le fluide, eft exprimé par une quantité analogue à celle des N.°ˢ VIII & IX de l'article 375. On voit donc que dans ce cas les mêmes moyens qui augmentent le moment d'impulfion du fluide antérieur à la roue, augmentent la réfiftance du fluide poftérieur. Alors il ne faut pas trop multiplier le nombre des aubes. C'eft ce qu'on pratique avec raifon dans les roues placées fur des rivières. Souvent même on diminue trop le nombre des aubes. Les roues qui fe meuvent dans des courfiers demandent un affez grand nombre d'aubes, principalement lorfqu'on a l'attention, comme cela fe pratique d'ordinaire, de donner un peu en-delà de la verticale CI une chute à l'eau pour lui faciliter le moyen de s'échapper, & de ne point gêner le mouvement de la roue.

(379.) P R O B L È M E II. *Étant donné le nombre des aubes de la roue, trouver la vîteffe* u *avec laquelle la circonférence* S B D K *doit tourner, pour que l'effet de la machine foit un* maximum!

Ayant multiplié le premier membre de l'équation (C) par *v*, vîteffe du fardeau Π qui, par fa quantité de mouvement repréfente l'effet de la machine ; & le fecond par $\dfrac{c\,u}{a}$ quantité égale à v, & de plus ayant chaffé k par le moyen de fa valeur $\frac{u}{V}$; on aura une équation de cette forme,

$$\Pi' v = A u + B u^2 + C u^3,$$

A, B, C étant des coéfficiens conftans & donnés, mais qui font différens, felon que le nombre des aubes eft plus ou moins grand. Donc pour que l'effet de la machine devienne un *maximum*, il faut que l'on ait

$$A\, du + 2\, B u\, du + 3\, C u^2\, du = 0;$$

& par conféquent,

$$u = \frac{-B \pm \sqrt{(B^2 - 3\, A.C)}}{3\, C}.$$

CHAPITRE XVI.

Des Roues horizontales mues par le choc de l'eau.

(380.) SI dans les deux chapitres précédens, au lieu de regarder la roue comme verticale, on fuppofoit qu'elle fût horizontale & conduite par un courant horizontal qui pût frapper librement fes aubes d'un feul côté du centre, les réfultats feroient toujours les mêmes ; mais on fent qu'une telle difpofition a plufieurs inconvéniens qui ne permettent guère de l'employer. Ordinairement la roue, toujours fuppofée horizontale, eft conduite par un courant incliné, qui tombant d'une certaine hauteur, vient frapper fucceffivement fes aubes ; & pour que le choc fe faffe avec avantage, les aubes, en même temps qu'elles font dirigées au centre de la roue, ont une certaine inclinaifon par rapport à fon plan. Telle eft la roue $BHKL$ (*Fig. 61*), dont le plan eft Fig. 61. horizontal, & l'arbre CD eft par conféquent vertical. Chaque aube OO, dirigée au centre C, eft inclinée à l'horizon, & reçoit le choc d'un courant d'eau PQM, au moment que fa ligne de milieu AB fe trouve dans la perpendiculaire CQ menée du centre C à la direction PQ du courant. Les deux angles PQe, PQf font les angles de fuite, formés par le plan de l'aile OO avec la direction du fluide. Le poids π attaché à l'extrémité d'une corde qui va s'envelopper autour de l'arbre CD, repréfente, par fa quantité de mouvement afcenfionnel, l'effet de la machine.

Je confidérerai toujours, pour abréger les calculs, chaque aube comme un petit rectangle dont tous les points peuvent être cenfés avoir la même vîteffe de rotation que le point Q, centre d'impulfion du fluide.

(381.) On voit affez qu'il eft à propos de donner un grand nombre d'aubes à ces fortes de roues, afin que les chocs du fluide fe fuccèdent les uns aux autres fans interruption. Car la pefanteur du fardeau π que la roue eft cenfée élever, travaille continuellement en fens contraire; & les coups que cette force donne doivent être contre-balancés par ceux du fluide. Il faut éviter néanmoins de multiplier les aubes au point de rendre la roue trop maffive.

(382.) PROBLÈME I. *Déterminer en général l'effet de la roue horizontale* BHKL, *mue par le courant* PQM *qui vient frapper fes aubes* OO ?

Fig. 62.　Soient *(Fig. 62)*, ef le plan de l'aube choquée ; PQM la direction du fluide; QM l'expreffion de fa vîteffe; QF celle de la vîteffe horizontale avec laquelle le point Q de la roue ou de l'aube tourne uniformément à l'inftant du choc. Je décompofe la vîteffe QM en deux autres

QF, QG, dont la première eſt la même que celle du point Q de la roue, & doit être négligée; la ſeconde, la ſeule à laquelle il faille avoir égard, produit le même effet que ſi l'aube ef étant en repos, le fluide la frappoit avec cette vîteſſe QG. Ainſi, en nommant n le coëfficient de la percuſſion; B la ſurface de l'aube choquée ef; R le rayon ou ſinus total; la percuſſion qui réſultera au point Q, perpendiculairement à ef, ſera exprimée

par $\dfrac{n \times B \times (QG)^2 \times (\text{ſin. } GQe)^2}{R^2}$. Repré-

ſentons cette force par QR perpendiculaire à ef, & décompoſons-là en deux autres forces QS, QR, l'une horizontale, l'autre verticale: il eſt clair que la force verticale QT eſt détruite par le plan de la roue qui conſerve toujours la poſition horizontale; & que la force horizontale QS eſt la ſeule qui à chaque inſtant pouſſe l'aube & contre-balance le poids п.

Or, Force $QS = $ Force $QR \times \dfrac{\text{ſin. } RQT}{R}$.

Donc, en ſubſtituant pour Force QR, ſa valeur que nous avons trouvée; & obſervant que ſi l'on prolonge FQ vers Z, les deux angles RQT, eQZ ſont égaux comme ayant leurs côtés perpendiculaires chacun à chacun; le moment de la force QS, par rapport au centre C de la roue (*Fig.* 61), ſera $n \times B \times (QG)^2$

$\times \dfrac{(\text{ſin. } GQe)^2 \times (\text{ſin. } eQZ) \times CQ}{R^3}$; moment qui

Fig. 61.

doit être égal à celui Πc du poids Π, c étant le bras de levier de ce poids.

Nommons a le rayon CQ de la roue ; u sa vîtesse horizontale QF ; ν la vîtesse afcenfionnelle du poids Π : nous aurons, en mettant pour c fa valeur $\dfrac{a\nu}{u}$,

$$(A) \quad \Pi\nu = \frac{n \times B \times (QG)^2 \times (\text{fin. } GQe)^2 \times (\text{fin. } eQZ) \times u}{R^2} ;$$

équation qui remplit l'objet demandé, & qui va nous fervir à plufieurs ufages.

(383.) P R O B L È M E II. *La vîteſſe* u *de la roue étant donnée, de même que celle du fluide ; trouver la pofition que l'aube e f doit avoir, pour que l'effet de la machine foit un* maximum !

Fig. 62.

Puifque dans le triangle FQM *(Fig. 62)*, les côtés QF, QM & l'angle compris FQM font donnés, la vîteſſe FM ou QG eſt donnée. On connoît auſſi l'angle GQZ que fait GQ avec la ligne horizontale FQZ. Il n'y a donc d'indéterminées dans le fecond membre de l'équation (A) que $(\text{fin. } GQe)^2$ & fin. eQZ ; & on voit que la queſtion eſt de partager un angle donné GQZ en deux autres angles GQe, eQZ, tels qu'en multipliant le quarré du finus de l'un, par le finus de l'autre, le produit $(\text{fin. } GQe)^2 \times (\text{fin. } eQZ)$ foit un *maximum.*

Soient le finus total $= 1$; l'angle donné $GQZ = m$; l'angle $GQe = z$, & par conféquent, l'angle $eQZ = m - z$. Nous aurons donc, $(\text{fin. } z)^2 \times [\text{ fin. } (m - z)] = maximum$; ce qui eſt un problème réel, puiſque cette expreſſion s'évanouit également, ſoit qu'on faſſe $z = 0$, ou $z = m$, & qu'entre ces deux limites elle a une valeur finie. Ainſi, $2 \text{ fin. } z \cdot \text{cof. } z \times \text{fin. } (m - z) \cdot dz - (\text{fin. } z)^2 \cdot \text{cof. } (m - z) \cdot dz = 0$. La valeur fin. $z = 0$, répond à une eſpèce de *minimum*. L'équation du *maximum* eſt, $2 \text{ cof. } z \text{ fin. } (m - z) - \text{fin. } z \cdot \text{cof. } (m - z) = 0$; ou, $2 \text{ fin. } m \cdot (\text{cof. } z)^2 - 2 \text{ cof. } m \cdot \text{fin. } z \cdot \text{cof. } z - \text{cof. } m \cdot \text{fin. } z \cdot \text{cof. } z - \text{fin. } m \cdot (\text{fin. } z)^2 = 0$; ou,

$$\frac{\text{fin. } m}{\text{cof. } m} = \frac{\text{fin. } 2 z}{\frac{1}{2} + \text{cof. } 2 z} \; ;$$

d'où ſuit cette conſtruction.

Du point Q pour centre, avec le rayon arbitraire QX pris pour l'unité ou pour le ſinus total, décrivez la demi-circonférence XYL, terminée par le diamètre XL, qui tombe ſur le côté GQ de l'angle propoſé GQZ ; prenez $QK = \dfrac{QX}{3}$; menez parallèlement à l'autre côté QZ de l'angle GQZ ou XQY, la droite KI ; tirez le rayon QI, & partagez l'angle IQX en deux parties égales par le rayon QN : l'aube ef doit tomber ſur ce rayon. Car, ſi des points Y & I vous abaiſſés ſur le diamètre XL les perpendiculaires YE, IH, vous aurez (à cauſe des triangles ſemblables QEY, KHI),

$$\frac{YE}{QE} = \frac{IH}{KH},$$

ou

$$\frac{\text{fin. } YQL}{\text{cof. } YQL} = \frac{\text{fin. } IQL}{\text{cof. } IQL - \dfrac{QL}{3}}.$$

Or, l'angle YQL étant le supplément de l'angle YQX ou de l'angle m, on a fin. $YQL =$ fin. m; cof. $YQL = -$ cof. m; $\dfrac{\text{fin. } YQL}{\text{cof. } YQL} =$

$- \dfrac{\text{fin. } m}{\text{cof. } m}$; & l'angle IQL étant le supplément de l'angle IQX que je nomme y, on a fin. $IQL =$ fin. y; cof. $IQL = -$ cof y;

$$\frac{\text{fin. } IQL}{\text{cof. } IQL - \dfrac{QL}{3}} = \frac{- \text{ fin. } y}{\frac{1}{3} + \text{cof. } y}.$$

Donc, on aura $\dfrac{\text{fin. } m}{\text{cof. } m} = \dfrac{\text{fin. } y}{\frac{1}{3} + \text{cof. } y}$; & par

conséquent, en faisant l'angle $z = \dfrac{y}{2}$, ou

$2z = y$, on aura $\dfrac{\text{fin. } m}{\text{cof. } m} = \dfrac{\text{fin. } 2z}{\frac{1}{3} + \text{cof. } 2z}$;

ce qui exprime la condition du *maximum*.

(384.) *REMARQUE.* Nous remarquerons en paffant, que la même méthode peut fervir à déterminer l'angle le plus avantageux que les ailes d'un moulin à vent doivent faire avec l'axe, en confidérant ces ailes comme des rectangles infiniment étroits, pofés obliquement & alternativement en fens contraire tout autour de l'arbre, de telle manière que l'impulfion horizontale du vent puiffe fe décompofer en deux forces, l'une parallèle à l'arbre, qui eft détruite; l'autre, fituée dans un plan perpendiculaire à l'arbre, laquelle fait tourner la machine. Comme ce problème demanderoit de

longues

longues difcuffions, pour être traité avec exactitude ; je renvoie, fur ce jujet, au *Traité des
réflexions* de M. Maclaurin ; à celui des *fluides* de
M. d'Alembert & au tome V de fes *Opufcules
Mathématiques ;* fur-tout à un excellent Mémoire
de M. Euler *(Acad. de Péterfbourg, an. 1752).*

(385.) P R O B L È M E III. *La vîteffe du
fluide & la pofition de l'aile* e f, *étant données :
trouver la vîteffe horizontale* u *que la roue doit avoir,
pour que l'effet de la machine foit un* maximum !

On voit qu'ici tout eft donné dans le fecond
membre de l'équation (A), à l'exception des
quantités QG, fin. GQe, & u. Il s'agit donc
de faire en forte que le produit $(QG)^2 \times$
$(\text{fin. } GQe)^2 \times u$ foit un *maximum.*

Pour cela, j'obferve d'abord que la vîteffe
QF, variable en quantité, confervant toujours
la même direction, tous les lieux des points G
font placés fur la droite horizontale Gm, qui
rencontre en m le prolongement de l'aube fc.
Il eft clair que dans le triangle QMm, tout eft
donné, puifque l'on connoît le côté QM qui
exprime la vîteffe du fluide, & les deux angles
MQm, QMm. Menons, du point G, la perpendiculaire Gh fur Qm ; & nommons 1 le
finus total : on aura, fin. $GQe = \dfrac{Gh}{QG}$. Donc,
au lieu du produit $(QG)^2 \times (\text{fin. } GQe)^2 \times u$,
nous aurons, $(Gh)^2 \times GM = $ *maximum ;* &

comme la ligne Gh eſt en rapport conſtant avec Gm, il s'enſuit que $(Gh)^2 \times GM$ ſera un *maximum*, lorſque $(Gm)^2 \times GM$ en ſera un. Or, pour que ce dernier cas arrive, il faut que MG ſoit le tiers de Mm. D'où ſuit cette conſtruction.

Prenez ſur la ligne donnée Mm la partie $MG = \dfrac{Mm}{3}$; menez GQ & achevez le parallélogramme $QGMF$: le côté QF exprime la vîteſſe que le point Q doit avoir. Connoiſſant cette vîteſſe, on la ſubſtituera dans l'équation (A), & on aura le plus grand effet Πv de la machine.

(386.) **PROBLÈME IV.** *La vîteſſe du courant étant toujours donnée, déterminer tout-à-la-fois l'angle que l'aube* e f *doit former avec le courant, & la vîteſſe que le point* Q *doit prendre, afin que l'effet de la machine ſoit un* maximum !

On voit par l'équation (A) que dans l'hypothèſe préſente, le produit $(QG)^2 \times (\text{ſin } GQe)^2 \times (\text{ſin.} eQZ) \times u$, le ſeul où il entre des facteurs variables, doit être un *maximum*. Il faut donc, après avoir exprimé tous les facteurs de ce produit par le moyen de l'angle PQf & de la vîteſſe QF, prendre ſa différentielle en faiſant varier ces deux quantités, & égaler ſéparément à zéro les deux parties de cette différentielle.

Soient $\left\{\begin{array}{l}\text{La vitesse donnée } Q\,M \text{ du fluide}\ldots\ldots = V, \\ \text{la vitesse } Q\,F \text{ du point } Q\ldots\ldots\ldots = u, \\ \text{le sinus total}\ldots\ldots\ldots\ldots\ldots = 1, \\ \text{l'angle donné } P\,Q\,Z \text{ ou } Q\,M\,m, \text{ que} \\ \quad \text{fait la direction du courant avec} \\ \quad \text{l'horizon}\ldots\ldots\ldots\ldots\ldots = k, \\ \text{l'angle } P\,Q\,f \text{ ou } M\,Q\,e\ldots\ldots\ldots = p.\end{array}\right.$

En menant $G\,g$ perpendiculaire à $Q\,M$, on aura $G\,g = u$ sin. k; $M\,g = u$ cos. k; $Q\,g = V - u$ cos. k; sin. $M\,Q\,G =$

$$\frac{G\,g}{Q\,G} = \frac{u \text{ sin. } k}{Q\,G}; \text{ cos. } M\,Q\,G = \frac{Q\,g}{Q\,G}$$

$$= \frac{V - u \text{ cos. } k}{Q\,G}. \text{ Donc, sin. } G\,Q\,e =$$

sin. $(M\,Q\,m - M\,Q\,G) =$ sin. $M\,Q\,m$

$\times$ cos. $M\,Q\,G -$ cos. $M\,Q\,m\,.$ sin. $M\,Q\,G =$

$$\frac{\text{sin. } p\,.\,(V - u \text{ cos. } k) - \text{ cos. } p\,.\,u \text{ sin. } k}{Q\,G} =$$

$$\frac{V \text{ sin. } p - u \text{ sin. } (p + k)}{Q\,G}; \text{ \& } (Q\,G)^{2} \times$$

(sin. $G\,Q\,e)^{2} = [V$ sin. $p - u$ sin. $(p + k)]^{2}$.
De plus, sin. $e\,Q\,Z =$ sin. $(P\,Q\,m - P\,Q\,Z)$
$=$ sin. $(180^{\mathrm{d}} - p - k) =$ sin. $(p + k)$.
Ainsi, le produit $(Q\,G)^{2} \times$ (sin. $G\,Q\,e)^{2}$
$\times$ (sin. $e\,Q\,Z) \times u$, deviendra $[V$ sin. $p -$
u sin. $(p + k)]^{2} \times [$ sin. $(p + k)] \times u =$
Maximum. Différenciant donc, suivant p & u, &
égalant à zéro les deux parties de la différentielle,

on aura les deux équations :

(B)　　$[2 V$ cof. p — $2 u$ cof. $(p + k)] \times$
$[V$ fin. p — u fin. $(p + k)] \times [$ fin. $(p + k)]$
+ $[V$ fin. p — u fin. $(p + k)]^2 \times$
$[$ cof. $(p + k)] = 0$;

(C)　　— $2[V$ fin. p — u fin. $(p + k)] \times u$ fin. $(p + k)$
+ $[V$ fin. p — u fin. $(p + k)]^2 = 0$.

Cela pofé, j'obferve que dans l'équation (C), relative à la variation de u, le facteur $[V$ fin. p — u fin. $(p + k)]$ doit être rejeté ; car, fi on prenoit V fin. p — u fin. $(p + k) = 0$; ou, V fin. $p = u$ fin. $(p + k)$, ou, $V : u$: : fin. $(p + k)$: fin. p ; il eft aifé de voir que la direction de la vîteffe Q G tomberoit fur l'aube $f e$, & que par conféquent il n'y auroit point de choc. L'équation qui donne la vîteffe u la plus avantageufe, eft donc, — $2 u$ fin. $(p + k)$ + V fin. p — u fin. $(p + k)$; ou bien,

$$u = \frac{V \text{ fin. } p}{3 \text{ fin. } (p + k)}.$$

Dans l'équation (B), relative à la variation de l'angle p, le facteur V fin. p — u fin. $(p + k)$ doit être auffi rejeté ; car, fi l'on fuppofoit V fin. p — u fin. $(p + k) = 0$, & que l'on mît, dans cette équation, pour u fa valeur $\frac{V \text{ fin. } p}{3 \text{ fin.} (p + k)}$,

on trouveroit V fin. p — $\dfrac{V \text{ fin. } p}{3} = 0$, ce qui est impossible. L'équation pour l'angle p le plus avantageux est donc,

$$[\,2\,V\,\text{cos.}\,p\; -\; 2\,u\,\text{cos.}\,(p\;+\;k)\,]\times[\,\text{sin.}\,(p\;+\;k)\,]\;+\;V\,\text{sin.}\,p\,.\,[\,\text{cos.}\,(p\;+\;k)\,]\;-\;u\,\text{sin.}\,(p\;+\;k)\,.\,[\,\text{cos.}\,(p\;+\;k)\,]\;=\;0.$$

Substituant dans cette formule, pour u sa valeur

$$\frac{V\,\text{sin.}\,p}{3\,\text{sin.}\,(p+k)},$$

elle deviendra simplement,

$$2\,\text{cos.}\,p\,.\,\text{sin.}\,(p+k)\;=\;0\,;$$

ce qui donne, ou sin. $(p+k)=0$, ou cos. $p=0$. La première supposition feroit tomber l'aube ef dans la direction horizontale, & donneroit pour u une valeur infinie, ce qui est impossible. La vraie équation de l'angle p le plus avantageux, est donc, cos. $p=0$; d'où nous voyons que cet angle doit être droit, ou que *l'aube* e f *doit être perpendiculaire à la direction* P Q *du courant.*

Substituons maintenant dans l'équation

$$u\;=\;\frac{V\,\text{sin.}\,p}{3\,\text{sin.}\,(p+k)},$$

pour sin. p sa valeur 1, & pour sin. $(p+k)$ sa valeur cos. k, nous aurons $u = \dfrac{V}{3\,\text{cos.}\,k}$; c'est-à-dire que, *la vitesse* u *la plus avantageuse doit être égale à la vitesse* V *du fluide, divisée par le triple du cosinus de l'angle que la direction du fluide fait avec l'horizon.*

Connoissant p & u, si l'on substitue leurs valeurs dans l'équation (A), on aura l'expression du plus grand effet de la machine.

I i iij

CHAPITRE XVII.

Des Roues mues par le poids de l'eau.

(387.) LES roues mues par le poids de l'eau, dont il eſt ici queſtion, & qu'on appelle ordinairement *roues à pots* ou *à augets,* ſont des roues verticales *A O B D (Fig. 63 & 64)*, qui reçoivent, dans des eſpèces de *pots* ou d'*augets* *m n n m* fixés à leurs bords, l'eau d'un canal *XZ*, & qui tournent en vertu de l'effort que cette eau exerce par ſa peſanteur. A cet effort, s'ajoute celui du choc, quand l'eau arrive aux augets avec une vîteſſe plus grande que celle de la roue. On voit que, ſelon la manière de recevoir l'eau, la roue peut tourner de gauche à droite *(Fig. 63),* ou de droite à gauche *(Fig. 64).* Les augets ſe rempliſſent vers la partie ſupérieure de la roue, & ne commencent à ſe vider que lorſqu'en tournant ils commencent à s'incliner en contre-bas. On doit s'attacher à leur donner la forme & les dimenſions les plus propres à leur faire conſerver l'eau autant qu'il eſt poſſible.

Nous eſtimons toujours l'effet de la machine, par le mouvement aſcenſionnel d'un poids π, attaché à l'extrémité d'une corde qui, au moyen de la poulie *S* de renvoi, va s'envelopper autour de l'arbre de la roue.

(388.) Il eſt évident que, toutes choſes

Fig. 63 & 64.

d'ailleurs égales, plus l'endroit où l'eau entre dans les augets eſt proche de l'extrémité ſupérieure *A* du diamètre vertical *A B*, plus la roue porte d'eau, & plus par conſéquent elle a de force pour tourner. Mais on n'eſt pas toujours maître de lui procurer cet avantage ; car il arrive ſouvent que la hauteur de l'extrémité *Z* du canal affluant, au-deſſus du point le plus bas du terrein, eſt trop petite pour permettre d'y placer une roue d'un diamètre convenable à l'effet qu'elle doit produire. Alors on reçoit l'eau en avant de la roue, comme dans la *Figure 64 ;* ayant ſoin de donner aux augets la forme la plus propre à bien tenir l'eau, ſuivant l'exigence des cas : on augmente leur capacité, en augmentant la largeur de la roue ; mais cela a quelquefois l'inconvénient de rendre la roue trop peſante.

(389.) Que l'eau entre dans les augets par le haut de la roue, ou par le côté ; le mouvement s'engendre toujours de la même manière. Il s'accélère par degrés dans les premiers inſtans ; bientôt il parvient à l'uniformité ; & alors l'action de l'eau contre-balance à chaque inſtant celle du poids п. Or, il peut arriver deux cas : ou la vîteſſe de l'eau, à l'endroit où elle entre dans un auget, eſt égale à la vîteſſe de rotation de cet auget, priſe à ſon milieu ; ou elle eſt plus grande. Dans le premier cas, l'eau agit ſimplement par ſon poids, pour faire tourner la roue : dans le ſecond, elle agit tout-à-la-fois par ſon poids

& par le choc. Je ne dis rien d'un troifième cas où l'on fuppoferoit que la vîteſſe de rotation de l'auget, feroit plus grande que celle de l'eau du canal affluent. car fi cela arrivoit, la caufe en feroit la pefanteur de l'eau dépofée dans l'auget, laquelle force tend effectivement à accélérer le mouvement ; mais comme cette eau ne peut être remplacée que par le canal affluent, & que fon action eſt limitée, on fent qu'elle produiroit d'autant moins d'effet fur la machine, qu'elle prendroit pour elle-même plus de vîteſſe. On verra en effet bientôt qu'il convient de faire tourner la roue le plus lentement qu'il eſt poſſible. Il n'eſt donc ici queſtion que des deux premiers cas. De plus, il s'agit feulement en ce moment d'évaluer l'effort que l'eau contenue dans les augets, exerce à chaque inſtant, par la pefanteur, contre le poids π : l'effet du choc, quand il a lieu, s'évalue par les principes du *Chap. XIII.*

(390.) Suppofons donc que la roue tourne avec une vîteſſe uniforme. Quelle que foit cette vîteſſe, la pefanteur de l'eau contenue dans les augets, agit de la même manière que fi la roue étoit en repos. D'un autre côté, il eſt évident qu'on peut toujours ramener cet effort de l'eau, à celui d'une portion de couronne d'eau $G g h H$ *(Fig. 65)*, continuellement inhérente à la roue, fur une étendue donnée $G O H$, & fur une épaiſſeur $G g$ auſſi donnée. Les dimenſions de cette portion de couronne fe trouvent par la forme des augets, & par la quantité d'eau qu'ils contiennent. Ordinairement, l'épaiffeur Gg peut être regardée comme infiniment petite par rapport au rayon CG de la roue ; & la vîteffe de rotation du point G ou de tout autre point de la circonférence $AOBD$, comme celle de l'auget. Si on trouvoit cette fupppofition trop libre, on approcheroit davantage de la vérité, en prenant, au lieu de l'arc GOH, l'arc moyen de la portion de couronne ; & au lieu du rayon CG, le rayon moyen. Mais nous négligeons ici cette grande exactitude, & nous nous propofons ainfi la queftion.

(391.) **PROBLÈME I.** *Déterminer le moment de l'effort que la portion d'eau* G g h H, *dont l'épaiffeur* G g *eft infiniment petite par rapport au rayon* C G, *exerce à chaque inftant pour accélérer le mouvement de la roue ?*

Du centre C, foient menés les deux rayons infiniment voifins CMN, Cmn, lefquels déterminent la quantité élémentaire d'eau $MNnm$; & des points G, H, M, m, foient menées, au diamètre vertical AB, les perpendiculaires GF, HV, MP, mp. Soit encore abaiffée la verticale $mr\zeta$, qui rencontre en r l'ordonnée mp, & en ζ le rayon horizontal CO. La portion d'eau $MNnm$ peut être repréfentée par $Mm \times MN$; & fon moment par rapport au centre C, par $Mm \times MN \times C\zeta$, ou $Mm \times MN \times MP$. Or, à caufe des triangles femblables Mrm, MPC, on a, $Mm : CM :: Mr$ ou $Pp : MP$; & par conféquent $Mm \times MP = Pp \times CM$. Donc,

$$Mm \times MN \times MP = MN \times Pp \times CM; \&$$

$$\int Mm \times MN \times MP = \int MN \times Pp \times CM$$

$$= MN \times CM \times \int Pp = MN \times CM \times$$

FV : expreffion du moment de la quantité totale d'eau $Gg h H$.

Comme dans ce calcul, nous avons fait abftraction de la largeur de la roue, ou de la dimenfion horizontale des augets ; fi l'on nomme D cette dimenfion, la véritable expreffion du moment de l'eau $Gg hH$, fera $D \times MN \times FV \times CM$. Pour abréger, au lieu du produit $D \times MN$, qui repréfente une furface rectangulaire, j'emploîrai une fimple lettre B.

(392.) **COROLLAIRE.** Nommons u la vîteffe de rotation du point G; a le rayon CM; v la vîteffe afcenfionnelle du poids π; c le bras de levier de ce poids par rapport au centre de la roue. On aura d'abord, $\pi \times c = B \times FV \times a$. Subftituons dans cette équation pour c fa valeur $\dfrac{a\,v}{u}$: nous aurons, $\pi\,v = B \times FV \times u$.

(393.) **PROBLÈME II.** *La roue tournant toujours uniformément, & la vîteffe du point* G *étant fuppofée égale à celle de l'eau du canal, à l'endroit* Gg *où elle paffe de ce canal dans les augets :*

rendre l'effet Πv *de la machine le plus grand qu'il est possible !*

Je fuppofe que le canal affluent amène, en temps égaux, des quantités égales d'eau à la roue. Soit RZ une ligne conftante de niveau ; & RF la hauteur dûe à la vîteffe V de l'eau à fon entrée Gg dans les augets. On doit ici confidérer Gg comme un orifice dont la furface eft B, & par lequel paffe, dans un temps donné, une quantité donnée d'eau. Suppofons que dans une feconde, il paffe par B, une quantité d'eau $= Q$; & que les corps graves parcourent quinze pieds pendant la première feconde de leur chute. En nommant H la hauteur RF, on aura (201),

$$Q = 2\,B\,\sqrt{15\,H}, \text{ ou } B = \frac{Q}{2\sqrt{15\,H}}\,; \ \&$$

par conféquent, $\Pi v = \dfrac{Q}{2\sqrt{15\,H}} \times FV \times V\,;$

ou bien (en nommant g la gravité ; k la hauteur dûe à la vîteffe v ; & obfervant que $V^2 = 2gH$, $v^2 = 2gk$), $\Pi\sqrt{k} = \dfrac{Q \times FV}{2\sqrt{15}}.$

Maintenant, tout étant donné dans le fecond membre de cette équation, excepté la ligne FV qu'on peut faire varier, on voit que pour augmenter l'effet de la machine, il faut augmenter FV. Or, le point V étant fuppofé fixe, à mefure qu'on augmente VF, on diminue FR, & par conféquent auffi la vîteffe du fluide à l'endroit Gg, ou la vîteffe de rotation du point G.

Et il eſt clair que cette diminution de vîteſſe peut avoir lieu, Q demeurant conſtante, puiſqu'on peut augmenter en proportion la ſurface B, ou le produit $D \times MN$, dont les deux facteurs ſont ſuſceptibles de variation. La variation de MN ne peut être que très-petite ; mais on eſt libre d'augmenter D, en augmentant pour cela la largeur de la roue.

Concluons-donc que *la circonférence de la roue tournant uniformément, avec une vîteſſe égale à celle du fluide à ſon entrée dans les augets, l'effet de la machine, pour une quantité conſtante d'eau dépenſée, ſera d'autant plus grand que la roue tournera avec plus de lenteur.*

(394.) COROLLAIRE. En comparant l'expreſſion $\pi \sqrt{k} = \dfrac{Q \times FV}{2\sqrt{15}}$ de l'effet de la roue à pots, rendu le plus grand qu'il eſt poſſible, avec les expreſſions que nous avons trouvées (368) pour les plus grands effets des roues à aubes, on jugera quelle eſt celle qui produit le plus grand effet, pour une égale quantité d'eau dépenſée, ou de la roue à pots, ou de la roue à aubes. Car, ſuppoſons qu'ici, & dans l'article 368, les quantités d'eau Q dépenſées en une ſeconde ſoient les mêmes ; de plus, en imaginant que la roue $ADBO$ fût ici mue par le choc de l'eau, ſuppoſons que ce choc répondît à l'endroit V : la lettre H, qui, dans l'article 368, exprime la hauteur dûe à la vîteſſe du courant,

repréſentera ici RV. Donc, l'effet de la roue à
pots eſt au plus grand effet de la roue à aubes
(I.er Cas) , comme $\dfrac{Q.FV}{2\sqrt{15}}$ eſt à $\dfrac{2\,Q.RV}{27\sqrt{15}}$,
ou comme 27 FV eſt à 4 RV ; & l'effet de la
roue à pots eſt au plus grand effet de la roue à
aubes (II.e Cas) comme 27 FV eſt à 8 RV.

Comme on eſt maître , & qu'il convient
d'augmenter VF (le point V étant fixe). pour
augmenter l'effet de la roue à pots, on voit que
pour une quantité égale d'eau dépenſée, l'effet
de la roue à pots eſt beaucoup plus avantageux
que celui de la roue à aubes. Les roues de la
première eſpèce doivent donc être préférées aux
autres , toutes les fois que la choſe eſt poſſible.
Mais, il y a beaucoup de cas où elle ne l'eſt pas ;
car d'abord, ſur les rivières on ne peut employer
que des roues à aubes. De plus, pour les courſiers, les roues à pots demandent une grande
chute d'eau, qu'on ne peut pas ſouvent ſe procurer : alors l'on emploie des aubes que le fluide
vient frapper au bas de la roue. Enfin, il y a
des occaſions où l'on a beſoin que la roue tourne
très-vîte, & où l'on a d'ailleurs de l'eau en
abondance : on remplit cet objet avec une roue
à aubes. Comme les roues à pots produiſent
d'autant plus d'effet qu'elles tournent plus lentement, on ne pourroit en ce cas, employer une
roue de cette eſpèce, qu'en la faiſant engréner
avec une lanterne, ou avec une autre roue ; ce

qui compliqueroit la machine & augmenteroit les frottemens.

(395.) PROBLÈME III. *Le point* G *de la roue tournant toujours uniformément, avec une vîtesse égale à celle du fluide à son entrée* G g *dans les augets, on suppose maintenant que le niveau* X Z *du réservoir pouvant toujours demeurer le même, au moyen de l'affluence d'une rivière ou d'un ruisseau, qui remplace suffisamment l'eau dépensée par la roue, on soit maître d'augmenter ou de diminuer* Q*, en tirant l'eau du réservoir par un tuyau de diamètre donné, & de longueur variable : & l'on demande l'endroit* G g *où il faut recevoir l'eau, pour que l'effet de la machine soit un* maximum !

Substituons dans l'équation $\pi\sqrt{k} = \dfrac{Q \times FV}{2\sqrt{15}}$, pour Q sa valeur $2B\sqrt{15}\,H$, ou $2B.\sqrt{15} \times \sqrt{RF}$; nous aurons $\pi\sqrt{k} = B \times FV \times \sqrt{RF} =$ *maximum*. Donc, B étant constant, la quantité $(FV)^2 \times RF$ est un *maximum*. La question est donc de diviser la ligne donnée RV, en deux parties, telles que le produit de l'une par le quarré de l'autre, soit un *maximum*. Or, il faut, pour cela, que RF soit le tiers de RV. Ainsi, l'équation du plus grand effet de la roue est, $\pi\sqrt{k} = B \times \frac{2}{3}RV \times \sqrt{\dfrac{RV}{3}}$:

équation au moyen de laquelle on pourra comparer le plus grand effet de cette roue, à celui d'une roue à aubes, qui feroit frappée au point V, d'où l'eau s'échappe de la roue à pots.

La folution de ce problème peut être utile, lorfqu'ayant une roue toute conftruite, on veut la faire tourner de la manière la plus avantageufe, par le feul poids de l'eau, & lorfque de plus la hauteur du réfervoir étant donnée & conftante, on a la faculté de prendre plus ou moins d'eau, felon le befoin.

(396.) PROBLÈME IV. *Suppofons que le canal affluent amène toujours, en temps égaux, des quantités égales d'eau à la roue ; que cette roue tourne uniformément, mais que la vîteffe de rotation du point G foit maintenant plus petite que celle de l'eau, à fon entrée dans les augets : on demande l'expreffion générale de l'effet de la machine !*

L'action du poids π eft ici contre-balancée à chaque inftant par celle de l'eau contenue dans les augets, & par le choc de l'eau que le canal amène continuellement. Soient V la vîteffe de ce courant ; u la vîteffe de rotation du point G ; a le rayon CG ; c le bras de levier du poids π ; B la fection d'un auget par un plan perpendiculaire à la roue & dirigé à fon centre ; C la furface contre laquelle s'exerce le choc perpendiculaire du fluide ; n le coéfficient de la percuffion. On voit (339 & 392), qu'on aura l'équation,

$$\pi c = B \times F V \times a + n.C\,(V - u)^2 \times a ;$$

ou bien (en nommant v la vîteffe afcenfionnelle

du poids Π, & obfervant que $c = \dfrac{a\,v}{u}$),

$$(A)\ \Pi v = B \times F V \times u + n\,C\,(V - u)^2 . u.$$

Maintenant, nommons Q la quantité conftante d'eau que le canal amène à la roue en une feconde ; H, la hauteur FR dûe à la vîteffe de cette eau ; K, l'aire de l'orifice par lequel l'eau eft cenfée fortir du canal pour entrer dans les augets ; h, la hauteur FT dûe à la vîteffe u ; k, la hauteur dûe à la vîteffe v.

Il eft évident que la vîteffe u étant moindre que V, K doit être moindre que B ; mais que la roue tournant uniformément, & que par conféquent le fluide, depuis le réfervoir jufques à l'endroit où il s'échappe de la roue, pouvant être confidéré comme une maffe continue qui conferve conftamment les mêmes dimenfions aux mêmes endroits ; il s'enfuit (193) que les vîteffes des différentes fections perpendiculaires de ce courant font entr'elles en raifon inverfe des furfaces de ces mêmes fections. Ainfi, on aura, $B : K :: V : u$; ou, $B.u = K.V$; ou, $B \sqrt{h} = K \sqrt{H}$. Mais $Q = 2 K \sqrt{15} H$, ou $K \sqrt{H} = \dfrac{Q}{2 \sqrt{15}}$; donc $B \sqrt{h} = \dfrac{Q}{2 \sqrt{15}}$.

D'un autre côté, pour déterminer le coéfficient n, ou $\dfrac{F}{A U^2}$ de la percuffion, faifons $A = C = K$; $U = V$, & par conféquent, la hauteur dûe à la vîteffe $U = H$; prenons $F = m.K.H$,

m étant

m étant un coéfficient conftant qui vaut **2** à-peu-près (367). En mettant pour K fa valeur $\dfrac{Q}{2\sqrt{15}.\sqrt{H}}$,

on aura $F = \dfrac{m.H \times Q}{2\sqrt{15}.\sqrt{H}}$; & $n = \dfrac{m}{2g.C} \times \dfrac{Q}{2\sqrt{15}.\sqrt{H}}$.

Par conféquent l'équation (A) deviendra ,

$$\Pi\sqrt{k} = \frac{Q}{2\sqrt{15}} \times \left(FV + \frac{m(\sqrt{H} - \sqrt{h})^{2}.\sqrt{h}}{\sqrt{H}} \right) ; \quad (B)$$

ce qui eft la formule demandée.

(397.) **PROBLÈME V.** *Tout étant fuppofé donné dans la formule* (B) , *à l'exception de la hauteur* h *dûe à la vîteffe* u *du point* G , *on demande quelle doit être cette vîteffe , pour que l'effet de la machine foit un* maximum !

Dans cette hypothèfe , $(\sqrt{H} - \sqrt{h})^{2}.\sqrt{h}$ doit être un *maximum* ; ce qui donne $\sqrt{h} = \dfrac{\sqrt{H}}{3}$, ou $u = \dfrac{V}{3}$. Subftituant cette valeur de $\sqrt{h}$ dans la formule (B) , & faifant $m = 2$, on trouvera , $\Pi\sqrt{k} = \dfrac{Q}{2\sqrt{15}} \times \left(RV - \dfrac{19\,RF}{27} \right)$; expreffion du plus grand effet de la roue.

(398.) **COROLLAIRE.** On voit par cette expreffion , 1.° que la roue produit un effet qui augmente à mefure que FR diminue , RV étant donnée , & que par conféquent la roue tourne plus lentement. On obtiendroit le même réful- tat , fi l'on différencioit le fecond membre de la formule (B), en faifant varier h & H, & qu'on égalât féparément à zéro les deux différentielles. Car la première équation réfultante donne $\sqrt{h} = \frac{\sqrt{H}}{3}$. Subftituant cette valeur de $\sqrt{h}$ dans la feconde, on trouvera $H = 0$, & par conféquent auffi $h = 0$, ce qui étant impoffible phyfiquement, fait voir du moins que la roue produit d'autant plus d'effet, qu'elle tourne avec plus de lenteur.

2.° Que le plus grand effet de la roue à pots, eft au plus grand effet que produiroit une roue à aubes, fous la chute RV, comme $27\left(RV - \frac{19\,RF}{27}\right)$ eft à $8\,RV$, la quantité d'eau Q employée à mouvoir la roue, étant la même dans les deux cas.

CHAPITRE XVIII.

Des Machines mues par la réaction de l'eau.

(399.) UN vafe qui contient de l'eau, étant fuppofé fufpendu verticalement par fon centre de gravité, le fluide exerce des preffions perpendiculaires égales fur tous les points d'une même zone, ou fection horizontale de ce vafe qui conferve toujours la même fituation d'équilibre, tant que le fluide eft en repos. Mais fi l'on fait aux parois une ouverture par où le fluide vienne à s'échapper, alors les parois ceffant en cet endroit, la preffion contre les parois y ceffe auffi ; mais l'endroit directement oppofé du vafe fouffre une preffion qui n'étant plus contrebalancée, oblige néceffairement le vafe à reculer. J'appelle *réaction de l'eau,* cette force qui repouffe ainfi le vafe ; & je me propofe d'expliquer comment elle peut fervir de principe moteur à une machine.

(400.) Soit *A B C D E F* (*Fig. 66*), une roue horizontale, mobile autour d'un axe vertical *O*. A cette roue & à fon arbre, font attachés folidement une fuite de tuyaux, tels que *A H*, *E G*, *F H* (*Fig. 67*). Ces tuyaux communiquent par en haut avec un tambour creux *H I H I,*

Fig. 66 & 67.

K k ij

qui tourne avec eux autour de l'arbre ; l'eau eſt verſée d'abord dans ce tambour, par les conduits *NG* qui la tirent du réſervoir immobile *IMIM;* de-là, elle paſſe dans les tuyaux, & s'échappe vers le bas, par les orifices *a, b, c,* &c, horizontaux ou inclinés en même ſens à l'horizon ; d'où réſulte contre les tuyaux une réaction, qui fait tourner la roue dans le ſens *ABCDEF.* Le mouvement s'accélère par degrés ; il parvient en très-peu de temps à l'uniformité. Je le conſidère, quand il eſt arrivé à cet état ; & je repréſente toujours l'effet de la machine, par le mouvement aſcenſionnel d'un poids Π attaché à une corde, qui va s'envelopper autour de l'arbre *OZ.*

(401.) **PROBLÈME I.** *Un tuyau* **CDFE** (Fig. 68), *de figure quelconque, entretenu conſtamment plein d'eau au niveau* **AD**, *tournant uniformément autour de l'axe vertical* **AB**, *& laiſſant échapper l'eau par la petite ouverture latérale* **I** : *on demande la hauteur dûe à la vîteſſe de cet écoulement !*

Soit la courbe *hMI* l'axe du tuyau ; & concevons que le fluide ſoit partagé en une infinité de tranches égales, perpendiculaires aux élémens *Mm* de la courbe, leſquelles conſervent leur parallélifme pour chaque élément, & changent de direction d'un élément à l'autre. Chaque point *M* d'une tranche quelconque, eſt continuellement ſoumis à l'action de deux forces, qui ſont la gravité & la force centrifuge. Ayant mené à l'axe *AB*, l'horizontale *MP;* faiſons paſſer par ces deux lignes un plan dans lequel nous prendrons la verticale Mt pour repréſenter la gravité, & l'horizontale Mq pour repréſenter la force centrifuge. De ces deux forces, réſultera la force compoſée Mr, repréſentée par la diagonale du rectangle $Mtrq$. Je mène, ſuivant l'élément Mm de la courbe hMl, un plan Mmn perpendiculaire au plan APM, de ſorte que Mn eſt la projection orthogonale de Mm ſur ce dernier plan : enſuite je tire np parallèle à MP. La force Mr peut être décompoſée en deux autres Mi, Mg; l'une dirigée ſuivant Mn; l'autre perpendiculaire à Mn. Or, comme le plan $Mgrt$ eſt perpendiculaire au plan Mmn; la force Mg eſt perpendiculaire à l'élément Mm, qui eſt ſitué dans ce dernier plan, & ne contribue en rien à la vîteſſe ſuivant Mm. De la force Mi, je dérive les deux forces Mf, Mu, la première dirigée ſuivant Mm, la ſeule qui tende à accélérer la vîteſſe de l'eau dans le tuyau, la ſeconde perpendiculaire à Mm, qu'il faut négliger.

Soient
$$\begin{cases}
\text{l'horizontale donnée } Bl\ldots\ldots\ldots\ldots = b, \\
\text{l'horizontale donnée } Ah\ldots\ldots\ldots\ldots = c, \\
\text{la hauteur donnée } AB\ldots\ldots\ldots\ldots = h, \\
AP\ldots\ldots\ldots\ldots\ldots\ldots\ldots\ldots\ldots = x, \\
PM\ldots\ldots\ldots\ldots\ldots\ldots\ldots\ldots = y, \\
pn\ldots\ldots\ldots\ldots\ldots\ldots = y + dy, \\
Mm\ldots\ldots\ldots\ldots\ldots\ldots\ldots = ds, \\
\text{l'aire de l'orifice } I\ldots\ldots\ldots\ldots\ldots = K, \\
\text{l'aire de la ſection ſupérieure \& perpen-} \\
\quad \text{diculaire } CD \text{ du tuyau}\ldots\ldots\ldots = M,
\end{cases}$$

Soient
$$\left\{\begin{array}{l}
\text{l'aire de la section } s\,M\,z \text{ perpendiculaire} \\
\qquad \text{à } M\,m\ldots\ldots\ldots\ldots\ldots\ldots = X, \\
\text{la vîtesse avec laquelle l'eau fort par} \\
\qquad \text{l'orifice } l\ldots\ldots\ldots\ldots\ldots\ldots = u, \\
\text{la hauteur dûe à cette vîtesse}\ldots\ldots = r, \\
\text{la vîtesse de l'eau fuivant } M\,m\ldots\ldots = v, \\
\text{la vîtesse abfolue de rotation uniforme} \\
\qquad \text{du point } l\ldots\ldots\ldots\ldots\ldots\ldots = V, \\
\text{la hauteur dûe à cette vîtesse}\ldots\ldots = f, \\
\text{le finus total}\ldots\ldots\ldots\ldots\ldots\ldots = 1, \\
\text{l'angle } m\,M\,n\ldots\ldots\ldots\ldots\ldots\ldots = \lambda, \\
\text{la gravité}\ldots\ldots\ldots\ldots\ldots\ldots\ldots = g.
\end{array}\right.$$

On aura d'abord, Force $M\,t = g$. La Force centrifuge du point l ayant, comme on fait, pour expreffion, le quarré de la vîtesse V, divifé par le rayon $B\,l$, c'eft-à-dire $\dfrac{V^2}{b}$ ou $\dfrac{2\,g\,f}{b}$, & les forces centrifuges de deux points qui tournent dans le même temps, étant proportionnelles aux rayons des circonférences qu'ils décrivent, on aura, Force $M\,q = \dfrac{2\,g\,f}{b}$

$\times \dfrac{y}{b} = \dfrac{2\,g\,f\,y}{b^2}$. Donc, Force $M\,r =$

$\sqrt{\left(g^2 + \dfrac{4\,g^2\,f^2\,y^2}{b^4} \right)}$, que je nomme φ,

afin d'abréger ; Force $M\,i = \varphi \cos. r\,M\,i$

$= \varphi \cos. (r\,M\,t - i\,M\,t) = \varphi \cos. r\,M\,t$

$\times \cos. i\,M\,t + \varphi \sin. r\,M\,t \times \sin. i\,M\,t.$

Or, $\cos. r\,M\,t = \dfrac{g}{\varphi}$; $\sin. r\,M\,t =$

$$\frac{2\,g\,f\,y}{b^2\cdot\varphi}\;;\;\cos.\,i\,M\,t = \frac{d\,x}{M\,n} = \frac{d\,x}{d\,s\,\cos.\,\lambda}\;;$$

$$\sin.\,i\,M\,t = \frac{d\,y}{d\,s\,\cos.\,\lambda}\;;\;\text{donc, Force } M\,i$$

$$= \frac{g}{\cos.\,\lambda}\left(\frac{d\,x}{d\,s} + \frac{2\,f\,y\,d\,y}{b^2\,d\,s}\right);\;\text{Force } M\!f$$

$$= \text{Force } M\,i\times\cos.\,\lambda = g\left(\frac{d\,x}{d\,s} + \frac{2\,f\,y\,d\,y}{b^2\,d\,s}\right).$$

Maintenant, la vîteſſe de la tranche $s\,M\,\zeta$, étant exprimée par v après le temps t écoulé, elle deviendroit, après l'inſtant ſuivant $d\,t$, $v +$

$$g\left(\frac{d\,x}{d\,s} + \frac{2\,f\,y\,d\,y}{b^2\,d\,s}\right)d\,t,\;\text{ſi les tranches}$$

n'avoient point d'action les unes ſur les autres ; mais comme elle devient $v + d\,v$, on voit, par la méthode de l'article 230, que ſi les tranches étoient

animées de la vîteſſe $g\left(\dfrac{d\,x}{d\,s} + \dfrac{2\,f\,y\,d\,y}{b^2\,d\,s}\right)d\,t$

$- d\,v$, elles ſe feroient mutuellement équilibre. D'où il ſuit que, ſur toute l'étendue

de la courbe $h\,M\,l$, on a, $\displaystyle\int d\,s\left[g\left(\frac{d\,x}{d\,s} +\right.\right.$

$$\left.\left.\frac{2\,f\,y\,d\,y}{b^2\,d\,s}\right)d\,t - d\,v\right] = 0\;;\;\text{ou bien, } g\,d\,t$$

$$\times\int d\,x + \frac{g\,f\,d\,t}{b^2}\int 2\,y\,d\,y - \int d\,s\,d\,v = 0.$$

Or, en prenant toutes les intégrales pour la hauteur entière h ; l'intégrale de $d\,x$ eſt h ; celle de $2\,y\,d\,y$ eſt $b^2 - c^2$; celle de $d\,s\,d\,v$, ou de

$$d\,s\,.\,d\left(\frac{K\,u}{X}\right),\;\text{ou de } \frac{K\,d\,s\,(X\,d\,u - u\,d\,X)}{X^2},\;\text{eſt}$$

K k iv

$$K\,du \int \frac{ds}{X} - Ku.Xds \left(\frac{1}{2\,M^2} - \frac{1}{2\,K^2} \right),$$

ou, $K\,du \int \dfrac{ds}{X} - K^2 u^2 . dt \left(\dfrac{1}{2\,M^2} - \dfrac{1}{2\,K^2} \right),$

à cause de $dt = \dfrac{ds}{v} = \dfrac{Xds}{Ku}$. Par consé-quent, on aura $\Big($ en nommant N la quantité donnée $\int \dfrac{ds}{X} \Big),$

$$g\,dt \left(h + \frac{f(b^2 - c^2)}{b^2} \right) - N.K.\,du$$
$$- \left(\frac{M^2 - K^2}{2\,M^2} \right) . u^2\,dt = 0:$$

Équation séparable, & d'où il est facile de tirer la relation entre le temps t & la vîtesse respective u, avec laquelle l'eau sort par l'orifice l; ou entre le temps t & la hauteur r, à cause de $u^2 = 2gr.$

(402.) COROLLAIRE I. On voit en général que la vitesse u varie d'un instant à l'autre, & que le seul terme qui contient cette variation du dépend de la figure du tuyau. Mais, en intégrant l'équation précédente, on trouve que si l'orifice K est beaucoup moindre que la section supérieure M du tuyau, la vîtesse u devient sensiblement uniforme après les 2 ou 3 premières secondes de l'écoulement; c'est-à-dire, qu'après ce commencement du mouvement, inutile à considérer, il sort, en temps égaux, des quan-tités égales d'eau, à très-peu de chose près. Nous ferons donc, dans la fuite, $du = 0$; & alors on aura fimplement, $g\, dt\left[h + f\left(\dfrac{b^2 - c^2}{b^2}\right)\right]$

$- \left(\dfrac{M^2 - K^2}{2\, M^2}\right)u^2\, d\, t = 0$; ou, $h +$ $\dfrac{f(b^2 - c^2)}{b^2} - \left(\dfrac{M^2 - K^2}{M^2}\right)r = 0$; ce qui donne,

$$r = \left(h + f\,\frac{(b^2 - c^2)}{b^2}\right) \times \frac{M^2}{M^2 - K^2}.$$

Mais, il ne faudra pas oublier que cette expreffion emporte que M foit confidérablement plus grand que K. La valeur de r, dans cette hypothéfe, eft indépendante, comme on voit, de la figure du tuyau; mais on doit éviter les tuyaux tortueux, où l'eau coule avec peine, à caufe du frottement.

(403.) COROLLAIRE II. La furface de l'eau à l'entrée CD du tuyau, étant fuppofée horizontale, le premier côté de la courbe $h\,M\,l$ eft vertical. Or, la vîteffe fuivant ce côté eft $\dfrac{K\,u}{M}$, tandis que la vîteffe de rotation horizontale uniforme du point h eft $\dfrac{c}{b} \times V$. Donc, la vîteffe vraie de l'eau en h fera $\sqrt{\left[\dfrac{K^2\,u^2}{M^2}\right.}$ $\left. + \dfrac{c^2\,V^2}{b^2}\right]$, ou $\sqrt{\left[\dfrac{2\,g\,r\,K^2}{M^2} + \dfrac{2\,g\,f\,c^2}{b^2}\right]}$; & le conduit NG *(Fig. 67)*, qui eft fubordonné à la direction de cette vîteffe, fera conféquemment incliné à l'horizon, sous un angle dont la tangente $= \dfrac{b\,K\,u}{c\,M.V} = \dfrac{b\,K\,\sqrt{r}}{c\,M\,\sqrt{f}}$.

D'un autre côté, comme la preſſion de l'eau contenue dans le réſervoir fixe $I\,M\,I\,M$ doit produire la vîteſſe $\sqrt{\left[\dfrac{2\,g\,r\,K^2}{M^2} + \dfrac{2\,g\,f\,c^2}{b^2}\right]}$ à l'orifice inférieur G du conduit NG, il s'enfuit que la hauteur $Z\,R$ de cette eau $= \dfrac{r\,K^2}{M'^2} + \dfrac{f\,c^2}{b^2}$.

(404.) COROLLAIRE III. La preſſion à l'endroit M du tuyau $C\,D\,F\,E$ (*Fig. 68*) étant

Fig. 68.

la ſomme des forces perdues, $g\left(\dfrac{d\,x}{d\,s} + \dfrac{2\,f\,y\,dy}{b^2\,d\,s}\right) - \dfrac{d\,v}{d\,t}$; ſi l'on nomme P cette preſſion, on aura

$$d\,P = d\,s\left[g\left(\dfrac{d\,x}{d\,s} + \dfrac{2\,f\,y\,dy}{b^2\,d\,s}\right) - \dfrac{d\,v}{d\,t}\right],$$

ou, $d\,P = g\,d\,x + \dfrac{2\,g\,f\,y\,dy}{b^2} - \dfrac{d\,s\,d\,v}{d\,t}$;

ou, $d\,P = g\,d\,x + \dfrac{2\,g\,f\,y\,dy}{b^2} - v\,d\,v$;

$$\& P = g\,x + \dfrac{g\,f\,(y^2 - c^2)}{b^2} + \dfrac{K^2\,u^2}{2} \times \left(\dfrac{1}{M^2} - \dfrac{1}{X^2}\right).$$

(405.) PROBLÈME II. *Déterminer, pour chaque inſtant, le moment de la force qui fait tourner le tuyau, en ſuppoſant que la vîteſſe du fluide au ſortir de l'orifice* l, *eſt uniforme de même que la vîteſſe de rotation du tuyau ?*

Soit menée la ligne horizontale fixe BS ; par cette ligne & par la ligne horizontale Bl, qui tourne circulairement autour du point B, je fais paſſer un plan, lequel eſt horizontal, comme on voit ; & je ſuppoſe que du point M tombe ſur ce plan la verticale MQ ; du point Q, j'abaiſſe QS perpendiculaire à BS ; & je tire QB qui eſt égale & parallèle à MP. Je garde les dénominations précédentes, & je fais de plus $BS = p$; $SQ = q$: l'angle $QBl = \zeta$; l'angle de rotation uniforme $lBS = \xi$, lequel donne $dd\xi = 0$.

Cela poſé, quelle que ſoit la force accélératrice, qui anime la petite maſſe d'eau Xds, qui répond à l'élément Mm ; cette force peut être décompoſée en trois autres forces, dirigées parallèlement aux coordonnées BS, SQ, QM. Je néglige la dernière, comme ne pouvant produire aucun moment relativement à l'axe AB auquel elle eſt parallèle. Les deux premières, qui ont pour valeur reſpective, $Xds \times \dfrac{ddp}{dt^2}$, $Xds \times$

$\dfrac{ddq}{dt^2}$, peuvent être décompoſées chacune en deux autres, l'une dirigée ſuivant PM, l'autre perpendiculaire à PM. Les deux forces dirigées ſuivant PM doivent être négligées : celles qui ſont perpendiculaires à PM, produiſent la réfultante $X\,d\,s\,\left[\dfrac{d\,d\,q}{d\,t^2}\,\text{cof.}\,(\xi+\zeta)\right.$

$\left.-\dfrac{d\,d\,p}{d\,t^2}\,\text{fin.}\,(\xi+\zeta)\right]$, laquelle étant cenfée

poulfer horizontalement l'eau dans le fens $l\,k$, occafionne une réaction égale & contraire, qui fait tourner le tuyau dans le fens $k\,l$. Ainfi, le moment de cette réaction élémentaire eft $y\,X\,d\,s$

$\times\left[\dfrac{d\,d\,p}{d\,t^2}\,\text{fin.}\,(\xi+\zeta)-\dfrac{d\,d\,q}{d\,t^2}\,\text{cof.}\,(\xi+\zeta)\right]$,

& par conféquent, l'intégrale de cette quantité fera le moment cherché. Or, $p=y\,\text{cof.}\,(\xi+\zeta)$; $q=y\,\text{fin.}\,(\xi+\zeta)$; d'où réfulte $d\,d\,p$

$\times\,\text{fin.}\,(\xi+\zeta)-d\,d\,q\,\text{cof.}\,(\xi+\zeta)=-2\,dy$

$\times\,(d\,\xi+d\,\zeta)-y\,d\,d\,\zeta$. De plus, on a les

équations, $d\,t=\dfrac{b\,d\,\xi}{V}$, ou $\dfrac{d\,\xi}{d\,t}=\dfrac{V}{b}$;

$d\,t=\dfrac{d\,s}{v}=\dfrac{X\,d\,s}{K\,u}$; $d\,s=\dfrac{K\,u\,d\,t}{X}$;

$y\,d\,\zeta=-m\,n=-d\,s\,\text{fin.}\,\lambda=-\dfrac{K\,u\,d\,t}{X}$

$\times\,\text{fin.}\,\lambda$, ou $\dfrac{d\,\zeta}{d\,t}=-\dfrac{K\,u\,\text{fin.}\,\lambda}{y\,X}$. Par conféquent

le moment élémentaire de la réaction de l'eau

deviendra, $-K\,u\left[\dfrac{2\,V\,y\,d\,y}{b}\right.-$

$K\,u\left(\dfrac{2\,y\,d\,y\,\text{fin.}\,\lambda}{y\,X}+y^2\,d\left(\dfrac{\text{fin.}\,\lambda}{y\,X}\right)\right)\bigg]$, dont

l'intégrale eft, $-K\,u\left[\dfrac{V\,y^2}{b}-\dfrac{K\,u\,y^2\,\text{fin.}\,\lambda}{y\,X}\right]$

$+\,C$. Cette intégrale doit s'évanouir, lorfque

$y = c$, $X = M$; & fin. $\lambda = 0$, à caufe que le premier côté de la courbe $h M l$ eft fuppofé vertical ; elle doit recevoir fa valeur complète, lorfque $y = b$, $X = K$; & fin. $\lambda = 1$, à caufe que l'eau eft fuppofée fortir horizontalement par l'orifice l. Ainfi, le moment demandé eft $K u \left[\dfrac{V c^2}{b} - V b + u b \right]$, ou

$$2 g . K \left[b r - \left(\dfrac{b^2 - c^2}{b} \right) V f r \right].$$

(406.) **COROLLAIRE I.** On trouvera le temps d'une révolution entière de la machine, en intégrant l'équation $d t = \dfrac{b \, d \xi}{V}$, de manière que l'intégrale s'évanouiffe, lorfque $\xi = 0$, & reçoive fa valeur complète, lorfque $\xi = 360^d$. Ce temps eft donc $\dfrac{2 b m}{V}$, ou $\dfrac{2 b m}{V \, 2 \, g \, f}$, m exprimant le rapport de la circonférence au diamètre.

(407.) **COROLLAIRE II.** Tous les tuyaux $C D F E$ étant égaux, femblables & femblablement diftribués autour de l'axe de la machine, l'expreffion du moment de la réaction de l'eau pour un tuyau, repréfentera le moment de la réaction de l'eau contre tous les tuyaux, fi l'on fuppofe que la lettre K, au lieu d'exprimer fimplement comme elle a fait jufqu'ici, l'orifice l d'un tuyau, exprime maintenant la fomme de ces orifices pour tous les tuyaux.

Nous attribuerons toujours, dans le reſte de ce chapitre, cette même valeur à *K.* Pareillement, nous entendrons par *M* la ſomme de toutes les ſeƈtions ſupérieures *C D* des tuyaux.

(408.) COROLLAIRE III. Nommons *Q* la quantité conſtante d'eau que le réſervoir immobile *I M I M.* (*Fig. 67.*) fournit, en une ſeconde, à la ſomme de tous les tuyaux, qui la verſent par les orifices *a, b, c,* &c : ſuppoſons que la hauteur parcourue par un corps grave, pendant la première ſeconde de ſa chute, ſoit 15 pieds ; & que toutes les meſures linéaires, contenues dans nos formules, ſoient exprimées en pieds. Nous aurons (201), $Q = 2 K \sqrt{15\, r}$: ou $K = \dfrac{Q}{2 \sqrt{15\, r}}$. Subſtituant cette valeur dans le moment total de la réaƈtion de l'eau, il deviendra, $\dfrac{g\, Q}{\sqrt{15}} \left[b \sqrt{r} - \dfrac{(b^2 - c^2)}{b} \sqrt{f} \right]$.

(409.) PROBLÈME III. *Trouver l'expreſſion générale de l'effet de la machine ?*

Soit п la maſſe aſcenſionnelle, dont la quantité de mouvement exprime l'effet de la machine. Le produit de cette maſſe par la gravité *g* & par ſon bras de levier que je nomme *R,* compoſe le moment $g\, п \times R$, qui devient $g\, п \times \dfrac{b \sqrt{k}}{\sqrt{f}}$, en nommant *k* la hauteur dûe à la vîteſſe de п, & obſervant qu'on a, $b : R : : \sqrt{f} : \sqrt{k}$, ou $R = \dfrac{b\sqrt{k}}{\sqrt{f}}$. Égalons ce moment à celui de la réaction de l'eau que nous venons de trouver; nous aurons pour l'expression cherchée :

$$(A)\; \pi\sqrt{k} = \frac{Q}{\sqrt{15}}\left[\sqrt{fr} - \frac{(b^2 - c^2)}{b^2}f\right].$$

(410.) **PROBLÈME IV.** *Déterminer la hauteur f dûe à la vitesse de rotation uniforme de la machine, pour que l'effet de cette machine soit un maximum !*

Soient, outre les dénominations précédentes qui subsistent toujours, l la hauteur constante de l'eau dans le réservoir fixe $IMIM$ au-dessus des orifices inférieurs G des conduits NG; G la somme des aires de ces orifices; H la hauteur totale ZO de la machine, ou la somme des hauteurs du réservoir fixe & des tuyaux mobiles; μ l'angle de chaque conduit NG avec l'horizon. On aura ces différentes équations (402, 403, 201):

$$\text{I. } r = \left[h + f\left(\frac{b^2 - c^2}{b^2}\right)\right] \times \frac{M^2}{M^2 - K^2}.$$

$$\text{II. } l = \frac{rK^2}{M^2} + \frac{fc^2}{b^2}. \text{ III. Tang. } \mu = \frac{bK\sqrt{r}}{cM\sqrt{f}}.$$

$$\text{IV. } Q = 2K\sqrt{15\,r}. \text{ V. } Q = 2G\sqrt{15\,l}.$$

$$\text{VI. } H = h + l.$$

Faisons, pour abréger un peu, $1 - \dfrac{c^2}{b^2} = n$.

En donnant une autre forme à l'équation II, on trouvera $\dfrac{M^2}{M^2 - K^2} = \dfrac{r}{r - l + f - nf}$.

Subſtituant cette valeur dans l'équation I, on aura $r - l + f - nf = h + nf$; ou (à cauſe de $H = h + l$), $r = H - f + 2nf$. Mettons cette valeur de r dans l'équation (A), & nous aurons

$$(B)\quad n\sqrt{k} = \frac{Q}{\sqrt{15}}\,[\sqrt{(Hf - f^2 + 2nf^2)} - nf].$$

Maintenant, pour obtenir le *maximum* cherché, il faut différencier cette équation, en ne faiſant varier que f, & égaler la différencielle à zéro. Par-là, on trouvera, $\dfrac{\frac{1}{2}H - f(1 - 2n)}{\sqrt{[Hf - f^2(1 - 2n)]}} - n = 0$; ou $[\frac{1}{2}H - f(1 - 2n)]^2 = n^2[Hf - f^2(1 - 2n)]$. Or, il eſt aiſé de voir que tous les termes de cette équation, ſe détruiſent mutuellement en faiſant $H = 2f - 2nf$. Ainſi,

$$f = \frac{H}{2(1-n)}\,;$$

&, à cauſe de $r = H - f + 2nf$, on aura auſſi, $r = \dfrac{H}{2(1-n)}$.

D'où il ſuit que la vîteſſe de rotation uniforme de la machine, & celle avec laquelle l'eau s'échappe continuellement par les orifices a, b, c, &c, ſont égales entr'elles; & que la hauteur dûe à chacune de ces vîteſſes eſt $\dfrac{H}{2(1-n)}$. On voit de plus que ces deux vîteſſes étant contraires, la vîteſſe de l'eau immédiatement au ſortir des orifices a,

b, c, &c, eſt nulle dans l'eſpace abſolu ; & que par conféquent, l'eau tombe alors verticalement.

Subſtituons pour f cette même valeur $\dfrac{H}{2(1-n)}$ dans l'équation (B), & nous aurons pour l'expreſſion du plus grand effet de la machine, $\pi \sqrt{k}$

$$= \frac{Q \cdot H}{2 \sqrt{15}}.$$

(411.) COROLLAIRE. I. A meſure que le nombre n diminue, la hauteur f ou r diminue. Soit $n = 0$, c'eſt-à-dire, $1 - \dfrac{c^2}{b^2} = 0$, ou $c = b$: la valeur de f ou de r ſera $\dfrac{H}{2}$. Dans cette ſuppoſition, les droites $A h, B l,$ *(Fig. 68)* ſont égales, & on a la facilité de faire Fig. 68. les ouvertures ſupérieures $C D$ des tuyaux, plus grandes que les orifices l, comme cela doit être en effet (402).

(412.) COROLLAIRE II. Si l'on met pour r & f leur valeur commune $\dfrac{H}{2(1-n)}$, dans les équations $Q = 2 K \sqrt{15 r}, \dfrac{M^2}{M^2 - K^2}$

$$= \frac{r}{r - l + f(1-n)}, \quad \text{\& qu'on dégage}$$

K & M, on trouvera $K = \dfrac{Q \sqrt{(1-n)}}{\sqrt{30} . \sqrt{H}}$;

$M = \dfrac{Q}{\sqrt{30} . \sqrt{(2 l - H)}}$. Donc, $K : M : :$

$\sqrt{(1-n)} . \sqrt{(2 l - H)} : \sqrt{H}$. Par où

L l

l'on voit que la hauteur l du vafe immobile

$l\,M\,I\,M$ *(Fig. 67)* ne peut pas être moindre
que la moitié de H.

Si l'on faifoit $2\,l = H$, l'orifice K feroit
infiniment petit ; ce qui ne peut pas avoir lieu
à la rigueur. Soit donc $l = \theta H$, θ étant une
fraction moindre que l'unité : on aura, $K : M ::$
$\sqrt{(1 - n)}.\sqrt{(2\,\theta - 1)} : 1$. Sur quoi il faut fe
fouvenir que la fraction θ doit toujours avoir une
valeur, telle que K foit fenfiblement moindre
que M.

Maintenant, l'équation III donne tang. $\mu =$
$$\frac{b\sqrt{(1 - n)}.\sqrt{(2\,\theta - 1)}}{c}\,;$$ l'équation V donne $G =$
$$\frac{Q}{2\,\sqrt{15}.\sqrt{\theta\,H}}\,;$$ & enfin l'équation VI donne
$h = H\,(1 - \theta)$.

Ainfi, on a tous les élémens néceffaires pour
conftruire la machine, en obfervant, 1.° que les

largeurs $B\,l$, $A\,h$ *(Fig. 68)* doivent être telles
qu'on puiffe donner à M & à K les dimenfions
convenables, lefquelles font fubordonnées à la
hauteur H de la machine, & à la quantité d'eau
Q qui doit être employée à la mouvoir ; 2.° que
la différence des rayons $A\,C$, $A\,D$, ne foit pas
fort grande, afin que la différence des forces
centrifuges des particules d'eau, fur la largeur des
tuyaux mobiles, ne change pas fenfiblement les
réfultats précédens, où l'on a fait répondre
toutes les forces centrifuges à la courbe moyenne

$h M l$; 3.° que la fomme des orifices G foit fenfiblement moindre que la fomme des orifices M, parce qu'on a fuppofé dans le calcul que le mouvement de l'eau, dans chaque tuyau $CDFE$, commençoit en CD.

(413.) SCHOLIE. En comparant le plus grand effet de ces fortes de roues (410) au plus grand effet des roues à pots (393), on voit que fi la hauteur OZ (H) de la roue mue par la réaction de l'eau *(Fig. 67)*, eft égale à la hauteur FV de l'eau, qui agit fur la roue à pots *(Fig. 65)*, on voit, dis-je, que ces deux effets feront égaux pour une même quantité d'eau Q dépenfée. Mais comme les roues mues par la réaction de l'eau, demandent à être exécutées avec beaucoup de précifion dans toutes leurs parties, pour bien produire leur effet ; & que d'ailleurs, tout le poids de l'eau contenue à chaque inftant dans les tuyaux mobiles, porte fur la tête du tourillon inférieur adapté à l'arbre, ce qui occafionne un frottement de même nature que celui d'un plan mobile circulairement fur un autre plan : on trouve qu'en mêmes circonf- tances les roues à pots doivent être préférées. Mais, il y a des cas où les roues mues par la réaction de l'eau, pourroient être fubftituées avec avantage aux roues mues par le choc de l'eau.

CHAPITRE XIX.

Théorie du mouvement de l'eau dans les tuyaux de pompe.

(414.) Nous avons expliqué *(HYDROST. CHAP. VII & VIII)* le mécanisme des pompes; & nous avons en même temps déterminé la position & la hauteur de l'espace où le piston doit jouer, afin que la pression de l'atmosphère, mise en activité, obtienne son effet. Il s'agit maintenant de suivre le mouvement de l'eau dans les tuyaux de pompe. Ce problème important a fourni le sujet de plusieurs Écrits. Il a même fait naître, entre quelques Auteurs, des discussions sur le choix des principes qu'il convient d'employer pour le résoudre : car le grand nombre d'élémens qu'il renferme, l'impossibilité de les soumettre tous à un calcul rigoureux, & l'influence plus ou moins grande que chacun d'eux peut avoir sur le résultat, laissent aux Géomètres la liberté d'adopter les hypothèses, qui leur paroissent les plus propres à représenter les principaux mouvemens de ces machines. Ici je me contenterai d'exposer ma méthode, sans prétendre exclure aucune autre manière d'envisager la question. Je ne considérerai même que la simple

pompe aſpirante ; mais ce que j'en dirai s'appliquera facilement aux autres eſpèces de pompes.

(415.) Reprenons d'abord, pour un moment,
la *Figure 37* de l'Hydroſtatique, laquelle repréſente une pompe aſpirante ordinaire. La preſſion
de l'atmoſphère, ſur la ſurface *M N* du réſervoir,
oblige l'eau à monter par le tuyau d'aſpiration
& à ſuivre le piſton, quand il s'élève de *G H*
en *K I*. Si la vîteſſe du piſton eſt plus grande
que celle de l'eau ſubſéquente, il ſe fera un vide
entre le piſton & l'eau ; ſi au contraire la vîteſſe
du piſton eſt moindre que celle de l'eau, cette
eau pouſſera le piſton de bas en haut, & cette
preſſion ne ceſſera que dans le cas où les deux
vîteſſes deviendront égales. Or, 1.° lorſqu'il ſe
forme un vide entre l'eau & le piſton, le temps
employé à parcourir la hauteur de ce vide eſt
perdu quant à l'effet de la machine ; 2.° lorſque
la vîteſſe de l'eau, à l'endroit *K I* où répond
la limite ſupérieure de la courſe du piſton, eſt
plus grande que celle du piſton arrivé à cette
limite, le piſton venant à deſcendre repouſſe
l'eau, au moins ſur l'étendue de la couronne qui
environne le trou de la ſoupape mobile ; ce qui
occaſionne de même une perte de forces. De-là
il ſuit que les dimenſions de la pompe, la vîteſſe
du piſton & celle de l'eau doivent être tellement
réglées que ces deux inconvéniens ſoient ſauvés,
du moins autant qu'il eſt poſſible.

L l iij

(416.) **PROBLÈME I.** *Déterminer la vîteſſe avec laquelle l'eau s'élève librement dans le corps de pompe, quand on y a fait le vide; c'eſt-à-dire, dans l'hypothèſe où la vîteſſe du piſton eſt plus grande que celle de l'eau ſubſéquente dans le vide?*

La preſſion de l'atmoſphère ſur la ſurface du réſervoir d'où l'eau eſt élevée, peut être regardée comme le poids d'une colonne d'eau de trente-deux pieds de hauteur; je néglige le poids de la ſoupape dormante E, ou je le déduis de celui de la colonne de preſſion. Alors le problème propoſé eſt le même que s'il s'agiſſoit de déterminer la vîteſſe avec laquelle l'eau s'élève dans un cylindre qui y eſt plongé verticalement à une profondeur donnée, & qui étant ouvert par en haut, eſt fermé vers le bas par une cloiſon où il y a une ouverture qui laiſſe entrer l'eau dans le cylindre.

Fig. 69.

Soit donc en général un vaſe $VMNT$ (*Fig. 69*), percé à l'endroit MN d'une ouverture pq, & plongé verticalement dans le fluide $BKDF$ qui y entre par l'orifice pq. Je prends pour principe, ou pour hypothèſe, qu'à l'inſtant où l'on ouvre l'orifice pq, les deux portions de fluide $ABPM$, $CFQN$, agiſſent ſur le fluide inférieur $PKDQ$, comme feroient deux piſtons qui feroient appliqués ſur les ouvertures PM, QN d'un vaſe $PKDQ$, & qui tendroient à faire ſortir le fluide par l'orifice pq.

En conféquence de ces preffions, le fluide s'élève dans le vafe $VMNT$, fans ceffer de former un même tout avec le refte de la maffe. La portion inférieure d'eau $PKDQ$ peut être regardée comme ftagnante, & comme fervant fimplement de véhicule à l'effort des preffions fur PM & QN, pour faire monter l'eau dans le vafe $VMNT$. Je ne confidère donc que deux mouvemens dans le fluide, l'un defcenfionnel dans les parties $ABPM$, $CFQN$; l'autre afcenfionnel dans la partie $MNIG$; & je vais chercher une équation qui exprime les conditions de l'équilibre, entre les mouvemens perdus & les mouvemens gagnés.

Imaginons que le fluide extérieur $ABPM$ $+NCFQ$, & le fluide intérieur $GMNI$, foient partagés chacun en une infinité de tranches horizontales égales, repréfentées par $Hufh+$ $X \zeta c x$, & par $OLlo$; & fuppofons que toutes ces tranches, defcendantes ou afcendantes, confervent leur parallélifme.

Soient
$$
\begin{aligned}
&\text{la gravité} \ldots\ldots\ldots\ldots\ldots\ldots\ldots = g, \\
&\text{la verticale } S\,p \ldots\ldots\ldots\ldots\ldots\ldots = p, \\
&R\,p \ldots\ldots\ldots\ldots\ldots\ldots\ldots\ldots = \zeta, \\
&E\,p \ldots\ldots\ldots\ldots\ldots\ldots\ldots\ldots = q, \\
&Y\,p \ldots\ldots\ldots\ldots\ldots\ldots\ldots\ldots = x, \\
&\text{l'aire exprimée par la ligne } G\,I \ldots = M, \\
&\text{l'aire exprimée par } O\,L \ldots\ldots\ldots = y, \\
&\text{l'aire de l'orifice } p\,q \ldots\ldots\ldots\ldots = K, \\
&\text{l'aire exprimée par } B\,A + C\,F \ldots = P,
\end{aligned}
$$

Soient
$$\begin{cases}
\text{l'aire exprimée par } PM + NQ \ldots = Q, \\
\text{l'aire exprimée par } Hu + zX \ldots = s, \\
\text{la vitesse de } OL \ldots = v, \\
\text{la vitesse à l'orifice } pq \ldots = w, \\
\text{la vitesse de la section } Hu + zX \ldots = V, \\
\text{l'élément du temps} \ldots = dt, \\
\text{la hauteur dûe à la vitesse } u \ldots = r.
\end{cases}$$

Il est clair que le fluide descendant, animé dans chacune de ses tranches, de la vîtesse $g\,dt - dV$, doit faire équilibre à chaque instant au fluide intérieur & ascendant, animé dans chacune de ses tranches, de la vîtesse $g\,dt + dv$. On aura donc l'équation

$$\int d z\,(g\,dt - dV) = \int dx\,(g\,dt + dv),$$

ou bien

$$(A)\quad \int dz\,(g\,dt - dV) - \int dx\,(g\,dt + dv) = \mathrm{c}.$$

Or $v = \dfrac{Ku}{y}$, $\quad dv = \dfrac{K\,(y\,du - u\,dy)}{yy}$,

$V = \dfrac{Ku}{s}$, $\quad dV = \dfrac{K\,(s\,du - u\,ds)}{ss}$,

$dt = \dfrac{dx}{v} = \dfrac{dz}{V} = \dfrac{y\,dx}{Ku} = \dfrac{s\,dz}{Ku}$.

L'équation précédente deviendra donc

$$\frac{g\,s\,dz}{Ku}\int dz - K\,du\int\frac{dz}{s} + Ku\,s\,dz$$

$$\int\frac{ds}{s^3} - \frac{g\,y\,dx}{Ku}\int dx - K\,du\int\frac{dx}{y} +$$

$$Ku\,y\,dx\int\frac{dy}{y^3} = 0.$$

Les intégrations indiquées doivent être effectuées pour les hauteurs entières p & q. Ainſi
$\int d\mathfrak{z} = p$, $\int d x = q$. Soient pour les mêmes
hauteurs, $\int \dfrac{d x}{y} = N$, $\int \dfrac{d\mathfrak{z}}{s} = N'$.

De plus remarquons que l'intégrale $\int \dfrac{d y}{y^3}$ doit
s'évanouir lorſque $y = M$, & recevoir ſa valeur
complette lorſque $y = K$; que pareillement l'intégrale $\int \dfrac{d s}{s^3}$ doit s'évanouir lorſque $s = P$,
& recevoir ſa valeur complette lorſque $s = Q$.
Remarquons encore que $E e$ $(d q)$ étant la
hauteur de la tranche $G I i g$, on a $y d x = s d\mathfrak{z}$
$= M d q$. Sur toutes ces conſidérations, notre
équation deviendra

$$(\text{B})\quad \frac{M(p-q)\,d q}{K} - K(N + N')\,d r$$
$$+ \; M.K.r\,d q \left(\frac{1}{M^2} - \frac{1}{K^2} \right.$$
$$+ \; \frac{1}{P^2} - \frac{1}{Q^2} \left. \right) = 0.$$

Il y a dans cette équation trois indéterminées,
ſavoir, p, q, r; mais comme on a évidemment
$M d q = - P d p$, & que les figures des vaſes
ſont données, il eſt clair qu'on aura p en q.
Ainſi l'équation (B) ſe changera en une autre,
où il n'y aura plus de variables que r & q &
leurs différences, & d'où l'on tirera par conſéquent la valeur de r en q, ou de q en r.

(417.) **COROLLAIRE I.** Suppofons que $VMNT$ foit un cylindre vertical ; & que $BKDF$ foit auffi un vafe prifmatique, dans lequel la hauteur de l'eau demeure conftante, ce qui eft le cas de la nature, puifque la preffion de l'atmofphère, fur la furface du réfervoir, eft toujours fenfiblement la même. Alors, dans l'équation (B), les quantités M & p font conftantes ; $N = -\dfrac{q}{M}$; $N' = -\dfrac{p}{P}$; le terme $M.K.r\,dq\left(\dfrac{1}{P^2} - \dfrac{1}{Q^2}\right)$ eft zéro ; & par conféquent on aura :

$$(C)\ \frac{M\,(p-q)\,dq}{K} - \frac{K.q\,dr}{M} - \frac{Kp\,dr}{P}$$

$$+ M.K.r\,dq\left(\frac{1}{M^2} - \frac{1}{K^2}\right) = 0.$$

Équation qui étant de la même nature que celle de l'article 230, s'intègre de même.

(418.) **COROLLAIRE II.** Si dans cette équation (C), l'orifice K eft fenfiblement moindre que M & P, on aura à-peu-près, $r = p - q$. Ainfi, l'expreffion de la vîteffe du fluide à fon paffage par l'orifice mn eft $\sqrt{[2g(p-q)]}$, & l'expreffion de fa vîteffe en GI eft $\dfrac{K}{M}\sqrt{[2g(p-q)]}$.

On doit fe fouvenir que par K il faut toujours entendre l'orifice diminué, dans le rapport que demande la contraction de la veine fluide (190).

(419.) S C H O L I E. Si dans le problème précédent, au lieu de fuppofer que l'écoulement fe fait du vafe $BKDF$ dans le vafe $VMNT$, on fuppofe au contraire, que le vafe $VMNT$ contienne de l'eau au-deffus du niveau BF & fe vide dans le vafe $BKDF$: la queftion ne changera pas de nature. Mais, au lieu de l'équation (A), on aura l'équation :

$$(D) \quad \int dx \, (g\,dt - dv) -$$

$$\int dz \, (g\,dt + dV) = 0:$$

Sur laquelle on fera des remarques & des opérations analogues à celles qu'on a faites fur l'équation (A). On voit qu'ici p fera $< q$, au lieu qu'auparavant p étoit $> q$.

(420.) P R O B L È M E II. *Soit* $VZYT$ *(Fig. 70) un tuyau de pompe afpirante, dont le piftou monte de* G H *en* K I *avec une vîteffe moindre que ne feroit celle de l'eau qui le fuit, fi elle montoit librement : on demande la preffion que cette eau exercera de bas en haut contre la tête du piftou, dans l'hypothèfe où l'ouverture* p q *de la foupape dormante* E *eft fenfiblement moindre que la fection horizontale* M N *du corps de pompe?*

Soient OL une pofition indéterminée du piften; ZY, la furface du réfervoir dans lequel la pompe eft plongée ; AZ, la hauteur conftante de la colonne d'eau dont la preffion eft équivalente à celle de l'atmofphère fur ZY. Suppofons, comme

Fig. 70.

ci-devant, la gravité $= g$; l'aire de la section $MN = M$; l'aire de l'orifice $pq = K$. Suppofons de plus , $AK = c$; $AG = f$; $AO = x$; la hauteur dûe à la vîteffe afcenfionnelle du pifton $= r$.

Maintenant, fi le pifton n'oppofoit point de réfiftance à l'afcenfion de l'eau qui le fuit, la hauteur dûe à la vîteffe de l'eau en pq feroit x (418) ; & par conféquent la hauteur dûe à la vîteffe de la tranche d'eau OL feroit $\frac{K^2 x}{M^2}$, les vîteffes des tranches de l'eau étant en raifon inverfe de leurs largeurs. Donc , puifque l'eau en OL, eft obligée de prendre la vîteffe du pifton , c'eft-à-dire, une vîteffe dûe à la hauteur r ; & que d'un autre côté la preffion de l'eau contre chaque point de la tête du pifton eft évidemment égale au produit de la gravité par la différence des hauteurs $\frac{K^2 x}{M^2}$, r : il s'enfuit que les preffions contre la tête entière du pifton , en OL, en GH, en KI, feront refpectivement,

$$g\left(\frac{K^2 x}{M^2} - r\right) \times M, \quad g\left(\frac{K^2 f}{M^2} - r\right) \times M,$$
$$g\left(\frac{K^2 c}{M^2} - r\right) \times M.$$

(421.) COROLLAIRE. Si l'on veut que la preffion en KI s'évanouiffe , on aura

$$g\left(\frac{K^2 c}{M^2} - r\right) \times M = 0, \text{ ou } \frac{K^2}{M^2} = \frac{r}{c} ;$$

& fi l'on veut que la preſſion en KI ſoit égale à une quantité donnée $g\,h\,M$, on aura $\dfrac{K^2}{M^2}$

$$= \frac{r+h}{c}.$$

(422.) PROBLÈME III. *Tout étant d'ailleurs le même que dans le problème précédent, on ſuppoſe que la colonne d'eau* VOLT *que le piſton ſoulève, ſe dégorge continuellement par en haut à l'endroit fixe* VT, *& on demande une équation qui exprime les conditions du mouvement aſcenſionnel du piſton ?*

Suppoſons qu'outre la preſſion de l'eau qui pouſſe le piſton de bas en haut, on lui applique encore dans le même ſens une force que je repré-ſente par le poids d'une colonne d'eau dont la baſe $= M$, & la hauteur $= \zeta$. Le piſton ſera pouſſé de bas en haut par une force $= g\,M\,\zeta$ $+ g\,M \left(\dfrac{K^2\,x}{M^2} - r \right)$; mais il ſera repouſſé de haut en bas : 1.º par ſon propre poids que je repréſente par celui d'une colonne d'eau dont la baſe $= M$, & la hauteur donnée $= a$; 2.º par le poids de la colonne d'eau $OLTV$, lequel $= g\,M\,(x + k)$, en nommant k la hauteur donnée VA; 3.º par la preſſion de l'atmoſphère ſur la ſurface VT, laquelle preſſion $= g\,M.H$, en nommant H la hauteur donnée AZ. Ainſi, la force abſolue qui fait monter le piſton eſt ſimplement, $g\,M\,\zeta + g\,M \left(\dfrac{k^2\,x}{M^2} - r \right)$

$- g\,M\,a - g\,M\,(x + k) - g\,M.H.$ Or, cette force meut la maffe $Ma + M\,(x + k)$; donc, par la formule $m\,v\,dv = F\,ds$ des forces accélératrices, on aura

$$(a + x + k)\,dr = - dx\,(z + \frac{K^2\,x}{M^2}$$
$$- r - a - x - k - H).$$

Cette équation contient trois variables, r, x, z: connoiffant donc l'une de ces variables, ou la relation de deux d'entr'elles, on connoîtra la relation des trois.

(423.) COROLLAIRE. Suppofons que le pifton monte uniformément, on aura $dr = 0$, & notre équation donnera, $z = H + k + a$

$$+ r + \frac{x\,(M^2 - K^2)}{M^2}.$$

Suppofons de plus que la vîteffe du pifton foit telle, que la preffion de l'eau s'évanouiffe quand il

arrive en KI: on aura (421), $r = \frac{K^2\,c}{M^2}.$

Donc $z = H + k + a + \dfrac{K^2 c + x\,(M^2 - K^2)}{M^2}.$

On voit que la hauteur z eft variable. Faifant fucceffivement $x = c$, $x = f$, & nommant Z, Z', les valeurs correfpondantes de z, on aura

$$Z = H + k + a + c,$$
$$Z' = H + k + a + f - \frac{(f - c)\,K^2}{M^2}.$$

Dans la pratique, il faudra prendre la valeur de z, moyenne entre Z & Z'.

EXEMPLE. Suppofons AZ ou $H = 32$ pieds; AV ou $k = 4$ pieds; $a = 2$ pieds; AO ou $c = 7$ pieds; AG ou $f = 9$ pieds; le diamètre du corps de pompe $= 6$ pouces; celui de l'ouverture $pq = 2$ pouces $\frac{1}{2}$. On trouvera, $\frac{K}{M} = \frac{25}{144}$; $\frac{K^2}{M^2} = \frac{625}{20736}$; $r = 2$ pouces 6 lignes $\frac{1}{3}$; $Z = 45$ pieds; $Z' = 46$ pieds 11 pouces 4 lignes. Or, 1.° la valeur de r donne, pour le pifton, une vîteffe afcenfionnelle uniforme, de 3 pieds 6 pouces $\frac{2}{3}$, par feconde. Ainfi le pifton parcourra la hauteur GK de fon jeu, qui eft de 2 pieds, en trente-trois tierces $\frac{3}{4}$ à peu-près; & durant ce même temps, il fortira par la bouche VT, un cylindre d'eau qui a 6 pouces de diamètre & 2 pieds de hauteur, ce qui donne 679 pouces cubes. Si donc l'on fuppofe que le pifton emploie le même temps à defcendre qu'à monter, on voit que dans une minute le pifton montera 53 fois $\frac{1}{3}$, & que par conféquent il fortira par VT, $36213 \frac{5}{3}$ pouces cubes d'eau; ce qui forme un poids d'environ 1467 livres, à raifon de 70 livres le pied cube. Ce poids eft élevé à la hauteur ZV qui eft de 36 pieds; l'effet eft donc le même que fi un poids de 52812 livres étoit élevé à la hauteur d'un pied en une minute.

2.° En prenant 45 pieds 11 pouces 8 lignes pour la hauteur moyenne de la colonne d'eau dont le poids est équivalent à la force qui doit pousser le piston de bas en haut, on trouvera que cette colonne, qui est un cylindre de 6 pouces de diamètre sur 45 pieds 11 pouces 8 lignes de hauteur, forme un poids d'environ 632 livres; ce poids parcourt $53\frac{1}{3}$ fois 2 pieds, en une minute : résultat qui est le même que si un poids de 67412 livres étoit élevé à la hauteur de 1 pied en 1 minute. Ce poids comprend deux parties, l'une relative à l'élévation de l'eau, l'autre à l'élévation de la masse du piston. A quoi il faudra ajouter encore la force nécessaire pour vaincre le frottement.

S'il n'étoit question que de soutenir le piston dans le simple état d'équilibre, la hauteur de la colonne d'eau équivalente à l'effort nécessaire, au lieu d'être de 45 pieds 11 pouces 8 lignes, seroit simplement de 38 pieds (75).

(424.) PROBLÈME IV. *Le piston ayant été élevé à sa plus grande hauteur* K I, *& venant ensuite à descendre, on demande la vîtesse avec laquelle il descendra ?*

Lorsque le piston commence à descendre, la soupape dormante *E* se ferme, & la soupape mobile *F* s'ouvre. Alors la colonne d'eau *V M N T* peut être considérée comme une eau dormante, dans laquelle le piston descend en vertu d'une

force

force qui eſt égale à l'excès de ſon poids abſolu ſur le poids du fluide qu'il déplace , & ſur la réſiſtance qu'il éprouve en frappant l'eau ſur toute l'étendue de la couronne qui environne l'ouverture de la ſoupape *F.* A quoi l'on peut ajouter une force extérieure, qui pouſſera encore le piſton de haut en bas, ſi l'on veut accélérer ſa vîteſſe. Dans l'une & l'autre hypothèſe , la recherche de cette vîteſſe eſt un problème de même nature que celui de l'article 352. Nos lecteurs achèveront donc facilement la ſolution.

Comme la hauteur d'où tombe le piſton n'eſt jamais fort grande , la réſiſtance qu'il éprouve en frappant l'eau , par ſa vîteſſe acquiſe , peut le plus ſouvent être négligée ; & alors l'expreſſion de la vîteſſe eſt fort ſimple. D'un autre côté, en augmentant de plus en plus l'ouverture de la ſoupape , on fait encore diminuer la réſiſtance ; mais cela peut avoir l'inconvénient de rendre la ſoupape peu fidèle, trop maſſive & trop lente au mouvement.

F I N du Tome premier.

ERRATA.

Page 7, ligne 24, $P = \dfrac{p}{G}$ lisez $p = \dfrac{p}{G}$

16, lig. 3, après le mot élémens, *ajoutez*, passant par leurs centres de gravité, & toutes dirigées du dehors au-dedans, ou du dedans au-dehors

39, lig. 11, $b\,d$ lis. $c\,d$

41, lig. 6, $\displaystyle\int -\dfrac{\varpi x\,d x}{a}$ lis. $\displaystyle\int \dfrac{\varpi x\,d x}{a}$

82, lig. 11, f lis. F

99, lig. 6 & 8, proportionnelle *lis.* dûe

102, lig. 24, $M\,r$ lis. $M\,t$

Ibid. lig. 27, $r\,H$ lis. $t\,H$

103, lig. 21, $A\,z$ lis. $A\,u$

118, lig. 2, exprimée *lis.* exprimées

Ibid. lig. 4, le *lis.* la

123, lig. 1, même *lis.* ou

124, lig. 11, différence *lis.* différences

137, lig. 22, s'est *lis.* se font

157, lig. 3, $(\sin. n)^2$ lis. $(c\sin. n)^2$

167, lig. 5, $M\,I\,N$ lis. $M\,I\,N,$

169, lig. 4 & 5, $\dfrac{p\,b}{a}$ lis. $\dfrac{p\,b}{\varpi}$

179, lig. 21, $z\,n$ lis. $z\,u$

190, lig. 6, $d\,d\,z$ lis. $d\,d\,p$

209, lig. 9, $\displaystyle\int x\,\mu\,d M$ lis. $\displaystyle\int \lambda\,\mu\,d M$

237, lig. 23, $C\,D$ lis. $B\,C$

257, lig. 14, x lis. $X\,d x$

Ibid. lig. 15, $\Pi p\,(h - x)$ lis. $\Pi p\,d x\,(h - x)$

259, lig. 11, le *lis.* la

290, lig. 1, $A\,B$ lis. $A\,D$

298, lig. 10, au dénominateur, au lieu de M^r lis. M

Page 307, *lig.* 23, *au numérateur, au lieu de* p' *lif.* p"

314, *lig.* 22, $\dfrac{u}{y}$ lif. $\dfrac{u}{v}$

318, *lig.* 1, $f\,n$ lif. $g\,h$

Ibid. lig. 2, $g\,h$ lif. $f\,n$

Ibid. lig. 12, troifième *lif.* quatrième

320, *lig.* 14, g lif. $\dfrac{g}{\theta^2}$

322, *lig.* 10, $-\,d\,v$ lif. $-\dfrac{d\,v}{d\,t}$

342, *lig.* 13, *après le mot* fecond *ajoutez*, pourvu néanmoins que l'orifice G ne foit pas fort grand.

380, *lig.* 7, *au dénominateur, lif.* 39

394, *lig.* 12, *au dernier terme du numérateur,* lif. $\dfrac{f\,Q^2}{K}$; *& au dernier terme du* dénominateur, lif. $\dfrac{f\,q\,Q}{K}$

401, *lig.* 6, précédent *lif.* 313

411, *lig.* 16, $a\,a\,Q\,d\,s$ lif. $a\,a\,Q\,d\,S$

426, *lig.* 5, que *lif.* que fi

430, *lig.* 4, $T\,I\,A$ lif. $T\,I\,O$

Ibid. lig. 5, $Q\,L\,C$ lif. $Q\,L\,S$

436, *lig.* 20, $F\,Q\,Q'$ lif. $F\,Q\,F'$

Ibid. lig. 26, $P\,M$ lif. $P\,F$

466, *lig.* 17, *au dernier terme, au lieu de* n lif. u

471, *lig.* 27, leur *lif.* lui

487, *lig.* 3, k lif. k^2

493, *lig.* 10, $G\,Q\,c$ lif. $G\,Q\,e$

Ibid. lig. 13, $Q\,R$ lif. $Q\,T$

497, *lig.* 23, réflexions lif. *Fluxions*

505, *lig.* 24, $m\,r\,z$ lif. $M\,r\,z$

AVIS AU RELIEUR.

Placez à la page 234 les six Planches cotées *HYDROSTATIQUE;* & à la fin du volume les six Planches cotées *HYDRAULIQUE;* en obfervant de ne pas intervertir l'ordre numérique de ces Planches.

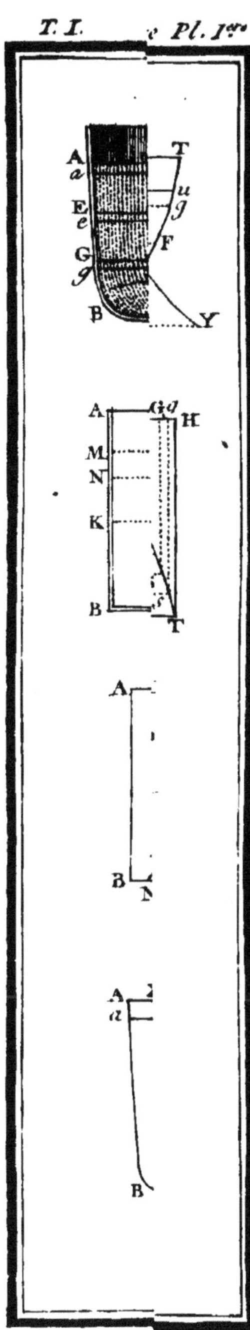
A
a
T
u
g
E
e
F
G
g
B
Y
A
G g
H
M
N
K
B
T
A
B
N
A
a
B

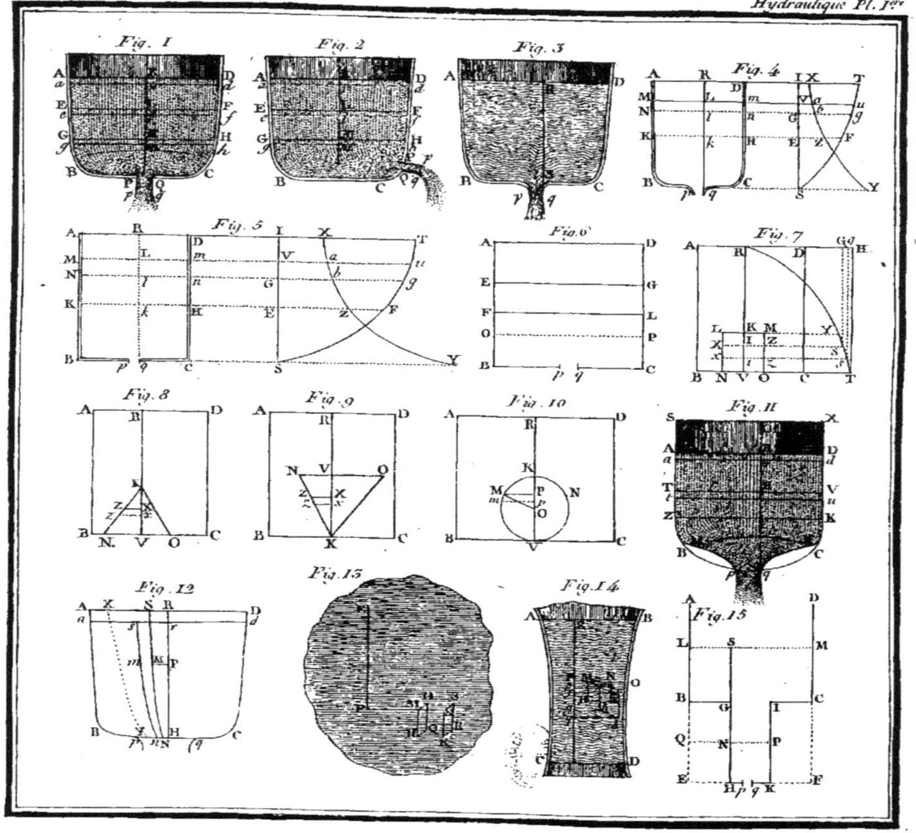

Fig. 1
Fig. 2
Fig. 3
Fig. 4
Fig. 5
Fig. 6
Fig. 7
Fig. 8
Fig. 9
Fig. 10
Fig. 11
Fig. 12
Fig. 13
Fig. 14
Fig. 15

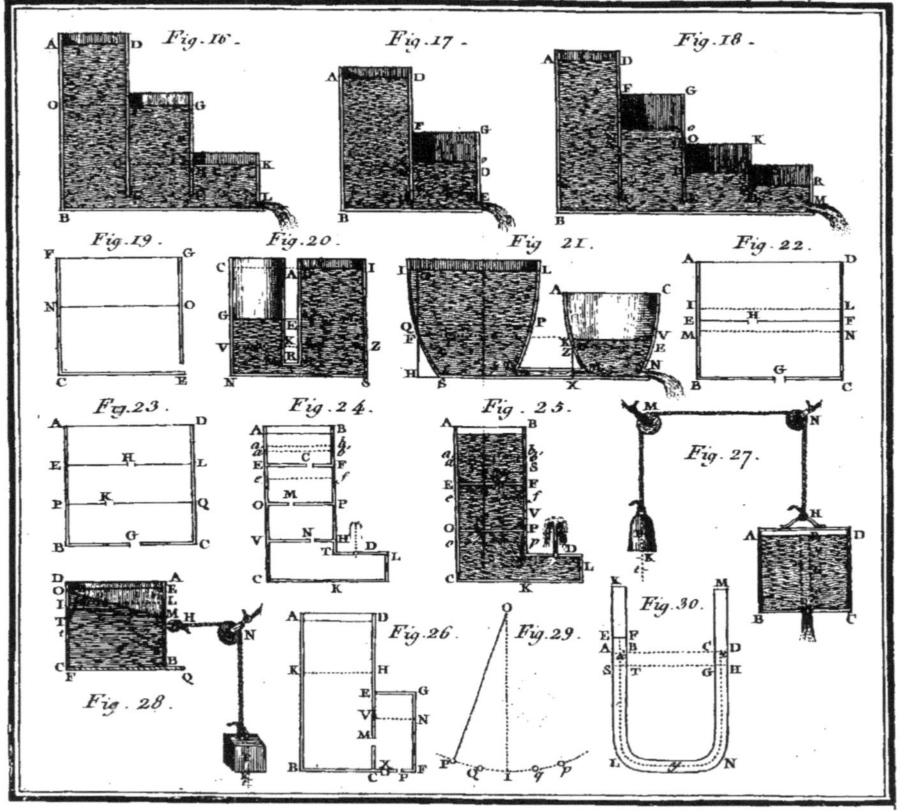

Fig. 16.

Fig. 17.

Fig. 18.

Fig. 19.

Fig. 20.

Fig. 21.

Fig. 22.

Fig. 23.

Fig. 24.

Fig. 25.

Fig. 26.

Fig. 27.

Fig. 28.

Fig. 29.

Fig. 30.

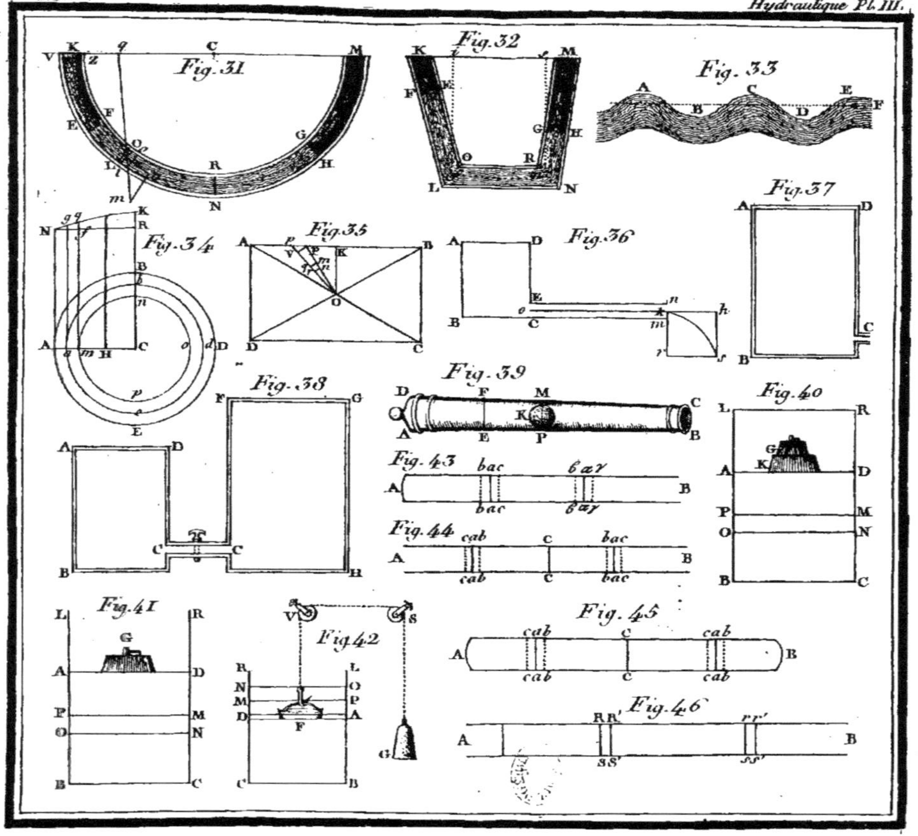

Fig.31 Fig.32 Fig.33 Fig.34 Fig.35 Fig.36 Fig.37 Fig.38 Fig.39 Fig.40 Fig.41 Fig.42 Fig.43 Fig.44 Fig.45 Fig.46

Fig. 47.

Fig. 48.

Fig. 49.

Fig. 50.

Fig. 51.

Fig. 52.

Fig. 53.

Fig. 54.

Fig. 55.

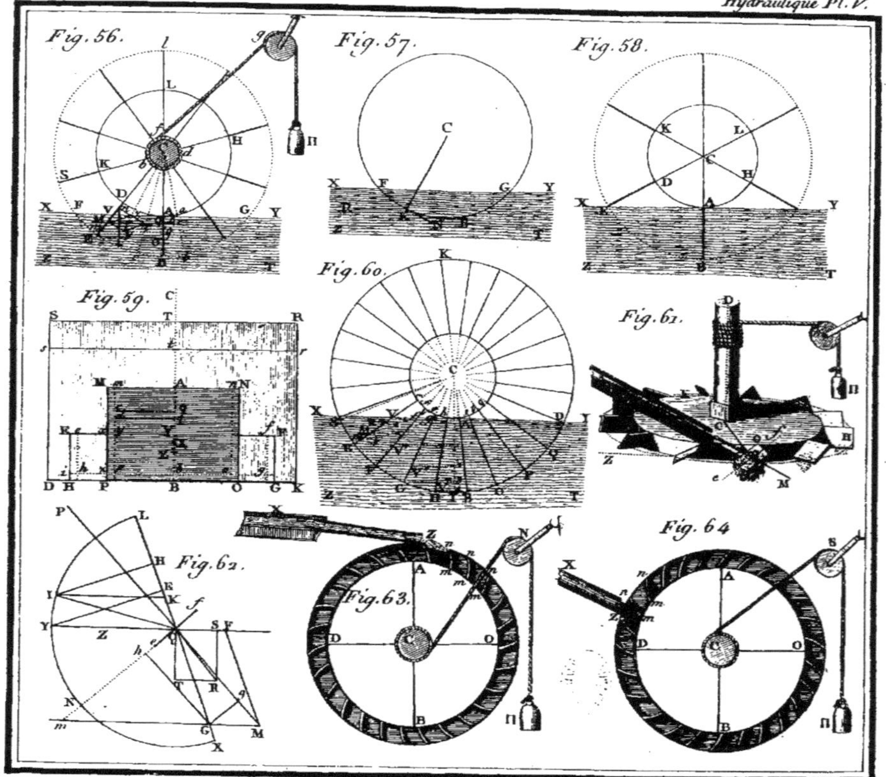

Fig. 56.

Fig. 57.

Fig. 58.

Fig. 59.

Fig. 60.

Fig. 61.

Fig. 62.

Fig. 63.

Fig. 64.

Piquet Sculp.

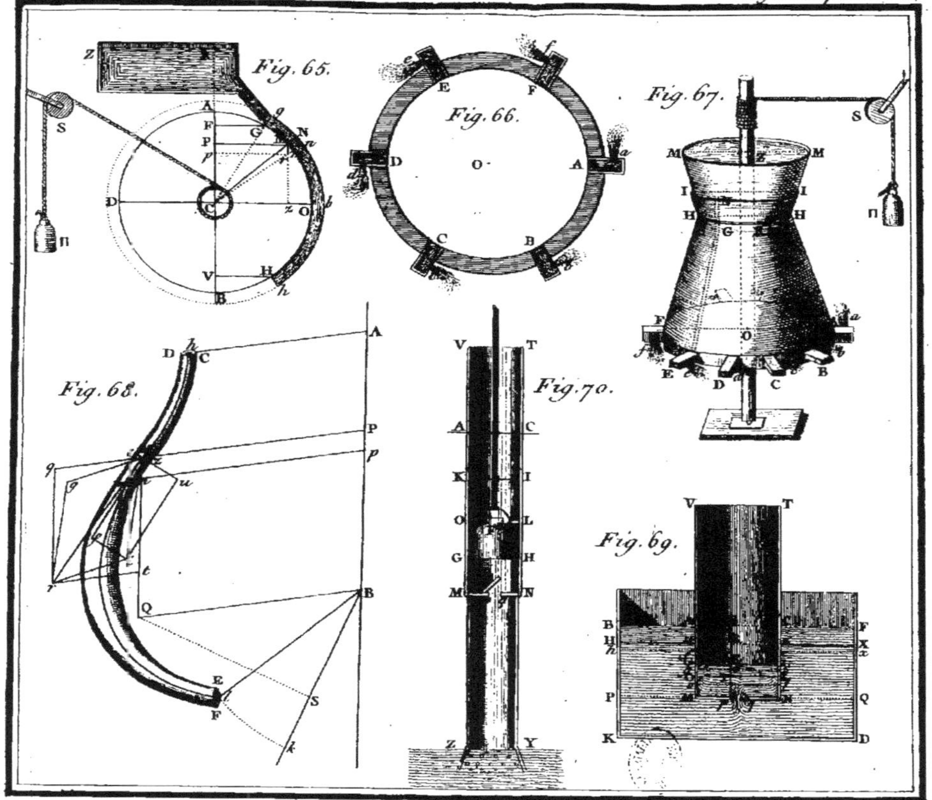

Fig. 65.

Fig. 66.

Fig. 67.

Fig. 68.

Fig. 70.

Fig. 69.

Picquet sculp.

BIBLIOTHEQUE NATIONALE
DE FRANCE

FIN

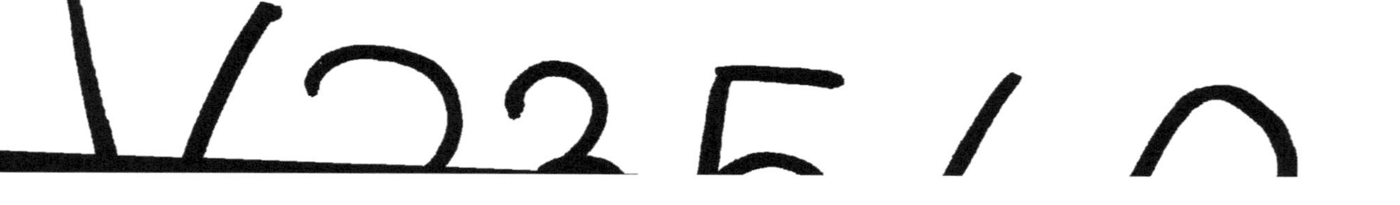

V253520

Entier

R 116107

Cde : 6389   Volts : 71   : 8
Date : 05.05.99   EF